Sachlernen & kindliche Bildung – Bedingungen, Strukturen, Kontexte

Reihe herausgegeben von
D. Pech, Berlin, Deutschland
J. Schwanewedel, Kiel, Deutschland

Sachlernen ist in Deutschland institutionalisiert im Fach Sachunterricht der Grundschule und universitär in der didaktischen Disziplin, in der das Verhältnis von Kind, Sache und Welt analysiert wird. Damit sind die schulischen Grundlegungen von Natur- und Gesellschaftswissenschaften ebenso Gegenstand des Faches wie (digitale) Medien oder Mobilität.

Weitere Bände in der Reihe http://www.springer.com/series/16083

Florian Schütte

Freies Explorieren zum Thema elektrischer Stromkreis

Eine Suchraumrekonstruktion nach der dokumentarischen Methode

Mit einem Geleitwort von Prof. Dr. Detlef Pech

Florian Schütte
Kultur, Sozial- und Bildungs-
wissenschaftliche Fakultät
Humboldt-Universität zu Berlin
Berlin, Deutschland

Die vorliegende Arbeit wurde von der Kultur-, Sozial- und Bildungswissenschaftlichen Fakultät der Humboldt-Universität zu Berlin als Dissertation zur Erlangung des akademischen Grades doctor philosopiae (Dr. phil.) angenommen.

Gutachter_innen: Prof. Dr. Detlef Pech, Prof. Dr. Meike Wulfmeyer
Tag der Disputation: 15. Dezember 2017

Sachlernen & kindliche Bildung – Bedingungen, Strukturen, Kontexte
ISBN 978-3-658-23058-6 ISBN 978-3-658-23059-3 (eBook)
https://doi.org/10.1007/978-3-658-23059-3

Die Deutsche Nationalbibliothek verzeichnet diese Publikation in der Deutschen Nationalbibliografie; detaillierte bibliografische Daten sind im Internet über http://dnb.d-nb.de abrufbar.

Springer ist ein Imprint der eingetragenen Gesellschaft Springer Fachmedien Wiesbaden GmbH und ist ein Teil von Springer Nature
Die Anschrift der Gesellschaft ist: Abraham-Lincoln-Str. 46, 65189 Wiesbaden, Germany

Geleitwort

Elektrischer Strom ist in den Sachunterrichtscurricula seit Entstehung des Faches fest verankert. Trotz der Problematik des wissenschaftlichen Modells des Stromkreises scheint zumindest in administrativen Kontexten ein Konsens darüber zu bestehen, dass der Stromkreis zu den grundlegen Inhalten der Primarstufe zählen soll. Die Art und Weise der Thematisierung und auch die Inhalte haben sich dabei über Jahrzehnte nahezu nicht verändert. Im Zentrum steht das physikalische Modell. Die gesellschaftliche fundamentale Frage nach der Art und Weise der Stromerzeugung wurde in der Sachunterrichtsdidaktik bislang nicht aufgegriffen.

Florian Schütte dokumentiert in seiner Dissertation Handlungssituationen von Kindern beim Bauen von Stromkreisen. Zwei Besonderheiten zeichnen diese Handlungssituationen aus: Zum einen sind sie „nicht geordnet". D.h. Kinder begegnen einer Sammlung von Materialien, die zwar fachlich eindeutig auf Strom verweist, aber als solche nicht kommuniziert wird bzw. ihnen ohne Handlungsanweisung begegnet. Zum anderen orientiert sich die Auswahl der Handlungsmaterialien an den Grundlagen einer nachhaltigen Entwicklung. D.h. im Gegensatz zu klassischen Schulsituationen wird auf Verbrauchsmaterialien wie Batterien verzichtet und stattdessen unterschiedliche Angebote im Kontext regenerativer Energiequellen unterbreitet.

Als Forschungsrahmen nutzt Florian Schütte die dokumentarische Methode. Seine Daten umfassen videographierte Handlungssituationen von Kindern. Die Besonderheit seines Vorgehens liegt darin, dass er die dokumentarische Methode im Zusammenhang mit einer didaktischen Frage nutzt. Er verortet seine Studie an der Grenze von erziehungswissenschaftlicher Kindheitsforschung und didaktischer Forschung im Kontext von Lehr-Lern-Situationen. Diese „Grenzverortung" wird plausibel, da ihn nicht die Effektivierung des didaktischen Settings interessiert, sondern – um den bei ihm zentralen Begriff des Orientierungsraumes aufzugreifen – das Interesse darin liegt, zu skizzieren, wie Kinder in der Situation agieren und sich in der Lehr-Lern-Situation „bewegen". In seinem Vorgehen stellt er die Analyse des Bildmaterials in den Mittelpunkt. Dabei gelingt es ihm, Wissensbestände von Kindern offen zu legen, die Teil ihres Handelns sind, ohne dass sie expliziert werden. D.h. er zeichnet Situationen des Explorierens nach, in denen Handlungen zielgerichtet ausgeführt werden, ohne dass diese erläutert werden (können). Eben diese Funde „impliziten Wissens" sind für die Anlage von Lehr-Lern-Situationen und für die Anlage didaktischer Konzeptionen relevant. Denn sie verweisen darauf, dass für Lernprozesse Handlungssituationen den entscheidenden situativen Kontext bilden.

Die Handlungssituationen der Kinder in seiner Untersuchung sind methodisch kontextualisiert durch das Experimentieren. Florian Schütte rekurriert dabei auf den Ansatz von Hammann, der einen Hypothesen-Suchraum und einen Experimentier-Suchraum im Handeln von Schüler*innen beschreibt. Dies greift für Florian Schütte indes zu kurz, denn in offenen, freien Experimentier- oder besser Explorationssituationen werden keine Hypothesen gebildet und geprüft. Doch eben in diesen Situationen werden kindliche Weltzugänge sichtbar. So ist es konsequent, dass die einleitende Frage der Untersuchung lautet: „Welche Räume lassen sich im freien Explorieren finden?".

Zwei Teilaspekte der Studie können hervorgehoben werden, um den Erkenntnisertrag der Arbeit sichtbar zu machen.

1. Die Diskussion um angemessene Forschungsmethoden im Rahmen der Arbeit mit Kindern steht immer noch am Anfang. Auch die Besonderheiten didaktischer, also intentionaler Forschung, im Kontext methodischer Fragen, ist noch weitestgehend ungeklärt. Mit der dokumentarischen Methode erschließt Florian Schütte einen Zugang, der einen im Vergleich zu anderen Verfahren anderen Umgang mit Daten erforderlich macht. Er kann aufzeigen, dass dieser Ansatz nicht nur in der Kindheits-, sondern eben auch in der didaktischen Forschung neue Erkenntnisse liefern kann, Erkenntnisse die mit anderen Methoden nicht zugänglich sind.
2. Experimentieren ist zweifellos im Rahmen des naturwissenschaftsbezogenen als auch des technischen Lernens eine zentrale Methode der Erkenntnisgewinnung. Die Systematisierungen, die in der Sachunterrichtsdidaktik in den vergangenen Jahren erfolgten, ermöglichen, auch die fatale Gleichsetzung schulischer und wissenschaftlicher Ex-

perimente zu überwinden sowie im Experimentieren die Besonderheiten kindlicher Weltzugänge zu berücksichtigen. Mit dem Suchraumansatz und seiner Präzisierung und Erweiterung auf explorierende Zugänge sowie der auf dieser empirischen Basis vorgenommenen Präzisierung der Potenziale der Exploration, stellt Florian Schütte der Systematisierung experimentellen Handelns auf der Bedeutungsebene eine Begründung zur Seite, indem er sichtbar machen kann, in welchen Räumen sich Kinder bei der Klärung von Anforderungen, die sich aus dem Umgang mit dem Material ergeben, bewegen.

Detlef Pech
Berlin im Juni 2018

Inhaltsverzeichnis

Abbildungsverzeichnis

Tabellenverzeichnis

1. Einleitung

Zur sachunterrichtsdidaktischen Verortung

> „Wenn Kinder neugierig sind, beginnen sie von sich aus mit der Exploration. Diesem Handeln liegen meist noch keine expliziten Fragen oder Hypothesen zugrunde. Vielmehr ist es ein eher unspezifisches, noch relativ ungerichtetes Wahrnehmen und Manipulieren. Im Unterschied zum Experimentieren, das sich auf die Beantwortung von Fragen oder Lösung von Problemen richtet (vgl. Wodzinski, 2004), ist das Explorieren durch das Tastende, Suchende, Spielerische und Orientierende geprägt. Es geht dabei um das Wahrnehmen, Probieren, Versuchen, Kennen lernen, Erforschen, Untersuchen und Erkunden von Dingen und Erscheinungen in der Umwelt und es ist stets auf die Erweiterung der Erfahrung gerichtet: Über die Sinne wird zunächst der Kontakt zu einem Gegenstand oder Phänomen hergestellt, das in den Aufmerksamkeitsfokus gelangt ist. Durch Verweilen bei einem Phänomen, das vielleicht Erstaunen, Freude oder Interesse hervorgerufen hat, wird die Aufmerksamkeit gebündelt. Im direkten Umgang werden dann Wahrnehmungen, ästhetische Erlebnisse, Erfahrungen und Erkenntnisse gewonnen, implizites aber auch explizites Wissen erworben und Möglichkeiten und Grenzen manipulierend ausgelotet. Wenn Kinder selbstbestimmt explorieren, kann aus diesem eher unspezifischen Erforschen eines Gegenstandes oder Phänomens ein Experimentieren werden.“ (Köster 2008, S. 202f.)

Explorieren

In oben stehendem Zitat, das einem Text von Hilde Köster zum freien Explorieren entnommen ist, stecken eine Reihe von Annahmen und Begriffen, die für die vorliegende Studie von großer Bedeutung sind und bereits deutlich machen, wo sie verortet ist: im naturwissenschaftlichen Sachunterricht und genauer noch in der Debatte um Formen des Experi-

F. Schütte, *Freies Explorieren zum Thema elektrischer Stromkreis*, Sachlernen & kindliche Bildung – Bedingungen, Strukturen, Kontexte, https://doi.org/10.1007/978-3-658-23059-3_1

mentierens im Sachunterricht. In dem Zitat finden sich allerdings auch Begriffe und Annahmen, die für technische Bildung relevant sind. Damit wird ein weiteres sachunterrichtsdidaktisch relevantes Feld sichtbar, welches in vorliegender Studie gestreift wird.

Innerhalb des Diskurses um naturwissenschaftliche Grundbildung wird ein Ansatz verfolgt, der nicht auf den Erwerb fachlichen Wissens abzielt, sondern stattdessen einen auf Selbstbildung abzielenden Ansatz verfolgt. Ein solcher Ansatz rückt das Kind und seine individuellen Zugänge zur Welt in den Fokus und damit einhergehend auch die kindliche Bestimmung der Gegenstände der Auseinandersetzung (vgl. Rauterberg 2013). Auch innerhalb der Diskussion um technische Bildung findet sich diese Entwicklung wieder (vgl. Jeretin-Kopf/Kosack 2013, S. 45).

In der Diskussion um naturwissenschaftliche Grundbildung kommt dem Experimentieren eine besondere Rolle zu. Es gilt als Konsens, dass das eigenständige Durchführen von Experimenten und auch Versuchen[1] für Kinder gewinnbringend ist, da dem eigenen Tun eine große Bedeutung zugemessen wird. Je nach Ansatz ist dieses Tun mehr oder weniger stark instruiert und dadurch sowohl in der Vorgehensweise als auch in der Gegenstandsbestimmung geleitet. Eine Form des kindlichen/schulischen Experimentierens, welche in hohem Maße offen ist und Selbstbildungsprozesse unterstützt, ist das freie Explorieren. Es ist dadurch frei, dass Kinder nicht von äußeren Anforderungen oder Erwartungen, sondern durch Neugier und Interesse angetrieben werden. Es ermöglicht somit undidaktisierte Erfahrungen (vgl. Köster 2008, S. 203f.). Durch das Explorieren werden Primärerfahrungen mit Materialien oder Phänomenen angelegt, die für ein späteres Verstehen von Sachverhalten zur Verfügung stehen. Somit kann das Explorieren als ein Weg hin zum Experimentieren gesehen werden. Auch innerhalb der Methodendiskussion um technisches Lernen nimmt das Experiment eine zentrale Funktion ein (vgl. Mammes 2013, S. 13). Es finden sich auch hier sowohl Weisen des technischen Experimentierens, die dem hypothesenprüfenden Experiment entsprechen und einem kontrollierten Ablauf folgen, als auch offenere Formen, die dem Explorieren gleichen (vgl. Jeretin-Kopf/Kosack 2013, S. 45).

---

1 Auf die Begriffsklärung von Experimentieren in Zusammenhang mit naturwissenschaftlichem Lernen wird im weiteren Verlauf eingegangen.

In verschiedenen Studien konnten Schwierigkeiten aufgezeigt werden, wenn Kinder im wissenschaftlichen Sinn experimentieren sollten, da sowohl im Bereich der Hypothesenfindung als auch bei ihrer experimentellen Prüfung Probleme auftreten. Wird Experimentieren als ein komplexes Problemlösen im Sinne einer Suche in zwei unterschiedlichen Räumen (Hypothesensuchraum und Experimentiersuchraum), die zueinander in Bezug gesetzt werden, beschrieben, treten bei der Suche in beiden Räumen Probleme auf. So werden bspw. keine überprüfbaren Hypothesen formuliert, da mehrere Variablen benannt werden. Während des Experimentierens werden dann unterschiedliche Variablen getauscht, ohne bestimmte Kontrollvariablen konstant zu halten (vgl. Klahr 2000). Auf diese Weise können keine Aussagen getroffen werden.

Dem freien Explorieren liegt (zu Beginn) meistens keine explizierte Frage oder gar Hypothese, die aus einer Theorie oder Beobachtung abgeleitet wurde, zugrunde (vgl. Köster 2008, S. 202f.). Allerdings ist davon auszugehen, dass die Handlungen implizit geleitet werden und nicht vollkommen willkürlich ausgeführt werden. Auch wenn dem freien Explorieren keine explizit formulierten Hypothesen zugrunde liegen und dementsprechend auch Hypothesensuchraum und Experimentiersuchraum nicht expliziert vorhanden sind, ist es u.a. in hohem Maße von einem Suchen gekennzeichnet (vgl. Köster 2008, S. 202f.). Im Verlauf des Explorierens und im Umgang mit Dingen und Materialien wird zudem Wissen erworben, welches explizit verbalisierbar oder implizit in die Handlungspraxis eingelassen vorliegen kann (vgl. Köster 2008, S. 202f.). Dem Impliziten kommt beim Explorieren eine besondere Bedeutung zu.

Eine zentrale Grundannahme der vorliegenden Studie ist die Idee Polanyis, dass wir mehr wissen als wir zu sagen vermögen (vgl. Polanyi 2016, S. 14). Diese Annahme ist auch für das naturwissenschafts- und technikbezogene Wissen von Kindern zutreffend. Murmann et al. konnten in einer Untersuchung festhalten, dass es einen Unterschied zwischen dem Denken und dem Handeln von Kindern beim Experimentieren gibt. So konnte festgestellt werden, dass Kinder während der Handlungsphasen kaum oder keinen Bezug auf eine dem Experimentieren vorangegangene Gesprächsphase genommen haben (vgl. Murmann et al. 2007, S. 87). In einer weiteren Studie konnte beobachtet werden, dass Kinder während der Experimentierphasen zum Thema elektrischer Stromkreis und Elektrizität gute praktische Fähigkeiten zeigten und weiter noch, dass die untersuchten Kinder in Handlungsphasen Modelle von Stromkreisen lieferten, die über das Verständnis zuvor geäußerter Aussagen hinausgingen (vgl. Glauert 2010, S. 133). Es wurde also bereits in Ansätzen herausgestellt, dass Kinder im Bereich des Naturwissenschaftlichen und Technischen über mehr Wissen verfügen als sie explizieren können.

Die vorliegende Arbeit fokussiert nun genau auf diesen Bereich, indem dem in die Handlungspraxis eingelassenen Wissen in besonderer Weise Rechnung getragen wird. Implizite Wissensbestände werden zum zentralen Gegenstand der Analyse. Insbesondere wird betrachtet, ob sich in den vom Suchen geprägten Vorgehensweisen der Kinder beim Explorieren ebenfalls Suchräume rekonstruieren lassen, die betreten werden, und zwar unabhängig davon, ob zu Beginn der Auseinandersetzung Hypothesen explizit formuliert werden. Das Suchraummodell des wissenschaftlichen Experimentierens wird somit für das freie Explorieren adaptiert und angepasst. Am Ende steht dann ein Suchraummodell für das freie Explorieren. Von besonderem Interesse ist dabei nicht nur die Räume zu rekonstruieren, sondern insbesondere Bewegungen innerhalb der Räume herauszuarbeiten, also zu rekonstruieren, wie die Räume betreten und durchstreift werden und welche Strategien sichtbar gemacht werden können.

Vorstellungsforschung

Über die Rekonstruktion von Suchräumen auf Basis von Handlungsanalysen wird ein Beitrag zur Diskussion um die Erhebung von oder besser den Zugang zu Vorstellungen geleistet (vgl. Murmann 2013, S. 1). Für gewöhnlich werden Vorstellungen von Kindern zu naturwissenschaftlichen oder auch sozialwissenschaftlichen Phänomendeutungen über verbale Äußerungen sichtbar gemacht. Das heißt, es werden sprachliche Aussagen erhoben und dann - meistens vor einem fachlichen Hintergrund - interpretiert. Die Erhebung von Vorstellungen erfolgt also in der Regel über explizites Wissen. Da Vorstellungen allerdings nicht ausschließlich sprachlich, sondern auch symbolisch oder modellhaft repräsentiert sein können (vgl. Heran-Dörr 2011, S. 7), bietet es sich an, über die Rekonstruktion impliziten, in die Handlungspraxis eingelassenen Wissens einen Zugang herzustellen. Mit einem Blick auf das eingangs gesetzte Zitat von Köster wird deutlich, dass gerade im Bereich des Explorierens dem Impliziten eine besondere Bedeutung zukommt. Es wird in vorliegender Studie überprüft, inwiefern eine detaillierte Handlungsanalyse während Phasen des Explorierens Aufschluss über Vorstellungen geben kann. Es geht vor allem auch darum, mit welchen Bedeutungen Kinder bestimmte Materialien im handelnden Umgang belegen. Daher ist die Zuordnung zum Bereich der Forschung zu Vorstellungen und Deutungen naheliegend. Ein vielversprechender Weg scheint dabei die Adaption des Suchraummodells zu sein, da das Suchen dem Impliziten in besonderer Weise Rechnung trägt. Über die Rekonstruktion von Suchräumen auf der Basis impliziten Wissens soll also ein weiterführender Beitrag zur Diskussion um die Erhebung von Vorstellungen geleistet werden.

Exemplarisch wird dies am Thema elektrischer Stromkreis aufgezeigt. Der elektrische Stromkreis ist ein klassischer Inhalt des Sachunterrichts (vgl. ebd., S. 11) und besitzt sowohl naturwissenschaftliche als auch technische Dimensionen. Auch für die Frühpädagogik gibt es eine Reihe von Auseinandersetzungsvorschlägen (z.B. Stiftung Haus der kleinen Forscher 2013). Im Bereich der Vorstellungsforschung liegen zum Thema elektrischer Stromkreis sowohl für den Elementar- als auch für den Primarbereich verschiedene empirische Untersuchungsergebnisse vor (vgl. u.a. Glauert 2010; Heran-Dörr 2011; Stork/Wiesner 2008). Vorstellungen von Kindern und Jugendlichen zum Thema wurden dabei über die Analyse verbaler Daten herausgearbeitet, manchmal noch unter Hinzunahme von Stromkreiszeichnungen oder kleinen Experimentierimpulsen („Versucht eine Lampe zum Leuchten zu bringen."). Die Erhebung von Vorstellungen über Handlungsanalysen - den handelnden Umgang von Kindern mit Materialien - in freien Explorationssettings liefert einen weiterführenden Beitrag in der Vorstellungsforschung zum Thema Elektrizität und elektrischer Stromkreis.

Ein zentrales Alleinstellungsmerkmal bezüglich der Erhebung von Vorstellungen zum elektrischen Stromkreis ist neben dem Setting und der Fokussierung von Handlungen als Analyseeinheiten das verwendete Material. Dieses wurde vor dem Hintergrund einer Bildung für nachhaltige Entwicklung ausgewählt. Anstelle von üblicherweise bei Schüler_innenexperimenten zum Thema elektrischer Stromkreis verwendeten Batterien wurden den Kindern Solarzellen sowie Wind- und Wasserräder zum Explorieren zur Verfügung gestellt. Auf Glühlampen wurde ebenfalls verzichtet. Stattdessen wurden LEDs und Solarmotoren in das Setting integriert. Die Breite der zu erhebenden Vorstellungen kann somit erweitert werden.

Das Forschen zu Vorstellungen zum Thema elektrischer Stromkreis scheint an sich zunächst nicht besonders innovativ. Besonders machen die Arbeit der verwendete Ansatz des freien Explorierens, die während des Explorierens verwendeten Materialien, welche unter Berücksichtigung des Konzeptes einer Bildung für nachhaltige Entwicklung ausgewählt wurden, um dadurch eine zeitgemäße Auseinandersetzung mit den Themen elektrischer Strom und elektrische Energiegewinnung umzusetzen und schließlich die Fokussierung auf Handlungen als Basis der Analyse. Zudem grenzt sich die Studie vehement davon ab, kindliche Vorstellungen als „Lernschwierigkeiten" zu verstehen, die in fachliche Vorstellungen überführt werden sollen. Aus diesem Grund wird auch kein fachlicher Vergleichshorizont an die rekonstruierten Vorstellungen angelegt, um diese daran zu messen. Es geht nicht um eine Differenzbeschreibung von kindlichem zu fachlichem Wissen, sondern um das Sichtbarmachen von Vorstellungen und Deutungsmustern, die kindlichen Handlungen eingeschrieben sind. Über eine Suchraumtypik werden diese dargestellt. Subjektive Zugänge von Kindern zu technischen Problemlösungen und deren zugrunde liegenden naturalen Wirkungszusammenhängen stehen im Zentrum der Studie. Es soll aufgezeigt werden, dass Inhalte naturwissenschaftsbezogenen und technischen Lernens nicht aus den Naturwissenschaften und Technikwissenschaften deduziert werden müssen.[2] Aus diesem Grund wird analysiert, was Kinder beim Explorieren machen, wie sie vorgehen und welche Räume sie betreten. Daraus ergibt sich folgende inhaltliche Hauptfragestellung:

2 Möchte Sachunterricht eine eigene Fachwissenschaft mit einer eigenen Fachdidaktik sein, so läuft eine fachpropädeutische Auffassung des Sachunterrichts diesem Verständnis entgegen und ist nicht tragbar. Murmann schreibt zu diesem Aspekt: „Die Rolle der Naturwissenschaften für den Sachunterricht besteht nicht darin, inhaltliche Lernziele zu generieren, sondern die Naturwissenschaften und ihre Fachdidaktiken sind als Ressource zu nutzen, um Verstehensprozesse der SchülerInnen zu unterstützen." (Murmann 2004, S. 3)

Innerhalb welcher Räume suchen Kinder beim freien Explorieren nach Ursachen für das Nichtfunktionieren von Stromkreisen?

Forschungsmethodische Verortung

Die Einordnung in den Diskurs um naturwissenschaftsbezogene und technische Grundbildung, das gewählte Setting, der Bezug zur Vorstellungsforschung sowie die Beschreibung von Vorgehensweisen beim freien Explorieren bedingen, dass die Studie im Bereich der Lehr- Lernforschung angesiedelt ist, auch wenn es nicht ihr Gegenstand ist, Lehr- und Lernprozesse in institutionalisierten Lernsituationen zu optimieren. Andererseits ist ein deutlicher Bezug zur Kindheitsforschung vorhanden. Kinder werden als Akteure gesehen, die aktiv ihre Umwelt wahrnehmen und gestalten. Es geht um kindliche Zugänge zu und den Umgang mit Materialien sowie kindliche Vorstellungen von Phänomenen und Sachverhalten. Perspektiven von Kindern sollen rekonstruiert werden ohne die vorrangige Absicht, fachliche naturwissenschaftliche oder technische Vorstellungen zu elektrischem Strom aufzubauen. Die Rekonstruktion kindlicher Sinnkonstruktionen ist zentraler Gegenstand.

Videographie

Es hat sich in unterschiedlichen Studien zum Experimentieren bzw. dem Experimentierverständnis von Kindern (vgl. Glauert 2010; Murmann et al. 2007) bereits gezeigt, dass es Kindern auch auf Nachfrage hin, was sie gemacht oder herausgefunden haben, nur in Ansätzen gelang, ihre Erfahrungen im Umgang mit dem Material, ihre Handlungen zu explizieren. Um der handlungspraktischen Auseinandersetzung und den impliziten Wissensstrukturen in besonderer Weise Rechnung zu tragen und darüber einen Beitrag zur Vorstellungsforschung liefern zu können, wurden Kinder während des freien Explorierens mit Materialien zum Thema elektrischer Strom gefilmt. Die dabei entstandenen Videoaufzeichnungen bilden die Grundlage zur Rekonstruktion von Suchräumen und Strategien. Die Arbeit mit Videos unter einer besonderen Berücksichtigung der Bildebene birgt demnach sehr große Potenziale auch in Zusammenhang mit didaktischen Analysen und gerade auch in Zusammenhang mit der Forschung zu Vorstellungen von Kindern.

Ein Alleinstellungsmerkmal der vorliegenden Studie liegt in der Verwendung des Verfahrens der Videographie im Kontext naturwissenschaftsbezogener und technikdidaktischer Fragestellungen. Es existieren Videostudien zum Thema Experimentieren im Physikunterricht (vgl. Tesch/Duit 2004), bei denen ein anderes Erkenntnisinteresse im Fokus steht. So entwickelten Tesch und Duit ein Kategoriensystem, um Unterrichtsexperimente anhand von Videoaufzeichnungen zu analysieren. Unterricht wurde zeitintervallbasiert analysiert und dann quantitativ ausgewertet. Im Zentrum des übergeordneten Forschungsprojektes stand dabei die Erforschung von Zusammenhängen zwischen unterrichtlichen Handlungsmustern und der Entwicklung von Interesse und Lernleistung. So konnten Tesch und Duit mit ihrem Verfahren herausfinden, wie viel Zeit verschiedene Lehrer_innen fürs Experimentieren, Vorbereiten, Auswerten usw. aufwenden. Diese Befunde konnten dann mit Leistungstestergebnissen der Schüler_innen zu Beginn und zum Ende eines Schuljahres in Verbindung gesetzt werden (vgl. ebd., S. 55). Es zeigt sich an diesem Beispiel, dass eine zeitbasierte Intervallsetzung und Analyse der Videodaten in Zusammenhang mit quantitativen Forschungsdesigns eingesetzt wird und Erkenntnisse liefern kann. Als Grenzen ihrer Untersuchung formulieren Tesch und Duit, dass bestimmte vom Experimentieren erwartete Dinge in ihrer Videostudie nicht untersucht werden konnten (wie bspw. die Förderung des Verstehens naturwissenschaftlicher Arbeitsweisen) und dass zu diesem Zweck aufwändigere Verfahren nötig seien (vgl. ebd., S. 66). Eine qualitative Videoanalyse, die in besonderer Weise die Ebene des Bildes berücksichtigt, kann solche tiefergehenden Einblicke geben. Das Vorgehen ist dabei nicht zeitintervallbasiert, sondern lässt sich eher als ereignisbezogen beschreiben. Analyseintervalle werden nach bestimmten Ereignissen, die in Hinblick auf die an die Videodaten angelegte Fragestellung von Relevanz sind, gesetzt. In der vorliegenden Studie sind dies Passagen, in denen Kinder Stromkreise gebaut haben, die nicht oder wider den Erwartungen funktionierten. Es wurde dann analysiert, wie die Kinder beim Suchen nach Ursachen für dieses Nichtfunktionieren vorgegangen sind.

Dokumentarische Methode

Das forschungsmethodische Vorgehen ist an der Schnittstelle von didaktischer Forschung und Kindheitsforschung angesiedelt. Kinder werden als Akteure verstanden, die sich selbsttätig Welt erschließen. Für die Kindheitsforschung (aber auch für didaktische Forschung) ist es von

Interesse, *wie* sich Kinder Welt erschließen. „Welt erschließen" ist dabei sehr weit gefasst. In ihrer Studie „Der Lebensraum des Großstadtkindes" von 1935 untersucht Muchow den städtischen Raum, in dem das Kind lebt, den Raum, den das Kind erlebt und den Raum, den das Kind lebt (vgl. Muchow [1935] 2012, S. 72). Muchows Studie stellt einen wertvollen und wegweisenden Beitrag zur Methodik der qualitativen Kindheitsforschung dar. Um den Raum, den das Kind erlebt und den, den das Kind lebt zu untersuchen, um also zu erfassen, wie Kinder die sie umgebende Welt wahrnehmen und „umleben" oder umschaffen, wurden hier erfolgreich qualitative Forschungsmethoden herausgearbeitet und eingesetzt. Dieses Grundverständnis, Kinder als Akteure, die sich selber Welt erschließen, zu erforschen, wird auf die vorliegende Studie übertragen werden. Es geht darum, wie Kinder bestimmte Phänomene oder Gegenstände mit Deutungen und Bedeutungen belegen. Perspektiven und Handlungsprozesse von Kindern bei ihrer Auseinandersetzung mit der sie umgebenden Welt (in diesem Fall das freie Explorieren mit Materialien zu elektrischem Strom und elektrischer Energiegewinnung) sollen im Mittelpunkt stehen. In besonderer Weise stehen dabei implizite, in die Handlungen eingelassene Bedeutungszuschreibungen im Vordergrund, die herausgearbeitet werden sollen, und nicht etwa die bewusst explizierten Äußerungen. Eine Methode, die das zu leisten vermag, ist die dokumentarische Methode.

Mit der dokumentarischen Methode wurde zur Auswertung der Videodaten ein methodologisch fundiertes Interpretationsverfahren der rekonstruktiven Sozialforschung gewählt, welches bereits erfolgreich in der Analyse von Bild- und Videodaten eingesetzt wurde (vgl. u.a. Bohnsack 2009; Schobner 2009; Wagner-Willi 2005; Baltruschat 2010; Hampl 2010). Die dokumentarische Methode bietet einen Zugang zum handlungsleitenden impliziten Wissen und gibt Aufschluss über die den Handlungen zugrunde liegenden Orientierungen. Ursprünglich aus der Gesprächsanalyse und insbesondere der Analyse von Gruppendiskussion kommend, kann die dokumentarische Methode Aufschluss über Ordnungs- und Strukturierungsprinzipien kollektiver Erfahrungsräume geben. Kollektive Erfahrungsräume werden von Personen geteilt, die bspw. sozialisationsbedingt ähnliche Erfahrungen gemacht haben (vgl. Bohnsack 2009; Nohl 2008).

Zur Rekonstruktion von Orientierungen und Erfahrungen bietet es sich an, zwischen zwei unterschiedlichen Sinnebenen zu unterscheiden, die der Unterschiedlichkeit von explizitem und implizitem Wissen gerecht werden: dem immanenten und dem dokumentarischen Sinngehalt. Zum einen lassen sich von Menschen berichtete Erfahrungen und Aussagen auf den immanenten Sinn hin untersuchen. Das heißt, der wörtlich explizite Sinn wird analysiert. Zum anderen lassen sich Erfahrungen auf ihren dokumentarischen Sinngehalt hin untersuchen (vgl. Bohnsack 2009, S. 8). Dieser dokumentarische Sinngehalt gibt einen Hinweis darauf, auf welche Art und Weise eine Schilderung hergestellt wird (vgl. ebd.). Die beiden Ebenen des Sinnes lassen sich auch in Handlungen wiederfinden. Der immanente Sinn einer Handlung kann beschrieben werden und genauso kann auch der dokumentarische Sinngehalt einer Handlung untersucht werden, da Handlungen immer auch Ausdruck von bestimmten Orientierungen sind. Die unterschiedlichen Sinnebenen erfordern unterschiedliche Arbeitsschritte bei der Auswertung. Die formulierende Interpretation fragt nach dem immanenten Sinngehalt, also nach dem *„Was"* (vgl. ebd., S. 9). Die reflektierende Interpretation dient der Rekonstruktion des dokumentarischen Sinngehalts. Sie fragt nach dem *„Wie"*, das heißt, wie ein Thema verarbeitet wird, und rekonstruiert, in welchem Orientierungsrahmen ein Thema ausgehandelt wird (vgl. ebd.). Die dokumentarische Methode geht dabei fallintern und fallübergreifend streng vergleichend vor, um verschiedene Orientierungsrahmen zu identifizieren, in denen bestimmte Inhalte oder Probleme ausgehandelt werden. Die komparative Analyse ist ein wesentlicher Verfahrensschritt der dokumentarischen Methode und auch ein Alleinstellungsmerkmal.

Zentrales Anliegen der dokumentarischen Methode ist die Rekonstruktion atheoretischen Wissens und bestimmter Orientierungsrahmen, innerhalb derer Handlungen vollzogen werden. Dieses Prinzip lässt sich auf vorliegendes Forschungsziel übertragen. Es soll analysiert werden, welches Wissen über elektrische Stromkreise und Energiegewinnung in den Problemlösestrategien der Kinder innerhalb der Handlungspraxis sichtbar wird und nicht verbal von den Kindern expliziert werden kann, also welche Vorstellungen in den Handlungen sichtbar gemacht werden können.

Mit vorliegender Studie soll nicht nur aufgezeigt werden, dass die dokumentarische Methode auch in Zusammenhang mit didaktischen

Fragestellungen nutzbar gemacht werden und gewinnbringende Erkenntnisse liefern kann, sondern Erkenntnisse generiert, die mit anderen Methoden nicht zugänglich wären. Zwar ist das Ziel nicht die Rekonstruktion von Orientierungen oder bestimmten Prinzipien der Erzeugung kollektiver sozialer Praxis, trotzdem können die zentralen Verfahrensschritte der dokumentarischen Methode (formulierende und reflektierende Interpretation) eingesetzt werden, um individuelle und kollektive Suchräume beim freien Explorieren zu rekonstruieren. Die dokumentarische Methode kann dann also nicht nur ein Verfahren zur Rekonstruktion handlungsleitender Orientierungen und kollektive Erfahrungsräume organisierenden impliziten Wissens sein, sondern auch für die Rekonstruktion von Vorstellungen (im Sinne von beim Explorieren betretenen Suchräumen) eingesetzt werden. Das innovative Moment der Studie liegt in der eingesetzten Methode und der dadurch erzielten Ergebnisse. Der Fokus der Analyse liegt auf der Ebene des Bildes und damit auf der Explikation impliziten Wissens. Durch die Analyse der Bildebene kann somit an Wissensbestände oder Deutungen gelangt werden, die auf einer reinen Analyse der Sprachebene nicht rekonstruiert werden können, da sie in die Handlungspraxis eingelassen sind.

Zum Aufbau der Arbeit

Im ersten Teil der Arbeit (Kapitel 2) werden die theoretischen Bezugspunkte deutlich gemacht. Nach einer Darlegung des Diskurses um naturwissenschaftsbezogene und technische Grundbildung werden insbesondere Methoden naturwissenschaftsbezogenen Arbeitens mit Kindern näher betrachtet, wobei insbesondere das freie Explorieren und das dahinterstehende Verständnis von „Natur und Selbstbildung" dargelegt werden. Weiterhin wird der Bereich der Vorstellungsforschung am Beispiel von Forschung zu kindlichen Vorstellungen von elektrischem Strom erörtert. Aus diesen Diskursen wird die inhaltliche Fragestellung der Studie hergeleitet.

Im zweiten Teil der Arbeit (Kapitel 3) wird das forschungsmethodische Vorgehen näher beleuchtet. Insbesondere wird das Potenzial von Videoanalysen im Zusammenhang mit der Erhebung und Interpretation von Vorstellungen dargelegt. Zudem wird das konkrete Vorgehen der Analyse mit der dokumentarischen Methode vorgestellt und mit konkreten Beispielen veranschaulicht.

Im dritten Teil (Kapitel 4) werden die Ergebnisse der Videoanalyse dargestellt. Nach der Darstellung einer detaillierten Fallanalyse werden die unterschiedlichen Suchräume, die während des freien Explorierens mit Materialien zum Thema elektrischer Stromkreis rekonstruiert werden konnten, beschrieben, kontrastiert und voneinander abgegrenzt, sodass am Ende eine ausdifferenzierte schematische Darstellung der rekonstruierten Räume erfolgen kann. In diesem Zusammenhang werden insbesondere verschiedene Strategien, die innerhalb der Suchräume rekonstruiert werden konnten, beschrieben.

Im vierten Teil (Kapitel 5) werden die Ergebnisse der Rekonstruktion vor den theoretischen Grundannahmen der Studie diskutiert. Dies geschieht sowohl auf einer inhaltlichen als auch auf einer methodischen Ebene, ehe am Ende ein Ausblick (Kapitel 6) gegeben wird.

2. Theoretische Einordnung

> „Dass naturwissenschaftliches Lernen[3] bereits früh beginnen sollte, ist heute - nach einer langen Phase der Vernachlässigung dieses Bildungsbereiches - weitgehend geteilte Meinung. Initiativen zur Förderung des naturwissenschaftsbezogenen Lernens im Elementar- und Primarbereich haben entsprechend Konjunktur, und in vielen Bundesländern wurde der Bereich der grundlegenden naturwissenschaftlichen Bildung inzwischen (wieder) in den Lehr- bzw. Bildungsplan verankert. Trotz dieser erfreulichen Entwicklung sollten wir uns intensiver als bisher über Inhalte und Ziele einer frühen naturwissenschaftlichen Bildung aussprechen, um Fehlentwicklungen zu vermeiden." (Möller 2009, S. 165)[4]

2.1 Naturbildung[5] im Sachunterricht

Über die Notwendigkeit und Bedeutung naturwissenschaftlicher Grundbildung herrscht Einigkeit. Naturwissenschaftliche Themen und Inhalte sind feste Bestandteile der Curricula sowie der sachunterrichtsdidaktischen und auch elementarpädagogischen Forschung. Dass die Auseinandersetzung mit Natur und Naturwissenschaften Bildungsrelevanz besitzt, ist also auf verschiedenen Ebenen Konsens. Bezüglich des

---

3 Originalfußnote: Ob es sinnvoller wäre, von einem frühen naturwissenschaftsbezogenen Lernen zu sprechen, sollte noch einmal kritisch reflektiert werden, was aber an dieser Stelle nicht möglich ist.

4 Dieses Zitat kann als Setzung für das naturwissenschaftliche Lernen im Sachunterricht verstanden werden. Spannend ist die in der Fußnote angesprochene Begriffsproblematik, die in den folgenden Ausführungen zu unterschiedlichen Ansätzen naturwissenschaftlicher Grundbildung mit dazugehörigen Experimentierverständnissen leitend ist.

5 Diese Überschrift und insbesondere der Begriff der ‚Naturbildung' lehnen sich an einen Aufsatz Rauterbergs an, in dem er sich mit Ansätzen naturbezogenen Lernens in der frühen Bildung auseinandersetzt. Für die theoretische Rahmung vorliegender Studie war dieser Aufsatz sehr inspirierend, da er auch für die Sachunterrichtsdidaktik von Relevanz ist (vgl. Rauterberg 2013).

F. Schütte, *Freies Explorieren zum Thema elektrischer Stromkreis*, Sachlernen & kindliche Bildung – Bedingungen, Strukturen, Kontexte, https://doi.org/10.1007/978-3-658-23059-3_2

Verständnisses und auch des Zwecks existieren hingegen verschiedene Positionen. In Veröffentlichungen zur naturwissenschaftlichen Grundbildung im Elementarbereich von Michalik (2010) und Rauterberg (2013) werden diese zusammenfassend skizziert und gegenübergestellt. Michalik unterscheidet „naturwissenschaftliche Bildung im Rahmen von didaktischen Modellen mit instruktiven Anteilen" von „naturwissenschaftlichem Lernen als Selbstbildung" (Michalik 2010, S. 95ff.). Rauterberg nennt die entsprechenden Bereiche „Naturwissenschaft und Instruktion" und „Selbstbildung und Naturwissen" (Rauterberg 2013, S. 39ff.). Während Michalik einen zusammenfassenden Überblick gibt und sich nicht für das eine oder andere Verständnis ausspricht, bezieht Rauterberg deutlich Position für eine naturwissenschaftliche Grundbildung, die dem Verständnis der Selbstbildung folgt.

Die beiden unterschiedlichen Positionen sind nicht nur in der aktuellen Diskussion um Natur(-wissenschaften) im Elementarbereich, sondern auch für das natur(-wissenschafts) bezogene Lernen in der Grundschule von Bedeutung. Die diesen Ansätzen zugrunde liegenden unterschiedlichen Bildungsverständnisse, die damit einhergehenden Kindbilder sowie zugehörige didaktische Annahmen sind auch für die Gestaltung des Sachunterrichts und seine Zielsetzungen relevant.[6] Innerhalb des sachunterrichtsdidaktischen Diskurses wurde in den letzten Jahren immer wieder auch auf elementarpädagogische Bildung eingegangen, gilt es doch im Sachunterricht an vorschulische Denkprozesse anzuknüpfen und Übergänge herzustellen (vgl. u.a. die GDSU Bände „Lernen und kindliche Entwicklung" (2009) und „Sachunterricht und frühe Bildung" (2010) sowie Pech/Rauterberg (2013)). Durch die Betonung des Bildungsgedankens für die Elementarpädagogik, die Einführung von Bildungsplänen und die Implementierung von elementarpädagogischen Studiengängen „wird mehr und mehr bewusst, dass die Prozesse der grundlegenden schulischen Bildung basiert sind durch Prozesse der Bildung im vorschulischen Bereich. Dies wurde vor allem für die Sprach- und Schriftbildung

6 Die Bezugnahme auf aktuelle Standpunkte aus der Elementarpädagogik ist insofern legitim, da diese wiederum auf sachunterrichtsdidaktische Annahmen und Erkenntnissen aufbauen. So verweist bspw. Michalik auf Kösters Ansatz des freien Explorierens (vgl. Köster 2006), der aus der Sachunterrichtsdidaktik stammt, ebenso wie Rauterbergs Ausführungen Bezug auf die Ausarbeitungen zum Bildungsrahmen Sachlernen (vgl. Pech/Rautenberg 2013) nehmen.

sowie für die mathematische Bildung herausgestellt. Aber es gilt natürlich genauso für die bildende Auseinandersetzung der Kinder mit den Phänomenen ihrer Welt, die in der Grundschule durch den Sachunterricht gefördert wird. Weil LehrerInnen und ErzieherInnen auch hier in Zukunft verstärkt z. T. gemeinsam oder übergreifend ausgebildet werden, aber vor allem auch deshalb, weil der übergreifende Blick auf den Bildungszusammenhang der Kindheit für den Sachunterricht, für die Elementarpädagogik und für die Grundschule in verschiedener Hinsicht sinnvoll und fruchtbar ist, muss die Herausforderung angenommen werden, die Didaktik des Sachunterrichts um die Frage der Frühkindlichen Bildung zu bereichern." (Fischer et al. 2010, S. 7f.)

2.1.1 Naturwissenschaftliche Bildung im Rahmen von didaktischen Modellen mit instruktiven Anteilen

Es existiert eine Reihe von Veröffentlichungen, die sich mit der Entwicklung, der Begründung und der Relevanz naturwissenschaftlicher Grundbildung sowie den unterschiedlichen didaktischen Konzeptionen naturwissenschaftlichen Lernens auseinandersetzen. Die Ausführungen an dieser Stelle beziehen sich auf zentrale Annahmen, Positionen und Befunde. Das Verständnis einer naturwissenschaftlichen Grundbildung im Sinne „naturwissenschaftlicher Bildung im Rahmen von didaktischen Modellen mit instruktiven Anteilen" (Michalik 2010, S. 95ff.) wird vor dem Hintergrund der Entwicklung eines wissenschaftsorientierten Sachunterrichts zusammenfassend skizziert.

Entwicklung naturwissenschaftlicher Grundbildung als Bestandteil einer Wissenschaftsorientierung

Die seit einigen Jahren wieder vermehrt in der öffentlichen und pädagogischen Diskussion aufkommende Betonung von und auch Forderung nach frühem naturwissenschaftlichen Lernen in der Grundschule ist kein neues Phänomen (vgl. u.a. Möller 2006, S. 107; Marquardt-Mau 2004, S. 67; Möller et al. 2014, S. 528; Grygier 2008, S. 14). Bereits in den 70er Jahren des vergangenen Jahrhunderts wurde gefordert, frühes naturwissenschaftliches Lernen in der Grundschule zu fördern und verankern. Eine Wissenschaftsorientierung hat also seit der Entstehung des Faches eine lange Tradition im Sachunterricht. Der „Strukturplan für das Bildungswesen“ des Deutschen Bildungsrates (1972) sah es vor, eine grundsätzliche wissenschaftliche Orientierung in der Grundschule zu implementieren. Das heißt, es sollten unter anderem anspruchsvolle, naturwissenschaftliche Inhalte in den Curricula verankert werden (vgl. Deutscher Bildungsrat 1972). Allerdings wurden die in den 1970er Jahren aufgestellten Forderungen in der Folge mit dem Vorwurf konfrontiert, kindliche Perspektiven nicht zu berücksichtigen, sondern zu verdrängen. Durch den starken Fachbezug seien Kinder zudem durch eine Wissenschaftsorientierung schnell kognitiv überfordert. Ein wesentlicher Kritikpunkt an den damaligen Konzeptionen und Überlegungen war, dass Kinder nur Begriffe lernen, ohne zu verstehen, welche fachwissenschaftliche Bedeutung und welche Konzepte hinter ihnen stecken (vgl. Lauterbach 1992, S. 5).[7]

Möller schreibt zusammenfassend, dass die ihres Erachtens nach wegweisenden Forderungen der 1970er Jahre die Wirklichkeit nicht erreichten, sondern aufgrund einer zu frühen, zu überladenen und zu oberflächlichen Wissensvermittlung weitestgehend scheiterten. Ein tatsächliches Verstehen und Nachvollziehen wurde mit diesem Ansatz nicht erreicht (vgl. Möller 2006, S. 108f.). Kritik an einer frühen Wissenschaftsorientierung, die auch Möller anführt, wurde bereits in der Zeit ihrer Entstehung geäußert: Der wissenschaftsorientierte Unterricht habe sich zu einem von der Wissenschaft bestimmten Unterricht entwickelt. Sachunterricht wurde so zu einem Fach, das auf die Systematik der naturwissenschaftlichen Fächer der weiterführenden Schulen zugriff und Inhalte in die Grundschule vorverlegte. Dadurch ergab sich eine immense Inhaltsfülle im Sachunterricht, die zu einer Überforderung der Kinder und einem enormen Leistungsdruck führte (vgl. Schwartz 1977, S. 13). Als Folge der Kritik entwickelten sich in den darauffolgenden Jahren eher schülerorientierte und offenere Ansätze für den Grundschulunterricht, in denen Interessen der Schüler_innen stärker berücksichtigt werden sollten. Allerdings gab es innerhalb der Sachunterrichtsdidaktik nach wie vor Vertreter_innen eines fachwissenschaftlich ausgelegten Unterrichts.

---

7 Vergleiche hierzu auch die Annahmen von Scholz zu den Sachen des Sachunterrichts. Im Sachunterricht findet sich oftmals eine Orientierung an Begriffen. Hinter den Begriffen stehende Bedeutungen, Annahmen und Konzepte würden dabei vernachlässigt, da das Lernen und Nutzen der Begriffe im Fokus stehe (vgl. Scholz 2004, S. 4f.).

Beide Standpunkte sinnvoll zu verbinden scheiterte jedoch (vgl. Möller 2006, S. 109). Als Resultat daraus wichen Inhalte und Themen aus den Naturwissenschaften in den Lehrplänen und in der Unterrichtspraxis zurück. Insbesondere chemische und physikalische Anteile wurden signifikant weniger (vgl. Möller 2006, S. 109).

Auch wenn die Ansätze der 1970er Jahre scheiterten, so gaben ihre Forderungen und Zielsetzungen doch wichtige Impulse für die aktuelle Wiederbetonung einer Wissenschaftsorientierung. Naturwissenschaftliche Sachverhalte spielen in der heutigen Wissensgesellschaft eine bedeutende Rolle. Daher wird mit dem Leitbild der Wissensgesellschaft auch die Relevanz naturwissenschaftlicher Bildung legitimiert und wieder stärker in die öffentliche politische und pädagogische Diskussion gerückt (vgl. Marquardt-Mau 2004, S. 68).

Die Ausgangslage für eine gegenwärtige Neubetonung der (Natur-) Wissenschaftsorientierung im Elementar- und Primarbereich ähnelt jener der 1970er Jahre, da es bezüglich der wirtschaftlichen, gesellschaftlichen und politischen Hintergründe Parallelen gibt. Möller führt an, dass bildungspolitische Überlegungen um die nationale Leistungsfähigkeit ähnlich sind. Damals war der sogenannte Sputnik-Schock[8] ausschlaggebend, heute ist es der sogenannte PISA-Schock.[9] Zudem ließ sich in den letzten Jahren eine gesellschaftliche Aufwertung naturwissenschaftlich-technischer Inhalte ausmachen (vgl. Möller 2007, S. 8). Der Bedarf an naturwissenschaftlich-technisch ausgebildeten Fachkräften wächst und ist von großer Bedeutung für die gesellschaftliche und insbesondere die wirtschaftliche Entwicklung. Hinzu kommt in der Diskussion um eine Neubetonung naturwissenschaftlicher Grundbildung im Primarbereich,

---

8 Nachdem die Sowjetunion 1957 weltweit den ersten Satelliten in den Kosmos geschossen hatte, reagierte die westliche Welt auf diese Überlegenheit geschockt. Hinzu kam noch, dass es die Trägerraketen des Sputnik Satelliten der Sowjetunion auch ermöglichten, Raketen von der UdSSR aus bis in die USA zu schicken. Somit war die UdSSR nicht nur technisch überlegen sondern stellte vielmehr auch eine die Existenz bedrohende Gefahr dar. Als Konsequenz wurde das Bildungssystem reformiert und naturwissenschaftlich-technischen Fächern und Themen wieder mehr Platz und eine besondere Wichtigkeit eingeräumt.

9 Durch die mediale Berichterstattung im Vorfeld der Veröffentlichung der Ergebnisse von PISA I wurde in Anlehnung an den Sputnik-Schock vom PISA-Schock gesprochen, da die Ergebnisse der Schüler_innen anderer Nationen denen von deutschen Schüler_innen gerade im naturwissenschaftlich-technischen Bereich überlegen waren.

dass gerade der Grundschule ein besonderes Reformpotential zugesprochen wird (vgl. Möller 2006, S. 108).

Der in der pädagogischen Debatte diskutierte Ansatz der Scientific Literacy[10] geht dabei so weit, naturwissenschaftliche Kompetenzen und Kenntnisse - wie Rechnen, Schreiben, Lesen - in den Rang einer Kulturtechnik zu heben. Naturwissenschaftliches Wissen ist demnach eine „grundlegende Voraussetzung für eine erfolgreiche Teilhabe am Leben in einer Wissensgesellschaft." (Marquardt-Mau 2004, S. 67) Werden sich die Begründungszusammenhänge einer Scientific Literacy angesehen, so fällt auf, dass die Legitimierung nicht nur aus Sicht des Individuums, sondern insbesondere aus einer politisch-ökonomischen Perspektive erfolgt. Scientific Literacy ist aus wirtschaftlicher Sicht wichtig, um die Wettbewerbsfähigkeit zu sichern. In einer Wissensgesellschaft geht es um Wissen und dementsprechend braucht es gebildete Menschen, die dieses Wissen schaffen und anwenden, um so den Wirtschaftsstandort zu sichern. Weiterhin spielen ökologische Aspekte eine bedeutende Rolle. Es soll für einen nachhaltigen, verantwortungsvollen Umgang mit der Umwelt und Ressourcen sensibilisiert werden, um diese zu erhalten. Mit einer naturwissenschaftlichen Grundbildung soll dies begünstigt werden. Scientific Literacy ist zudem von individueller, kultureller und gesellschaftlicher Relevanz. Menschen müssen insoweit naturwissenschaftlich mündig sein, um zu sehen, was für sie und ihre Entwicklung und Existenz gut ist. Ein naturwissenschaftliches Grundverständnis kann bspw. helfen, Entscheidungen in Bezug auf die eigene Gesundheit zu treffen. Unsere heutige aufgeklärte und entmystifizierte Gesellschaft ist durch Erkenntnisse und Erkenntnismethoden der Naturwissenschaften geprägt, deshalb ist Scientific Literacy auch von kultureller Relevanz. Schließlich besteht die gesellschaftliche Bedeutung einer naturwissenschaftlichen Grundbildung in der Teilhabe an Entscheidungsprozessen. Demokratische Entscheidungsprozesse setzen gebildete Bürger_innen voraus, auch im Bereich Naturwissenschaft und Technik (vgl. ebd., S. 69; Krumbacher 2009).

Doch nicht nur gesellschaftliche und politische Begründungszusammenhänge haben für eine Neubetonung der Wissenschaftsorientie-

---

10 „Scientific (and technogical) literacy is best defined as a continuum of understanding about the natural and the designed world, from nominal to functional, conceptual and procedural, and multidimensional." (Bybee 1997, S. 86)

rung im Sachunterricht gesorgt, auch Erkenntnisse aus der Entwicklungs- und Lernpsychologie haben dazu beigetragen, dass Kindern im Hinblick auf naturwissenschaftlich-technisches Lernen mehr zugetraut wird (vgl. Möller 2007, 2009; Sodian 1995). Das von Piaget entwickelte Stufenmodell der kognitiven Entwicklung gilt inzwischen als widerlegt. Piaget ging davon aus, kindliches Denken vollziehe sich vom Konkreten hin zum Abstrakten, „indem sich inhaltsübergreifende Denkschemata verändern, wobei die konkret operative Phase des Grundschulkindes durch die Unfähigkeit gekennzeichnet ist, nicht explizit verfügbare Informationen zu erschließen. Die Annahme einer bereichsübergreifenden Veränderung des Denkens und der Informationsverarbeitung gilt jedoch als überholt." (Möller et al. 2002, S. 177) Es existiert inzwischen eine Reihe von Untersuchungen, die die Inhaltsspezifität des Wissen und der Vorstellungen von Kindern herausgearbeitet haben. „Manche Kinder können in einem Inhaltsgebiet - z.B. in Mathematik - bereits sehr fortgeschrittene geistige Operationen vollziehen, während sie in anderen Inhaltsgebieten bei vergleichbar schwierigen Aufgaben überfordert sind." (ebd.; vgl. dazu auch Sodian 2008, S. 464) Vor diesem Hintergrund existiert die Meinung, dass frühes naturwissenschaftlich-technisches Lernen spätere Lernchancen erhöht (vgl. Möller 2007, S. 8; Köhnlein/Spreckelsen 1993, S. 157).

Von Relevanz für den Sachunterricht und seine Didaktik ist die Frage, was im Bereich des naturwissenschaftsbezogenen Lernens Gegenstand oder Ziel sein soll. Sachunterricht, der einem Verständnis naturwissenschaftlicher Bildung im Rahmen von didaktischen Modellen mit instruktiven Anteilen folgt, entnimmt seine Inhalte aus Fachwissenschaften, das heißt, aus seinen naturwissenschaftlichen Bezugsdisziplinen (Biologie, Chemie, Physik). Im Vordergrund stehen der Erwerb naturwissenschaftlichen Wissens und die naturwissenschaftliche Deutung von Phänomenen (vgl. Michalik 2010, S. 96). Es herrscht Einigkeit darüber, dass Inhalte aus höheren Klassenstufen keineswegs in die Grundschule vorverlegt werden sollen, dennoch sollen grundlegende Erfahrungen ermöglicht werden. Möller formuliert als Ziel naturwissenschaftlichen Lernens u.a. zwei zentrale Aspekte. Einerseits sollen ein Beitrag zur Orientierung in der Welt und eine Basis für eine spätere Ausdifferenzierung von Kompetenzen geboten werden. Andererseits sollen neben inhaltlichen auch prozessbezogene Kompetenzen entwickelt werden (Möller

2009, S. 166). Zum ersten Bereich zählt das Verstehen von grundlegenden Konzepten und Anwendungen. Im Zentrum stehen also fachwissenschaftlich „richtige“[11] Konzepte. Schaut man sich Möllers Studien an, so wird dies auch deutlich. Fachlich belastbare Konzepte zu ausgewählten Phänomenen sollen aufgebaut werden (vgl. Möller 2009). Auch in anderen Studien steht eine Orientierung an fachlichem Wissen im Vordergrund (vgl. Heran-Dörr 2011, Glauert 2010). Zu den prozessbezogenen Kompetenzen gehören die Fähigkeit wissenschaftlichen Denkens und das Erlernen wissenschaftlicher Arbeitsweisen (vgl. Grygier 2008, S. 17ff.). Zusammenfassend lässt sich sagen: Der naturwissenschaftsorientierte Sachunterricht verfolgt den Aufbau fachlicher naturwissenschaftlicher - und das bezieht sich auf inhaltliche sowie auch auf methodische - Kompetenzen.

Naturwissenschaftliche Grundbildung im „Spannungsfeld“ von Wissenschafts- und Kindorientierung

Kahlert formuliert als Leitbild für den Sachunterricht „Umwelt erschließen.“ (Kahlert 2006, S. 19) Sachunterricht soll die Aufgabe erfüllen, über Bestehendes aufzuklären, für Neues zu öffnen und sinnvolle Zugangsweisen zur Umwelt aufzubauen (vgl. ebd., S. 29). Sachunterricht, der diesem formulierten Leitbild gerecht werden möchte, muss seine Inhalte aus dem Erfahrungsbereich der Schüler_innen beziehen, ohne allerdings „in diesen Vorstellungswelten zu verbleiben.“ (ebd., S. 31) Hier wird einerseits eine Wissenschaftsorientierung sichtbar, andererseits werden hier auch die Erfahrungsbereiche der Kinder als Ausgangspunkt der Inhaltsbestimmung des Sachunterrichts genannt.

Sachunterricht in der Grundschule befindet sich diesem Ansatz folgend in einem Spannungsfeld zwischen Wissenschafts- und Kindorientierung.[12] Zum einen wird insbesondere die Bedeutung von frühem wissenschaftlichem, speziell auch naturwissenschaftlich-technischem, Lernen mit dazugehörigen Inhalten und Methoden diskutiert, zum anderen soll auf das Kind und seine Lebenswelten eingegangen werden. Der Perspektivrahmen Sachunterricht der Gesellschaft für Didaktik des Sach-

---

11 Vergleiche hierzu auch noch einmal das eingangs erwähnte Zitat von Möller (2009): „Fehlentwicklungen" sollen vermieden werden.

12 Unter Kindorientierung wird die Anschlussfähigkeit von Inhalten, Themen und Methoden an die Lebenswelt und die Erfahrungen von Kindern verstanden.

unterrichts bezeichnet dies als „Spannungsfeld." (vgl. GDSU 2013)[13] Aber auch wenn die Anschlussfähigkeit der unterrichtlichen Inhalte an Vorerfahrungen und Lebenswelten der Kinder betont wird, steht doch aufgrund der gleichzeitig stattfindenden Wissenschaftsorientierung wissenschaftliches, im Sinne der fachlichen Bezugsdisziplinen vermeintlich objektives und richtiges Wissen im Zentrum dessen, was gelernt werden soll. Eine Kindorientierung an Erfahrungswelten ist also nur als Initialisierung von Themen zu deuten, die dann in wissenschaftliche Kategorien eingeordnet werden sollen. Was Kinder denken, können, verstehen und vermuten, bleibt dann oftmals auf der Strecke oder wird als Fehlvorstellung abgetan, die in eine fachlich richtige umgelenkt werden soll (vgl. Kapitel: 2.3 Vorstellungen von Kindern zu Phänomenen).

Kritische Blicke auf naturwissenschaftliche Bildung im Rahmen didaktischer Modelle mit instruktiven Anteilen

Bezüglich der Frage, ob eine Förderung naturwissenschaftlichen Lernens in der Grundschule späteres naturwissenschaftliches Lernen erleichtern könnte, eine Naturwissenschaftsorientierung also sinnvoll ist, stellen Möller et al. fest: „Manche Pädagogen stehen diesen Fragen kritisch gegenüber, gilt es doch, Bildungsprozesse in der Grundschule vor einer Vereinnahmung durch die weiterführenden Schulen zu schützen. Grundschule sei auf die gegenwärtigen Bedürfnisse und Interessen von Grundschulkindern auszurichten; Sachunterricht habe primär die Aufgabe, zur Klärung der von Kindern erlebten Welt und zu einer in dieser Welt erforderlichen Handlungsfähigkeit beizutragen." (Möller et al. 2007, S. 176)[14]

---

13 Der Perspektivrahmen Sachunterricht stellt einen Versuch einer wissenschaftlichen Fachgesellschaft dar, schulischen Sachunterricht zu strukturieren. Es wurden bestimmte Standards basierend auf den festgelegten fünf Perspektiven (sozial- und kulturwissenschaftliche Perspektive; raumbezogene Perspektive; naturwissenschaftliche Perspektive; technische Perspektive und historische Perspektive) des Perspektivrahmens festgelegt, die bundesweit im Sachunterricht erfüllt werden sollten. Einige Bundesländer orientierten ihre Curricula dann auch am Perspektivrahmen (vgl. Rauterberg/Pech 2013, S. 13). Der Perspektivrahmen ist stark an die klassischen Bezugsdisziplinen des Sachunterrichts angelehnt.

14 Möller et al. (2007) entschärfen diese Sichtweise durch die oben wiedergegebene Diskussion um die Bedeutung und Notwendigkeit einer naturwissenschaftlichen Grundbildung. Sie sind Befürworter eines wissenschaftsorientierten Sachunterrichts, dem allerdings ein moderat-konstruktivistisches Lernverständnis zugrunde liegt (vgl. Kapitel:

In diesem Zitat wird bereits ein anderes Verständnis sichtbar, welches nach einer kritischen Betrachtung eines stark naturwissenschaftsorientierten Ansatzes und in Bezug auf naturwissenschaftsbezogenes Lernen vor dem Hintergrund des Bildungsrahmens Sachlernen (vgl. Pech/Rauterberg 2013) dargestellt werden soll.

Vernachlässigung kindlicher Herangehensweisen

Fischer hält fest, dass es keinen Beleg für die Wirksamkeit einer naturwissenschaftlichen Bildung im Rahmen von didaktischen Modellen mit instruktiven Anteilen gibt (vgl. Fischer 2013, S. 23). Er gibt vielmehr zu bedenken, dass elementare Voraussetzungen des kindlichen Lernens in diesem Ansatz ignoriert werden. Nach Fischer kann es zu Komplikationen kommen, wenn implizite Erfahrungen von Kindern übergangen oder zu wenig berücksichtigt werden und zu schnell der Fokus auf sprachliches, begriffliches und somit auch auf fachliches Wissen gelegt wird. Dies ist besonders dann der Fall, wenn es darum geht, Präkonzepte durch fachliche zu ersetzen. Denn das geschieht oftmals mit fachlichen Vorstellungen, die eigenen impliziten Deutungen entgegenstehen. Zudem ist es problematisch, wenn Situationen und Problemstellungen angelehnt an fachwissenschaftliches Wissen initiiert werden und nicht aus den Erfahrungsbereichen der Kinder kommen. Auf diese Weise werden subjektiv bedeutsame Zugänge mit unbegreifbaren objektiven Wahrheiten blockiert (vgl. Fischer 2013, S. 24f.). Gegenstände und Methoden aus außerpädagogischen Situationen, welche Kinder möglicherweise kennen und die ihnen vertraut sind, spielen keine Rolle mehr; „ihre privat offensichtlich vorhandene Kompetenz zur Welterkundung ist curricular nicht gefordert - Präkonzepte, z.T. als Fehlvorstellungen bezeichnet, gilt es in einigen Ansätzen zu überwinden." (Rauterberg 2013, S. 38f.) Als Erklärung für diese Missachtung basaler kindlicher Voraussetzungen im Bildungsprozess in der naturwissenschaftlichen Grundbildung führt Fischer an, dass Bildungsverläufe von oben nach unten und nicht anders herum beschrieben werden (vgl. Fischer 2013, S. 25). Das heißt, dass aus einer fachlichen Logik heraus argumentiert wird. Das Vorgehen ist dabei ein deduktives: Je jünger die Kinder, desto weiter werden die Inhalte redu-

2.3.1 Exkurs: Konstruktivistische Annahmen für das Sachlernen). Sie betonen den selbstgesteuerten Aufbau von Wissen.

ziert und immer einfacher; je älter die Kinder, desto komplexer die Inhalte.

Funktionalisierung des Kindes

Ein wesentlicher Kritikpunkt an einer frühen Orientierung an Naturwissenschaften im Bildungsbereich und insbesondere an den Annahmen einer Scientific Literacy ist, dass Kinder gesellschaftlich funktionalisiert werden, um einem Fachkräftemangel entgegenzuwirken. Der individuelle Nutzen (obwohl dieser in den Begründungszusammenhängen einer Scientific Literacy angeführt wird) gerät so in den Hintergrund und spielt zunächst keine Rolle.[15] In der Neubetonung des Stellenwertes der von Krumbacher als „harte" Naturwissenschaften bezeichneten Fächer Physik und Chemie im Sachunterricht ist die Gefahr der Förderung eines Szientismus, also der Wissenschaftsgläubigkeit, enthalten. Mit einer szientistischen Sichtweise „wird die Vielfalt an Wahrheiten und Werten zu Gunsten einer (natur)wissenschaftlichen Sichtweise ignoriert." (Krumbacher 2009, S. 1) Dieses Problem wird vor allem in Physik und Chemie gesehen, da diesen Wissenschaften in einem gesteigerten Maß Objektivität unterstellt wird (vgl. ebd.). Einem modernen, sich entwickelnden Naturwissenschaftsverständnis steht dies konträr gegenüber.

Es stellt sich die Frage, was Kindorientierung diesem Verständnis nach wert ist, wenn Gesellschaft und Zukunft und vor allem der auf diese beiden Kategorien abzielende Nutzen die Bildungsdebatte bestimmen (vgl. Rauterberg 2013, S. 40). „Eine Pädagogik der frühen Kindheit verlangt einen mentalen Wandel, eine an Normen - z.B. Kompetenzzielen oder Wissenschaftsstandards - orientierte Pädagogik zu verlassen und eine konsequente, an den jeweiligen Möglichkeiten der Kinder orientierte Pädagogik voranzubringen." (Schäfer 2010, S. 13) Es sollte also ein Wechsel von einer zielorientierten zu einer möglichkeitsorientierten Pädagogik stattfinden. Eine Möglichkeitsbezogenheit ist stets Bedingung früher Bildung (vgl. ebd.). Kleinkindern wird fast selbstverständlich möglich-

15 Krumbacher kritisiert die oben erwähnte Formulierung, dass Scientific Literacy eine Voraussetzung für eine erfolgreiche Teilhabe an der Gesellschaft ist. Andersherum würde dies nämlich bedeuten, dass ohne naturwissenschaftliche Grundbildung nicht erfolgreich an Gesellschaft teilgehaben werden kann (vgl. Krumbacher 2009, S. 2). Diese Sichtweise stellt in der wissenschaftlichen Disziplin Sachunterricht keine Ausnahme dar und auch in den Curricula ist eine stark wissenschaftsorientierte Haltung zu finden.

keitsbezogen begegnet. Auf Signale des Kindes wird eingegangen und es wird ein nach den individuellen Möglichkeiten des Kindes, passendes Angebot gemacht. Erst mit zunehmendem Alter und einem von außen wirkendem sozialen oder gesellschaftlichen Druck „glaubt man, den Kindern zielorientiert etwas beibringen zu müssen, was sie sonst - so wird unterstellt - nicht lernen würden." (ebd.)

Problematisch sieht Rauterberg, dass kindliches Welterkunden, welches in außerpädagogischen Situationen stattfindet, in pädagogischen Situationen oftmals nicht aufgegriffen wird, bzw. als im Sinne einer fachlichen Erkundung nicht richtig gesehen wird. Es wird sich demnach nicht an den vorhandenen Möglichkeiten orientiert. Stattdessen werden fachliche Maßstäbe, bzw. Welterkunden der Erwachsenen angelegt. Mit dieser Einstellung ist der Unterschied zwischen Kind und Erwachsenem kein grundsätzlicher, sondern nur ein gradueller (vgl. Rauterberg 2013, S. 37). „Die Messlatte für kindliche Bildungszusammenhänge - und die scheinen sich gegenwärtig nicht auf explizite pädagogische Situationen zu beschränken - entstammt aber stets Wissenschaften, die für die Alltagsbewältigung von Erwachsenen an vielen Stellen auch nur eine geringe Rolle spielen." (ebd.) Durch die Ausrichtung von Bildungsplänen auf das Alter von 0-10 Jahren wird die Frage, ob es ein privates Kind überhaupt noch gibt, von Rauterberg bezweifelt. „Inwieweit haben Kinder ‚in Zeiten der Bildungseuphorie' die Gelegenheit, kindliche WelterkunderInnen oder Kinder zu sein, die sich von Erwachsenen unterscheiden?" (ebd.)

Es lassen sich in der Kritik des Ansatzes von Naturwissenschaft und Instruktion Dimensionen wiederfinden, die bereits in der Debatte um eine Wissenschaftsorientierung in den 1970er Jahren genannt wurden. Die kognitive Überforderung, die als Kritikpunkt genannt wurde, konnte allerdings durch neuere Befunde widerlegt werden. Zentral in der dargestellten Kritik ist das zugrunde liegende Kindbild und damit einhergehend das Bildungsverständnis. Die Kritik wurde zu einem Großteil in Bezug auf naturwissenschaftliche Grundbildung im Elementarbereich formuliert. Allerdings sind die erwähnten Aspekte auch für das Lernen in der Primarstufe gültig.

Im nächsten Gedankengang soll auf ein Verständnis von naturwissenschaftlicher Bildung eingegangen werden, dass einem Verständnis von Natur und Selbstbildung folgt. Insbesondere soll dabei geklärt werden, was Gegenstand und Ziel einer so verstandenen naturwissenschaftsorientierten Grundbildung sein kann.

2.1.2 Natur und Selbstbildung

Die Begrifflichkeit „Natur und Selbstbildung“ ist Veröffentlichungen zum Thema naturwissenschaftliche Grundbildung im Elementarbereich entnommen (vgl. Rauterberg 2013, Michalik 2009). Sie ist jedoch auch in hohem Maße für die Sachunterrichtsdidaktik von Bedeutung. Das Verständnis von „Natur und Selbstbildung“ wird vor dem von Pech und Rauterberg (2013) entworfenen Bildungsrahmen Sachlernen aufgezeigt.

Bildungsrahmen Sachlernen

Der Bildungsrahmen Sachlernen ist ein Entwurf zur Gegenstandsbestimmung des Sachlernens und in Hinblick auf den Sachunterricht ein Vorschlag zur Curricularisierung. Er ist institutionenübergreifend auf acht Jahre angelegt: Zwei Vorschuljahre, vier Grundschuljahre (die Sachunterrichtsjahre) und die Klassen fünf und sechs, die den Umbruch zur Fachsystematik markieren. Im Gegensatz zum Perspektivrahmen Sachunterricht der GDSU beziehen Pech und Rauterberg hier also den Bereich der frühen Bildung sowie den Übergang zum Fachunterricht in ihre Überlegungen mit ein. Der Begriff des Sachlernens wird auf diese Weise sinnstiftend, da sich damit nicht auf den Sachunterricht festgelegt wird (vgl. Pech/Rauterberg 2013, S. 15).[16] Am Perspektivrahmen Sachunterricht der GDSU wird kritisch gesehen, dass dieser zu stark auf fachwissenschaftliche Bezugsdisziplinen eingeht und die Berücksichtigung kindlicher Perspektiven nur dahingehend instrumentalisiert, wissenschaftliches Wissen aufzubauen. Weiterhin werden bestimmte sachunterrichtsrelevante Bereiche (Jura, Medizin, Informatik) nicht durch

16 In diesem Ansatz wird deutlich, dass die Bereiche Elementardidaktik und Sachunterrichtsdidaktik zusammen gedacht werden können, dass Annahmen und Diskurse der Elementarpädagogik von Bedeutung für den Sachunterricht sind und andersherum genauso. „Es kann z.B. nicht darum gehen, den vorschulischen Bereich einseitig schulischen Normen anzupassen, sondern es muss sorgfältig geprüft und erwogen werden, welche Formen des Lernens und der Weltaneignung, welche pädagogischen und didaktischen Impulse aus dem vorschulischen Bereich auch für das Lernen in der Grundschule wichtig und wünschenswert sind.“ (Fischer et al. 2010, S. 8)

die Perspektiven des Perspektivrahmens abgedeckt, obwohl Inhalte aus diesen Bereichen klassischerweise im Sachunterricht behandelt werden, wie bspw. Gesundheitserziehung und der Umgang mit sogenannten neuen Medien (vgl. ebd., S. 16).

Der Bildungsrahmen Sachunterricht grenzt sich bewusst davon ab, dass sich Gegenstände des Sachunterrichts aus Bezugsdisziplinen und Fachwissenschaften ableiten lassen (vgl. ebd., S. 15). Sachunterricht als wissenschaftliche Disziplin sollte seinen Gegenstand nicht aus anderen Disziplinen übernehmen. Auch das Anknüpfen an vor der Schulzeit gesammeltes Wissen und vorangegangene Erfahrungen wird abgelehnt, da es Lehrkräften nicht möglich ist, dieses Wissen zu erheben. Rahmenrichtlinien, die für sich beanspruchen, dies zu tun, sind nur normativ und spekulativ (vgl. ebd.). Zentrale Frage der beiden Autoren ist dann, was Gegenstand des Sachlernens sein kann. Diese Frage lässt sich auch auf den Elementarbereich übertragen, da Sachlernen nicht auf schulisches Lernen beschränkt ist. Wenn der Sachunterricht also für sich verlangt, als eigenständige wissenschaftliche Disziplin und nicht nur als Fachdidaktik zu gelten, muss er seine Gegenstände auch selber generieren (vgl. ebd., S. 16). Pech und Rauterberg schlagen vor, Umgangsweisen als Gegenstand von Sachlernen zu bestimmen. In der Bestimmung von Umgangsweisen als Gegenstand des Sachlernens werden aus den Fachwissenschaften entnommenen Inhalte als Gegenstand des Sachunterrichts obsolet.

Die Annäherung an eine Struktur von Sachlernen folgt nicht in Anlehnung an Fachwissenschaften, sondern an das zugrunde gelegte Weltbild. Die Instrumentalisierung des Lernens durch die Kategorie Zukunft, die eng mit Zukunftssicherung im Sinne einer ökonomischen und politischen Einstellung einhergeht, wird abgelehnt. Mit der Orientierung an Weltbildern gerät das Hier und Jetzt wieder stärker in den Fokus. Pech und Rauterberg verstehen Weltbild als Beschreibung von Welt, nicht als Welt an sich.[17] „Es handelt sich bei ihnen [Weltbildern, Anm. FS] um – gesellschaftlich argumentiert – (auf Beobachtungen von Gesellschaft und politisch-gesellschaftlichen Idealen basierten) normative Setzungen aus denen heraus bestimmte Ziel- und (soziale) Handlungsvorstellungen abgeleitet werden (können).“ (ebd., S. 18) Weltbilder spielen, auch wenn

---

[17] Diesem Verständnis ist immanent, dass es sich um individuelle Bedeutungszuschreibungen handelt, die kontextabhhängig konstruiert werden (vgl. Kapitel: 2.3.1 Exkurs: Konstruktivistische Annahmen für das Sachlernen).

dies nicht expliziert wird, in allen didaktischen Entwürfen eine Rolle. Allerdings betonen Pech und Rauterberg, dass normative Setzungen aus einer wissenschaftlichen Argumentation heraus problematisch sind, da sie immer schon Interpretationen von spezifischen Sichtweisen auf Welt sind (vgl. ebd.). „Eine Relevanz für das institutionelle Sachlernen gewinnen Weltbilder, wenn davon ausgegangen wird, dass (auch) Kinder in ‚dieser' Welt leben und dies gegenwärtig, jetzt (!), nicht erst zukünftig." (ebd.) Pech und Rauterberg bezeichnen Weltbild als eine Art „Meta-Lebenswelt" (ebd.), in der gelernt werden soll, sich zu orientieren. Dabei sollen Kinder unterstützt werden. Um bildungsrelevante Gegenstände zu curricularisieren ist es notwendig, sein Weltbild transparent zu machen (vgl. ebd.). Als Kennzeichen ihres Weltbildes nennen Pech und Rauterberg: Pluralität, Heterogenität, Perspektivität, Relativität, Positionierung, Kontextualität, Reflexion, Demokratie, Menschenrechte, Nachhaltigkeit, Propädeutik, Medialität/Digitalität, Globalität/Globalisierung (vgl. ebd., S. 18ff.). Dieses Weltbild rahmt den Bildungsrahmen Sachlernen. Von Bedeutung sind dabei das Verständnis von Wissen und modernen Wissenschaften sowie insbesondere der Zugang zu Wissen, der Umgang mit Wissen.

Ein modernes Wissenschaftsverständnis definiert und differenziert Wissenschaften nicht über Gegenstände sondern über Methoden. Mit einer spezifischen Methode lässt sich ein spezifischer Gegenstand konstruieren. Der Gegenstand ist also abhängig von der Weise, wie mit ihm umgegangen wird und abhängig davon, wie Wissenschaft Welt interpretiert. Eine Umgangsweise ist somit zentraler Zugang zu etwas und dementsprechend auch zu Wissen. „Dem Paradigma der ‚Umgangsweisen' in diesem Entwurf liegt der Gedanke zu Grunde, dass ‚Erkenntnis' der Welt und kommunizierbares Wissen über Welt nicht - ausschließlich - gebunden sind an wissenschaftliche Methoden." (ebd., S. 22) Jedes Kind und jeder Mensch haben eigene Umgangsweisen sich in der Welt zu orientieren, die in einem kulturellen Kontext individuell entwickelt werden. Doch werden diese in der Didaktik des Sachunterrichts nicht ausreichend berücksichtigt. Meistens ist es so, dass sie nur als vorläufige und nicht tragfähige Modelle anerkannt werden, die durch fachliche Umgangsweisen ersetzt werden müssen (vgl. ebd., S. 22f.).

Als Beispiele für Umgangsweisen nennen Pech und Rauterberg z. B. Beobachten, Experimentieren[18], Recherchieren, Interpretieren, Arbeiten, Spielen, Gestalten, Schützen, Präsentieren, sich Positionieren. „Diese Umgangsweisen beziehen sich immer auf etwas. Dieses etwas haben wir bisher mit dem uns am weitesten erscheinenden Begriff ‚Welt' belegt." (ebd., S. 24) Das, woraus der Umgang resultiert, ist die Sache des Sachlernens. Wissen ist nichts Feststehendes, sondern änderbar. Es geht daher nicht darum, feste Wissensbestände „vermitteln" zu wollen (was in Anbetracht der Fülle an Wissensbeständen in unserer technisierten, globalen Wissensgesellschaft schier aussichtslos ist), sondern gerade darum, einen Umgang mit der Welt zu erlernen, der dazu befähigt, Wissen zu nutzen, um sich in der Welt zu orientieren. Daher stehen die Sachen nur exemplarisch für das Aneignen der Umgangsweise, also des Gegenstandes.

Umgangsweisen mit Natur

Neben der Verzahnung oder dem Gemeinsamdenken von elementarpädagogischen und primarpädagogischen Positionen in Bezug auf Sachlernprozesse, finden sich in verschiedenen Abschnitten des Bildungsrahmens Sachlernen auch Aussagen zum Bereich Natur und Naturwissenschaften. Dort weisen Pech und Rauterberg auch auf die nicht konsistent geführte Begrifflichkeit im Perspektivrahmen (naturbezogen vs. naturwissenschaftlich) hin (vgl. ebd., S. 15). Ebenso wird, wenn es um die Frage geht, wie ein eigener Gegenstand für den Sachunterricht formuliert werden kann, auf die Debatte bezüglich des Naturlernens im Elementarbereich (Selbstbildung vs. Instruktion) eingegangen (vgl. ebd., S. 17).

Wird noch einmal auf das zu Beginn des Kapitels angeführte Zitat von Möller erinnert, in dem konstatiert wird, dass es nötig ist, sich intensiver mit Inhalten und Zielen frühen naturwissenschaftlichen Lernens auseinanderzusetzen, lässt sich festhalten, dass Rauterberg, Fischer und Schäfer neue Ideen und innovative Ansätze für diese Debatte liefern. Rauterberg setzt sich ganz explizit mit der Frage auseinander, mit welchen Zielsetzungen, Methoden und Gegenständen Welterkunden von

18 Zum Verständnis des Experimentierens als Umgangsweise siehe die Ausführungen zum Explorieren (vgl. Kapitel: 2.2.2 Offene, spielerische und selbstbestimmte Formen der Auseinandersetzung mit Naturphänomenen - freies Explorieren).

Kindern im Bereich Naturbildung erfolgen kann. Eine Orientierung an fachwissenschaftlichen Inhalten wie in dem oben dargestellten Ansatz von Naturwissenschaft und Instruktion lehnt er ab (vgl. Rauterberg 2013, S. 33). Bereits im Titel seines Aufsatzes („Naturbildung in der Frühpädagogik": Umgangsweisen mit Natur(en)) wird deutlich, dass Umgangsweisen auch in den Überlegungen zu Natur und Bildung, die sich explizit auf den Elementarbereich beziehen, zentral sind.[19]

Im Gegensatz zum oben skizzierten Verständnis naturwissenschaftlicher Bildung im Rahmen von didaktischen Modellen mit instruktiven Anteilen wird in diesem aus der Elementarpädagogik heraus entworfenen Ansatz, der die Auseinandersetzung mit Natur im Bereich von Selbstbildung denkt, nach Möglichkeit auf an Fachwissenschaften und Fachdidaktiken angelehnte Begriffe wie Experiment, Naturwissenschaft usw. und auf den Primat des Erwerbs fachwissenschaftlichen Wissens verzichtet.[20] Das Kind wird als lern- und bildungsfähig angesehen, nicht jedoch als mit einer fachlichen Vorstellung belehrbares Kind (vgl. ebd., S. 42). Es liegt also ein anderes Bild vom Kind zugrunde.

Im Fokus kindlicher Bildungsprozesse steht das Erkunden von Welt. Kinder können durch eine selbstgesteuerte Auseinandersetzung und Erkundung eigene Weltbilder entwickeln. „Aus dem entwickelten Weltbild heraus können Kinder in der Welt leben, sich orientieren, aber auch Transfers und Übertragungen von erkundeten Phänomenen auf andere Phänomene vornehmen, die in der Regel ebenfalls nicht dem Erwachsenenverständnis entsprechen." (ebd., S. 37) Kindliches Erkunden außerhalb pädagogischer Situationen findet nicht in einem bezugslosen Raum, sondern in kulturellen Rahmen statt. Es ist dementsprechend nicht willkürlich (vgl. ebd., S. 35).

Der didaktische Ansatz basiert auf Beobachtungen des eigenständigen kindlichen Welterkundens im Rahmen eines pädagogischen Angebotes. Es wird zugrunde gelegt, dass Kinder auch wenn es vermeintlich den Anschein macht, dass sie spielend durch ihre Umgebung, ihre Welt zie-

---

19 Unter Bildung versteht Rauterberg „sich eine – begründbare – Haltung zur Welt entwickeln." (Rauterberg 2013, S. 36)

20 Allerdings, so Rauterberg, „…muss man konstatieren, diesem Ansatz fehlen an vielen Stellen noch belastbare, in der Didaktik anerkannte Begrifflichkeiten und eine konsistente Begriffsnutzung." (Rauterberg 2013, S. 41) Auf diese Begriffsproblematik gehen auch Pech/Rauterberg (vgl. 2013, S. 15) sowie Möller (vgl. 2009, S. 65) ein.

hen für sich - und das ist der entscheidende Punkt - sinnvoll handelnd ihre Welt und Natur erschließen, ohne dabei kleine Naturwissenschaftler_innen zu sein (vgl. ebd., S. 41).[21] Es wird versucht, kindliches Welterkunden außerhalb pädagogisch initiierter Situationen auch innerhalb pädagogischer Situationen aufzugreifen und zu stärken, auch wenn beide Situationen nicht identisch sein können (vgl. ebd.).

Am Ende einer eigenständigen Erkundung von, bzw. dem Umgang mit Natur werden aller Wahrscheinlichkeit nach keine wissenschaftlichen oder wissenschaftsnahen Aussagen oder Phänomerklärungen stehen, „[...] aber das Ergebnis, so wird konstatiert, kann ein für die Kinder sinnvolles und verständliches sein und vor allem: Es ist ihr Ergebnis und sie haben es - pädagogisch unterstützt - mit ihren Möglichkeiten erreicht." (ebd., S. 42) Kinder sollen eine Beziehung zur Welt entwickeln. „Allerdings werden die kindlichen Weltdeutungen nicht als Aussagen über die Welt ausfallen, sondern als Aussagen über sich selber in Beziehung zu dieser Welt." (ebd., S. 43) Um zu Weltdeutungen zu kommen ist der selbstgesteuerte Umgang mit Welt - und in Zusammenhang mit naturwissenschaftlicher Grundbildung - der Umgang mit Natur und Phänomenen zentrale Voraussetzung.

Nach den Ausführungen zu den unterschiedlichen Konzepten naturwissenschaftsbezogener Bildung und insbesondere vor dem Hintergrund naturwissenschaftsbezogener Grundbildung, die einem Verständnis von Natur und Selbstbildung folgt, scheint es angebracht, auf den Begriff der Naturwissenschaft im Zusammenhang mit Bildungsprozessen und Lernsettings im Elementar- und Primarbereich zu verzichten. Vielversprechender und der Sache angemessener scheint auf den ersten Blick der von Möller im eingangs angeführten Zitat verwendete Begriff der naturwissenschaftsbezogenen Bildung zu sein. Denkbar wäre es aber auch, wirklich gänzlich auf den Wissenschaftsbegriff im Zusammenhang mit Bildungsprozessen und Natur zu verzichten und stattdessen von naturbezogener Selbstbildung zu sprechen.

---

21 Rauterberg lehnt die Bezeichnung des kleinen Forschers, Naturwissenschaftlers etc. ab. „Und ein weiterer Aspekt, der die Zuschreibung des ‚kleinen Physikers' ambivalent erscheinen lässt: Üblicherweise ist man gesellschaftlich an den Ergebnissen physikalischer Welterkundung interessiert - nicht aber, wenn es sich um Kinder als ‚kleine Physiker' handelt. D.h., die Kinder werden zwar als solche bezeichnet, das aber, was ‚echte' Physiker ausmacht, kommt gar nicht zum Tragen." (Rauterberg 2013, S. 40)

2.1.3 Naturwissenschaftlich-technische Bildung

Im Bereich der Primar- und auch der Elementarpädagogik findet sich in vielen Zusammenhängen der Begriff „naturwissenschaftlich-technisch“. Dieser Doppelbegriff lässt die Deutung zu, dass beide Bereiche (Technik und Naturwissenschaften) in einem engen Verhältnis stehen und impliziert bisweilen, dass sie zusammengehören, eins sind. Dabei gibt es basale Unterschiede zwischen Technik und Naturwissenschaften (vgl. Kosack et al. 2015, S. 33).

Natur vs. Technik

Zur besseren Unterscheidung von Natur und Technik greifen Kosack et al. auf antike Unterteilungen der beiden Bereiche zurück. Unter Natur sind Dinge zu fassen, die den Grund ihres Seins in sich selbst haben, die also nicht vom Menschen erschaffen oder beeinflusst sind (vgl. ebd.). Dem gegenüber stellt Aristoteles Dinge, die vom Mensch beeinflusst sind, die sogenannten Artefakte. Dabei kann es sich um technische Dinge handeln. Diese haben den Sinn ihrer Existenz im Menschen (vgl. ebd.). „Die menschliche Tätigkeit, diese Dinge zu schaffen und sie zu verwenden, kann man Technik im weitesten Sinn nennen.“ (ebd., S. 34) Auch wenn neuzeitlichen Naturbildern andere Vorstellungen und Annahmen zugrunde liegen,[22] hilft diese Unterscheidung, die Differenz zwischen Natur und Technik nachvollziehbar zu machen. „Technik besitzt keinen Selbstzweck, sondern ereignet sich zielorientiert zwischen der Natur, dem einzelnen Menschen und der Gesellschaft.“ (Mammes 2013, S. 11) Aufgabe der Technikwissenschaften ist es dann, die Funktionen und die Gestaltung von technischen Dingen oder Artefakten zu untersuchen, insbesondere aus einer zweckorientierten Perspektive (vgl. Kosack et al. 2015, S. 35). Der Unterschied zwischen Technik und Naturwissenschaften lässt sich folgendermaßen zusammenfassen.

„Die Naturwissenschaften sind analytisch ausgerichtet und fragen nach den kausalen Zusammenhängen. Es geht hier um Ursache und

22 Vor der Neuzeit wurde Natur als Wunderwerk Gottes angesehen, in der Neuzeit als Objekt, das dem menschlichen Verstand unterliegt. Nach Descartes ist Natur der Inbegriff aller ausgedehnten Dinge, aller materiellen Körper. Dieser Auffassung nach ist auch der menschliche Körper Natur, nicht aber der Verstand (vgl. Schiemann 1996, S. 113ff.).

Wirkung. Die naturwissenschaftlichen Aussagen orientieren sich an den Kategorien ‚richtig oder falsch'. Ihr Gegenstand ist das, was von Natur aus da ist. Die Technik und die Technikwissenschaften beziehen sich auf Menschenwerk, auf das künstlich Geschaffene. Ihre Fragerichtung ist nicht kausal, sondern final orientiert. Hier interessiert in erster Linie nicht das, ‚was ist', sondern das, ‚was sein soll!' Die Hauptfragerichtung ist nicht die nach Ursache und Wirkung, sondern nach Sinn und Zweck. Bei der Beurteilung technischer Sachverhalte geht es nicht um richtig oder falsch, sondern um ‚gut oder schlecht.'" (Sachs 2001, S. 7)

Durch die unterschiedlichen Gegenstandsbereiche von Technikwissenschaften und Naturwissenschaften müssen sich auch Inhalte und Methoden naturwissenschaftlicher und technikwissenschaftlicher Bildung unterscheiden. Sachs listet in einer Tabelle zusammenfassend Unterschiede von Natur und Technik zu verschiedenen Kategorien auf.

	Natur	Technik
Gegenstandsbereich	Was von Natur aus da ist Was vorhanden ist	Was von den Menschen künstlich geschaffen wird Was sein soll
Bezugswissenschaften	Naturwissenschaften	Technikwissenschaften
Hauptfragerichtung der Bezugswissenschaften	kausal Ursache - Wirkung	final Sinn und Zweck
Haupt-Methoden	analytisch, erklärend	synthetisch, problemlösend
Praxis	Experimentieren zur Erkenntnisgewinnung	Gestaltung der Lebensumwelt durch Herstellung und Gebrauch
Bewertungskategorien	richtig oder falsch	gut oder schlecht
Verantwortungssubjekt		Mensch und Gesellschaft

Tabelle 1 Unterschiede Natur und Technik (Sachs 2001, S. 7)

Naturwissenschaftliches Lernen vs. Technisches Lernen

Im Perspektivrahmen Sachunterricht der GDSU wird explizit zwischen beiden Bereichen unterschieden. Es wird von einer naturwissenschaftlichen und einer technischen Perspektive ausgegangen (vgl. GDSU 2013, S. 78).

Nach Kosack et al. ist der zentrale Gegenstand naturwissenschaftlichen Lernens das Kennenlernen und Erlernen von Naturgesetzen (vgl. Kosack et al. 2015, S. 38f.). Dass im Fokus naturwissenschaftsbezogener Bildung allerdings auch andere Dinge stehen können, wurde im vorangegangenen Kapitel ausführlich dargestellt (vgl. Kapitel: 2.1.2 Natur und Selbstbildung). Trotzdem geht es darum, sich mit der belebten und unbelebten Natur auseinanderzusetzen. Dabei soll der Erwerb sowohl deklarativen Wissens als auch prozeduralen Wissens angestrebt werden (vgl. Möller 2009, S. 166). „Unterricht über Technik fokussiert sich dagegen auf die Gestaltung, Nutzung und Bewertung von Artefakten. Die mentalen Repräsentationen der Lernenden äußern sich in den Artefakten, die sie herstellen, sowie in der Art und Weise, wie Artefakte genutzt und bewertet werden. Dabei wird die individuelle Entscheidung für ein bestimmtes Artefakt von kulturellen Verhaltensmustern und Wertvorstellungen bestimmt." (Kosack et al. 2015, S. 39)

Als ein Grundelement des Lernens über Technik nennen Kosack et al., dass auch naturale Wirkungszusammenhänge erkundet werden müssen, wenn sie denn für den Zweck, den ein technisches Objekt erfüllen soll, von Bedeutung sein könnten. Damit sind auch naturwissenschaftliche Gesetzmäßigkeiten gemeint, die technischen Dingen zugrunde liegen oder auf denen technische Funktionsweisen beruhen. Es bestehen also durchaus Zusammenhänge zwischen naturwissenschaftlichen Gesetzmäßigkeiten und der Herstellung von technischen Artefakten. Unterricht muss Raum geben, um Erfahrungen zu grundlegenden Gesetzen zu machen, ohne diese allerdings - und das ist ein wichtiger Aspekt - mathematisch formulieren zu müssen. Wenn bspw. Gegenstand im Rahmen technischen Lernens die Konstruktion von Artefakten ist, die mit einer elektrischen Schaltung versehen sind, ist es hilfreich, Erkundungen zum ohmschen Gesetz anzustellen (vgl. ebd., S. 40). Die Erfahrung steht also an zentraler Stelle.

Im Rahmen technischen Lernens ist das Lösen von Problemen zentral. Besonders wichtig ist dabei eine möglichst große Offenheit in der Problemlösung zu erzielen und sichtbar zu machen. „Der Unterricht muss Raum geben für unterschiedliche Artefakte, die eine Lösung für dasselbe Problem bieten. Dabei müssen die Materialeigenschaften und Wirkungsmechanismen der Artefakte in technischen Experimenten sowie in der sprachlichen ggf. graphischen Kommunikation dargestellt und diese Darstellungen innerhalb der Lerngruppe ausgetauscht werden können." (ebd.) Um naturale Wirkzusammenhänge und auch Gesetzmäßigkeiten zu erkunden, ist ein wesentlicher Bestandteil von Angeboten zum technischen Lernen, gezielt Materialien einzusetzen und anzubieten, die es ermöglichen, diesen Wirkzusammenhängen nachzugehen. Dies kann über die Erkundung von Funktionen initiiert werden und über das Experimentieren mit Materialien erreicht werden. Auf diese Weise können eine hohe Gestaltungsoffenheit realisiert und verschiedene Lösungsmöglichkeiten gefunden und erprobt werden (vgl. ebd.).

Für den Technikunterricht als auch den Bereich der empirischen Forschung zu technikdidaktischen Fragestellungen lässt sich konstatieren, dass beides in Deutschland nicht angemessen praktiziert wird (vgl. ebd., S. 31; S. 47). Technisches Lernen in Grundschulen findet (wenn überhaupt) in der Regel im Sachunterricht statt. In Lehrplänen und auch im Perspektivrahmen werden explizit technische Perspektiven und Inhalte ausgewiesen, allerdings sind technische Inhalte in der Unterrichtspraxis eher unterrepräsentiert (vgl. Mammes 2013, S. 16). Wie im Bereich des naturwissenschaftlichen Lernens ist die Hauptursache dafür das mangelnde Vertrauen in eigene technische Fertigkeiten und Fähigkeiten des Lehrpersonals, welches mitunter auf Mängel in der eigenen Ausbildung geschoben wird (vgl. Mammes 2013, S. 16). Diese Vernachlässigung ist nach Kosack et al. nicht haltbar, da die heutige Welt in höchstem Maße technisiert ist und es dementsprechend nicht nachvollziehbar ist, „dass zur Erschließung dieser technischen Wirklichkeit die Befunde der Technikdidaktik zur Strukturierung von Unterricht, seinen Zielen, zentralen Arbeitsweisen, bedeutsamen Inhalten und Beurteilungskriterien weitgehend ausgeblendet werden. Stattdessen erledigen andere Didaktiken dies en passant, z.B. die Geschichtsdidaktik (wie der Mensch zum Feuer kam, Buchdruck, Dampfmaschine etc.), die Naturwissenschaftsdidaktik (Anwendungen von mechanischen Naturgesetzen in einfachen Maschinen wie Hebel und Rolle, elektromagnetische Felder in Motoren oder bei der Nachrichtenübermittlung), die Literaturdidaktik (Frischs Homo Faber) oder die Religionsdidaktik (der Mensch als Schöpfer, Verantwortung). Die technische Wirklichkeit wird vorranging aus der Perspektive anderer Fachdidaktiken erschlossen, sie hat dort vorwiegend veranschaulichenden Charakter.“ (Kosack et al. 2015, S.47)

Zur Relevanz einer technischen Bildung

> „Technische Bildung von Anfang an scheint nicht nur ein bildungspolitisches Postulat zu sein, sondern im Zeitalter einer durch Technologien geprägten Gesellschaft vor dem Hintergrund von Nachwuchsförderung und technischem Analpha-

> betismus unbedingte unterrichtliche Verpflichtung. Unterschiedliche Studien verweisen besonders auf die Bedeutung früher technischer Bildung für die Entwicklung von Interesse und einem damit verbundenen lebenslangen Lernen." (Mammes 2013, S. 19)

Eine frühe Techniksozalisation ist wichtig, um sich in einer hochgradig technisierten Welt orientieren zu können. Außerdem ist sie wichtig, um ein Interesse oder eine Motivation auszubilden, sich mit Technik auseinanderzusetzen (vgl. ebd., S. 8). Bildungseinrichtungen kommt dabei neben dem Elternhaus eine große Bedeutung zu, auch, um fehlende Erfahrungen auszugleichen (vgl. ebd.). Forderungen nach einer frühen technischen Bildung und Begründungen für ebendiese ähneln den Argumenten in der Debatte um eine naturwissenschaftliche Grundbildung stark. So ist es auch nicht verwunderlich, dass neben einer Scientific Literacy auch eine Technological Literacy existiert. „Technological literacy is the ability to use, manage, assess, and understand technology. A technologically literate person understands, in increasingly sophisticated ways that evolve over time, what technology is, how it is created, and how it shapes society, and in turn is shaped by society. He or she will be able to hear a story about technology on television or read it in the newspaper and evaluate the information in the story intelligently, put that information in context, and form an opinion based on that information. A technologically literate person will be comfortable with and objective about technology, neither scared of it nor infatuated with it." (ITEA 2007, S. 9)

Es werden wie im Bereich der Scientific Literacy unterschiedliche Dimensionen beschrieben, die auch in den Begründungszusammenhängen einer Technlogical Literacy angeführt werden. So wird ebenfalls eine ökonomische Relevanz genannt und mit der Notwendigkeit an gut ausgebildeten Menschen in technischen als auch in nichttechnischen Berufen begründet.[23] Allerdings sollte die Rechtfertigung früher technischer Bildung, ebenso wie die naturwissenschaftlicher Bildung, nicht (nur) aus einer ökonomischen Perspektive erfolgen. Technological Literacy besitzt

---

23 Die Relevanz technisch gebildeter Menschen in nichttechnisch orientierten Berufen wird damit begründet, dass auch jene ihren Job besser machen, wenn sie technisch gebildet sind.

auch eine individuelle Dimension, denn technisch gebildete Menschen können eigene Entscheidungen besser begründen, bspw. in Konsumfragen. Auf sozialer Ebene trägt Technological Literacy dazu bei, auch in größeren Zusammenhängen zu beleuchten, welche Konsequenzen bestimmte technische Neuerungen für Gesellschaft und Gemeinschaft haben könnten (vgl. ebd., S. 9f.).

Wesentlich im Zusammenhang mit technischer Bildung ist das Umgehen mit Technik. Das bezieht sich sowohl auf den Umgang mit technischen Dingen als auch auf das Konstruieren von Dingen. Manuell-sinnliche und auch leibliche Erfahrungen und Erkundungsmöglichkeiten spielen beim Verstehen von technischen Zusammenhängen eine wesentliche Rolle (vgl. Mammes 2013, S. 9). Durch die immer weiter voranschreitende Technisierung von Alltagsgegenständen - auch von Spielzeugen - fallen Einblicke in Funktionsweisen von technischen Geräten immer schwerer, da in der Regel alles im Verborgenen abläuft.

2.2 Experimentieren im Rahmen naturwissenschaftlichen Lernens

Dem Experimentieren als basaler naturwissenschaftlicher Methode zum Erkenntnisgewinn wird in der Debatte um die didaktische Umsetzung naturwissenschaftlichen Lernens - und das betrifft sowohl den Elementar- als auch den Primarbereich - eine zentrale Bedeutung und Funktion zugesprochen. In neueren Bildungs- und Lehrplänen wird das Experimentieren verstärkt gefordert und ist zum Teil als verbindlicher Inhalt angeführt. Weiterhin finden sich von vielen verschiedenen Hersteller_innen und Herausgeber_innen unterschiedlichste Experimentiervorschläge und -anleitungen im Internet, in Experimentierbüchern und -koffern, Kindermagazinen und Fachzeitschriften. Im Sachunterricht gelten Versuche und Experimente in der Regel als Zeichen eines engagierten Unterrichts. Naturwissenschaftliches Lernen und Experimentieren sind also fest miteinander verwoben. Bei der Implementierung von Experimenten in den Schul- und auch den Kita-Alltag gibt es aber mitunter Schwierigkeiten (vgl. Murmann et al. 2007, S. 81). Dies betrifft insbesondere die Qualität des Experimentierens. Arbeiten die Kinder handlungs- oder problemorientiert, ist dies nicht gleichbedeutend mit Experimentieren.

In der Sachunterrichtsdidaktik findet sich eine breite Auseinandersetzung mit dem Thema Experimentieren und auch in der frühkindlichen Bildung wird die Bedeutung des Experimentes im Rahmen naturwissenschaftsbezogenen Lernens diskutiert. Wie sich nach der Darstellung der unterschiedlichen Verständnisse naturwissenschaftlicher Bildung vermuten lässt, existieren auch bezüglich der Art und Weise, wie Phänomene entdeckt und erkundet werden sollen, unterschiedliche Wege. Einigkeit besteht darin, dass es gewinnbringend ist, wenn sich Kinder selbstständig und aktiv, möglicherweise experimentierend, mit Phänomenen der belebten und unbelebten Natur auseinandersetzen (vgl. Hartinger 2013, S. 5). Bezüglich konkreter Ziele für das Experimentieren existieren jedoch unterschiedliche Schwerpunktsetzungen. Es werden verschiedene positive Aspekte genannt, die mit dem Experimentieren in Verbindung gebracht werden, und unterschiedliche Potenziale beschrieben. So können die mit einem Experiment herbeigeführten Phänomene Staunanlässe bieten, die zu einer weiteren Auseinandersetzung mit bestimmten Materialien oder Phänomenen anregen können. Kinder können durch Experimente also motiviert werden. Experimente können auch dazu dienen, bestimmte Phänomene zu klären und so einen Beitrag zum Aufbau von naturwissenschaftlichem Fachwissen leisten (vgl. u.a. Lück 2003, S. 71; Möller 2006, S. 123). Schließlich kann das Kennenlernen und Erlernen der wissenschaftlichen Methode des Experimentierens generell dabei helfen, logisch und theoretisch zu denken (vgl. Hartinger 2003, S. 70; Helmich/Höntges 2010, S. 69). Zur Erreichung dieser unterschiedlichen Zielsetzungen oder auch Kombinationen aus ihnen, existieren verschiedene Umsetzungsmöglichkeiten des Experimentierens mit Kindern.

Das wissenschaftliche Experiment

Die Begriffe „Experiment" und „Experimentieren" werden im Zusammenhang mit naturwissenschaftsbezogenen Angeboten für Kinder häufig ohne nähere Erläuterung gebraucht. Mit „Experimentieren" werden pauschal die Handlungen und Arbeiten bezeichnet, „die Kinder in der Schule mit Handlungsmaterial und aufgrund einer Aufforderung, einer selbstgewählten oder gegebenen Frage ausführen." (Claussen 1996, S.

21)[24] Daher ist es ratsam, zunächst festzuhalten, welche Merkmale und Abläufe charakteristisch für das Experiment und das Experimentieren im wissenschaftlichen Sinn sind. In verschiedenen fachwissenschaftlichen Veröffentlichungen zum Themenkomplex „Experimente im Sachunterricht" finden sich meist Begriffsklärungen. Eine idealtypische Definition des Begriffes „Experiment", die von verschiedenen Sachunterrichtsdidaktikern (vgl. Hartinger 2003; Unglaube 1997) angeführt wird, stammt aus dem großen Brockhaus von 1983:

> „Das Experiment ist die wichtigste empirische Methode der modernen Naturwissenschaft (...). Grundforderungen, die an das Experimentieren gestellt werden, sind planmäßige Vorbereitung, Wiederholbarkeit zu beliebiger Zeit und an beliebigem Ort zum Zweck der Ausschaltung von Zufallsmomenten und im Sinne der allgemeinen Nachprüfbarkeit sowie die Variierbarkeit der Bedingungen des Experiments."

Es wird in diesem kurzen Zitat deutlich, wie umfassend und komplex ein Experiment im wissenschaftlichen Sinn ist. Beck und Clausen halten fest, dass das Experimentieren „eine hochkomplexe wissenschaftliche Methode [ist], die die Fähigkeit zum Beobachten, zum Klassifizieren, zur Identifikation von Variablen, zur Bildung von Hypothesen, zur Planung, Durchführung und Kontrolle von Experimenten, zur Dokumentation und Analyse der Ergebnisse mit einschließt." (Beck/Claussen 2000, S. 10)

Das wissenschaftliche Experiment folgt einem deduktiven Erkenntnisgang. Es setzt basierend auf einer Beobachtung oder Annahme eine Hypothese voraus, die mit der Durchführung des Experimentes überprüft werden soll. Zu diesem Zweck muss zunächst ein Experiment geplant werden, welches die zuvor aufgestellte Hypothese bestätigen oder widerlegen kann. Zentral ist dabei, um Aussagen treffen zu können, nur eine Variable zu testen und die restlichen Variablen konstant zu halten. Nach der Durchführung des Experimentes und der Evaluation der Hypo-

[24] In diesem Zitat werden bereits zentrale Unterschiede zwischen schulischem und naturwissenschaftlichem Experimentieren angedeutet. Dem schulischen Experimentieren zugrunde liegt eine Aufforderung oder eine selbstgewählte oder fremdbestimmte Fragestellung. Gemeinsam ist diesen unterschiedlichen Aufforderungen jedoch, dass zum Experimentieren „Handlungsmaterialien" gehören.

these wird diese entweder bestätigt oder zurückgewiesen. In beiden Fällen beginnt das Prozedere dann von neuem. Eine widerlegte Hypothese kann geändert und erneut geprüft werden. Auf den Erkenntnissen einer bestätigten Hypothese lassen sich neue Hypothesen formulieren, die dann erneut nach dem vorgestellten Schema überprüft werden können. Das hypothesenprüfende Experiment folgt also einem Kreislauf.[25]

Schulisches vs. wissenschaftliches Experiment

In älteren Publikationen zum Experimentieren wurde die Grundsatzfrage diskutiert, ob Kinder überhaupt dazu in der Lage sind, Experimente im wissenschaftlichen Sinn aufgrund deren Komplexität durchzuführen. Zum einen wurde die Ansicht vertreten, dass es Kindern im Prinzip möglich ist, einen Zugang zur Wissenschaft und ihren Methoden, insbesondere dem Experimentieren, zu erarbeiten. Zum anderen existierte die dazu konträre Auffassung, dass es eine unüberbrückbare Differenz zwischen den Denkweisen von Kindern und Wissenschaftler_innen gibt (vgl. Schreier 1993, S. 7). So hält auch Claussen fest, dass bei Kindern die Fertigkeiten, die das wissenschaftliche Experiment benötigt, nicht vorhanden sind (vgl. Claussen 1996, S. 22). Schreiers Ausführungen nach haben Kinder kein wissenschaftliches Beobachtungsvermögen wie es Fachleute und Wissenschaftler_innen aufweisen. Die Kompetenz zur Verarbeitung von Alltagserfahrungen ist mit der Kompetenz zum Gewinn wissenschaftlicher Erfahrung nicht gleichzusetzen (vgl. Schreier 1993, S. 13).[26] Dennoch ist Kind und Wissenschaftler_in das ursprüngliche Erkenntnisinteresse gemeinsam: Beide sehen sich vor ein Problem gestellt und ha-

---

25 Hellmich und Höntges haben diesen Ablauf als „übliche Abfolge wissenschaftlichen Denkens in Zyklen“ untertitelt. Sie gehen davon aus, dass Kompetenzen wissenschaftlichen Denkens in vielen unterschiedlichen Situationen genutzt werden und zwar zumeist dann, wenn Überlegungen zu den Ausgängen beobachteter Ereignisse angestellt werden. Bspw. wenn ein Krimi angesehen wird und vermutet wird, wer der Mörder ist. Diese Abläufe finden nicht zwangsläufig explizit statt, sondern können auch im Bereich des atheoretischen, begrifflich nicht fixierbaren Wissens angesiedelt sein (vgl. Hellmich/Höntges 2010, S. 69).

26 Es wird hier also aus einer entwicklungspsychologischen Perspektive argumentiert, die jedoch in Bezug auf neuere Erkenntnisse (vgl. dazu oben stehendes Kapitel zur naturwissenschaftlichen Grundbildung (Stern et al. 2002; Sodian 2002)) nicht mehr haltbar ist.

ben Interesse daran, dieses Problem zu lösen (vgl. ebd., S. 7).[27] Die geistige Tätigkeit ist bei beiden Gruppen ähnlich. Die Unterschiede zwischen der Vorgehensweise von Wissenschaftler_innen und der von Schulkindern liegen nur im Niveau (vgl. Köhnlein/Spreckelsen 1992, S. 160). Experimentieren dient bei Schüler_innen wie auch bei Wissenschaftler_innen der Erkenntnis und es verbindet in spezifischer Weise sinnliche Wahrnehmung, Denken und Handeln (vgl. ebd.). Die Forschungsfrage ist dabei wahrscheinlich meistens für die wissenschaftliche Community nicht neu, wohl aber für das Kind und sein Erkenntnisinteresse.[28] Es wird hier deutlich, dass die Frage, ob Kinder in der Lage sind, Experimente im wissenschaftlichen Sinn durchzuführen, in vielen Diskussionen zentral ist. Die Frage, ob es ratsam ist, dass Kinder Experimente im wissenschaftlichen Sinn durchführen sollen, wird oftmals nicht mit diskutiert.

Probleme beim Experimentieren im wissenschaftlichen Sinn

Das naturwissenschaftliche Experimentieren kann als komplexer Problemlöseprozess verstanden werden. Zentrale Bereiche sind dabei das Suchen im Hypothesen-Suchraum, das Suchen im Experimentier-Suchraum und das Inbezugsetzen dieser beiden Räume (vgl. Hammann 2004, S. 198).[29]

> „Die Suche im Hypothesen-Suchraum beinhaltet die Aspekte des Aufstellens, Verfeinerns und Revidierens von Hypothesen auf der Grundlage domänespezifischen Vorwissens bzw. auf der Basis von Daten, die aus Experimenten oder Beobachtungen stammen. Neben dem Generieren von Hypothesen gehört

---

27 Experimentieren wird hier wie auch von Köhnlein und Spreckelsen vorgeschlagen als Lösung von Problemen definiert: Ein Problem muss zunächst erfasst werden, dann muss eine Lösungsidee gefunden werden. Weiterhin muss festgestellt werden, auf welche Weise das Problem zu überprüfen ist. Anschließend ist ein Experiment zu entwerfen, welches durchgeführt und optimiert wird. Abschließend wird das Ergebnis in Bezug auf das Problem gewertet (vgl. Köhnlein/Spreckelsen 1992, S. 157).

28 Vergleiche zu diesem Aspekt aber auch noch einmal die Haltung Rauterbergs. Der Maßstab für kindliches Experimentieren ist hier der der Erwachsenen. Mit solch einem Vergleichshorizont unterscheiden sich Kinder von Erwachsenen nicht mehr grundsätzlich, sondern nur noch graduell (vgl. Rauterberg 2013, S. 37).

29 Hammann bezieht sich dabei auf die Ausführungen des Kognitionspsychologen Klahr. Dieser beschreibt die Kompetenz des Experimentierens in seinem SDDS-Modell: Scientific Discovery as Dual Search (vgl. Klahr 2000).

> in diesen Bereich weiterhin das Prüfen der Plausibilität der aufgestellten Hypothesen, wobei Vorwissen über mögliche Ursache-Wirkungsbeziehungen und kausale Mechanismen in der Domäne herangezogen wird." (ebd.)

> „Die Suche im Experimentier-Suchraum bezeichnet den Umgang mit Variablen bei der Planung von Experimenten, um Daten hervorbringen [sic], die in Bezug auf die eingangs gestellten Hypothesen zweifelsfrei interpretierbar sind. Hierfür ist einerseits domäneübergreifendes Wissen notwendig, beispielsweise Wissen darüber, dass schlüssige Experimente aus der Vorgehensweise resultieren, nur diejenige Variable zu variieren, von der eine erwartete ursächliche Wirkung ausgeht, oder Wissen darüber, dass anhand einer experimentellen Kontrolle nicht bestätigende Daten erhoben werden müssen. Andererseits ist domänespezifisches Wissen notwendig, weil die Planung von Experimenten nicht nur ein logisches Problem darstellt, sondern allgemeine Strategien der Planung von Experimenten häufig auf die vorliegenden inhaltlichen Besonderheiten abgestimmt werden müssen." (ebd.)

In empirischen Untersuchungen mit Grundschulkindern und Schüler_innen der weiterführenden Schulen zum Experimentieren konnten Defizite und deren Entstehung in verschiedenen Bereichen festgehalten werden (vgl. Hammann 2004; 2006).[30] So wurden unter anderem:

- Experimente ohne Hypothese durchgeführt
- vorgegebene Hypothesen wegen vermeintlich fehlender Plausibilität zurückgewiesen und stattdessen eigene Hypothesen formuliert
- Variablen unsystematisch getestet
- Kontrollvariablen nicht konstant gehalten
- Ursache-Wirkungsbeziehungen nicht geklärt

[30] Dazu kommt noch ein Mangel an domänespezifischem Wissen. Für den Erfolg naturwissenschaftlichen Experimentierens sieht Hammann ein Zusammenkommen von diesen beiden Bereichen als entscheidend an. „Hieraus folgt, dass eine Förderung experimenteller Kompetenzen nicht losgelöst von naturwissenschaftlichen Inhalten möglich ist, sondern in enger Bezugnahme auf wesentliche naturwissenschaftliche Konzepte einer Domäne geschehen muss." (Hammann 2004, S. 199)

Hammann stellt Stufenmodelle auf, die zeitlich und altersbedingt aufeinander aufbauend zeigen, wie sich die Kompetenzen des naturwissenschaftlichen Experimentierens entwickeln. Bezüglich der Suche im Hypothesen-Suchraum hält er fest, dass Kinder im Grundschulalter auf der niedrigsten Kompetenzstufe liegen und ohne Hypothesen experimentieren. In der siebten Klasse befinden sich Kinder dann auf der vierten, der höchsten Kompetenzstufe und können systematisch nach Hypothesen suchen sowie neue Hypothesen aufstellen, wenn alle zuvor getesteten Hypothesen falsifiziert werden konnten. Hammann zeichnet hier einen alters-/klassenstufenbedingten Zuwachs an naturwissenschaftlicher Kompetenz nach (vgl. Hammann 2004, S. 200). Obwohl er betont, dass die Probleme beim Experimentieren nicht entwicklungspsychologisch bedingt sind, sondern auf einer sich verfestigenden falschen Vorstellung der experimentellen Methode beruhen, orientieren sich die Kompetenzstufen bezüglich der Suche im Hypothesen- als auch im Experimentier-Suchraum am Alter der Kinder und somit auch an ihrer Entwicklung. Hammann schreibt nicht, dass auch jüngere Kinder in einer höheren Kompetenzstufe eingeordnet werden können, obwohl er festhält, dass auch Zehn- bis Elfjährige bei der Aufstellung von Hypothesen zwischen „Dichte, Masse und Größe eines Gegenstandes differenzieren, unter der Voraussetzung allerdings, dass ihnen diese Konzepte vertraut sind." (ebd., S. 199) Die Fähigkeit die Methode des Experimentierens anzuwenden ist also nicht vom Alter oder der Entwicklung abhängig, sondern in hohem Maße von der Kenntnis naturwissenschaftlicher Inhalte. Werden Kinder schon früh beim Erwerb naturwissenschaftlicher Kompetenzen begleitet und gefördert, sind sie in der Lage „durch explizites Training die systematische Kontrolle von Variablen bereits [zu] erlernen und unkonfundierte Experimente in der gleichen Domäne erfolgreich an[zu]legen; 10jährige übertragen die erworbenen Strategien bei der Planung von Experimenten auf andere Domänen." (ebd.) Diese Befunde decken sich mit den Annahmen und den Zielsetzungen eines wissenschaftsorientierten Sachunterrichts, wie er auch von Möller verstanden wird.

Ansätze schulischen Experimentierens

Im Sachunterricht sind die meisten durchgeführten Experimente keine Experimente im wissenschaftlichen Sinn, da meistens nicht durch eigenständiges Aufstellen von Hypothesen sowie Planen, Durchführen und Auswerten von Experimenten eine Frage geklärt wird, sondern vielmehr Phänomene veranschaulicht werden (vgl. Wodzinski 2004a, S. 124). Der Begriff des Experimentes muss also für den schulischen Kontext ausdifferenziert werden. Hartinger et al. (2013, S. 7) unterscheiden zusammenfassend vier verschiedene Formen des schulischen Experimentierens.

	Fragestellung vorhanden	**Fragestellung nicht vorhanden**
Vorgehensweise vorgegeben	Laborieren	Versuche
Vorgehensweise nicht vorgegeben	Experimentieren	Explorieren

Tabelle 2 Formen des Experimentierens (vgl. Hartinger 2013, S. 7)

Hinter jedem dieser Begriffe stecken verschiedene Ansätze und Herangehensweisen, die unterschiedliche Effekte erzielen und auch unterschiedliche der bereits oben kurz angedeuteten Zielsetzungen beinhalten (vgl. ebd., S. 5). Sie unterscheiden sich insbesondere in Hinblick auf ihre Vorstrukturiertheit, bzw. das Angeleitetsein der Kinder beim Durchführen von Experimenten sowie die Existenz einer von den Kindern zugrunde gelegten Fragestellung.

Das an das hypothesenprüfende Experiment und die Abfolge wissenschaftlichen Denkens angelehnte Experiment im Sinne von „experimentieren" (vgl. Tabelle 2) ist mit dem wissenschaftlichen Experiment nicht zwangsläufig kongruent. Das schulische Experiment benötigt der Auffassung von Hartinger et al. nach im Gegensatz zum wissenschaftlichen keine „echte" Fragestellung oder Hypothese am Anfang, die „in sich stimmig" (Hartinger et al. 2013, S. 5) aus einer Theorie abgeleitet wurde. Allerdings ist zu erwarten, dass Kinder „Vermutungen äußern und sich überlegen, wie sie diese überprüfen können." (ebd.) Die von den Autor_innen angeführten Beispiele für Forscheraufträge, die Kinder bearbeiten sollen, geben die Frage und Problemstellungen vor. Es stellt sich dann die Frage, ob diese Vorgabe nicht darüber hinausgeht, dass sich das schulische Experiment vom wissenschaftlichen Experiment in dem Punkt unterscheidet, dass die Frage nicht theoriegeleitet hergeleitet werden muss. Der Schritt der Fragenfindung bzw. Hypothesenbildung entfällt hier komplett. Die Problemstellung, die Frage sind initiiert.[31]

Die weiteren Ansätze des schulischen Experimentierens (vgl. Tabelle 2) werden vor den in Kapitel: 2.1 Naturbildung im Sachunterricht) diskutierten unterschiedlichen Konzeptionen naturwissenschaftlicher Grundbildung mit ihren zugehörigen Experimentierverständnissen dargestellt. Michalik hat für den Bereich der Elementarbildung den beiden von ihr zusammengefassten didaktischen Konzeptionen verschiedene Arbeitsweisen zugeordnet, die unterschiedlichen Experimentierverständnissen folgen (vgl. Michalik 2010).

Konzeption	**Naturwissenschaftliche Bildung im Rahmen von didaktischen Modellen mit instruktiven Anteilen (Bildung als Ko-Konstruktion)**	**naturwissenschaftliches Lernen als Selbstbildung**
Experimentierverständnis	angeleitetes Experimentieren	offene, spielerische und selbstbestimmte Formen der Auseinandersetzung mit Naturphänomenen
Ansätze schulischen Experimentierens/Konkrete Arbeitsweisen	Versuche und Laborieren	Freies Explorieren

Tabelle 3 Konzeptionen naturwissenschaftlicher Bildung (vgl. Michalik 2010, S. 95ff.)

31 Es entsteht aus dieser Diskrepanz zwischen wissenschaftlichem und schulischem Experiment auch die Meinung, im schulischen Kontext gänzlich auf den Begriff des Experimentes verzichten zu können und stattdessen nur von „Versuchen" zu sprechen, da signifikante Bestandteile des Experimentierens in der Schule oftmals nicht vorkommen (vgl. Wodzinski 2004, S. 124; vgl. dazu auch Hartinger 2013).

2.2.1 Angeleitetes Experimentieren - Versuche und Laborieren

Bei Versuchen werden konkrete Arbeitsanweisungen gegeben, die dann von Kindern selbst durchgeführt werden. Zu Beginn steht eine Handlungsanweisung und keine Frage. Teilfähigkeiten, die für das Experimentieren von Bedeutung sind, können - so die Annahme - dabei erlernt werden. Weiterhin dienen Versuche auch dazu, Gesetzmäßigkeiten zu veranschaulichen (vgl. Hartinger 2013, S. 5f.). Sie zielen nicht in erster Linie darauf ab, Hypothesen zu bestätigen oder zu falsifizieren (vgl. Hartinger 2007, S. 69).

Wiebel ist der Ansicht, dass das Ziel des Experimentierens, nämlich „die Ausbildung einer geistigen Grundhaltung, die zur Problemlösung unterschiedlichster Art befähigt" (Wiebel 2000, S. 44), in der Grundschulzeit nicht zu erreichen ist. Über das Laborieren kann aber ein Weg zum Experimentieren gebahnt werden. Dabei steht zu Beginn eine Frage oder Vermutung, der nachgegangen werden soll. Diese muss ebenso wie beim oben stehenden Verständnis von schulischem Experimentieren nicht zwangsläufig selbst entwickelt werden, sondern kann auch vorgegeben sein. Im Gegensatz zum Experimentieren ist hier jedoch während der Durchführung die Anleitung durch eine Lehrperson zentral, die unterstützt und fragt und so den Problemlöseprozess leitet und strukturiert (vgl. Hartinger 2013, S. 6).

Kritik am angeleiteten Experimentieren

Die skizzierten Ansätze schulischen Experimentierens folgen einem hypothesenprüfenden Experimentierverständnis oder wollen zumindest den Weg zum hypothesenprüfenden Experiment ebnen, indem einzelne Arbeitsschritte des Experimentes gemeinsam mit den Kindern mehr oder weniger stark angeleitet ausgeführt werden.[32] Dieses Vorgehen steht in einer stark wissenschaftsorientierten Tradition. Durch angeleitete Versuche - so die Annahme - sollen die Kinder motiviert werden, sich mit naturwissenschaftlichen Inhalten und Phänomenklärungen auseinanderzusetzen und wissenschaftliches Denken zu lernen. Dadurch, dass Probleme initiiert sind und Lösungswege meist von vornherein feststehen,

---

32 Das Experimentieren wird als „Krone" des schulischen Experimentes angesehen, da es dem Experiment der Wissenschaftler_innen am nächsten kommt (vgl. hierzu Beck/Claussen 2000; Claussen 1996).

scheint es fraglich, ob auf diese Weise ein Verständnis naturwissenschaftlichen Arbeitens angebahnt werden kann.

Lück, die von Michalik und auch von Rauterberg als Vertreterin eines Ansatzes naturwissenschaftlicher Grundbildung, der dem Verständnis von Naturwissenschaften und Instruktionen folgt, genannt wird, versucht zu klären, ob bei Kindern eine Wirksamkeit oder Lernleistung festzustellen ist, wenn diese nach Anleitung Versuche durchführen (vgl. Lück 2003, S. 68). Sie misst die Nachhaltigkeit anhand der Erinnerungsfähigkeit der Kinder an die durchgeführten Versuche (vgl. ebd.). Die Erinnerungen wurden in Einzelinterviews erfragt. Zur Unterstützung wurden dabei Gegenstände verwendet, die zuvor während der Versuche genutzt wurden. Die Befragungen fanden sechs Monate nach Beginn der Versuche und dreieinhalb Monate nach Beendigung der Versuchsreihe statt (vgl. ebd., S. 68f.). So konnte herausgefunden werden, dass 30% der Versuche vollständig und weitere 20% mit geringen Hilfestellungen rekonstruiert werden konnten. Die Erinnerung war unabhängig von der sozialen Herkunft der Kinder (vgl. ebd., S. 69). Lück kommt zu dem Schluss, auch nachdem ihre Befunde in anderen Untersuchungen bestätigt wurden, „dass die Heranführung an Naturphänomene offenbar für alle Kinder gleichermaßen von Interesse ist, diese kognitiv und affektiv anspricht und nachhaltige Lernerfolge mit sich bringt.“ (ebd., S. 70) Weiterer Beleg für die Wirksamkeit ist neben der Erinnerungsfähigkeit auch der Befund, dass Kinder auch bei Alternativangeboten Versuche durchführen wollen (vgl. Rauterberg 2013, S. 39). Es stellt sich allerdings die Frage – und damit wird Rauterbergs Meinung geteilt – was das Wiedergeben von Versuchen mit naturwissenschaftlichem Lernen zu tun hat (vgl. ebd.).

Die Kritik am angeleiteten Experimentieren, das dem Ansatz von Naturwissenschaften und Instruktion folgt, bezieht sich auf folgende Aspekte:

- Inhalte werden aus naturwissenschaftlicher Sicht zu stark verkürzt dargestellt oder gar trivialisiert
- Die Sinnhaftigkeit des „Experimentes“ und des Experimentierens werden nicht deutlich, Kinder haben nur ausführende Tätigkeiten
- Motivation

- Wirksamkeit – Begriffe werden erlernt, ohne Bedeutung zu erfahren oder Phänomendeutungen nachzuvollziehen

Verkürzung der Inhalte – Trivialisierung der Naturwissenschaften

Wie dargestellt, orientiert sich eine dem Verständnis von Naturwissenschaften und Instruktion folgende Auseinandersetzung mit Phänomenen an naturwissenschaftlichen Bezugsdisziplinen des Sachlernens. Daher sind auch viele Materialien und Experimentierbücher in enger Anlehnung an Fachwissenschaften entwickelt worden. Sie transportieren komplexere Inhalte, die – oftmals mit dem Argument, dadurch „kindgerecht" zu sein – stark vereinfacht dargestellt werden (vgl. Unglaube 1997, S. 225). Das Vorgehen ist also ein deduktives. Je jünger die Kinder, desto weiter werden die Inhalte reduziert und vereinfacht, je älter die Kinder, desto komplexer. Durch diese Reduktion überkomplexer Inhalte wird Gefahr gelaufen, Naturwissenschaften zu trivialisieren und zu banalisieren (vgl. Fischer 2013, S. 25). Zudem wird der Beitrag, den Naturwissenschaften zur Bildung leisten, erst in einer Entwicklung nach oben sichtbar und greifbar. Aus diesem Grund ist es unsinnig, „schon kleine Kinder in den Kontext eines naturwissenschaftlichen Bildungsanspruches zu stellen." (ebd.)

In Kitas und auch in Grundschulen praktizierte naturwissenschaftliche Bildung mit angeleiteten Versuchen etc. liefert ein problematisches und vorurteilsbehaftetes Bild von Naturwissenschaft. Die Komplexität und Wandelbarkeit naturwissenschaftlichen Wissens und Handelns wird mit einer solchen Auffassung und Umsetzung nicht deutlich (vgl. Schäfer 2010, S. 16). Mit der Durchführung von Versuchen werden Phänomene veranschaulicht und Problemsituationen geklärt. Fachwissenschaftliche Klärungen sollen so besser verstanden werden können (vgl. Hartinger 2007, S. 70). Dabei lassen sich bestimmte Phänomene nicht leicht oder auch nicht einseitig klären. Das durch dieses Vorgehen transportierte einseitige und auch statische Bild naturwissenschaftlicher Erkenntnis widerspricht einem modernen Wissenschaftsverständnis. Angeleitete Versuche und Experimente bieten den Kindern oftmals keine wirkliche Beschäftigung und Auseinandersetzung mit einem Problem oder einer Frage, sondern sind in ihren Ergebnissen leicht vorherzusehen und somit trivial.

Kinder werden diesem Ansatz folgend als Ko-Konstrukteure bezeichnet, die gemeinsam mit einer anderen Person, in der Regel ist dies eine erwachsene Person, eine fachliche Vorstellung konstruieren. Das, was konstruiert werden soll, steht vorab fest und entstammt (fachlichen) Erwachsenenwelten und nicht dem kindlichen Erfahrungs- und Erklärungsraum (vgl. Rauterberg 2013, S. 40).

Sinnhaftigkeit des Experimentierens – Trivialisierung der Methode

Murmann et al. konnten in einer Untersuchung zum Experimentieren Diskrepanzen zwischen dem Denken und dem Handeln von Kindern feststellen (vgl. Murmann et al. 2007, S. 87). Die an der Untersuchung teilnehmenden Zweitklässler_innen wurden zunächst in Gruppendiskussionen zum Experimentieren befragt. Sie verstehen das Experimentieren als ein zufälliges und zielloses Ausprobieren, wodurch aber auch etwas – durch eine Frage geleitet oder zufällig – herausgefunden werden soll. Als spannend wird beim Experimentieren die Handlung als solche und nicht die Beantwortung einer inhaltlichen Fragestellung angesehen. Spaß und Spannung wird auch Forscher_innen (und nicht nur Kindern) als Beweggrund für das Experimentieren unterstellt (vgl. ebd., S. 85f.). Im weiteren Verlauf wurde darauf geachtet, „in welcher Weise die Kinder während der Handlungsphasen auf (eigene) vorherige inhaltliche Äußerungen Bezug nehmen und inwiefern sie im Anschluss an die Handlungsphasen im Gespräch auf ihre Handlungserfahrungen Bezug nehmen, ohne dass dies gezielt unterstützt wird." (ebd., S. 87) Auf den ersten Blick schien es den Autor_innen so, „als seien die formulierten Überlegungen und durchgeführten Handlungen für die Kinder getrennte Welten." (ebd.) Konkret konnte festgehalten werden, dass während der Durchführung der Versuche „keinerlei Bezüge auf die Inhalte der Gesprächsphasen erkennbar [waren]." (ebd.) Thematisierte Inhalte bezogen sich nur auf aktuelle Beobachtungen und Handlungen aus den selbstdurchgeführten Versuchen. Im Anschluss an die Experimentierphase wurden die Kinder erneut in Einzelinterviews befragt. Dabei wurde auch eine Frage gestellt, in der auf die eigene Versuchsdurchführung hätte Bezug genommen werden können („Wie würdest du einem jüngeren Kind jetzt erklären, was Experimentieren ist?"). Die Kinder beantworteten die Frage mit Handlungsbeispielen, wobei sie allerdings in den wenigsten Fällen (5 von 8) Bezug auf die selbst durchgeführten Versuche nahmen. Eine Reflexion der eigenen Handlungen im Zusammenhang mit dem Experimentieren fand also nur am Rande statt (vgl. ebd., S. 88). Auf die Frage „Denkst du, dass Forscher so experimentieren wie du es gerade getan hast?" (ebd., S. 85) grenzte die Mehrheit der Kinder das eigene Vorgehen von dem der Forscher_innen ab. Forscher_innen hätten andere Gerätschaften, andere Forschungsgegenstände und auch ein planvolleres Vorgehen. Experimentieren wird nicht als eine Bezugnahme von Theorie und Evidenz angesehen. Stattdessen dominiert die Auffassung, beim Experimentieren einen Effekt erzeugen zu müssen. Versuche in Schulbüchern und Experimentierbüchern tragen zu diesem Verständnis bei. Angeleitete Versuche zielen nicht darauf ab, Überlegungen und Handlungen aufeinander abzustimmen(vgl. ebd., S. 88).

Ein weiterer Kritikpunkt, der zur Trivialisierung des Experimentierens beiträgt, ist demnach die Sinnhaftigkeit des Experimentierens an sich und das transportierte Experimentierverständnis. Oftmals werden Phänomene herbeigeführt, die den Eindruck von Zauberei und Verblüffung entstehen lassen. Der Sinn eines Experimentes zur Klärung eines Phänomens wird auf diese Weise nicht deutlich (vgl. Rauterberg 2013, S. 39). Verstärkt wird dies noch durch „zauberhafte" Titel verschiedener Versuche („Zauber-Muscheln"; „Der Trick mit dem Knick"; „Erbsenspuk"; „Die schwebende Büroklammer"; „Blütenzauber") und Illustrationen, die diesen Charakter noch unterstreichen (Zauberer, Zauberstab). Tesch und Duit haben an weiterführenden Schulen im Physikunterricht eine Untersuchung zur Beschreibung der methodischen Gestaltung von Unterrichtsphasen, in denen in der Klasse experimentiert wird, durchgeführt und selbst dort ist das durch Experimente transportierte Experimentier- und dadurch auch das Wissenschaftsverständnis fraglich. Ein typisches beobachtetes Vorgehen ließ sich dabei als „Experiment mit Überraschungseffekt" beschreiben. „Das Experiment ist meist eine Lehrerdemonstration und wird ohne eine ausführliche inhaltliche Hinführung oder Zielbeschreibung durchgeführt, weil der physikalische Effekt in gewisser Weise überraschen soll." (Tesch/Duit, 2004, S. 60) Interesse und Begeisterung der Kinder, das vorgeführte Phänomen zu erschließen und interessiert an der Problemlösung mitzuarbeiten, bleiben dabei meistens aus.

Viele Experimentiervorschläge folgen einem Aufbau, der nicht nur benötigte Materialien und Arbeitsschritte in Text- oder Bildform vorgibt, sondern auch gleich noch die „richtigen" Beobachtungen und fachlichen Erklärungen mitliefert. Kinder haben nur ausführende Tätigkeiten (vgl. Rauterberg 2013, S. 39). Überspitzt gesagt müssten Kinder diese Versuche gar nicht mehr durchführen, da alles vorgegeben ist und erklärt wird. Hinzu kommen noch Abbildungen, die alles veranschaulichen und das Phänomen teilweise noch prächtiger darstellen, als es beim eigenen Tun hätte herbeigeführt werden können.

In pädagogisch initiierten Situationen müssen Kinder Welt erkunden. Es handelt sich dabei um „angeleitetes Welterkunden." (ebd., S. 38) Gegenstand, Methodik, Zeit und insbesondere das, was erkundet werden soll, also das Ergebnis, werden dabei oftmals vorgegeben (vgl. ebd.). Naturwissenschaftlich gesehen sind dies dann keine Experimente, da nahezu alle Bestandteile, die ein Experiment ausmachen, nicht vorhanden sind (vgl. ebd., S. 39). Die Trivialisierung der Inhalte ist eng mit einer Trivialisierung der naturwissenschaftlichen Methode und insbesondere dem Nicht-Berücksichtigen kindlicher Interessen und vor allem auch Zugänge verbunden.

Motivation

Mit der Durchführung von Versuchen sollen Kinder motiviert werden, sich mit Problemen oder Phänomenen sowie deren naturwissenschaftlicher Deutung auseinanderzusetzen und weiterführende Fragestellungen zu entwickeln (vgl. Hartinger 2003, S. 70; Wodzinski 2004, S. 126). Es wird davon ausgegangen, dass sich Kinder von Naturphänomenen oder technischen Sachverhalten begeistern lassen und sich für naturwissenschaftlich-technische Probleme und Phänomendeutungen interessieren (vgl. Schreier 1993, S. 5; Claussen 1996, S. 20, Lück 2003, S. 57). Möglicherweise erfreuen sie sich aber in erster Linie an der Ästhetik des herbeigeführten Phänomens, ohne zwangsläufig an der naturwissenschaftlichen Begründung interessiert zu sein. Es soll jedoch nicht infrage gestellt werden, dass Kinder sich auch für die Erklärung eines Phänomens - vielleicht auch für die naturwissenschaftliche - interessieren. Genauso gut ist es aber auch möglich, dass Kinder sich in keiner Weise für einen vermeintlich spannenden Versuch interessieren und demnach auch nicht motiviert werden, Phänomene zu erkunden. Dollase beschreibt, wie er probiert hat, mit einer Gruppe Kinder einen Versuch durchzuführen.

> „Das Experiment ist ganz einfach: Ein Teelicht wird unter ein Trinkglas gestellt und die Flamme verlischt. Manche Erwachsene meinen, die Kinder müssten sich anschließend wundern darüber, dass die Flamme ausgeht. Kleine Kinder wundern sich über die Wunder dieser Welt zunächst einmal nicht, weil ihre Theorien über das Weltverstehen zu wenig elaboriert sind. Man drückt irgendwo auf einen Lichtschalter und das Licht geht an, man drückt an einem Kasten einen Knopf und es erscheint ein Film, man setzt sich in einen Kasten mit Rädern und fährt weg, alles Wunder, über die sich kein kleines Kind wundert, sondern es nimmt diese Realitäten als gegeben hin und versucht, sich den Möglichkeiten der Welt anzupassen. Nun fand ich eine Gelegenheit, mit fünf kleinen Kindern dieses Experiment durchzuführen. Was mir auffiel, war zunächst einmal, dass sich kaum ein Kind gewundert hat, sodann fiel mir auf, dass auch an der Lösung dieses Problems und an der Verursachung nicht sonderliches Interesse bestand. Zwei kleine 3-jährige haben sich ohnehin an den Extratisch ein kleines Bilderbuch mitgenommen und blätterten ungeniert, während ich versuchte ihre Aufmerksamkeit für das Experiment zu gewinnen. Natürlich habe ich in diesem Moment gedacht, 3-jährige sind für solche Experimente auch zu klein. […] Mit dem einen älteren Kind gelang es dann schließlich eine Art Kamin für die Flamme zu bauen, so dass sie Luft bekam. Meine Begeisterung über dieses Resultat hat drei 4-jährige Mädchen nicht von der Sache her interessiert, sondern offenbar interessierten sie sich mehr für meine Reaktionen auf das Basteln eines Kamins, d.h. sie waren noch in einer Phase, in der sie an den Mimiken und Aktionen der Erwachsenen ablesen, ob etwas interessant ist oder nicht. […].“ (Dollase 2009, S. 37f.)

Dollase beschreibt weiterhin zwei andere Situationen, in denen er dieselben Kinder beobachtet, wie sie selbstständig und mit Ausdauer ein naturwissenschaftlich-technisches Experiment durchgeführt haben (Kinder haben versucht im Garten Regenwürmer am Wegkriechen zu hindern) und ein Fachgespräch darüber führten, ob eine Fliege ein Vogel ist oder nicht (vgl. ebd., S. 38).[33] In diesem Beispiel zeigt sich, dass das Interesse und die Motivation nicht durch die Vorgabe konkreter Sachbegegnungen erfolgen kann, sondern sich aus der kindlichen Initiative ergibt (vgl. ebd.) Diese Aussage ist nicht nur für den Elementarbereich, sondern auch für den Primarbereich von großer Bedeutung.

Es scheint zudem auch denkbar, dass Kinder durch vermeintliche Misserfolgserlebnisse eher demotiviert werden. Nicht ohne Grund wird betont, dass es im Rahmen des Experimentierens - und das gilt für alle Ansätze (vgl. dazu auch Köster 2006, S. 51) - wichtig ist, dass Kinder Erfolgserlebnisse erzielen, um weiterhin motiviert zu sein und ein Interesse zu entwickeln (vgl. Wiebel 2000, S. 46). In einem Ansatz, der auf angeleitete Versuche setzt, ist dieser Bereich besonders eng gesteckt, da relativ klar ist, welches Ergebnis oder besser, welcher Effekt erzielt werden soll. Das, womit sich Kinder beschäftigen sollen, ist vorgegeben. „KritikerInnen merken an, dass mit dieser Didaktik des Welterkundens eher eine wissenschaftliche Haltung - des Staunens, Fragens und Wissenwollens - verhindert als gefördert werde." (Rauterberg 2013, S. 41)

Wirksamkeit – Begriffe werden gelernt, ohne die Bedeutung dahinter zu erfahren

Es herrscht die Meinung vor, dass frühes naturwissenschaftlich-technisches Lernen spätere Lernchancen erhöht (vgl. Möller 2007, S. 8). Dies ist auch gewiss möglich, allerdings lässt sich diese Aussage nicht pauschalisieren. Häufiges Experimentieren bewirkt keinen Kompetenzzuwachs im naturwissenschaftlichen Bereich. Die Art und Weise und die Qualität des Experimentierens nimmt die entscheidende Rolle ein (vgl. Murmann et al. 2007, S. 81). Forschungsbefunde (Hofstein/Lunetta 2004) belegen, dass es keinen Zusammenhang zwischen Experimenten im Allgemeinen und Interesse oder gar tiefer gehendem naturwissenschaftlichen Verständnis gibt (vgl. Murmann 2007 et al., S. 81). Als Grund dafür wird das „Nachkochen" von Versuchen genannt, die dem eigentlichen naturwissenschaftlichen Experimentieren entgegenlaufen, da eigenes Vermuten, Probieren, Problemlösen sowie Variieren nicht zugelassen werden, da bestimmte Ergebnisse erzielt werden sollen (vgl. ebd.).

33 Die Kinder einigten sich drauf, dass die Fliege kein Vogel ist, da sie kein Federkleid besitzt.

Lück hält fest, dass Kinder ein halbes Jahr nachdem sie unterschiedliche Versuche durchgeführt haben, einen Teil dieser Versuche sprachlich wiedergeben konnten (vgl. Lück 2003, S. 68). Das Wiedergeben von Begriffen oder Abläufen ist jedoch nicht gleichbedeutend damit, dass bestimmte Begriffe oder sogar Konzepte verstanden wurden (vgl. Rauterberg 2013, S. 39). Allerdings ist diese Vorgehensweise der Orientierung an Begriffen in praktiziertem Sachunterricht (und auch im Bereich der Elementarbildung) nicht unüblich. Scholz differenziert dabei zwischen einer Orientierung an Bezeichnungen und einer Orientierung an Begriffen.[34]

> „Von einer Orientierung an Bezeichnungen ist dann zu sprechen, wenn mit den Worten keine Inhalte verbunden werden; wenn die Wörter bloße Namen bleiben, mit denen sich keine Vorstellung von dem Sachverhalt verbinden lässt." (Scholz 2004, S. 4)

> „Der Fachunterricht führt ein in die Begriffe des Faches. Von einem Sachverhalt ist für den Fachunterricht immer nur das relevant, was sich im Rahmen seiner Begriffe über den Sachverhalt aussagen lässt." (ebd., S. 5)

In vielen Materialien wird nichts über einen Sachverhalt gelernt, sondern über eine fachspezifische Zugangsweise. Ob diese verstanden wird, ist fraglich. Ebenso, ob dieses Verständnis sinnvoll für das Fach Sachunterricht ist. Das Kennen und Nennen von Begriffen ist kein Anzeichen dafür, dass diesen Begriffen immanente Bedeutungen verstanden wurden. Die Konfrontation mit theoretischem Wissen kann anregen, sich Dinge zu erschließen, kann jedoch auch abschreckend wirken und dazu führen, dass eigene Ideen nicht ernstgenommen werden (vgl. Rauterberg 2013, S. 42).

34 Die dritte Tendenz des Sachunterrichts, die Scholz nennt, eine Orientierung an Banalitäten (vgl. Scholz 2004, S. 7), wird an dieser Stelle nicht aufgegriffen und vertieft.

2.2.2 Offene, spielerische und selbstbestimmte Formen der Auseinandersetzung mit Naturphänomenen - freies Explorieren

In den beschriebenen Ansätzen schulischen Experimentierens wird - auch wenn es sich überwiegend um ausführende Tätigkeiten nach vorgegebenem Schema handelt - das eigene Tun der Kinder als Qualitätsmerkmal angesehen. In den Ausführungen zum Laborieren wird bereits etwas weiter gegangen. Feste Aufgabenstellungen sollten hier vermieden, ein freier Umgang mit zuvor kennengelernten Materialien ermöglicht werden. Abweichungen von erwarteten Ergebnissen müssen dabei als Schritt in Richtung des freien Experimentierens zugelassen werden und können als Anreiz für weitere Experimente dienen (vgl. Wiebel 2000, S. 45). Beim Laborieren wird bereits eine Offenheit in der Herangehensweise und dadurch auch im Ergebnis sichtbar, auch wenn die begleitende Person die Aufgabe hat, den Prozess des Experimentierens zu unterstützen.

Sachunterricht soll Schüler_innen auf ein späteres Leben in der Welt vorbereiten. Sie sollen zu „Handlungsfähigkeit in ihrer Welt erzogen werden." (Möller et al. 2002, S. 176) Ein Ansatz von Natur und Selbstbildung kann dabei helfen, ohne vorschnell in eine fachliche Systematik abzugleiten. Allerdings ist Sachunterricht aber auch ein Ort, an dem für neue Erfahrungen sensibilisiert werden soll (vgl. Ragaller 2000, S. 192f.). Kinder sollen sich Themen und Fragen, die sie interessieren, selbst aussuchen und erarbeiten. Die Sachbegegnung soll von Schüler_innen selbstständig „begriffen" werden. Im Zentrum steht nicht die Vermittlung von Fachwissen, vielmehr ist das Kind Mittelpunkt des Sachunterrichts. Sachlernen soll keine Zäsur sein, sondern eine Weiterführung der Interessen und Fähigkeiten der Kinder, die sie in anderen Bereichen eventuell bereits gewonnen haben. Dabei kann das Kind anhand von Experimenten für sich interessante Fragestellungen formulieren und diesen nachgehen. Das Experimentieren im Sachunterricht kann als eine Weiterentwicklung des spielerischen Erkundens der Lebenswelt im Kindesalter verstanden werden (vgl. Wodzinski 2004a, S. 124; Köster 2006, S. 47).[35]

35 Hier zeigt sich eine Parallele zu den Beobachtungen von Dollase. Auch in der Schule sollte Unterricht so gestaltet sein, dass er Kindern ein eigenständiges Umgehen mit individuellen Gegenständen ermöglicht. Das Dilemma an dieser Idee ist allerdings, dass

In vielen Situationen ist die Weltaneignung eine experimentelle, ohne sich dessen bewusst zu sein. Bei einer naturwissenschaftlichen Grundbildung wird also nicht das Experimentieren kennengelernt, da es ja die meiste Zeit schon selbst praktiziert wird, sondern die Weise des Experimentierens, nämlich des hypothesenprüfenden, deduktiven Verfahrens. Experimentieren wird nicht aus dem Tun, sondern aus der Sprache und dem bewussten Denken heraus initiiert. „Kinder werden herausgefordert, ihre Welt erst zu denken und dann auszuprobieren - statt umgekehrt." (Fischer 2013, S. 24)

Fischer beschreibt die Situation, in der ein dreijähriges Mädchen im Waschraum der Kita mit Waschbecken, Wasserhahn und Seifenspender umgeht (vgl. ebd., S. 19f.). Die Auseinandersetzung findet auf einer leiblichen Ebene und nicht auf einer sprachlichen Ebene statt. Es wäre möglich, in den Handlungen eine Reihe von Fragen festzuhalten, die Handlungen also zu versprachlichen. Doch versprachlichte Fragen würden dem Umgang des Mädchens mit den Dingen nicht gerecht werden. „Annikas Fragen zielen nicht auf Identifikation und Bezeichnung. Sie sind nicht in ihrer Sprache, sondern in ihren Berührungen, Empfindungen, Bewegungen und Aktionen, sicher auch in ihren Anschauungen und Vorstellungen." Allerdings lassen sich die Handlungen beschreiben. Fischer schreibt, dass die Handlungen des Mädchens auf den ersten Blick ähnlich erscheinen, wie eine immerwährende Wiederholung. Er vergleicht die Handlungen jedoch mit einer Tanzchoreografie, die variiert wird und in der alle Aktionen Neuschöpfungen sind. Das Mädchen tritt in einen Dialog mit den Sachen, der sich in der Auseinandersetzung weiterentwickelt (vgl. ebd., S. 20). „Das ganze Kind spielt. Es spielt der Körper und erwirbt dabei ein *implizites Körperwissen* [Hervorhebung FS] von der Welt. Es spielt die Seele des Kindes. Jede Aktion ist nicht nur eine Frage nach außen, sie ist auch eine Geste, in der sich das Innere ausdrucksvoll spiegelt. Die Freude, die Spannung, die Intensität des Erlebens. In der Seele des Kindes liegen die Erfahrungen aus seinem bisherigen Leben, die hier eine sinnvolle Fortsetzung finden." (ebd., S. 21)

Begriffe, mit denen Fischer hier das Mädchen in der Auseinandersetzung mit einer Situation beschreibt, sind: Choreografie, Tanz, Dialog, Spiel. Das Mädchen ist umfassend und intensiv und vor allem von sich

die Schule sich an Rahmenrichtlinien orientiert, die trotz Outputorientierung Standards festlegen und bestimmte Inhalte vorgeben.

aus spielerisch in der Auseinandersetzung in einer Alltagssituation. Annikas Theorien sind leiblich implizit und nicht vom Körper abgelöst. Zwar kann sie Handlungen und Gegenstände benennen, allerdings kann sie nicht explizieren, was ihr Spiel ausmacht und organisiert (vgl. ebd., S. 21). Das Handeln und mit den Händen Umgehen ist bei ihrer Auseinandersetzung zentral. „Hätte Annika die Hände nicht, dann fehlte ihr das entscheidend wichtige Organ ihrer Intelligenz und ihres Denkens." (ebd., S. 21)

Fischers Ausführungen beziehen sich auf den elementarpädagogischen Bereich. Die von ihm beobachtete offene, spielerische und selbstbestimmte Art und Weise der Auseinandersetzung mit Phänomenen ist jedoch nicht nur für frühkindliche Lernprozesse zentral, sondern kann auch ein wichtiger Zugang für die Auseinandersetzung mit Natur im Sachunterricht sein. Im Sachunterricht handelt es sich in der Regel - um noch einmal Rauterbergs Begrifflichkeiten auf diesen Bereich zu transferieren - um Welterkundung in angeleiteten Situationen (vgl. Rauterberg 2013, S. 38). Dennoch könnten oder sollten diese Situationen so gestaltet sein, dass Kinder ihren Interessen, Vorerfahrungen, Fähigkeiten und Zugängen entsprechend in die Auseinandersetzung mit ihnen gehen können und sich die Gegenstände ihrer Auseinandersetzung aus dieser heraus konstituieren.

Freies Explorieren

Die Variante des schulischen Experimentierens, die am ehesten eine offene, spielerische und selbstbestimmte Art und Weise der Auseinandersetzung mit Phänomenen bieten kann und daher am ehesten einem Verständnis von Natur und Selbstbildung gerecht wird, stellt das freie Explorieren dar. Wird noch einmal Tabelle 2 zu den Formen des Experimentierens (vgl. Hartinger 2013, S. 7) betrachtet, so wird deutlich, dass dieser Ansatz nach Hartinger et al. dadurch gekennzeichnet ist, dass zu Beginn keine Fragestellung vorhanden ist (oder sein muss) und auch die Vorgehensweise nicht weiter vorgegeben ist. Es handelt sich somit wirklich um ein exploratives Vorgehen. Es geht nicht um das Aufstellen und

Überprüfen von Hypothesen, sondern um den selbstständigen Umgang mit Materialien und Phänomenen.[36]

In Anlehnung an Hammann (2004), der als zentrale Kompetenzen, die beim Experimentieren ausgebildet werden können, Beobachtung, Hypothesenbildung, Versuchsplanung und Auswertung nennt - also Bereiche, die sehr stark aus den Naturwissenschaften stammen - beschreiben Murmann et al. die Kompetenzen aus einer stärker subjektbezogenen Perspektive. Sie nennen Fähigkeiten wie: Regelhaftigkeiten wahrnehmen, genaues Beobachten, Fragen und Vermutungen verbalisieren, eigene Vermutungen infrage stellen, dokumentieren, schlussfolgern und Erkenntnisse mitteilen sowie begründen (vgl. Murmann et al. 2007, S. 82). Solche Fähigkeiten können durch freies Explorieren gestärkt werden.

Köster beschreibt zwei unterschiedliche von ihr erprobte Umsetzungsmöglichkeiten des freien Explorierens. In einem Stationsbetrieb wurden verschiedene interessante und motivierende Materialien ausgelegt. Die Materialien orientierten sich an physikalischen Themen wie bspw. Magnetismus oder Elektrostatik. Die Absicht war, „Kindern die Möglichkeit zu geben, wichtige Vorerfahrungen mit Phänomenen zu sammeln." (Köster 2006, S. 44) Der Zugang zu den jeweiligen Phänomenen konnte frei gewählt werden. Während des Stationsbetriebs konnte Köster drei verschiedene Phasen im Umgang unterscheiden. In einer ersten Orientierungsphase, die von einem lauten Durcheinander gekennzeichnet ist, gewinnen die Kinder einen ersten Überblick über Stationen

36 Eine explorative Vorgehensweise ist nicht nur eine Variante kindlichen Experimentierens, sondern durchaus auch eine Möglichkeit, im Wissenschaftsbetrieb Erkenntnis zu gewinnen. Sie unterscheidet sich jedoch stark vom hypothesenprüfenden Experiment. „Wissenschaftlerinnen und Wissenschaftler stellen beim Experimentieren Beziehungen zwischen Handlungen und Gedanken her, indem sie sowohl Überlegungen und Einfälle - durchdacht oder intuitiv - in praktische Handlungen überführen als auch indem sie praktische Erfahrungen und Beobachtungen nutzen, um Vorstellungen, bzw. Theorien weiter zu entwickeln. Der Wechsel zwischen Denken und Handeln, Fragen und Beobachten ist beim Experimentieren kein einmaliger Ablauf, sondern eine schrittweise und immer wieder durchlaufene Annäherung, die im Nachhinein mit Umwegen und Irrtümern behaftet zu sein scheint und letztlich Erkenntnis generiert. Beim explorativen wissenschaftlichen Experimentieren erfolgt der Wechsel zwischen Denken und Handeln probierend, sammelnd und durchaus auch unsystematisch und intuitiv. Beim hypothesenprüfenden wissenschaftlichen Experiment ist Genauigkeit im Hinblick auf gezieltes Variieren bestimmter Parameter und das Konstanthalten anderer wesentlich." (Murmann et al. 2007, S. 83)

und Materialien. Diese Phase ist stark sinnlich-ästhetisch geprägt aber stets sachbezogen (vgl. ebd., S. 45). In der anschließenden Explorationsphase ist eine Konzentration auf ausgewählte Phänomene und eine Variation in der Herbeiführung von Phänomenen festzustellen. Die Kommunikation ist eingeschränkt. „Auch wenn die Kinder in dieser Phase kaum Fragen formulieren, wird deutlich, dass sie sich um das ‚Wie' bemühen: Wie kommt das Phänomen zustande. Unter welchen Bedingungen tritt es auf?" (ebd.) Diese Phase setzt zeitversetzt bei allen Kindern ein. In der Vertiefungsphase konnte schließlich ein Übergang zum reflektierten Vermuten und Experimentieren beobachtet werden. In dieser Phase werden „Warum?" und „Wie?" Fragen von den Kindern verbalisiert. Es setzt zudem ein Austausch über unterschiedliche Hypothesen oder Lösungswege ein (vgl. ebd.).

Als zweites Beispiel beschreibt Köster den Umgang von Kindern mit Materialien in einer mit ihnen gemeinsam eingerichteten Experimentierecke im Klassenzimmer. Die Ausgangsfrage zur Analyse dieser Situation war, ob Kinder sich selbstständig ein physikalisches Erfahrungsfeld eröffnen können (vgl. ebd., S. 47). In der unterrichtlichen Auseinandersetzung mit der Experimentierecke beschäftigten sich die Kinder mit unterschiedlichen Materialien, Dingen und Phänomenen, die sie interessant oder spannend fanden. Köster konnte im selbstständigen Tun einen Übergang vom „spielerischen Experimentieren hin zum sensiblen Beobachten" feststellen (ebd., S. 48). Auch die im Stationsbetrieb festgestellten Phasen der Auseinandersetzung ließen sich im Umgang in der Experimentierecke wiederfinden.

Köster hält als Ergebnis fest, dass Kinder durch eine explorative Vorgehensweisen motiviert werden können, ein tiefergehendes Interesse entwickelt werden kann und in dieser Art und Weise des Umganges durchaus ein wissenschaftliches Vorgehen bei den Kindern festzustellen ist (vgl. ebd., S. 53; Köster 2003, S. 25). Das freie Explorieren scheint demnach in besonderer Weise - gerade auch im Vergleich zu den anderen Formen des schulischen Experimentierens - geeignet zu sein, Kindern eine möglichst freie und dadurch selbstbestimmte Auseinandersetzung zu bieten. Gleichzeitig lassen sich positive Effekte, die generell mit dem schulischen Experimentieren in Verbindung gebracht werden, herbeiführen. Über eine explorierende, selbstbestimmte Zugangsweise kann eine wissenschaftliche Auseinandersetzung angeregt und in Gang gebracht werden. Das freie Explorieren scheint somit der Weg zu sein, über den Kinder zum Experimentieren im wissenschaftlichen Sinn kommen können, aber nicht müssen.

An Kösters Ausführungen lässt sich allerdings ein Kritikpunkt anbringen, der die Selbstbestimmtheit etwas infrage stellt. Neben den Materialien lagen auch Experimentierbücher oder ähnliches aus. Köster führt ein Beispiel an, in dem ein Mädchen einen Versuch nach einer Anleitung durchführt, die es gefunden hat. Das Mädchen führt den Versuch selbstständig durch und präsentiert ihn auch. Im Grunde genommen war dieser aber initiiert und das Mädchen hatte nur ausführende Tätigkeit wie bei einem angeleiteten Versuch (vgl. Köster 2006, S. 48). In einem weiteren Absatz wird die Bezugnahme auf Versuchsanleitungen als Ausgang für das Explorieren noch weiter deutlich. So hält Köster fest, dass es zu Frustrationserlebnissen bei den Kindern führte, als ein Versuch nicht wie in der Anleitung beschrieben funktioniert hat (vgl. ebd., S. 51). Zwar haben die Kinder sich selbst für einen Versuch aus einem Experimentierbuch oder nach Vorlage entschieden, allerdings entspricht die Ausführung des Versuches dann eher einem angeleiteten Versuch. An diesem Punkt würde dann die bereits oben angeführte Kritik an angeleiteten Versuchen Gültigkeit besitzen.

Das freie Explorieren bezieht sich in erster Linie auf die Auseinandersetzung mit den Materialien, auf die Herangehensweisen. Es bezieht sich zum Teil aber auch auf die Gegenstandsbestimmung: Obwohl Materialien vorgegeben waren, konnten die Kinder ausprobieren, was mit ihnen gemacht werden kann. In Kösters Studie lag der Schwerpunkt auf der Auseinandersetzung mit naturwissenschaftlichen Phänomendeutungen. Dies leuchtet ein, da es sich um einen Beitrag zum physikalischen Lernen handelt. Die Gegenstände, mit denen sich die Kinder beschäftigt haben, sind dementsprechend auch frei gewählte naturwissenschaftsorientierte Inhalte. Im Prinzip wäre es aber auch möglich, dass die Gegenstandskonstitution frei von Naturwissenschaften ist. So hätten die Kinder bspw. mit den Materialien Rollenspiele durchführen können oder Dinge nach Farben ordnen können und auch dabei etwas für sie Bedeutsames erfahren oder gelernt. Wird noch einmal der Bogen zurück zu den Gegenstandsbestimmungen des Sachlernens und insbesondere auf die Überlegungen zu dem Bildungsrahmen Sachlernen von Pech und Rauterberg geschlagen, so ließe sich das Explorieren als eine Umgangsweise beschreiben, die insbesondere auch dafür geeignet ist, einen Beitrag zum Machen von natur(-wissenschafts)bezogenen Erfahrungen zu leisten: Explorieren, um etwas herauszufinden.

2.2.3 Exkurs: Methoden technischen Lernens

Technisch gebildet zu sein bedeutet einerseits, über naturwissenschaftliches Grundwissen und technische Kenntnisse zu verfügen und andererseits, im Besitz bestimmter Fertigkeiten und Fähigkeiten zu sein, um insgesamt in der Lage zu sein, technischen Fragestellungen und Problemlösungen nachzugehen und insbesondere auch, um technische Dinge herzustellen oder konstruieren zu können. Zudem ist es wichtig, die Bedeutung von Technik erfahrbar zu machen und technische Dinge auch bewerten zu können (vgl. Mammes 2013, S. 12).

Als Methoden technischen Lernens listet Mammes das Experiment, die Konstruktionsaufgabe, die Fertigungsaufgabe, die Reparaturaufgabe und die technische Analyse auf (vgl. ebd., S. 13). Da der Fokus vorliegender Studie auf dem Experimentieren bzw. auf dem Explorieren als Formen des kindlichen Experimentierens liegt, wird im Folgenden nur das Experiment als Methode technischen Lernens weiter vertieft und mit dem naturwissenschaftlichen Experiment in Verbindung gesetzt.

Im Bereich der technikdidaktischen Methoden besitzt das Experimentieren einen hohen Stellenwert. Das unterrichtliche Experiment wird dabei oftmals - wie auch im Bereich des naturwissenschaftlichen Experimentierens - in Analogie zum wissenschaftlichen Experiment definiert (vgl. Jeretin-Kopf/Kosack 2013, S. 45). Beim technischen Experiment werden „unter festgelegten, kontrollierten Bedingungen an technischen Objekten gezielt bestimmte Erscheinungen hervor[gerufen], um tiefere Einsichten in Eigenschaften, Wirkungsweisen, Einsatzmöglichkeiten technischer Gegenstände und Vorgänge zu erhalten." (Schmayl 1981, S. 301) Der Ablauf des technischen Experimentes ähnelt dem des naturwissenschaftlichen Experimentes sehr. Zu Beginn stehen die Erfassung eines Problems und die Formulierung einer Hypothese. Anschließend wird der Versuchsaufbau geplant und das Experiment durchgeführt. Schließlich werden die gewonnenen Daten ausgewertet, sodass in Bezug auf die Ausgangsproblemstellung eine Erkenntnis gewonnen werden kann (vgl. ebd., S. 309; Wilkening 1995, S. 154). Die Verfahren an sich unterscheiden sich also zunächst nicht auffällig. Unterschiede gibt es jedoch bezüglich des Erkenntnisinteresses. Wie in Tabelle 1 nach Sachs (vgl. Sachs 2001, S. 7) dargestellt, ist die Hauptfragerichtung nicht kausal, sondern final ausgerichtet. Zentral sind Sinn und Zweck und nicht Ursache-Wirkungsbeziehungen. Es geht darum, problemlösend vorzugehen und nicht erklärend.

Die Diskussion um technisches Experimentieren im Rahmen des Unterricht oder von Lernsettings ähnelt also der um naturwissenschaftliches Experimentieren. Lange herrschte der Ansatz vor, Schüler_innen das wissenschaftliche Experimentieren Schritt für Schritt nahezubringen, zunächst durch Demonstrationsversuche und dann zunehmend durch die immer weiter voranschreitende Selbstständigkeit der Kinder beim Experimentieren. Aber auch in der Technikdidaktik vollzieht sich ein Wechsel. Gegenwärtig lässt sich eine Hinwendung zum Kind und seinen Zugangsweisen erkennen (vgl. Jeretin-Kopf/Kosack 2013, S. 46). Damit findet sich auch in der Didaktik des Technikunterrichts das in der Grundschulpädagogik und insbesondere der Sachunterrichtsdidaktik existierende Spannungsfeld von Kind- und Wissenschaftsorientierung wieder. Zu Beginn der Auseinandersetzung mit einer Sache oder einem Sachverhalt steht die individuelle und subjektive Erschließung dieser Sache oder des Sachverhaltes, wobei es zunächst nicht darum geht eine externe, vermeintlich objektive Wirklichkeit zu erschließen. Inhalte und Methoden werden somit nicht aus einer Fachsystematik heraus festgelegt. Die Auseinandersetzung wird vielmehr als Prozess gesehen, an dessen Ende die Erschließung oder besser die Konstruktion einer externen, objektiven Realität steht (vgl. ebd., S. 47).

Ein Problem in der gegenwärtigen Situation ist allerdings, dass zu Beginn einer Auseinandersetzung oftmals „objektive Inhaltsbereiche" sachgerecht erschlossen werden sollen, ehe eine selbstbildnerische Auseinandersetzung mit dem Gegenstand einsetzt. „Damit will Schmayl offensichtlich deutlich machen, dass die Sachen, die den Kindern als Inhalte im Unterricht begegnen, in ihrer objektiven Erscheinung nicht verhandelbar sind, gleichwohl können sie lebensweltlich in Abwandlung sozialer Normen und persönlicher Wertvorstellungen unterschiedlich konstruiert werden."[37] (Jeretin-Kopf/Kosack 2013, S. 46) In dieser Aussa-

[37] Die Stelle, auf die sich Jeretin-Kopf und Kosack hier beziehen, findet sich in Schmayl 2010, S.77f.

ge findet sich ein konstruktivistisch orientiertes Lernverständnis wieder. Zwar gibt es eine externe Realität, doch konstruiert jeder auf Basis seiner Erfahrungen, Haltungen und Einstellungen ein eigenes Abbild von Wirklichkeit.

Jeretin-Kopf und Kosack legen in ihren Ausführungen zum Experimentieren im Technikunterricht den Schwerpunkt „nicht auf den Anspruch der Sache und die systematische Untersuchung eines Problemfeldes, sondern auf das „Erfinden", „Tüfteln", also auf kreative, eben nicht systematische Lösungsmöglichkeiten, welche die personenbezogenen Seiten des Bildungsprozesses in den Blick nehmen." (ebd., S. 45) Zentral ist dabei das „forschende Erschließen" von Sachverhalten. Ihr Erkenntnisinteresse richtet sich nicht darauf, wie Kindern wissenschaftliche Methoden vermittelt werden können, sondern wie Kinder Probleme lösen (vgl. ebd., S. 50). „Das forschende Erschließen der Sachverhalte unterscheidet sich vom Experimentieren dadurch, dass das Erforschen durch gezielte Manipulation einzelner Variablen ein in die Konstruktion und Fertigung integrierter Prozess ist, der nicht zwingend eine isolierte Versuchsanforderung erfordert. Kinder experimentieren mit und am Fertigungsgegenstand. Planung und Herstellung stellen zwei in sich verwobene Prozesse dar." (ebd., S. 51) Dieser Ansatz oder dieser Anspruch lassen sich mit Blick auf die Diskussion um naturwissenschaftliches Experimentieren im Rahmen von Schule am ehesten als eine Art freies Explorieren einordnen.

2.2.4 Erweiterung des „Suchraum"-Begriffs von Hammann auf das freie Explorieren

Das oben erwähnte Raummodell beim Experimentieren wird in der vorliegenden Studie adaptiert und an das freie Explorieren angepasst. Die Ausführungen zum SDDS-Modell beziehen sich auf ein hypothesenprüfend deduktives Experimentierverständnis (vgl. Hammann 2004, S. 200). „Im hypothetisch-deduktiven Erkenntnisgang nimmt die Hypothesenbildung eine wichtige Stellung ein: Ausgehend von den Daten oder Beobachtung der Problemstellung werden Hypothesen gebildet, in denen vermutete Zusammenhänge über Ursache-Wirkungsbeziehungen formuliert werden, die empirisch getestet werden können. [Hypothesen-Suchraum - Anm. FS] Aus den Hypothesen wird abgeleitet, dass bestimmte beobachtbare Phänomene eintreten bzw. nicht eintreten. Anschließend wird anhand von Experimenten überprüft [Experimentier-Suchraum - Anm. FS], ob die Vorhersagen richtig waren oder ob neue Hypothesen gebildet werden müssen." (Hammann 2004, S. 200) Dementsprechend definieren sich sowohl der Hypothesen-Suchraum als auch der Experimentier-Suchraum über dieses Experimentierverständnis. Für das freie Explorieren treffen diese Ausführungen nicht zu, da hierbei kein hypothesenprüfendes Experimentierverständnis zugrunde liegt. Vielmehr geht es darum, ob Kinder sich im handelnden Umgang mit Materialien selbstständig einen naturwissenschaftlichen Inhalt erschließen können. Ein Hypothesen-Suchraum existiert demnach nicht oder er wird nicht explizit betreten, nicht formuliert und nicht sprachlich oder schriftlich festgehalten. Dadurch bedingt wird auch der Experimentier-Suchraum geschwächt, da dieser stark mit dem Hypothesen-Suchraum in Verbindung steht und sich letztlich auf ihn bezieht. Beim freien Explorieren gehen die Kinder induktiv vor. Hypothesen werden (zumindest zu Beginn (vgl. Köster 2006)) nicht expliziert. Für das freie Explorieren greifen das SDDS-Modell und insbesondere der Primat des Erwerbs fachlich naturwissenschaftlichen Wissens in einem hypothetisch deduktiven Erkenntnisgang nicht.

Der Begriff des Suchraumes (ohne Hypothesen- oder Experimentier-Vorsatz) soll auf vorliegende Studie übertragen werden und für den Ansatz des freien Explorierens fruchtbar gemacht werden. Auch das freie Explorieren ist vom Suchen und in hohem Maße auch vom Finden gekennzeichnet. Es ist durch das zum Explorieren zur Verfügung gestellte Material und das Erfahrungswissen der Kinder geleitet.[38] Es ist davon auszugehen, dass die Auseinandersetzung der Kinder mit Materialien beim freien Explorieren durch implizite Annahmen geleitet oder zumindest beeinflusst wird. Daher ist es wahrscheinlich, dass auch beim Explorieren Suchräume betreten werden, die allerdings teilweise im Bereich des impliziten Wissens liegen. Das Vorgehen wäre dabei ein induktives.

---

[38] Erfahrungswissen entsteht Schäfers Annahme nach aus der Ausbeutung sinnlicher Erfahrungen in Alltagszusammenhängen. Dadurch entsteht eine sinnliche Ordnung der Wirklichkeit, mit der Kinder bereits denken, ehe sie sprechen. Im Laufe der Zeit entwickeln sich diese Erfahrungen bis sie im Symbolsystem der Sprache auch sprachlich gedacht werden können (vgl. Schäfer 2010, S. 20f.). Zunächst ist dieses Erfahrungswissen jedoch ein implizites Wissen.

Für die vorliegende Studie muss das Raumkonzept von Hammann in Bezug auf den Ansatz des freien Explorierens angepasst und erweitert werden.

Hilfreich ist es, wenn die Metapher des Raumes dazu an dieser Stelle aus dem Kontext des hypothesenprüfenden Experimentes herausgelöst und in einen Alltagskontext eingebettet wird, um ihr Potenzial auch für Situationen der freien, explorativen Auseinandersetzung im Rahmen naturwissenschaftsbezogenen Lernens fruchtbar zu machen.

In einem Haus gibt es verschiedene Räume, die jeweils eine bestimmte Funktion haben: das Schlafzimmer, das Esszimmer, das Wohnzimmer, das Arbeitszimmer. In jedem Raum sind spezifische Dinge vorhanden. Im Schlafzimmer finden sich zum Beispiel ein Bett, ein Nachtschrank mit Bettlektüre und vielleicht noch ein Kleiderschrank. In jedem dieser Objekte befinden sich weitere Dinge. Im Kleiderschrank beispielsweise eine Schublade mit Strumpfpaaren und darin vielleicht noch eine weitere Kiste mit Einzelstrümpfen. Die Ordnung ist jeweils individuell, allerdings gibt es auch kollektive Ordnungen: Im Kleiderschrank liegen in der Regel keine Schreibtischutensilien. Vermisse ich nun beispielsweise einen Strumpf, so ist es naheliegend zunächst in dem Raum zu suchen, in dem er mit hoher Wahrscheinlichkeit liegen könnte: im Schlafzimmer und dort vielleicht noch präziser im Schrank in der Sockenschublade. Finde ich die Sache dort nicht, schaue ich an einem anderen Ort innerhalb des Raumes nach, bspw. dem Bettkasten oder aber ich gehe in einen anderen Raum, in dem der Gegenstand vermutet wird.

Wenn ich gar keine Idee habe, wo mein vermisster Gegenstand ist, kann ich auch mehr oder weniger strukturiert durch die Räume streifen, um den Gegenstand wiederzufinden. Die Suche kann dabei relativ wahllos oder aber auch geplant verlaufen. In einem Raum habe ich verschiedene Möglichkeiten nach der vermissten Sache zu suchen. Allerdings kann es auch möglich sein, dass sich die Sache doch in einem anderen als dem ursprünglich angedachten, möglicherweise spezifischen Raum befindet. Die Räume sind mehr oder weniger direkt miteinander verbunden, sodass ich auf der Suche nach meiner vermissten Sache mehrere Räume durchstreifen kann.

Das Vorgehen der Kinder beim Explorieren gleicht einem Suchen nach Materialien, Ideen, Ursachen oder Lösungen in verschiedenen Räumen. Die Suche ist in hohem Maße körperlich, so dass Räume auch unbewusst betreten werden. Es soll daher in vorliegender Studie empirisch überprüft werden, welche Räume sich beim freien Explorieren finden lassen. Für die Rekonstruktion der Vorstellungen der Kinder wird die Metapher des Raumes gewählt, da sie sich für die Vorgehensweise der Kinder beim Explorieren als sinnvoll und strukturgebend erweisen kann.

Frage: Welche Räume lassen sich beim freien Explorieren finden?

2.3 Vorstellungen von Kindern zu Phänomenen

Es gilt im Sachunterricht mehr oder weniger als gesetzt, dass ein Ziel des Lernens in der Grundschule sein soll, fachlich belastbare Vorstellungen aufzubauen (vgl. Heran-Dörr 2011, S. 5; Wodzinski 2006, S. 2). Daher ist die Erforschung von Schüler_innenvorstellungen ein viel bearbeitetes Feld der didaktischen, insbesondere auch der sachunterrichtsdidaktischen Forschung, da sie als wichtige Grundlage zum Aufbau fachlich belastbarer Vorstellungen gelten.

Naturwissenschaftliches Lernen in moderat-konstruktivistischen Lernumgebungen – Initialisierung eines Conceptual Change

In einer Zwischenlage zwischen den Polen „Naturwissenschaft und Instruktion“ sowie „Natur und Selbstbildung“ liegt der von Möller entwickelte Strukturierungsvorschlag naturwissenschaftlichen Lernens im Sachunterricht. Möller kritisiert, dass es in der Umsetzung naturwissenschaftsbezogener Grundbildung dem Ansatz von Naturwissenschaft und Instruktion folgend bezüglich des transportierten Wissenschaftsverständnisses problematische Entwicklungen gibt. Oftmals haben Kinder nur ausführende Tätigkeiten bei der Durchführung von angeleiteten Versuchen. Erklärungen zum Phänomen werden verbal von Erwachsenen oder aus Lehrbüchern vermittelt, anstatt in moderat-konstruktivistischen Lernumgebungen aufgebaut und verstanden zu werden. Ob der Aufbau belastbarer Vorstellungen dadurch gefördert werden kann, ist fraglich. Das dahinterstehende Lernverständnis folgt einer Vermittlung fertiger Konzepte und keinem selbstgeleiteten, schrittweisen Aufbau von Erklärungen und Vorstellungen (vgl. Möller

2009, S. 170). Als „wissenschaftskonformes" Verständnis beschreibt Möller ein Vorgehen, in dem „Experimente als Befragung der Sache und als aktive Exploration verstanden werden, wobei das Ziel verfolgt wird, eigene Ideen zu überprüfen und angemessenere Vorstellungen aufzubauen". (ebd.) Wenn es Lehrenden gelingt, Lernenden das Gefühl zu geben, „dass wirklich jede Idee wichtig ist und ernst genommen werden muss, dass es keine dummen Ideen gibt und dass man aus falschen Ideen viel lernen kann, kommt man einem naturwissenschaftlichen Denken und Arbeiten wesentlich näher als durch das Vermitteln kaum verstehbarere Erklärungen." (ebd., S. 170f.)

Nach Möller ist das vorrangige Ziel naturwissenschaftlichen Lernens eine breit angelegte multikriteriale Zielsetzung, die konzeptuelle, verfahrensbezogene, metakognitive, motivationale und selbstbezogene Zielbereiche miteinander verknüpft (vgl. Möller 2006, S. 111). Kinder sollen Interesse und Freude an der Auseinandersetzung mit Phänomenen und naturwissenschaftlichen Inhalten entwickeln und zu einer selbstbewussten forschenden Haltung angeregt werden. Sie sollen ein konzeptuelles Basiswissen erwerben und auch über naturwissenschaftliche Sachverhalte kommunizieren können (vgl. ebd.). „Die zentrale Frage muss daher lauten: Wie sollten Lernumgebungen gestaltet sein, damit Kinder einerseits Interessen und Selbstvertrauen entwickeln und andererseits naturwissenschaftlich-technisches Verständnis erwerben und entsprechende Arbeitsweisen erlernen können?" (ebd.) Naturwissenschaftliches Verständnis bzw. Wissen ist bei Möller nicht die Speicherung von Fakten, sondern in besonderer Weise der „Erwerb theoriegeleiteter Begriffe und Konzepte." (ebd., S. 112) Das Erlernen solcher Konzepte ist Möllers Ansatz nach mit einem Conceptual Change verbunden. Beschäftigen sich Kinder mit naturwissenschaftlichen Phänomenen und Problemen, bilden sie oft zügig und vorschnell Erklärungen oder auch Konzepte, welche sich nicht als belastbar herausstellen oder schlicht unvollständig sind. „Ziel ist es, Kinder auf inadäquate, nicht belastbare Vorstellungen aufmerksam zu machen und ihnen Möglichkeiten zur Konstruktion adäquater, physikalischer Erklärungen zu bieten." (ebd., S. 112) Vorhandene „Alltagskonzepte" müssen einem Conceptual Change folgend geändert werden. Zur Erreichung der Ziele naturwissenschaftlichen Lernens bietet sich nach Möller ein moderat-konstruktivistisches Vorgehen an (vgl. Möller 2009, S. 166). Folgende Annahmen liegen diesem Lernverständnis zugrunde (vgl. Möller 2006, S. 112):

- Wissen wird vom Lernenden aktiv selbst konstruiert, nicht vermittelt.
- Lernende müssen aktiv in den Lernprozess involviert sein.
- Soziale Interaktion fördert den Wissensaufbau.
- Problemhaltige Lernsituationen fördern die Anwendbarkeit des erworbenen Wissens.

Um diesem Lernverständnis gerecht zu werden und um eine mögliche Überforderung der Lernenden zu vermeiden, sind bestimmte Strukturierungsmaßnahmen nötig. Möller bezieht sich dabei auf den Ansatz der Tätigkeitstheorie, dessen Annahmen bezüglich der „Zone der nächsten Entwicklung" für pädagogische Ansätze genutzt wurden (vgl. Giest 2007). „Im Rahmen pädagogischer Kooperation zeichnet sich die Zone der nächsten Entwicklung des Gesamtsubjekts dadurch aus, was die Partner (Lernende, bzw. Lernende und Lehrende) in ihrer Kooperation erreichen können, wobei die Zone der nächsten Entwicklung des Lernenden nicht nur von der Zone seiner aktuellen Leistung sondern auch von der pädagogischen Tätigkeit des Lehrenden abhängt." (ebd., S. 6) Lernen sollte nach Möller in dieser Stufe der nächsten Entwicklung stattfinden. Dazu muss den Lernenden ausreichende Unterstützung gegeben werden. Möller schlägt als notwendige Strukturierungsmaßnahmen das sogenannte „Scaffolding" vor. Dazu gehören unter anderem die Sequenzierung von komplexen Inhalten, eine unterstützende Gesprächsführung sowie der gezielte Einsatz von Lernhilfen. Auf diese Weise wird ein Gerüst gebaut, welches Lernende bei der selbstgesteuerten Wissenskonstruktion und Umstrukturierung von „Alltagskonzepten" bestmöglich unterstützt (vgl. Möller 2006, S. 113). Instruktive Anteile sind von Nöten, da nach Möller die kognitiven Erträge bei zu großer Offenheit oftmals unzureichend ausfallen. Allerdings soll die Selbststeuerung des Lernens nicht aufgegeben werden, da die Instruktion „fertigen" Wissens und „fertiger" Konzepte zu sogenanntem trägen, nicht anwendbarem Wissen führt (vgl. Möller 2001, S. 25). Die lehrende Person ist in diesem Fall nicht Vermittler_in von Wissensbeständen, sondern Begleiter_in des Lernprozesses des einzelnen Individuums (vgl. Rauterberg 2008, S. 5). Aufgabe ist es somit, Lernenden die Möglichkeit zu bieten, Wissen selbstständig zu erarbeiten und gegebenenfalls Hilfestellungen bzw. Impulse zur weiterführenden Beschäftigung mit einem Sachverhalt zu bieten. Lehrende werden zu Gestalter_innen von Lernumgebungen, welche Lernenden ein selbstständiges Konstruieren von Wissen sowie einen Conceptual Change ermöglichen (vgl. Möller 2001, S. 22).

Die Annahmen eines Conceptual Change stehen in enger Verbindung mit einer wissenschaftsorientierten Auffassung des Sachlernens. Moderat-konstruktivistische Lernumgebungen sollen die Initiierung eines Conceptual Change in besonderer Weise ermöglichen. Unabhängig davon, ob ein Conceptual Change als Konzeptänderung verstanden wird oder eher als eine Konzeptergänzung, dominiert der Aufbau von aus Fachwissenschaften abgeleiteten Inhalten und Wissensbeständen.[39]

In einer Studie zur Wirksamkeit moderat-konstruktivistischer Lernumgebungen und insbesondere zum Einfluss strukturierender Elemente konnte Möller ihrem Verständnis nach positive Effekte empirisch festhalten. Möller hat Unterricht mit gleichen Materialien („Schwimmen und Sinken") und unterschiedlichem Grad der Strukturierung ausgewertet. Eine Gruppe Kinder arbeitete ohne Struktur [im Sinne von freiem Explorieren mit Materialien - Anm. FS], die andere Gruppe geschlossener, das heißt kleinschrittiger zu Teilaspekten des vorgegebenen Themas und mit stärkerer Anleitung (vgl. Möller 2006, S. 114f.). In der Auswertung wurde auf kognitive wie auch auf motivationale Aspekte geschaut. Erhoben wurden die Befunde auf kognitiver Ebene mit einem Prä-/Posttest-Design. Es konnte festgehalten werden, dass im geschlossenen Ansatz alle Kinder signifikant dazugelernt haben und belastbarere physikalische Konzepte erworben haben als die Gruppe, die ohne Strukturierung gear-

39 Die deutsche Übersetzung des Begriffes „Konzeptwechsel" wird teilweise mit der Begründung abgelehnt, dass Vorstellungen nicht ausgewechselt, sondern vielmehr ausdifferenziert oder modifiziert werden (vgl. Franz 2008, S.34). Es ist nicht möglich, Alltagsvorstellungen, die bereits im Bewusstsein verankert sind, durch andere, fachlich-wissenschaftliche Vorstellungen und Konzepte auszuwechseln. Vielmehr gibt es Ansätze, die davon ausgehen, dass beide Vorstellungen (Alltagsvorstellung und wissenschaftliches Konzept) nebeneinander bestehen (vgl. ebd.). Der Begriff Konzeptwechsel bezieht sich auf einen völligen Bruch mit den Präkonzepten. Solche werden dann nicht erweitert, sondern in ihrer gesamten Struktur umgeändert, sodass völlig neue Konzepte entstehen. In den Worten von Carey, auf die Franz ihre Ausführungen zum Conceptual Change stützt, wäre solch ein Wechsel als „radical" (Carey 1985, S. 4) zu bezeichnen. Die Vorstellungen und Alltagskonzepte der Kinder würden hierbei in Gänze aufgegeben.

beitet hat. Die Motivation war in beiden Gruppen hoch, wobei sich die Gruppe mit Strukturierung besser unterstützt fühlte (vgl. ebd., S. 122f.). Möller hält als zentrales Ergebnis fest, dass ein auf Selbstkonstruktion ausgerichtetes Setting die Kinder nicht überfordert, allerdings aber auf unterstützende und strukturierende Maßnahmen angewiesen ist. Diese scheinen sich bei anspruchsvollen Inhalten positiv auf den nachhaltigen Abbau von „Fehlkonzepten" auszuwirken (vgl. ebd., S. 123f.). Einem offenen Zugang zum naturwissenschaftlichen Lernen erteilt Möller eine Absage. „Zu glauben, dass Handeln und Experimentieren der Lernenden allein zu verstandenem Wissen führe und man Kinder unbehelligt forschen lassen sollte, um ihre kognitive Kreativität und ihr Interesse zu fördern, ist naiv." (ebd., S. 125)

Ziel ist auch bei Möllers naturwissenschaftlichem Lernen in moderat-konstruktivistischen Lernumgebungen immer, so nahe wie möglich an die fachliche physikalische Erklärung heranzukommen. Der zu konstruierende Inhalt wird somit vorgegeben. Dieses Verständnis scheint aus einer wissenschaftsorientierten fachwissenschaftlichen Perspektive einleuchtend, wenn naturwissenschaftliches, hypothesenprüfendes Experimentieren und bestimmte fachwissenschaftliche Inhalte gelernt werden sollen. Ob es aber auch aus sachunterrichtsdidaktischer Sicht passend sein kann, ist kritisch zu reflektieren, wenn der Sachunterricht als eigenes Fach gedacht werden soll, der den Aufbau subjektiver Theorien ermöglichen und voranbringen soll.

2.3.1 Exkurs: Konstruktivistische Annahmen für das Sachlernen

Einordnung eines moderat-konstruktivistischen Lernverständnis in den Konstruktivismus-Diskurs

Lernen ist ein aktiver, selbstgesteuerter Prozess des Individuums, deshalb werden Annahmen der Erkenntnistheorie des Konstruktivismus auf das schulische Lernen übertragen. Auch neuere Lehrpläne und Ansätze (s. o.) orientieren sich an einem moderat-konstruktivistischen Lehr- und Lernverständnis. Grundannahmen des Konstruktivismus werden übernommen und für die Schule fruchtbar gemacht.

Radikaler Konstruktivismus

Der Konstruktivismus ist ein erkenntnistheoretischer Ansatz, welcher konträr zu den Auffassungen des Realismus steht. Er geht davon aus, dass die Wahrnehmungen des Subjektes von bestimmten Gegenständen, Dingen usw. Konstruktionen sind, welche vom wahrnehmenden Subjekt, nicht aber von dem wahrgenommenen Gegenstand, Phänomen, etc. abhängen. Eine externe Realität existiert zwar, diese kann der Mensch allerdings nicht erkennen. (vgl. Möller 2001, S. 17) Sie ist vielmehr nur Produkt der Wahrnehmungen und Interpretationen des einzelnen Subjektes vor dem Hintergrund der erlebten und miteinbezogenen Erfahrungen (vgl. von Glaserfeld 1996, S. 22; Möller 2001, S. 17; Rauterberg 2007, S. 2). Der Realismus, als Beispiel einer erkenntnistheoretischen Gegenposition gesetzt, geht davon aus, dass eine Realität existiert, die nicht vom Bewusstsein des Subjektes abhängig ist. Erkenntnis geht demnach also von realexistierenden Dingen aus, die außerhalb des individuellen Bewusstseins existieren (vgl. Rauterberg 2007, S. 2). Dem radikalen Konstruktivismus folgend ist objektives Erkennen nicht möglich, da jeder Mensch seine eigentliche Wirklichkeit produziert und konstruiert.

Im erkenntnistheoretischen Konstruktivismus wird auf den Begriff „Mensch" verzichtet. Stattdessen ist von „autopoietischen Systemen" die Rede, Systemen, die sich selbst gestalten (vgl. ebd., S. 3).[40] Das heißt wiederum, der Mensch ist ein System, das sich „selber macht", sich selbst gestaltet, sich die Realität also selbst durch seine Wahrnehmungen konstruiert. „In erster Linie wird Autopoiese auf die autonom (eigengesetzlich) erfolgende Strukturbildung durch das menschliche Gehirn angewandt: Die Interpretationen der Umwelt sind Produkte dieser Eigenkonstruktion, und das Hirn ist fortwährend dabei, eigenständig zu konstruieren." (Klein/Oettinger 2007, S. 231) Weiter führen Klein und Oettinger an, dass Abbilder der Umwelt vom Gehirn selbstständig erzeugt werden, deshalb ist Autopoiese von einer im Bewusstsein stattfindenden Eigenkonstruktion abzugrenzen (vgl. ebd.). „Ziel dieser Autopoiese ist die Selbsterhaltung des lebenden Individuums, nicht zuletzt in Abgrenzung zur Umwelt." (ebd., S. 231) Wegen der Unmöglichkeit, dem radikalen Konstruktivismus folgend Wirklichkeit zu erkennen, wurde

40 Der Begriff Autpoiese stammt aus dem Griechischen und bedeutet: „Selbermachen", „Selbstgestaltung". (vgl. Klein/Oettinger 2007, S. 231)

der Begriff der Wirklichkeit (die es objektiv nicht geben kann) zu Gunsten des Begriffs „Viabilität" aufgegeben. Viabilität bezeichnet die Gangbarkeit, die Nützlichkeit für das Individuum, die „...Wegbarkeit einer Konstruktion bei ihrer Konfrontation mit der Umwelt." (ebd., S. 249) Dies meint, eine Wahrnehmung muss nicht wahr (im Sinne eines Abbildes der Realität), sondern vielmehr belastbar und gültig sein, um sich „...in der Bewältigung z. B. des Alltags, der Kommunikation aber auch in der Wissenschaft [zu] bewähren." (Rauterberg 2007, S. 3) Diese viable Wahrnehmung ist dann solange gültig, bis sie nicht mehr greift und neu konstruiert werden muss.

Sozialer Konstruktivismus

Eine weitere Ausrichtung des Konstruktivismus geht davon aus, dass nicht das einzelne Subjekt Wirklichkeit konstruiert, sondern dass diese von sozialen und gesellschaftlichen Systemen ausgehandelt wird. Die Voraussetzung dafür ist die Annahme, dass jeder Mensch in einer von und mit anderen Menschen gemeinsam strukturierten und damit sinnhaften Wirklichkeit aufwächst und lebt (vgl. Möller 2001, S. 19). Das heißt also, bestimmte Gruppen nehmen gemeinsam wahr, da sie gleiche Erfahrungen gemacht haben und diese in ihre Konstruktion von Wirklichkeit mit einfließen lassen. Wirklichkeit wird also nicht nur vom Individuum alleine sondern auch in einem sozialen, gesellschaftlichen Kontext konstruiert. Diese Form des Konstruktivismus wird als sozialer Konstruktivismus bezeichnet (vgl. Rauterberg 2008, S. 3; Möller 2001, S. 19). In der Diskussion um die Struktur von Lernprozessen sind sozialkonstruktivistische Ansätze von Aktualität und Bedeutung, da durch sie die soziale Bedingtheit von Schule mit berücksichtigt wird (vgl. Möller 2001, S. 19).

Zur Kritik an einem moderaten Konstruktivismus

Kritik am Ansatz eines moderaten Konstruktivismus wird vor dem Hintergrund seiner Kritik an Annahmen des radikalen Konstruktivismus für das schulische Lernen geübt. Das heißt die Kritik, die von Vertreter_innen eines moderaten Konstruktivismus am radikalen Konstruktivismus für schulisches Lernen geübt wurde, soll insbesondere in Verbindung mit seinen Bedeutungen für naturwissenschaftsbezogenes Lernen entkräftet werden. Dazu ist es zunächst notwendig zwischen dem Konstruktivismus als Erkenntnistheorie und seiner Adaption als Lerntheorie zu unterscheiden. Vor dieser grundsätzlichen Unterscheidung bezieht sich die Kritik vor allem darauf, dass das zu Konstruierende den Annahmen eines moderaten Konstruktivismus als Lerntheorie folgend bereits feststeht. Eine Bezugnahme auf den radikalen Konstruktivismus würde ein Umdenken in der Gegenstandskonstitution des Sachlernens mit sich bringen.

Es ist zwischen dem Konstruktivismus als Erkenntnistheorie (radikal oder sozial) und als konstruktivistisch orientierter Lerntheorie (moderat) zu unterscheiden. Der Konstruktivismus ist primär ein erkenntnistheoretischer und kein didaktischer Ansatz. Der Übernahme eines erkenntnistheoretischen Ansatzes für die Beschreibung von Lernprozessen ist immanent, dass es auch beim Lernen zentral ist, etwas zu erkennen (vgl. Rauterberg 2008, S. 4f.). Auch wenn in moderat-konstruktivistischen Lernumgebungen der selbstständige Aufbau des Wissens als Weg zum nachhaltigen Verstehen und Nachvollziehen gezeichnet wird, ist das, was gelernt werden soll, vorher festgelegt. Das Etwas ist also in den meisten Fällen *etwas Bestimmtes* und Vorgegebenes. Annahmen des Konstruktivismus werden auf Formen des Lernens und Lehrens übertragen (selbstbestimmt, individuell etc.) nicht jedoch auf die Gegenstandsbestimmung und -konstruktion. Verstärkt wird dies noch durch den Ansatz der Ko-Konstruktion. Kinder und Erwachsene werden als Ko-Konstrukteure verstanden. Das, was allerdings konstruiert werden soll, steht fest und entstammt fachlichen Erwachsenenwelten (vgl. Rauterberg 2013, S. 40). Ein Conceptual Change soll herbeigeführt, nicht angemessene Vorstellungen sollen korrigiert werden (vgl. Möller 2009, S. 170). Eigene, kindliche Vorstellungen und subjektive Theorien werden als Fehlvorstellungen bezeichnet und sollen in Vorstellungen, die bereits existieren, überführt werden. Diese Tatsache läuft einem radikal konstruktivistischen Ansatz entgegen. Rauterberg äußert, dass eine „konstruktivistisch basierte Erkenntnis, Konstruktion und Darstellung der Sachen also des Was - nicht eine konstruktivistisch veränderte Didaktik und Lerntheorie - das tradierte Bild von Unterricht" (Rauterberg 2008, S. 5) verändert.

Eine Orientierung am erkenntnistheoretischen Konstruktivismus ist in der Schule und im Sachunterricht bisher kaum zu beobachten. Belegen lässt sich diese Behauptung mit verschiedenen Beispielen. Curricula mancher Bundesländer verweisen auf konstruktivistische Sichtweisen, die jedoch in der Regel nicht erkenntnistheoretisch begründet, sondern auf das Lernen bezogen sind: Am Ende gibt es doch wieder einen Katalog bestimmter Gegenstände, welche im Sachunterricht behandelt werden, sowie Standards, die alle erreicht haben sollten. Schulbuchreihen, die nicht auf Wissensvermittlung sondern auf Konstruktion subjektiver Theorien setzten, wurden mangels Akzeptanz in der Schulpraxis wieder eingestellt. Ebenfalls unbefriedigend sind Arbeitsblätter von deutschen Anbieter_innen, welche zumeist auch nur auf die Reproduktion von Gelerntem setzten und einem konstruktivistischen Ansatz nicht folgen (vgl. ebd., S. 4f.). Solch ein Verständnis läuft einem konstruktivistischen Lehr-Lernverständnis entgegen (vgl. ebd., S. 6).

Ein von verschiedenen Seiten (vgl. u.a. Möller 2001; Franz 2008) geäußerter Kritikpunkt an der Bezugnahme auf den radikalen Konstruktivismus ist, dass er in institutionalisierten Bildungseinrichtungen nicht umzusetzen ist. Unterricht würde - so der Vorwurf - beliebig werden, da alle für sich alleine Inhalte konstruieren und lernen. Gemeinsames Unterrichten wäre somit nicht möglich, da auf jegliche Instruktion verzichtet werden müsste (vgl. Möller 2001, S. 18). Rauterberg führt als einen Grund für diesen Vorwurf an, dass durch den Konstruktivismus als Erkenntnistheorie für das schulische Lernen alle bisherigen tradierten Vorstellungen von Unterricht als Lehr-Lernsituation von festen, allgemeingültigen Wissensbeständen nicht mehr gültig seien (vgl. Rauterberg 2008, S. 5). Schule müsste also in großen Teilen umgedacht, Gegenstände neu bestimmt werden. Ein Ansatz, der das zu leisten vermöge, wäre bspw. die weiter oben beschriebene Idee eines Bildungsrahmens Sachlernens (vgl. Pech/Rauterberg 2013). Gegenstand des Sachlernens wären die Umgangsweisen, Inhalte würden im Umgang mit exemplarischen Themen individuell konstruiert werden.

Weitere Kritik am radikalen Konstruktivismus für institutionalisiertes Lernen richtet sich auf die mangelnde empirische Überprüfbarkeit (vgl. Möller 2001, S. 18). Dieser Gedanke leuchtet ein, wenn nicht einmal der Lernende weiß, wie oder was er gelernt hat, wie soll dann eine empirische Überprüfung erfolgen? (vgl. Rauterberg 2008, S. 6) Allerdings bringt Rauterberg den Vorwand ein, dass dieser Anspruch der empirischen Überprüfbarkeit nur wieder darauf abzielt, ob die Lernenden *etwas ganz Spezielles* gelernt haben. Die beiden oben stehenden Kritikpunkte werden hier also noch einmal zusammengebracht. Rauterberg befürwortet einen Wechsel der Fragerichtung hin zu einem *was* haben die Lernenden gelernt und weg von einem haben sie *etwas Bestimmtes* gelernt (vgl. ebd., 9).[41]

2.3.2 Schüler_innenvorstellungen im Bereich des naturwissenschaftlichen Lernens[42]

Neben der bereits erwähnten Studie von Möller zur Wirksamkeit moderat-konstruktivistisch orientierter Lernumgebungen und damit einhergehend dem Aufbau naturwissenschaftlich belastbarer Vorstellungen zum Schwimmen und Sinken, existieren weitere Studien und Annahmen zum Aufbau fachlicher Vorstellungen in verschiedenen Wissensbereichen, in denen es darum geht, *etwas ganz Spezielles* zu lernen oder in denen ein fachlicher Vergleichshorizont angelegt wurde.

In den 1970er Jahren wurden die Erhebung der und Einbeziehung von Schüler_innenvorstellungen aufgrund der erstarkten Wissenschaftsorientierung des Faches vernachlässigt und daher kaum berücksichtigt (vgl. u.a. Franz 2008, S. 30). Unterrichtliche Ergebnisse und Erfolge der Lernenden in den naturwissenschaftlichen Fächern und im naturwissenschaftsorientierten Sachunterricht fielen eher mäßig aus, da Inhalte im Unterricht zu stark fachlich aufbereitet waren und nicht an Vorerfahrun-

---

41 Dieser Aspekt ist auch für die vorliegende Forschung bedeutend. In der weiteren Darstellung wird dies deutlicher werden. Es geht nicht darum zu sehen, ob die Kinder etwas ganz Bestimmtes gemacht oder gelernt haben, sondern vielmehr darum, was und – das kommt ergänzend noch hinzu – wie die Kinder es gemacht oder gelernt haben. Ein konstruktivistisch orientiertes Lehr-Lernverständnis in diesem Sinne harmoniert mit den Auffassungen des Analyseverfahrens der dokumentarischen Methode: „Selbst für den Lerner ist – konstruktivistisch betrachtet – sein Lernen nicht erkennbar. Sobald sie/er sich fragt, ob, wann oder was sie/er lernt, tritt auch er oder sie ähnlich wie die Lehrkraft in eine Außenposition und blickt als sog. ‚Beobachter zweiter Ordnung' auf sich als angeblich Lernenden und kann nur das an Lernen sehen, was sie oder er als Beobachterin sieht." (Rauterberg, 2008, S. 6) Das heißt, das eigene Gelernte kann nicht expliziert werden Mit den Verfahrensschritten der dokumentarischen Methode kann jedoch ein Zugang zum impliziten Wissen geschaffen werden, um es zu explizieren.

42 Da die vorliegende Arbeit im naturwissenschaftsbezogenen Sachunterricht verortet ist, beziehen sich die folgenden Ausführungen auf die Vorstellungsforschung im naturwissenschaftlichen Sachunterricht. Einige Annahmen werden aber gewiss auch allgemein für die Vorstellungsforschung zutreffend sein.

gen der Lernenden anknüpften.[43] Unterricht führte so zu Lernschwierigkeiten anstatt zu Lernerfolgen (vgl. ebd., S. 31). Zur Lösung dieses Problems wurde dazu übergegangen, die Lernenden im Unterricht nicht von Anfang an ausschließlich an aus den Fächern deduzierten Inhalten orientiert in vereinfachte Fachwissenschaften einzuführen, sondern vielmehr von den Interessen und Vorkenntnissen des Lernenden ausgehend fachliche Vorstellungen aufzubauen. Dafür ist es wichtig, Vorstellungen zu erheben, um an die zu bestimmten Domänen und Themen bereits gesammelten und aufgebauten Präkonzepte der Kinder anzuknüpfen.

Da naturwissenschaftliche Inhalte und Themen sowie ihre Phänomendeutungen mitunter äußerst komplex sind, bedürfen sie einer didaktischen Aufbereitung, damit Kinder aufbauend auf ihren eigenen Vorstellungen und Phänomendeutungen belastbarere naturwissenschaftliche Vorstellungen entwickeln können. Heran-Dörr ist wie auch Möller der Ansicht, dass ein reines Selbstentdecken der Kinder nicht zielführend sein kann.[44] Kinder müssen auf ihrem Weg zum Aufbau fachlicher bzw. belastbarer Konzepte und Vorstellungen unterstützt werden. Lehr- und Lernumgebungen kommt dabei ein besonderer Stellenwert zu (vgl. Heran- Dörr 2011, S. 9). Der in diesen Annahmen enthaltene Ansatz des Aufbaus belastbarer Vorstellungen folgt wie bei Möller einem moderat-konstruktivistischen Lehr-Lernverständnis und der Initiierung eines Conceptual Change (vgl. u.a. Möller 2006, S. 111f.; Franz 2008, S. 34ff.).

Das Modell der didaktischen Rekonstruktion nutzt vorhandene Vorstellungen ganz bewusst, um Unterricht zu strukturieren. Schüler_innenvorstellungen werden wechselseitig mit fachlichen Vorstellungen in Bezug gesetzt, um daraus Konsequenzen für den Unterricht zu ziehen (vgl. Kattmann et al. 1997). Das Modell hat ein breites Anwendungsgebiet in der naturwissenschaftlichen (vgl. u.a. Stavrou et al. 2005) sowie auch in der sozialwissenschaftlichen Didaktik (vgl. u.a. Hamann 2004, Bloemen 2009, Kiewitt 2010) gefunden.

---

43 So hält auch Heran-Dörr bezüglich ihrer Studie fest: „Ausgangspunkt dieser Forschung war eine unbefriedigende Situation: Lehrkräfte und Fachdidaktiker machten die Erfahrung, dass Schülerinnen und Schüler naturwissenschaftliche Konzepte nicht verstehen.“ (Heran- Dörr 2011, S. 5) Damit einhergehendes Ziel ist es, Vorschläge zur Unterrichtsgestaltung abzuleiten und dadurch bessere Lernergebnisse in den naturwissenschaftlichen Fächern zu erzielen (vgl. ebd.).

44 Das Ziel ist es hiernach, fachlich richtige Deutungen aufzubauen.

Die Arbeit mit und Erhebung von Schüler_innenvorstellungen ist ein weit verbreiteter Ansatz, um zu schauen, „was" Kinder denken und welche Vorstellungen sie zu bestimmten Bereichen und Inhalten haben, um daraus Konsequenzen zur Gestaltung von Lernmöglichkeiten und Unterricht zu ziehen. Sie steht in der Tradition einer wissenschaftsorientierten Sachunterrichtsdiadaktik, in der der Aufbau belastbarer fachlicher Vorstellungen zentral ist.

2.3.3 Vorstellungsforschung zum Thema Stromkreis und Elektrizität

Ein Thema, zu dem bereits in verschiedenen Studien Vorstellungen und Erklärungen von Kindern (wiederholt) erhoben werden konnten, ist Stromkreis und Elektrizität. Es liegen sowohl für den Elementarbereich (z.B. Glauert 2010), als auch für den Primarbereich (u.a. Stork/Wiesner 1981; Kirchner/Werner 1994; Asoko 1996; Heran-Dörr 2011) erhobene Vorstellungen und Erklärungen vor.

Elektrizität ist ein wesentliches Merkmal unserer heutigen Gesellschaft, ohne elektrischen Strom würde sie zusammenbrechen. Die produzierte Menge an Elektrizität eines Staates ist ein Zeichen von Kapital und Wohlstand (vgl. Biester 2002, S. 10). Die Art der Produktion elektrischen Stromes bestimmt die politische Diskussion und ist ein Thema mit starkem Gegenwarts- sowie Zukunftsbezug. (vgl. ebd.) Kinder und Jugendliche begegnen elektrischen Phänomenen täglich und in jeder Lebenslage. Elektrische Geräte und Spielsachen sind überall zu finden. Die Welt der Elektrizität ist Grundschulkindern nicht fremd, sondern ein „fester Bestandteil ihrer Lebenswelt." (Möller 1997, S. 12)

Allerdings tritt Strom immer nur in seiner technisch erzeugten Wirkung auf, er selbst bleibt unsichtbar (vgl. Biester 2002, S. 10). Elektrizität kommt aus der Steckdose oder der Batterie und versorgt alle Geräte, alle Verbraucher mit Strom. Eine tiefergehende Beschäftigung mit Elektrizität bleibt in der Freizeit der Kinder meistens aus. Auch Möller schreibt, dass Kinder technischen Sachverhalten meist nur in hochkomplexen Formen begegnen, die für sie und auch für Erwachsene nicht immer einsichtig sind. Selbst bei elektrischen Spielzeugen ist es so, dass sich die Einblicke in Elektrizität auf das Ein- und Ausschalten von Geräten beschränken. Die Funktionsweisen selbst bleiben im Verborgenen und werden nicht sichtbar und erfahrbar (vgl. Möller 1997, S. 12).

Elektrizität ist ein Inhaltsgebiet, das insbesondere im Rahmen technischen Lernens eine große Bedeutung hat. Ein Inhalts- und Problembereich technischer Bildung in der Primarstufe ist „Versorgung und Entsorgung“[45]. Innerhalb dieses Bereiches werden verschiedene aus Lehrplänen übernommene und paraphrasierte Themen gelistet. Unter anderem finden sich dort auch Themen wie: Energiequellen, elektrischer Stromkreis, Stromquellen und Verbraucher, Elektrische Geräte, Elektrizität, Elektronische Bauteile und der Elektromotor (vgl. Mammes 2013, S. 15).

Aufgrund seiner lebensweltlichen, individuellen und gesellschaftlichen Bedeutung ist das Thema elektrischer Strom fest in den Sachunterrichtscurricula verwurzelt. Auch für den Bereich der frühen Bildung finden sich bereits Thematisierungsvorschläge. Inhaltsbereiche, die mit elektrischem Strom oftmals in Verbindung gebracht werden, sind:

- der einfache Stromkreis
- Wirkungen des elektrischen Stromes
- Gefahren des elektrischen Stromes

Die Thematisierung elektrischen Stroms wird oftmals gemeinsam mit Experimenten und Versuchen gedacht. Es sollen an dieser Stelle exemplarisch zwei neuere Studien angeführt werden, in denen Vorstellungen von Kindern zu elektrischen Stromkreisen herausgearbeitet wurden, um daran anknüpfend eine eigene Fragestellung formulieren zu können, in der der Ansatz des freien Explorierens mit einer konstruktivistisch orientierten Erkenntnistheorie zum Thema Stromkreis gemeinsam gedacht wird.

Heran-Dörr

Heran-Dörr hat Vorstellungen von Schüler_innen auf Basis verbaler Äußerungen herausgearbeitet, nachdem diese zunächst einen objektbezogenen Impuls bekommen haben. Die Kinder bekamen eine Batterie, eine Lampe und Drähte zur Verfügung, mit der Aufgabe, die Lampe zum Leuchten zu bringen. Nach dem Probieren und Bauen sollten die Kinder dann ihre Begründungszusammenhänge verbalisieren. Die Erfassung der

---

45 Andere Bereiche sind: Arbeit und Produktion, Transport und Verkehr, Bauen und Wohnen, Information und Kommunikation.

Vorstellungen bei Heran-Dörr vollzog sich also auf einer rein verbalen Ebene. Allerdings ist festzuhalten, dass sich die verbalen Äußerungen auf das von den Kindern gebaute Objekt bezogen (vgl. Heran-Dörr 2011, S. 3). Heran-Dörr interpretiert die Schüler_innenäußerungen dann vor einem fachlichen Hintergrund (vgl. ebd., S. 4). Darauf basierend konnten verschiedene physikalisch falsche Vorstellungen zum elektrischen Stromkreis festgehalten werden (vgl. ebd., S. 12), die auch schon Anfang der 1980er Jahre von Stork und Wiesner durch Befragungen und Demonstrationsversuche erhoben wurden (vgl. Stork/Wiesner 1981).

Eine Vorstellung von einer Einwegzuführung liegt vor, wenn angenommen wird, dass nur ein Kabel zwischen Batterie und Lampe nötig ist, damit diese leuchtet - ähnlich wie auch die Schreibtischlampe zu Hause nur durch ein Kabel mit der Steckdose verbunden wird. In diesen Kabeln stecken jedoch in der Regel zwei oder drei Leitungen. Einer Zweizuführungsvorstellung liegt zugrunde, dass auch wenn Kinder erfahren haben, dass zwei Leitungen nötig sind, um Batterie und Lampe zu verbinden, damit die Lampe leuchtet, trotzdem die Annahme vorherrscht, dass aus beiden Kabeln Strom zur Lampe fließt. Durch zwei Kabel gelangt mehr Strom als durch eines. Zudem konnte bezüglich der Zweizuführungsvorstellung auch die Annahme festgehalten werden, dass die beiden Ströme, die zur Lampe kommen, unterschiedlich sind und erst in ihrem Zusammenkommen die Lampe zum Leuchten bringen. Der Verbrauchsvorstellung liegt zugrunde, dass in der Batterie eine Substanz vorhanden ist, die bspw. in einer Lampe verbraucht wird. Eine Verbrauchsvorstellung kann auch vorliegen, wenn eine der physikalischen Vorstellung näherkommende Kreisvorstellung vorliegt. Hierbei wird angenommen, der Strom fließt aus einem Pol der Batterie zur Lampe, dort wird etwas verbraucht und schließlich fließt weniger Strom zum anderen Pol der Batterie zurück. Die Stärke des Stromes ist allerdings überall im Stromkreis gleich (vgl. zusammenfassend auch Starauschek/Murmann 2016, S. 7)[46]

„Empirisch erfasste Lernschwierigkeiten im Bereich der Elektrizitätslehre berühren demnach vor allem den thematischen Schwerpunkt ‚einfache Stromkreise'. Da ein grundlegendes konzeptuelles Verständnis vom einfachen Stromkreis die Basis für alle weiteren Lernprozesse im Bereich

46 Starauschek und Murmann sprechen von einer Einzufuhr- und Zweizufuhrvorstellung (vgl. Starauschek/Murmann 2016, S.7). Die Begriffe sind also anders, beziehen sich jedoch auf dieselben Vorstellungen.

der Elektrizitätslehre ist und damit als zentraler Lerninhalt im Fachunterricht zu betrachten ist, beziehen sich die nachfolgenden Ausführungen schwerpunktmäßig auf dieses Thema." (Heran-Dörr 2011, S. 13f.)

Heran-Dörrs Ziel war es dann, belastbares Wissen basierend auf den (Fehl-) Vorstellungen der Kinder aufzubauen (vgl. ebd., S. 5). Aus physikalischer Sicht sind nach Heran-Dörr folgende Aspekte bei der Thematisierung des Stromkreises zentral, die als anschlussfähig für eine weitere Thematisierung gelten können:

- Anschlussbedingungen: Der Stromkreis muss geschlossen sein. Beim einfachen Stromkreis meint das, ein Anschluss der Batterie muss mit einem Anschluss der Lampe verbunden sein, der andere Batterieanschluss muss mit dem anderen Lampenanschluss verbunden sein.
- Stromkreisvorstellung: Elektrizität fließt in einem Kreis. Die Fließrichtung ändert sich bei Umpolung.
- Strom wird sichtbar über seine Auswirkungen: Bewegung, Wärme, Licht.
- Strom ist ein Prozess und keine Substanz.
- Strom wird nicht verbraucht.

(vgl. ebd., S. 15)

Basierend auf Schüler_innenvorstellungen und fachlichen Annahmen führt Heran-Dörr dann aus, wie Unterricht und Handlungssituationen gestaltet werden können, um tragfähige Stromkreisvorstellungen aufzubauen. So wird unter anderem vorgeschlagen, mit Modellen und Analogien (bspw. Fahrradantrieb) zu arbeiten und Handlungsmöglichkeiten in Alltagskontexte einzubetten (bspw. Puppenhausbeleuchtung). Zudem wird auf die Bedeutung der Sprache als zentrales Medium im Reflexionskontext verwiesen, um „die äußere Welt (also Konstruktionen anderer) nach innen zu bringen." (ebd., S. 17)

Glauert

Glauert hat eine Studie zum Verständnis von Vorschulkindern zum Thema Stromkreis und Elektrizität durchgeführt, mit der sie zwei übergeordnete Ziele verfolgt hat. Einerseits soll ein „Beitrag zu der Debatte um wissenschaftliche Verstehensprozesse von Vorschulkindern und deren Implikation für das Curriculum" geleistet werden (Glauert 2010, S. 124). Das Herausarbeiten von Erklärungsmustern stand im Vordergrund. Andererseits soll ein möglichst produktiver Zugang „zu den Verstehensprozessen von Vorschulkindern beim Umgang mit (dem Thema) Elektrizität" entwickelt werden (Glauert 2010, S. 125).[47]

Glauert hat Kindern in einer ersten Phase Fotos von funktionierenden und nichtfunktionierenden Stromkreisen gezeigt.[48] Die Kinder sollten dann voraussagen, ob der Stromkreis funktioniert und warum das so ist. Die Bilder wurden aus Gründen der Validität zu drei verschiedenen Zeitpunkten gezeigt. Weiterhin sollten die Kinder begründen, wie sie zu ihrer Annahme kommen (vgl. ebd., S. 125f.). Glauert nutzt hier also zum Einstieg Bildimpulse, um darüber Sprechanlässe zu schaffen. Sie erhebt die Vorstellungen hier also ebenfalls im Medium der Sprache. Auf Basis der in den Daten enthaltenen Denk- und Erklärungsansätze sollten dann Modelle herausgearbeitet werden, „die den Ansichten der Kinder zu Grunde liegen" (ebd., S. 126). Im zweiten Teil der Studie bekamen die Kinder Bauteile, um die abgebildeten Stromkreise nachzubauen oder um andere Dinge auszuprobieren (vgl. ebd.). In diesem Schritt ist also eine gewisse Offenheit in der Auseinandersetzung möglich gewesen. „Dieses Vorgehen bot auch die Möglichkeit, die Zusammenhänge zwischen den Stellungnahmen aus dem ersten Teil des Interviews mit den praktischen Experimenten im zweiten Teil zu untersuchen." (ebd., S. 126) Die Vorhersagen der Kinder beim Betrachten der Fotografien wurden dann mit dem Vorgehen während der Experimentierphasen verglichen. „Die Analysen konzentrieren sich also auf das Gelingen der Kinder Elektrizität herzustellen sowie auf ihre Handlungen und Kommentare im Prozess des Experimentierens und Verstehens." (ebd., S. 127)

In den Äußerungen und Erklärungen konnte Glauert verschiedene Argumentationsmuster wiederfinden, die sie in Kategorien einer früheren Studie einteilen konnte:

---

47 Das ist ein Bereich, in den die vorliegende Arbeit auch vordringen möchte. Die Anwendung zentraler Analyseschritte der dokumentarischen Methode in Passung auf Fragestellung und Datenmaterial liefert ebenso einen Beitrag hierfür. Insbesondere hat sich in der vorliegenden Studie gezeigt, welche besonderen Potenziale die Bildanalyse beinhaltet.

48 Zu ihrer Studie: 28 Kinder haben an der Studie teilgenommen, von denen alle schon Erfahrungen mit der Herstellung von Stromkreisen gemacht haben (vgl. Glauert 2010, S. 125).

- Verbindungen (Lücke, falsche, fehlende Verbindung)
- Gegenstände, Bestandteile (neue Glühbirne, Batterie, Kabel)
- Energie der Batterie (keine, nicht genug Energie)
- Stromfluss (Elektrizität kann so nicht fließen, Berührung von Metall fehlt, Plastik/Glas unterbindet Stromfluss, Elektrizität fließt durch die Kabel)

Glauerts Vergleichshorizont ist wie auch bei Heran-Dörr an wissenschaftliche Erklärungsmuster angelehnt. Es konnte festgehalten werden, dass viele Kinder den Verbindungen zwischen den einzelnen Bauteilen eine besondere Bedeutung zuschrieben. „Die Beobachtungen zeigten dagegen eher, dass im Verlauf der Studie ein Lernprozess stattfand, während dessen die Kinder immer genauer die Notwendigkeit und Beschaffenheit der einzelnen Verbindungen im Stromkreis erkannten." (ebd., S. 128) Das bedeutet also, dass Kinder im Zuge der Auseinandersetzung mit den Materialien Erfahrungen machen, die den weiteren Umgang mit den Materialien beeinflussen. Manche Kinder erklärten auch, warum Verbindungen wichtig sind. Sie beschrieben dabei den Weg, den die Elektrizität von einem Bauteil zum anderen gehen muss. Ein dynamisches Prinzip von Elektrizität wurde in den Vorstellungen der Kinder sichtbar (vgl. ebd., S. 129).

In der Auswertung wird ein Fokus auf den Bereich der Verbindungen gelegt. Es konnte aufgezeigt werden, dass Kinder sich bei ihren Erklärungen nicht auf Gegenstände beschränken, sondern auch Verbindungen zwischen Dingen als Begründungszusammenhänge in Betracht ziehen oder auch Mechanismen beschreiben. Sie stellen also Kausalzusammenhänge her und abstrahieren zum Teil auch. Glauert beschreibt im Zusammenhang mit diesen Vorstellungen „mechanische Erklärungsmodelle" (Stichwort Fahrradantrieb) (vgl. ebd., S. 130f.).

Weiterhin konnte festgehalten werden, dass im Umgang mit dem Material alle Kinder versucht haben, eine Lampe zum Leuchten zu bringen, wobei auch fast alle Kinder erfolgreich waren. Die Kinder bauten oftmals die Stromkreise aus den Vorlagen des ersten Teils, den Bildimpulsen, nach. Auch von Kindern, die nach Auswertung der Interviewdaten das am wenigsten entwickelte Modell vom Stromkreis hatten, wurden Stromkreise in genauer Übereinstimmung mit der Fotovorgabe gebaut (vgl. ebd., S. 132). Das zeigt, dass für den Bau eines Stromkreises kein Wissen über Elektrizität benötigt wird. Insbesondere nicht für den Nachbau nach einer bildlichen Vorlage. Zudem zeigt sich hier noch einmal deutlich der wissenschaftsorientierte Blick Glauerts. Die Beobachtungen aus der Bauphase werden vor einem physikalischen Vergleichshorizont interpretiert.

Da den Kindern ein explorativer Zugang zum Material ermöglicht wurde, hat sich die Auseinandersetzung nicht nur auf den Nachbau abgebildeter Stromkreise, in denen der Schwerpunkt auf den Verbindungen lag, bezogen. Manche Kinder versuchten auch mehrere Batterien in den Stromkreis zu integrieren (wobei dann natürlich auch die Verbindungen eine Rolle gespielt haben, da die Batterien auch verbunden werden mussten.). Insbesondere konnte dieses Vorgehen bei Kindern beobachtet werden, „die erst am Beginn ihres Lernprozesses zum Verständnis des Stromkreises standen." (ebd.) Für ein Verständnis des einfachen Stromkreises, bzw. das Geschlossensein eines Stromkreises ist es nicht notwendig, mehrere Batterien zu verbauen. Allerdings klingt in Glauerts Beschreibung mit, dass es sich dabei um ein Anfänger_innenvorgehen, bzw. ein weniger entwickeltes Vorgehen handelt. Vor einem Hintergrund des Ausprobierens und Erkundens kann die Verwendung mehrerer Batterien jedoch auch Erkenntnisse liefern.

Glauert konnte Unterschiede in den Auffassungen der Kinder im Vergleich zwischen den Vorhersagen zu den Fotos, dem Erklären und dem Experimentieren nachweisen. „So lieferten 50% der Kinder in den Handlungsphasen Modelle von Stromkreisen, die das Verständnis ihrer Vorhersagen überschritten, bzw. korrigierten. Die Mehrheit der Kinder zeigte gute praktische Fähigkeiten bei der Herstellung von Stromkreisen und hatte bei ihren Experimentierhandlungen ein Verständnis für ein korrektes Modell mit zwei Verbindungen." (ebd., S. 133) Es zeigt sich in diesem Befund, dass in den Handlungen der Kinder ein Wissen sichtbar wird, welches auf der Basis von nur sprachlichen Äußerungen nicht in einer differenzierten Form festgehalten werden konnte. Solche Unterschiede sind häufiger zu beobachten, da bei der Entwicklung neuer Denkweisen bewusste (sprachliche) und unbewusste Prozesse zusammenspielen. „Neue Denk- und Handlungsmöglichkeiten können sich also entwickeln, ohne dass den Kindern dies bewusst ist. Infolgedessen können sich Diskrepanzen zwischen der Handlungsebene und den verbalen Aussagen ergeben, während die Kinder ein Verständnis für den

Gegenstand entwickeln - wie an der vorliegenden Studie zu sehen ist." (ebd.)

Hier zeigt sich bereits, dass Kinder mehr wissen als sie sagen können, bzw. dass in den Handlungen eine Art implizites Wissen sichtbar wird, dass nicht expliziert werden kann. Es existiert eine Differenz zwischen in die Handlungspraxis eingelassenem impliziten Wissen und einem expliziten Wissen, welches sprachlich repräsentiert werden kann. In vorliegender Studie steht dieser Befund bzw. diese Annahme als Ausgangslage der Untersuchung.

2.3.4 Elektrizität und erneuerbare Energiequellen - Erweiterung bekannter Vorstellungen

Die Forschung zu Vorstellungen von Kindern zu elektrischem Strom bezieht sich, wie auch die Studien von Glauert oder Heran-Dörr belegen, in erster Linie auf das Verständnis von Elektrizität und damit einhergehend auf Vorstellungen zum Strom*kreis*. So konnten Vorstellungen wie die Einwegzuführungsvorstellung, die Zweizuführungsvorstellung oder die Verbrauchsvorstellung festgehalten werden, denen ein fachlicher Vergleichshorizont zugrunde liegt.

In beiden zitierten Studien werden Vorstellungen zu Elektrizität und zum Stromkreis verbal und mit Hilfe von Material- bzw. Bildimpulsen erhoben. Den an den Studien beteiligten Kindern wurden Bilder von geschlossenen und nichtgeschlossenen Stromkreisen gezeigt und Materialien zur Verfügung gestellt, mit denen sie zuvor auf Zeichnungen abgebildete Stromkreise nachbauen sollten oder in einem gewissen Umfang auch selbstständig umgehen konnten. Sowohl die auf den Zeichnungen abgebildeten Materialien als auch die angebotenen Experimentiermaterialien in den verwendeten Studien lassen sich als konventionelle Materialien zum Thema elektrischer Stromkreis bezeichnen. Werden in der Grundschule und auch im Elementarbereich Versuche und Experimente durchgeführt, so stehen den Kindern in der Regel Batterien, Kabel, Glühlampen und möglicherweise Schalter zur Verfügung. In unterschiedlichen Publikationen mit Praxisideen (Experimentierbücher, Handreichungen etc.) zum Thema Stromkreis und Elektrizität beziehen sich die Umsetzungsvorschläge in der Regel ebenso auf konventionelle Materialien. Das trifft auch auf aktuellere Publikationen zu. So beziehen sich die

Versuche, die in der Broschüre „Strom und Energie" der Stiftung Haus der kleinen Forscher (vgl. Stiftung Haus der kleinen Forscher 2013) beschrieben werden, auch auf herkömmliche Materialien. In den Materialempfehlungen zur Ausstattung einer „Stromwerkstatt" werden zwar auch Solarzellen und Solarmotoren genannt. In den konkreten Anregungen tauchen diese Bauteile dann aber nur am Rande auf.[49]

Einen Schritt weg von eher als klassisch zu bezeichnenden Experimentiermaterialien gehen Starauschek et al. Sie halten fest, dass insbesondere Glühlampen zusehends aus den Lebenswelten der Kinder verschwinden, da in vielen Lampen inzwischen LEDs verbaut sind. Das innovative Moment von Starauschek et al. liegt nun darin, dass sie in neu entwickelten Experimentiersettings zum einfachen Stromkreis auf große Batterien und Glühlampen verzichten und stattdessen LEDs und kleine Knopfzellen einsetzen (vgl. Starauschek et al. 2016, S. 8). Für die vorliegende Studie soll noch weiter gegangen werden, indem auf konventionelle elektrische Stromquellen bei der Zusammenstellung von Experimentiermaterialien für Kinder zum Thema Stromkreis völlig verzichtet wird und stattdessen ausschließlich erneuerbare Energiequellen in das Setting integriert werden sollen.

Im Umgang mit eher konventionellen Materialien kann gewiss etwas zum Thema elektrischer Stromkreis erfahren werden, insbesondere dann, wenn physikalisches und technisches Verstehen von elektrischem Strom und Stromkreisen als Ziel der Auseinandersetzung gesetzt wird. Elektrischer Strom lässt sich allerdings nicht nur aus einer physikalischen oder technischen Perspektive betrachten, sondern auch aus einer nachhaltigen, in der es eher um die Art und Weise der Stromerzeugung geht. Um dies näher zu erläutern, soll kurz das Leitbild einer Bildung für nachhaltige Entwicklung dargelegt werden.

---

49 Kinder bekommen konventionelle Materialen zum Thema elektrischer Stromkreis ausgeteilt und sollen zunächst versuchen, eine Glühlampe mit einer Batterie so mit Kabeln zu verbinden, dass diese leuchtet. Auf Basis dieser grundlegenden Erfahrung können Kinder dann explorativ weitere Dinge ausprobieren. Das freie Explorieren wird allerdings durch konkrete verbale Impulse begleitet. Ein Impuls ist es auch, andere Bauteile zu verwenden, bspw. Solarzellen (vgl. Stiftung Haus der kleinen Forscher 2013, S. 31).

2.3.5 Exkurs: Umweltbildung und Bildung für nachhaltige Entwicklung

Von Umweltbildung zu Bildung für nachhaltige Entwicklung

Angeregt durch die Zukunftssimulation „Grenzen des Wachstums" des Club of Rome (vgl. Meadows 1972), wurde die Thematisierung und Diskussion um ökologische Krisensituationen ausgelöst. Simuliert wurde die zukünftige Entwicklung der Bevölkerung, der Industrieproduktion sowie der Ressourcenbestände. Die Studie kam zu dem Ergebnis, dass, wenn die aktuelle Entwicklungssituation unverändert weiterlaufe, die ökologischen Systeme innerhalb von 100 Jahren an die Grenze ihrer Belastbarkeit stoßen würden, die Grenzen des Wachstums also erreicht werden würden (vgl. Gräsel 2010, S. 846). Neben diesem Endzeitszenario wurde als weiteres Ergebnis allerdings die Erkenntnis erzielt, dass dieser Zustand noch änderbar und zu beeinflussen wäre (vgl. ebd.). Aufgrund der Ergebnisse dieser Studie begann ein völlig neuer Diskurs über Umweltprobleme sowie über die Endlichkeit der Rohstoffvorkommen. Im Zuge dessen wurde nun auch eine Umweltbildung als notwendig angesehen. Durch Umweltbildung soll bei der Bevölkerung ein Umweltbewusstsein gefördert werden, um laufenden Entwicklungen entgegenzuwirken (vgl. ebd.). Bildungspläne und Lehrpläne wurden für den schulischen sowie auch für den außerschulischen Bereich entwickelt, in denen Umweltbildung berücksichtigt wurde. Geschah in der ersten Phase der Umweltbildung vieles noch auf konzeptioneller, theoretischer Ebene, setzte in den 1980er Jahren die „Phase der ersten Realisierung und Differenzierung" ein, in welcher begonnen wurde, Umweltbildung in pädagogischen Institutionen zu verankern (vgl. ebd., S. 847). Bildung für nachhaltige Entwicklung bildet aktuell die dritte Phase der Umweltbildung (vgl. ebd.). Sie kann also als Weiterführung des Umweltbildungsgedanken der 1970er Jahre gesehen werden.

Nachhaltige Entwicklung

Nachhaltige Entwicklung hat in den letzten Jahren zusehends an Bedeutung im politischen Diskurs gewonnen. Hinter dem Ansatz stecken zwei zentrale Grundannahmen. Zum einen das Prinzip der intergenerativen Gerechtigkeit, welches beinhaltet, Wirtschaft und Politik so zu gestalten, dass künftige Generationen und Gesellschaften in lebenswerten Verhältnissen existieren können (vgl. de Haan 2008, S. 23; Gräsel 2010, S. 848). Zum anderen wird das Prinzip der sozialen Gerechtigkeit verfolgt. Alle Menschen sollen gleiche Möglichkeiten und den gleichen Zugang zu vorhandenen Ressourcen haben, unabhängig davon, wo und wie sie leben. Es soll also Verteilungsgleichheit gegeben sein (vgl. Gräsel 2010, S. 848; de Haan 2008, S. 24). Wirtschaftlicher Wohlstand muss mit sozial gerechten Verhältnissen verbunden werden, wobei gleichzeitig Ressourcen gespart und die Umweltbelastungen minimiert werden müssen. Wenige Industrienationen dürfen demnach nicht über das gesamte Ressourcenvorkommen verfügen und andere Staaten dabei übergehen. Nachhaltige Entwicklung muss verschiedene Dimensionen berücksichtigen: eine ökologische, eine ökonomische und eine soziokulturelle. Entscheidend beim Konzept der nachhaltigen Entwicklung ist, dass Probleme aus diesen drei Bereichen nicht unabhängig voneinander bestehen und deshalb eine umfassende Problemsicht und -lösung notwendig ist. Eine positive Entwicklung in einem der drei Bereiche ist nicht losgekoppelt von den anderen, sondern immer auch abhängig von einer positiven Entwicklung in den anderen Bereichen (vgl. Gräsel 2010, S. 848). In internationalen Dokumenten der UN zum Thema existiert eine breitgefasste Vorstellung davon, welche Aufgaben- und Themenfelder nachhaltige Entwicklung umfassen sollte (vgl. de Haan 2008, S. 25). Genannt werden Themen wie „Education for all", Armutsbekämpfung, Seuchenbekämpfung, Gleichstellung der Geschlechter, nachhaltige Lebensstile, Probleme des Konsums, demographischer Wandel, innovative Technologien, Einsparung von natürlichen Ressourcen und fossilen Brennstoffen (vgl. ebd.). Es zeigt sich, dass sich nachhaltige Entwicklung in hohem Maße als ethisch-moralisches Leitbild versteht.

Bildung für nachhaltige Entwicklung (BNE)

Mit der Konferenz der Vereinten Nationen über Umwelt und Entwicklung im Jahr 1992 und der aus dieser Konferenz hervorgegangenen „Agenda 21" wurde nachhaltige Entwicklung für den pädagogischen Bereich legitimiert und als eine der zentralen Aufgaben von Bildung herausgestellt. In Kapitel 36 der Agenda 21 wird die Neuausrichtung der Bildung auf eine nachhaltige Entwicklung festgelegt (vgl. BMU 1997, S. 281ff.). Basierend auf dem Nachhaltigkeitsdiskurs wurde die Notwendigkeit einer Bildung für nachhaltige Entwicklung begründet. Des Weiteren wurde die Zukunftsausrichtung von Bildung betont:

> „Bildung/Erziehung einschließlich formaler Bildung, öffentliche Bewußtseinsbildung und berufliche Ausbildung sind als ein Prozeß zu sehen, mit dessen Hilfe die Menschen als Einzelpersonen und die Gesellschaft als Ganzes ihr Potential voll ausschöpfen können. Bildung ist eine unerläßliche Voraussetzung für die Förderung einer nachhaltigen Entwicklung und die Verbesserung der Fähigkeit der Menschen, sich mit Umwelt- und Entwicklungsfragen auseinanderzusetzen. Während die Grunderziehung den Unterbau für eine umwelt- und entwicklungsorientierte Bildung liefert, muß letzteres als wesentlicher Bestandteil des Lernens fest mit einbezogen werden. Sowohl die formale als auch die nichtformale Bildung sind unabdingbare Voraussetzungen für die Herbeiführung eines Bewußtseinswandels bei den Menschen, damit sie in der Lage sind, ihre Anliegen in Bezug auf eine nachhaltige Entwicklung abzuschätzen und anzugehen. Sie sind auch von entscheidender Bedeutung für die Schaffung eines ökologischen und eines ethischen Bewußtseins sowie von Werten und Einstellungen, Fähigkeiten und Verhaltensweisen, die mit einer nachhaltigen Entwicklung vereinbar sind, sowie für eine wirksame Beteiligung der Öffentlichkeit an der Entscheidungsfindung. Um wirksam zu sein, soll sich eine umwelt- und entwicklungsorientierte Bildung/Erziehung sowohl mit der Dynamik der physikalischen/biologischen und der sozioökonomischen Umwelt als auch mit der menschlichen (eventuell auch einschließlich der geistigen) Entwicklung befassen, in alle Fachdisziplinen eingebunden werden und formale und nonformale Methoden und wirksame Kommunikationsmittel anwenden."
> (Agenda 21, Kapitel 36)

Bildung für nachhaltige Entwicklung erweitert Umweltbildung um verschiedene essenzielle Aspekte. Die traditionelle Umweltbildung der 1970er Jahre kann als eine Reaktion auf aufgezeigte Bedrohungsszenarien angesehen werden. Klassischerweise wurden im Zuge von Umweltbildung Umweltprobleme des öffentlichen Diskurses behandelt, bspw. Klimawandel, Waldsterben, saurer Regen, Luft- und Wasserverschmutzung durch Industrie (vgl. Gräsel 2010, S. 848). Dabei stand die Frage nach der Entstehung von solchen Umweltproblemen im Vordergrund. Es sollte der Frage nachgegangen werden, inwiefern Schadensbegrenzung betrieben werden kann (vgl. ebd.). Gegenüber dieser Art und Weise der Behandlung und Thematisierung von Umweltfragen und -problemen wurde der Vorwurf der „Katastrophenpädagogik" (ebd.) laut. Diese Art der Thematisierung sensibilisiere nicht für Umweltprobleme, sondern würde moralischen Druck erzeugen und Angst schüren, anstatt Handlungsmöglichkeiten aufzuzeigen, so der Vorwurf (vgl. ebd.). Bildung für nachhaltige Entwicklung hingegen blickt in die Zukunft, sucht nach Lösungen, ist prospektiv ausgerichtet. „Die Leitfrage einer Bildung für nachhaltige Entwicklung lautet, wie neue Wohlstandsmodelle, neue Produktions- und neue Konsummuster und neue Formen des Zusammenlebens etabliert werden können." (ebd., S. 849) Ein weiterer Unterschied zur Umweltbildung besteht darin, dass die Dimensionen von Bildung für nachhaltige Entwicklung nicht getrennt voneinander anzusehen sind, sondern stets vernetzt zu denken sind. Die Beschäftigung mit Umweltproblemen zielt deshalb nicht mehr nur in eine naturwissenschaftliche Richtung, sondern vernetzt sie auch mit geistes- und sozialwissenschaftlichen Frage- und Problemstellungen (vgl. ebd.). Deutlich wird das durch die für Bildung für nachhaltige Entwicklung angeführten Begründungszusammenhänge. So ist bspw. der Güterverbrauch der Industrienationen in Bezug auf den Ressourcenverbrauch exorbitant. Weiterhin sind Gesetze im Sinne einer nachhaltigen Entwicklung nur tragfähig, wenn die Bevölkerung dementsprechend gebildet ist und die Gesetze mittragen kann (vgl. de Haan 2008, S. 24). Bestehende Probleme können nicht allein durch technische Maßnahmen gelöst werden. Vielmehr ist Bildung der entscheidende Faktor zur Lösung von Problemen (vgl. Gräsel 2010, S. 845).

Bildung für nachhaltige Entwicklung erweitert die klassische Umweltbildung durch das mit ihr einhergehende Konzept der Gestaltungskompetenz.[50] Ziel ist es, Kompetenzen zur aktiven Mitgestaltung und

50 Bildung für nachhaltige Entwicklung lässt sich in besonderem Maße in einem kompetenzorientierten Unterricht verwirklichen. Der Vorteil kompetenzorientierten Unterrichts ist, dass er im Gegensatz zu den Inhalten konventioneller Lehrpläne outputorientiert ist (vgl. de Haan 2008, S. 18). Das heißt, es geht nicht um die Inhalte mit welchen

Partizipation herauszubilden. Eine Teilhabe an politischen und gesellschaftlichen Diskursen soll erreicht werden.

Nach Abschluss der Weltdekade Bildung für nachhaltige Entwicklung[51] konnte bezüglich der Implementierung von Bildung für nachhaltige Entwicklung im schulischen, außerschulischen und auch im frühpädagogischen Bereich festgehalten werden, dass durchaus positive Veränderungen zu verzeichnen sind. „In etlichen Bundesländern ist Bildung für nachhaltige Entwicklung inzwischen ein selbstverständliches Element in den allgemeinen Zielstellungen der Bildungs-, Lehr- und Rahmenpläne. In der Mehrheit der Schulen gibt es zumindest einzelne Projekte und Unterrichtseinheiten zum Thema Bildung für nachhaltige Entwicklung." (BMBF 2015, S. 13) Die Mitte der 2000er Jahre aufgekommene Forderung, dass Bildung für nachhaltige Entwicklung stärker in unterschiedlichen Bildungsbereichen verankert und bestimmter verfolgt werden muss (vgl. Bolscho/Hauenschild 2005, S. 56), konnte zehn Jahre später also - zumindest teilweise - als eingelöst betrachtet werden. Gleichzeitig ist allerdings festzuhalten, dass auch weiterhin Anstrengungen von Nöten sind, um Bildung für nachhaltige Entwicklung dauerhaft in der Bildungslandschaft zu implementieren. „Wenngleich das Thema nachhaltige Entwicklung immer häufiger in den Lehr- und Rahmenplänen vorzufinden ist, darf sich die Selbstverpflichtung jedoch nicht auf

sich Kinder beschäftigen müssen, sondern darum, über welche Handlungskonzepte und Problemlösungsstrategien sie verfügen sollen. Diese Tatsache ist für Bildung für nachhaltige Entwicklung von großer Bedeutung. Zentrales Ziel ist daher, Schüler_innen das für Bildung für nachhaltige Entwicklung entwickelte Kompetenzkonzept der Gestaltungskompetenz näherzubringen. In der Nachhaltigkeitsdebatte wird der Kompetenzbegriff anders gefüllt als in der gegenwärtigen Bildungsdebatte. Kompetenzen im Rahmen der Gestaltungskompetenz fungieren als ethisches Leitbild, das als Orientierungsrahmen gelten soll. Gestaltungskompetenz zielt auf die Fähigkeit zur Modellierung von Zukunft durch das Individuum in Kooperation mit anderen. (vgl. de Haan/Harenberg 1999, S. 60f.) Die Gestaltungskompetenz ist in zehn (für die Grundschule in acht) Teilkompetenzen aufgegliedert (vgl. de Haan/Plesse 2008).

51 Die Jahre 2005-2014 hat die UN als Weltdekade für Bildung für nachhaltige Entwicklung ausgerufen. Als Anspruch wurde formuliert die Prinzipien nachhaltiger Entwicklung weltweit in den nationalen Bildungssystemen zu verankern. Den Menschen soll durch entsprechende Bildung zugänglich werden, wie sie die Entwicklung der Gesellschaft zukunftsfähig gestalten können. Wichtig dabei ist, dass die Menschen sich engagieren und effektiv an gesellschaftlichen Prozessen partizipieren. Nur so lässt sich ein Beitrag im Sinne von Bildung für nachhaltige Entwicklung erreichen. (vgl. Deutsche UNESCO-Kommission e.V. 2011, S.7)

pauschale Bekenntnisse in den entsprechenden Präambeln begrenzen." (Deutsche Unesco-Kommission e.V. 2015, S. 13) Die Genese von Bildung für nachhaltige Entwicklung weist Parallelen zur von Gräsel beschriebenen Entwicklung der Umweltbildung auf (vgl. Gräsel 2010). So muss folgend auf die Phase der konzeptionellen und theoretischen Grundlegung von Bildung für nachhaltige Entwicklung, weiterhin die Verankerung in pädagogischen Institutionen und in den Bildungsbereich vorangetrieben werden.

Auch innerhalb der Grundschuldidaktik und insbesondere in der Sachunterrichtsdidaktik wurde der Ansatz einer Bildung für nachhaltige Entwicklung aufgegriffen (vgl. u.a. Wulfmeyer 2005; Stoltenberg 2004; Künzli-David 2007, Blaseio 2008) und in den Fachdiskurs mit eingebracht. Neben konzeptionellen Überlegungen das Fach betreffend - Stoltenberg beschäftigt sich damit, wie Sachunterricht im Konzept von Bildung für nachhaltige Entwicklung begründet wird - wurden insbesondere auch Vorschläge zur Implementierung von Inhalten aus der Perspektive von Bildung für nachhaltige Entwicklung erarbeitet. Das Spektrum reicht dabei von ökonomischem Lernen (Wittkowske 2013) über Plastik (Landwehr 2012), Mobilität (Otten/Wittkowske 2015) bis zum Sparen von Ressourcen (Koch/Giest 2016).

Im Rahmen groß angelegter Projekte und Programme zur Förderung und Umsetzung von Bildung für nachhaltige Entwicklung wie bspw. Leuchtpol - Energie und Umwelt neu erleben[52] oder Transfer 21[53] wurden ebenfalls Vorschläge und Materialien zur Bildungsarbeit im Rahmen von Bildung für nachhaltige Entwicklung in der Grundschule und im Elementarbereich erarbeitet. Das thematische Spektrum ist auch hier sehr breit und deckt Bereiche wie Klimawandel, Ressourcen, Energie, Globali-

52 Ziel des Programmes war es, das Konzept einer Bildung für nachhaltige Entwicklung im Elementarbereich dauerhaft zu verankern. Die Entwicklung von Materialien und die Durchführung von Fortbildungen von Erzieher_innen waren zentrale Bestandteile des Programms. (http://www.leuchtpol.de/ueber-leuchtpol/konzept-und-ziele/ (zuletzt geprüft am 5. Juli 2017))

53 „'Transfer 21'löste das BLK-Programm ,21' ab. Das BLK-Programm ,21' trat 1999 mit dem Ziel an, die Bildung für nachhaltige Entwicklung an allgemein bildenden Schulen systematisch zu erproben, auf diese Weise die Nachhaltigkeitsthematik in die Schulen zu bringen und die Qualität des Unterrichts generell zu verbessern. Nachhaltige Bildungsziele und -inhalte, innovative und interdisziplinäre Lernorganisationen sowie neue Lernformen wurden in diesem Kontext entwickelt und praktiziert." (http://www.transfer-21.de/index5034.html?p=218 (zuletzt geprüft am 29. Juni 2016))

sierung, Produktionsprozesse, Probleme des Konsums, Biodiversität, soziale Probleme und Ungleichheit in der Welt ab.

2.3.6 Bildung für nachhaltige Entwicklung und elektrischer Strom

Ein wesentlicher Nachhaltigkeitsgedanke (gerade auch in Bezug auf die intergenerative Gerechtigkeit) ist der rücksichtsvolle Umgang mit endlichen Ressourcen zur Energiegewinnung wie bspw. fossilen Brennträgern. Der Anteil erneuerbarer Energien in der Stromerzeugung steigt in Deutschland zwar stetig an (2016: 29% (BMWi)), doch wird der Großteil an Strom nach wie vor durch fossile Brennstoffe oder Atomkraft erzeugt. Dabei ist ein Umdenken in Anbetracht der Ressourcenknappheit und der Problematik der Lagerung von Restprodukten der atomaren Stromerzeugung unumgänglich. Dies stellt eine große Herausforderung für die Generation der heutigen Kinder dar (vgl. Scharp et al. 2005, S. 16).

In den vergangenen Jahren wurden vermehrt Materialien zum Thema erneuerbare Energien auch für den Elementar- und Primarbereich erstellt (vgl. u.a. BMU 2010; Scharp/Dinziol 2007; Rathgeber 2008; Kliche/Draeger 2012; Rathgeber 2007). Der Schwerpunkt liegt in diesen Publikationen auf verschiedenen Energieformen und den Unterscheidungen von fossilen Brennstoffen von erneuerbaren Energieträgern. In den Handreichungen hat das Durchführen von Versuchen einen hohen Stellenwert. Allerdings ist dabei festzuhalten, dass die Versuche sich in der Regel nicht auf das physikalische Phänomen des elektrischen Stroms und auf das technische Verstehen von Stromkreisen beziehen. Wird bspw. ein Versuch vorgeschlagen, in dem Kinder eine Solarzelle an einen Motor anschließen sollen, so werden die Beobachtungen auf die Verschattung der Solarzelle und die dabei zu beobachtenden Reaktionen am Motor gelegt. Es soll dabei der Zusammenhang zwischen Lichteinfall und Drehgeschwindigkeit des Motors festgestellt werden (vgl. Rathgeber 2008). Es steht also – was auch zweifelsfrei spannend und wichtig ist – die Funktionsweise der Solarzelle und damit auch ein technischer Sachverhalt im Fokus. Elektrischer Strom und Stromkreis werden allerdings nicht explizit zum Gegenstand gemacht. Während der Recherche nach Materialien zum Thema Bildung für nachhaltige Entwicklung und elektrischer Strom konnte eine Publikation für den Elementarbereich ausfindig gemacht werden, in der auch der Frage nachgegangen werden soll, was elektrischer Strom ist und was er kann (vgl. Rathgeber 2007, S. 13ff.). Kinder sollen spielerisch den Elektronenfluss erfahren und Wirkungen des elektrischen Stromes kennenlernen.[54] Elektrischer Strom wird hier also auch aus einer physikalischen und technischen Perspektive betrachtet. Dennoch lässt sich festhalten, dass kindliches Deuten oder physikalisches und technisches Verstehen des elektrischen Stromkreises im Rahmen der Auseinandersetzung mit regenerativen Energien nahezu keine Rolle spielt.

Elektrischer Strom und Bildung für nachhaltige Entwicklung

Stromkreis und Elektrizität ist ein klassisches Thema des Sachunterrichts. Gemäß dem Rahmenlehrplan Grundschule Sachunterricht für Berlin und Brandenburg ist es mittels der Durchführung von Schüler_innenexperimenten aufzugreifen (vgl. RLP 2015, S. 35). Bildung für nachhaltige Entwicklung spielt in diesem Zusammenhang keine Rolle.[55]

Regenerative Energien werden im Gegensatz zu konventionellen Energien in der Schule und erst recht in der Grundschule wenig thematisiert. In Schulbüchern und anderen Materialien und Formaten werden erneuerbaren Energien nur wenig Raum eingeräumt (vgl. Baisch/Schrenk 2002; Ergebnisse eines Seminars zum Thema „Naturwissenschaftlich-technisches Lernen im Sachunterricht aus der Perspektive des Leitbildes von Bildung für nachhaltige Entwicklung", WiSe 2010/11 an der Humboldt Universität zu Berlin), insbesondere dann, wenn es um das physikalische Deuten und technische Verstehen von elektrischen Stromkreisen und Elektrizität geht (vgl. Heran-Dörr 2013; Glauert 2010).

Es stellt sich die Frage, ob technisches und physikalisches Lernen zum Thema elektrischer Stromkreis mit seinen klassischen Inhalten (Bau eines einfachen Stromkreises, Bau eines Stromkreises mit Schalter, Leiter-/Nichtleiter, Wirkungen des elektrischen Stroms, Parallelschaltung, Rei-

---

54 Außer Acht gelassen wird an dieser Stelle, dass sich die Publikation und insbesondere das Beispiel in hohem Maße an fachwissenschaftlichen Inhalten orientieren.

55 An anderen Stellen im RLP taucht Bildung für nachhaltige Entwicklung allerdings auf. So auch in den Erläuterungen zur naturwissenschaftlichen Perspektive des Sachunterrichts. Mit den Ressourcen der Natur soll verantwortungsbewusst und kritisch umgegangen werden (vgl. RLP 2015, S. 24). Zudem wird Bildung für nachhaltige Entwicklung als themenfeldübergreifender Bereich angeführt (vgl. ebd., S. 28). Dass Bildung für nachhaltige Entwicklung überhaupt im RLP auftaucht, ist eine Neuerung zur letzten Version von 2004.

henschaltung,...) nicht ebenso umgesetzt werden kann, wenn bspw. anstelle einer Batterie eine Solarzelle oder ein Windrad verwendet werden. Zum Aufbau einer Stromkreisvorstellung ist die verwendete elektrische Energiequelle nebensächlich. Es bietet sich vielmehr eine tiefergehende Auseinandersetzung, da so die Art und Weise der elektrischen Energieerzeugung mit im Aufmerksamkeitsfokus steht. Auch für die Vorstellungsforschung zum Bereich elektrischer Strom zeigen sich hier neue Wege auf. Mit Material zum Thema elektrischer Strom und Stromkreis, das dem Leitbild einer Bildung für nachhaltige Entwicklung gerecht wird, könnten weiterführende oder möglicherweise andere Vorstellungen erhoben werden.

Die beiden Diskurse besitzen jeweils einen „blinden Fleck“: Experimente zu Stromkreis und Elektrizität ohne erneuerbare Energien und erneuerbare Energien ohne naturwissenschafts- und technikdidaktische Grundlegungen und technisches Verstehen. Beide Bereiche sollen in der Auswahl der Materialien zum Explorieren in vorliegender Studie zusammengebracht werden.

2.3.7 Vorstellungsforschung zum Thema Stromkreis und Elektrizität und Räume im freien Explorieren

Die Frage „Welche Räume lassen sich beim freien Explorieren finden?“ wird mit dem Bereich der Vorstellungsforschung zu elektrischem Strom zusammengebracht. Im Umgang mit dem Material werden bestimmte Dinge mit Deutungen belegt. Über diese Bedeutungszuschreibungen lassen sich Vorstellungen erheben. Erfahrungen und implizites Wissen steuern Bewegungen in Suchräumen bewusst oder auch unbewusst. Bei der Suche in verschiedenen Räumen - so die Annahme - werden Vorstellungen sichtbar. Daraus ergibt sich die für die Studie die zentrale inhaltliche Frage:

Innerhalb welcher Räume suchen Kinder beim freien Explorieren nach Ursachen für das Nichtfunktionieren von Stromkreisen?

Mit dem Begriff des „Funktionierens“ bzw. „Nichtfunktionierens“ in der Fragestellung wird deutlich, dass die vorliegende Studie einen starken Bezug zu technischem Lernen aufweist. Es geht darum, das Problem des Nichtfunktionierens von selbstgebauten Stromkreisen zu lösen. Eine

Zweckorientierung ist deutlich erkennbar. Technisches Lernen findet zumeist im Rahmen des Problemlösens statt, da auf diesem Wege ein technisches Verständnis aufgebaut werden kann (vgl. Jeretin-Kopf/Kosack 2013, S. 48). In diesem Zusammenhang wurde der kreative und erfinderische Umgang mit Gegenständen und Materialien als zentral herausgestellt, um eine Problemlösung zu erlangen (vgl. ebd.). Jeretin-Kopf und Kosack halten fest, dass es zwar einige wenige Studien zum technischen Problemlösen in der Grundschule gibt, es „für die Formulierung konkreter didaktischer Konzepte, welche das handelnde, problemlösende Kind zum Subjekt des Unterrichts machen, noch zu früh" sei (ebd., S. 49). Sie formulieren unterschiedliche Fragen, die ihrer Meinung nach bezüglich des technischen Problemlösens im Primarbereich geklärt werden sollten. Darunter findet sich bspw. eine Frage danach, welche Gegebenheiten Kinder als technische Probleme wahrnehmen oder welcher Erklärungsmuster Kinder sich beim Lösen technischer Probleme bedienen (vgl. ebd.). Einen Beitrag zur Klärung dieser Fragen kann die vorliegende Studie leisten.

3. Methodische Überlegungen

Mit der Rekonstruktion von Suchräumen beim freien Explorieren mit Materialien zum Thema Stromkreis soll ein Beitrag zur Diskussion um die Erhebung von Schüler_innenvorstellungen geleistet werden. Vorstellungen - so die forschungsleitende Annahme - können über die Rekonstruktion von Suchräumen sichtbar gemacht werden. Daher wird im folgenden Kapitel der Diskurs um die Erhebung von Schüler_innenvorstellungen kurz dargestellt, um darin den gewählten Zugang zu Vorstellungen über Suchräume zu verorten. Im weiteren Verlauf wird dann konkret mit Verweis auf die dokumentarische Methode dargestellt, wie bei der Rekonstruktion von Suchräumen vorgegangen wird.

3.1 Zur Erhebung von Schüler_innenvorstellungen

Vorstellungen lassen sich nicht ohne Weiteres erheben oder erfragen, da sie nicht zwangsläufig im Bereich des expliziten Wissens liegen und somit nicht einfach verbalisiert werden können (vgl. Murmann 2013, S. 2). Vielmehr lassen sich Schüler_innen*äußerungen* erheben und dann interpretieren, um so an Vorstellungen zu gelangen (vgl. ebd., S. 4). Vorstellungen dürfen nicht mit Äußerungen verwechselt werden, da in der Äußerung nicht zwangsläufig eine Vorstellung repräsentiert ist (vgl. ebd.). Bei Schüler_innenvorstellungen handelt es sich in der Regel um Interpretationen bestimmter Äußerungen oder Beobachtungen (vgl. Murmann 2004, S. 5) vor einem bestimmten - meist fachlichen - Hintergrund.

Um an Äußerungen und darüber dann an Vorstellungen zu gelangen, existieren verschiedene Wege. In der Regel geschieht dies über das Medium der Sprache. Um an verbale Daten zu gelangen, gibt es unterschiedliche Optionen. Kinder können gezielt zu ihren Vorstellungen einen bestimmten Sachverhalt betreffend befragt werden. Dabei wird gehofft, dass in der Äußerung die Vorstellung bereits sichtbar bzw. gezielt geäußert wird. Aber auch in einem eher beiläufigen, nicht durch einen

F. Schütte, *Freies Explorieren zum Thema elektrischer Stromkreis*, Sachlernen & kindliche Bildung – Bedingungen, Strukturen, Kontexte, https://doi.org/10.1007/978-3-658-23059-3_3

Fragenkatalog strukturierten Gespräch, können Dinge geäußert werden, in denen Vorstellungen sichtbar gemacht werden können.

Eine weitere Möglichkeit bieten Produkte wie Bilder, Sachzeichnungen, Modelle etc. von Kindern, um darüber an Vorstellungen zu gelangen. Auf diesem Wege lassen sich auch ohne verbale Äußerungen Vorstellungen interpretieren. Äußerungen sind in dem Fall sachlich oder materiell. Andererseits bieten solche Produkte dann auch wieder Sprechanlässe, um weitere verbale Äußerungen erheben zu können. Verschiedene Sach-, Objekt- oder Medienimpulse können ebenfalls dazu anregen, Ideen und Vermutungen zu äußern, in denen Vorstellungen sichtbar werden können. Mit materiellen Impulsen lassen sich aber auch Vorstellungen erheben, die nicht zwangsläufig sprachlich geäußert werden müssen. So können über objektbezogene Impulse und die Auseinandersetzung mit diesen Objekten, bspw. über das Sortieren von Dingen, Vorstellungen sichtbar werden (vgl. Wodzinski 2006, S. 12, Kaiser/Pech 2004, S. 24).

Es wird deutlich, dass Äußerungen nicht in sprachlicher Form vorliegen müssen, um darüber zu den Vorstellungen zu gelangen. Die Äußerungen können auch Handlungen oder Produkte sein und sind dementsprechend nicht auf eine sprachliche Explikation festgelegt. Vorstellungen können im Bereich des impliziten, in die Handlungspraxis eingelassenen Wissens eingebunden sein (vgl. Murmann 2013, S. 2). Auch Heran-Dörr hält in ihren Ausführungen zu Schüler_innenvorstellungen fest, dass diese unter anderem implizit oder explizit vorhanden sein können.[56] Das heißt, sie können dem Individuum unbewusst oder bewusst präsent sein und daher auch auf verschiedenen Ebenen (sprachlich, symbolisch, modellhaft) repräsentiert sein (vgl. Heran-Dörr 2011, S. 7).

3.1.1 Vorstellungen und implizites Wissen

Bei der Beschreibung von Bildungsprozessen wird im Bereich der frühkindlichen Bildung das hohe Maß an Leiblichkeit betont. Frühe Bildungsprozesse sind in besonderer Weise körperlich fundiert: „Sie [Frühe

56 Weiterhin sind Schüler_innenvorstellungen erfahrungsgebunden, mit Alltagssprache verbunden, individuell und zum Teil auch interindividuell, auf unterschiedliche Weise repräsentiert und teilweise sehr stabil (vgl. Heran-Dörr 2011, S. 7).

Bildungsprozesse – Anm. FS] bilden den Leib als Organ der Wahrnehmung und Erschließung von Welt, bilden implizites Wissen, Bewegungs-, Empfindungs- und Handlungswissen und -gedächtnis als Grundlage der Explikation und Versprachlichung des Weltwissens, bilden aisthetisch-sinnliche erlebnisvolle Formen der dichten und nahen Auseinandersetzung mit den Dingen auch als Voraussetzung der geistigen Lösung und des begrifflich-abstrahierenden Überschauens." (Fischer 2013, S. 26) Der Erwerb impliziten Wissens wird hier als Grundlage zur Explikation von Wissen verstanden. Wissen wird demnach zunächst insbesondere (durch Erfahrungen, Handlungen etc.) sinnlich und körperlich erworben und ist dementsprechend auch körperlich (in Handlungen, Gesten etc.) repräsentiert, ehe es ins Bewusstsein rückt und dann auch – in der Regel durch Sprache – expliziert werden kann (vgl. Schäfer 2010, S. 21).

An dieser Stelle sei noch einmal auf das oben angeführte Beispiel des Mädchens, das im Waschraum mit dem Wasserhahn spielt, ins Gedächtnis gerufen. In diesem Beispiel wurde die Leiblichkeit des Umgangs des Mädchens mit einem Ding oder einem Phänomen beschrieben. Das Mädchen hat für sich etwas Bedeutsames getan und Kompetenz erfahren, ohne dies sprachlich zu explizieren und vor allem auch, ohne dies sprachlich explizieren zu können oder zu müssen. Ein weiteres Beispiel aus dem Grundschulbereich verdeutlicht diese Annahme noch weiter und zeigt, dass die Bedeutung und damit auch die Berücksichtigung von den Handlungen immanentem Wissen nicht nur für frühe Bildungsprozesse, sondern auch für schulische Bildungsprozesse von hoher Relevanz sind. „So hat Alina seit der ersten Woche der Untersuchungen Salz- und Zuckerkristalle gezüchtet. Ihre Erfahrungen während dieser Versuche sind reichhaltig. Sie hat ein Gefühl dafür entwickelt, unter welchen Bedingungen sich die Kristalle am besten in Wasser auflösen. Sie weiß nun, dass sie kräftig und lange rühren muss, wie groß die Menge an Kristallen sein darf, damit sie sich noch auflösen lassen und dass es mit warmem Wasser besser funktioniert als mit kaltem. Nichts von dem hat sie bis zu diesem Zeitpunkt verbalisiert." (Köster 2006, S. 49) Köster beschreibt dann weiter, wie das Mädchen von sich aus begonnen hat, seine Beobachtungen mitzuteilen und wie es von selbst darauf gekommen ist, seine Beobachtungen strukturiert mit der „wissenschaftlichen Methode des Protokollierens" (ebd., S. 50) festzuhalten. Ein Erfolg des Explorierens wird hier also darin gesehen, dass das Mädchen von sich aus Dinge verbalisiert und sogar schriftlich fixiert hat und zwar mit einer wissenschaftlichen Methode. Freies Explorieren kann hier somit als Weg zum wissenschaftlichen Experiment gesehen werden.

Was Köster in ihren Beobachtungen nur als Stufe zur Verbalisierung der Beobachtungen, der Erfahrungen und des Wissens anreißt, wird zum zentralen Gegenstand vorliegender Studie gemacht: Es geht ganz konkret um das vielschichtige und weit ausdifferenzierte Wissen, welches den Handlungen immanent ist. Mit einer Fokussierung auf explizites, in der Regel im Medium der Sprache repräsentiertes Wissen, bleiben viele vorhandene Wissensstrukturen unausgeschöpft. „Pädagogisch ist es jedoch notwendig, den ganzen Bereich nicht sprachlich bzw. symbolisch geordneten Wissen für die kindliche Erfahrung und das daraus entspringende Wissen als ebenso bedeutsam anzusehen, wie das symbolisch strukturierte; haben wir es doch in den ersten Lebensjahren in sehr weiten Bereichen mit Prozessen zu tun, die auch ohne symbolische Ordnung zur Strukturierung kindlicher Erfahrungs- und Wissensbereiche beitragen." (Schäfer 2010, S. 19)

In ihren Ausführungen zum naturwissenschaftlichen Lernen in moderat-konstruktivistischen Lernumgebungen hält Möller fest, dass durch die Strukturierung der Lernumgebung im Gegensatz zu einer Auseinandersetzung in einer nichtstrukturierten Lernumgebung - und damit kann das freie Explorieren gemeint sein - diese über „ein bloßes Hantieren mit Gegenständen" (Möller 2009, S. 170) hinausgeht. Dass aber auch in diesem Hantieren mit Gegenständen eine intensive Auseinandersetzung steckt, ohne auf derzeit anerkannte oder als schulisch relevant angesehene fachliche Annahmen zu kommen, konnte in verschiedenen Beispielen schon gezeigt werden (vgl. Fischers Beispiel von dem Mädchen im Waschraum und vgl. auch Kösters Ausführungen zum freien Explorieren) und wird in vorliegender Arbeit weiter vertieft.

3.1.2 Zur Rekonstruktion von Vorstellungen auf der Basis impliziten Wissens

Über geeignete Methoden zur Erhebung von Schüler_innenvorstellungen - und damit ist die Interpretation der Äußerungen oder sonstigen Daten in Bezug auf sichtbar zu machende Vorstellungen gemeint - herrscht Uneinigkeit (vgl. Murmann 2013, S. 1). Es existieren forschungsmethodische Schwierigkeiten bei der Erforschung kindlicher Verstehensprozesse, da „ungeeignete Forschungsmethoden zu einem falschen Bild kindlicher Denk- und Lernfähigkeiten führen können." (Glauert 2010, S. 124) Daher ist es wichtig, „neue und vielfältige methodische Zugänge und Forschungsfragen für die Untersuchung (früh)kindlichen Denkens zu erschließen." (ebd., S. 125)

Murmann versucht aufzuzeigen, welchen Beitrag verschiedene Auswertungsverfahren (Grounded Theory, qualitative Inhaltsanalyse und Phänomenographie) bei der Rekonstruktion von Schüler_innenvorstellungen liefern können. Die Ausführungen beziehen sich auf das Erschließen von Vorstellungen auf Basis von Interviewdaten, also sprachlich explizierten Äußerungen (vgl. Murmann 2013). Ein weiteres Auswertungsverfahren, welches einen Beitrag leisten kann und welches von Murmann nicht exemplarisch angewendet wurde, ist die dokumentarische Methode. Dabei ist anzunehmen, dass auch die dokumentarische Methode einen Beitrag in der Diskussion um die Methodik zur Erhebung von Schüler_innenvorstellungen liefern kann. Daher soll erprobt werden, welche Potenziale die dokumentarische Methode bei der Rekonstruktion von Vorstellungen bietet. Insbesondere dann, wenn der Fokus der Analyse nicht auf sprachlichen Äußerungen wie Interviewdaten liegt, sondern stattdessen die sinnlichen und körperlichen Handlungen oder der Umgang mit Materialien den Hauptgegenstand der Analyse bilden, um so den Handlungen immanentes Wissen zu rekonstruieren. Der in der Diskussion um die Erhebung von Schüler_innenvorstellungen zentrale Aspekt, Kinder anzuregen, ihre Erfahrungen und Vorstellungen zu verbalisieren (vgl. Heran-Dörr 2011, S. 9), soll in der vorliegenden Studie überwunden werden. Die Möglichkeit, Vorstellungen von Kindern zu erheben, soll durch eine detaillierte Analyse der Handlungen erweitert werden. Es geht dabei insbesondere darum, *wie* diese Vorstellungen in den Handlungen sichtbar werden.

Es wird davon ausgegangen, dass im Umgang mit Materialien auf der Suche nach Ursachen für das Nichtfunktionieren von Stromkreisen, Suchräume betreten werden, innerhalb derer Vorstellungen sichtbar gemacht werden können. Um über Handlungen und Tätigkeiten an Suchräume zu gelangen und darüber wiederum einen Beitrag im Rahmen der Forschung zu Vorstellungen liefern zu können, bietet es sich an, Suchräume über eine Videoanalyse zu rekonstruieren und sichtbar zu machen. Videographische Daten können die Grundlage für die Rekonstruktion von Vorstellungen sein. Murmann hat zwar auch Videodaten erhoben, um aus deren phänomenographischer Analyse Kategorien für die Erlebensweisen von Kindern von Schatten zu beschreiben, allerdings analysiert sie nur die verbalen und nicht in besonderer Weise die bildlichen Daten (vgl. Murmann 2004, S. 9). Mit der dokumentarischen Methode wird ein Auswertungsverfahren der rekonstruktiven Sozialforschung gewählt, das einerseits die Rekonstruktion impliziten Wissens zum zentralen Gegenstand hat und sich andererseits im Bereich der Bild- und Videoanalyse bewährt hat und gewinnbringende Erkenntnisse liefern konnte.

Die vorliegende Studie kann daher einen Beitrag zur forschungsmethodischen Grundlagenforschung liefern, indem aufgezeigt wird, wie mit den Verfahrensschritten der dokumentarischen Methode Vorstellungen über Suchräume in Handlungssituationen rekonstruiert werden können. Es zeigt sich hier auch noch einmal das Potenzial des Begriffes Suchraum. Vorstellungen können über Äußerungen in Gesprächssituationen, also auf Basis sprachlich, begrifflichen Wissens erhoben werden. Vorstellungen können aber auch über Suchräume in körperlich-sinnlichen Handlungssituationen erhoben werden.

3.2 Anlage der Studie und Forschungsmethodik

3.2.1 Die dokumentarische Methode

Die dokumentarische Methode hat als Auswertungsverfahren der rekonstruktiven Sozialforschung in den Sozial- und Erziehungswissenschaften sowie im Bereich der Kindheitspädagogik ein relativ breites Anwendungsfeld gefunden. Dabei werden hauptsächlich Interviews, Gesprächsprotokolle und Gruppendiskussionen, also verbale und dann verschriftlichte Daten mit der dokumentarischen Methode ausgewertet. Gegenwärtig werden allerdings auch im Bereich der Bild- und Fotointerpretation und auch im Bereich der Video- und Filminterpretation neue Anwendungsbereiche erschlossen. Dass sich die dokumentarische Methode auch in Bezug auf Bild- und Videoanalysen bewährt, zeigen z. B. Bildanalysen von Bohnsack (2009) und Schobner (2011) sowie die Analysen von Wagner-Willi zu videographierten Schüler_inneninteraktionen im Klassenraum (Wagner-Willi, 2005) und weitere Videoanalysen von Hampl (2010), Bohnsack (2009), Baltruschat (2010).

Grundannahmen der dokumentarischen Methode

Ziel der dokumentarischen Methode ist es, Orientierungen und Erfahrungen, die Handlungspraxis von Menschen zu rekonstruieren. „Die Rekonstruktion der Handlungspraxis zielt auf das dieser Praxis zugrunde liegende habitualisierte Wissen und zum Teil inkorporierte Orientierungswissen, welches dieses Handeln relativ unabhängig vom subjektiv gemeinten Sinn strukturiert." (Bohnsack et al. 2001, S. 9) Die dokumentarische Methode dient also der Rekonstruktion impliziten Wissens. Sie gibt Aufschluss darüber, welche Handlungsorientierungen zugrunde liegen und kann deswegen einen Zugang zur Handlungspraxis von Personen bieten (vgl. Nohl 2008, S. 7f.).

Zur Rekonstruktion von Orientierungen und Erfahrungen bietet es sich an, zwischen zwei unterschiedlichen Sinnebenen zu unterscheiden, dem immanenten Sinngehalt auf der einen und dem dokumentarischen Sinngehalt auf der anderen Seite. Zum einen lassen sich von Menschen berichtete Erfahrungen und Aussagen auf den immanenten Sinn hin untersuchen. Das heißt, der wörtliche, explizite Sinn wird analysiert. Innerhalb dieses immanenten Sinngehalts wird wiederum zwischen zwei Ebenen unterschieden: dem subjektiv gemeinten Sinngehalt, also zwischen konkreten Absichten und Motiven des Erzählenden und dem objektiven Sinn, also der allgemeinen Bedeutung eines Textinhaltes oder auch einer Handlung (vgl. ebd., S. 8). Zum anderen lassen sich Erfahrungen auf ihren dokumentarischen Sinngehalt hin untersuchen. „Bei diesem dokumentarischen Sinngehalt wird die geschilderte Erfahrung als Dokument einer Orientierung rekonstruiert, die die geschilderte Erfahrung strukturiert." (ebd.) Dieser dokumentarische Sinngehalt gibt einen Verweis darauf, auf welche Art und Weise eine Schilderung hergestellt wird. Es geht dabei um die Weise der Herstellung, also wie der Text und die in ihm berichtete Handlung konstruiert wird und in welchen verschiedenen (Orientierungs-)Rahmen ein Sinn hergestellt wird (vgl. ebd.). Die empirische Erfassbarkeit des immanenten und des dokumentarischen Sinngehalts unterscheidet sich stark. Nohl führt zur Veranschaulichung folgendes Beispiel an:

> „Knüpft man einen Schuhknoten, so kann man die Absicht haben, seine Schuhe zu binden. Diese Intention, dieser intentionale Ausdruckssinn als Komponente des immanenten Sinngehalts, ist dem außenstehenden Beobachter ebenso wenig wie dem in seine eigene Vergangenheit zurückblickenden Akteur unmittelbar und valide zugänglich; er kann diese Intention nur der Handlung des Knotenknüpfens unterstellen. Das Gebilde selbst aber, das dabei entsteht, lässt sich (als Komponente des immanenten Sinns) als objektiver Sinnzusammenhang, der allgemeinen Charakter hat, identifizieren: Es ist ein Schuhknoten. Der Dokumentsinn indes konstituiert sich im Prozess der Herstellung des Knotens, ist also unmittelbar an die Handlungspraxis geknüpft. Jeder, der schon einmal einem Kind zu erklären versucht hat, wie ein Knoten zu knüpfen ist, wird sich daran erinnern, wie schwer es ist, diesen Herstellungsprozess verbal zu explizieren. Während wir im Alltag intuitiv auf die praktische Ebene zurückgreifen und das Knotenknüpfen einfach vormachen, sind wir in der Wissenschaft darauf angewiesen, Wege zu finden, den Herstellungsprozess bzw. den Orientierungsrahmen von Texten und Handlungen verbal zu explizieren." (Nohl 2008, S. 9; vgl. dazu auch Mannheim 1980, S. 73ff.)

An diesem Beispiel ist zu erkennen, dass der dokumentarische Sinngehalt in der Handlungspraxis der agierenden Person verwurzelt ist. Weiterhin wird deutlich, dass Menschen über Wissen verfügen, welches ihrer Reflexion nicht unbedingt zugänglich ist.

Atheoretisches Wissen

Das Schuhknotenbeispiel zeigt, dass bei bestimmten Handlungen Wissen benötigt wird, welches nicht expliziert werden muss. Der dokumentarische Sinngehalt ist in der Handlungspraxis der agierenden Person verwurzelt. Das heißt, in der Handlungspraxis wird über Wissen verfügt, welches alltagstheoretisch nicht zum Ausdruck gebracht werden muss und welches damit auch nicht der Reflexion zugänglich ist. In habitualisierten Handlungen wird atheoretisches Wissen genutzt (z. B. Schuhschleife binden oder Fahrrad fahren; aus der Erfahrung ist bewusst, wie diese Dinge funktionieren). Diese Art des Wissens wird auch als implizites Wissen (Polanyi 2016), als praktischer Sinn (Nohl 2008) oder praxeologisches Wissen (Bohnsack 2009) bezeichnet. Zwar ist es teilweise auch möglich, atheoretisches Wissen zu explizieren bzw. auszudrücken, doch ist dies in der Regel nicht nötig. Bestimmtes inkorporiertes Wissen[57] ist nicht nur einzelnen Personen, sondern meistens ganzen Personengruppen zugänglich. (Alle Personen die Schnürschuhe tragen, teilen in der Regel das Wissen eine Schleife zu binden. Ebenso wissen alle Radfahrer, wie Rad gefahren wird.) „Erst wo wir gezwungen sind, Außenstehenden etwas zu erklären, versuchen wir den Gegenstand des habituellen Handelns und damit unser atheoretisches Wissen in alltagstheoretische Begrifflichkeiten zu überführen." (Nohl 2008, S. 10) Allerdings ist es nicht ohne Weiteres möglich, atheoretisches Wissen zu verbalisieren, also explizit zu machen. „Es handelt sich um ein Wissen, welches von den Erforschten selbst nicht so ohne weiteres auf den Begriff gebracht, also *begrifflich-theoretisch expliziert* werden kann." (Bohnsack 2009, S. 19)

> „Die begrifflich-theoretische Explikation ist die Aufgabe und Leistung der dokumentarischen Interpretation. Die dokumentarische Methode eröffnet mit der Kategorie des „atheoretischen Wissens" den Blick auf eine Sinnstruktur, die bei den Akteuren selbst wissensmäßig repräsentiert ist, ohne aber Gegenstand ihrer Reflexion zu sein. Somit gehen die Beobachter - und dies ist entscheidend - nicht davon aus, dass sie *mehr* wissen als die Akteure oder Akteurinnen, sondern davon dass letztere selbst nicht wissen, was sie da eigentlich wissen." (Bohnsack 2009, S. 19) Die Interpretierenden interessiert nicht nur die Faktizität, „sondern die von den Akteuren mit diesen Ereignissen verbundenen *Orientierungen*. Denn nur diese Orientierungsmuster, also die das Handeln leitenden und orientierenden (individuellen und kollektiven) Wissens- und Erfah-

57 Inkorporiertes Wissen gehört zum atheoretischen Wissen. Bohnsack erklärt den Unterschied zwischen inkorporiertem und implizitem Wissen am Beispiel des Schuhschleifebindens: „Solange und soweit ich mir im Prozess des Knüpfens eines Knotens dessen Herstellungsprozess, also die Bewegungsabläufe des Knotens, bildhaft - also in Form von mentalen (inneren) Bildern - vergegenwärtigen muss, um in der Praxis erfolgreich zu sein, habe ich den Prozess des Knüpfens eines Knotens noch nicht vollständig *inkorporiert*." (Bohnsack 2009, S. 16)

> rungsbestände sind es, die diesem Handeln Dauer und Kontinuität verleihen. Nur wenn ich diese handlungsleitenden Wissensbestände kenne, kann ich prognostizieren, ob und wie dieses Handeln auch in Zukunft verlaufen wird." (Bohnsack 2009, S. 19)

Atheoretisches Wissen verbindet also Menschen, die dieses Wissen teilen und dadurch einen konjunktiven Erfahrungsraum bilden, da sie durch bestimmtes Wissen oder Erfahrungen verbunden sind. Will nun eine Person einer anderen mit einem anderen konjunktiven Erfahrungsraum oder genauer, einer Person, die diesem einen, speziellen konjunktiven Erfahrungsraum nicht angehört, über ihre Erfahrung berichten, so muss diese genauer expliziert und erläutert werden, damit die andere Person sie versteht. Der Sinngehalt der verinnerlichten Handlungspraxis wird nun also theoretisch expliziert, wofür kommunikatives Wissen benötigt wird, um dem gegenüber den Sinn der konjunktiven Erfahrung zu verdeutlichen und klar zu machen (vgl. Nohl 2008, S. 11). Es entsteht nun ein kommunikativer Erfahrungsraum, in welchem unter Rückgriff auf Sprache oder nonverbale Kommunikation bestimmtes Wissen weitergegeben wird. Das konjunktive, also das atheoretische Wissen einer Person ist eng mit der eigenen Biographie, der eigenen sozialen Herkunft, dem Milieu verbunden (vgl. ebd.).

Arbeitsschritte der dokumentarischen Methode: Formulierende Interpretation, Reflektierende Interpretation und komparative Analyse

Es zeichnet sich bereits ab, dass bei der dokumentarischen Methode zur Rekonstruktion der unterschiedlichen Sinnebenen ein Wechsel in der Analyseeinstellung vom *„Was"* zum *„Wie"* erfolgt und sie sich durch gerade diesen Wechsel der Herangehensweise auszeichnet. Die verschiedenen Ebenen des Sinnes einer Aussage oder Handlung erfordern auch unterschiedliche Arbeitsschritte bei der Auswertung, Interpretation und Rekonstruktion. Der erste Schritt der Auswertung zur Erfassung des immanenten Sinngehalts verbleibt auf einer beschreibenden Ebene. Diese formulierende Interpretation fragt nach dem *Was* (vgl. ebd., S. 9). Theoretisches Wissen kann so festgehalten werden. Der zweite Schritt der Interpretation und Auswertung zur Rekonstruktion des dokumentarischen Sinngehalts führt weiter. Er fragt nach dem *Wie*, das heißt, wie ein Thema aufgegriffen und verarbeitet wird, genauer noch: in welchem Orientierungsrahmen ein Thema ausgehandelt wird (vgl. ebd.). Die reflektierende Interpretation rekonstruiert dementsprechend atheoretisches Wissen.

Wesentlicher Verfahrensschritt der dokumentarischen Methode und dabei insbesondere der reflektierenden Interpretation ist die komparative Sequenzanalyse. Zwar bedienen sich andere rekonstruktive Verfahren auch eines sequanzanalytischen Vorgehens, doch ist das Vorgehen bei der dokumentarischen Methode von Anfang an streng vergleichend (vgl. ebd., S. 11). Nohl zeichnet das Vorgehen der komparativen Sequenzanalyse kurz nach. Dabei führt er als Beispiel die Analyse eines Interviews an, anhand dessen er die Arbeitsschritte der dokumentarischen Methode erklärt und beschreibt. Es wird davon ausgegangen, dass ein Mensch eine Problemstellung innerhalb seines Lebens auf eine bestimmte Art und Weise löst. Für eine Interviewpassage, in welcher die Person dann von diesem Problem erzählt, wird Folgendes als Ausgangslage angenommen:

> „Auf einen ersten Erzählabschnitt kann nur ein spezifischer, nämlich ein der jeweiligen Erfahrungsweise, dem jeweiligen Rahmen entsprechender zweiter Abschnitt folgen. Die Bestimmung des dokumentarischen Sinngehalts, der Bearbeitungsweise bzw. des (Orientierungs-) Rahmens, wird dann durch den Dreischritt von erstem Abschnitt, zweitem Abschnitt (Fortsetzung) und drittem Abschnitt (Ratifizierung des Rahmens) möglich. Wenn der zweite Erzählabschnitt als Fortsetzung des ersten Abschnitts dem Rahmen der Problembearbeitung entsprechen sollte, dann ist zu erwarten, dass diese Fortsetzung in dem dritten Abschnitt ratifiziert wird." (ebd.)

Der Ansatz der dokumentarischen Methode geht nun davon aus, dass die möglichen Anschlussäußerungen an einen ersten Erzählabschnitt in atheoretischer, habitualisierter Form der erforschten Person wissensmäßig verfügbar sind. Da sinnvolle Anschlussäußerungen nicht expliziert werden können (da das Wissen ja inkorporiert und habitualisiert ist), ist es notwendig, das atheoretische Wissen empirisch zu rekonstruieren (vgl. ebd., S. 12). Der Rahmen, in welchem mit dieser Anschlussäußerung das im ersten Erzählabschnitt gesetzte Problem behandelt wird, ist der Orientierungsrahmen, der die Sequenz übergreift (vgl. ebd.). Es können somit

Anschlussäußerungen eines ersten Falles mit den Anschlussäußerungen der anderen Fälle/Textstellen, mit denen verglichen wird, dagegen gehalten werden (vgl. ebd.).

Zur Rekonstruktion des Orientierungsrahmens innerhalb dessen ein Problem ausgehandelt wird, bietet es sich an und ist zudem auch erforderlich, dass andere Interviewtexte oder Textpassagen anderer Personen aus anderen Interviews vergleichend dagegen gehalten werden, in denen dasselbe Thema oder Problem in einem anderen, unterschiedlichen Orientierungsrahmen behandelt oder gelöst wird (vgl. ebd.). Dieser Schritt der komparativen Sequenzanalyse ist wichtig, da auf diese Weise die ausgewählten Textstellen und das gesamte Interview nicht mehr nur vor dem Hintergrund des eigenen Alltagswissens, sondern auch vor dem Hintergrund anderer empirischer Fälle verglichen werden kann (vgl. ebd., S. 13).

Die komparative Analyse ist wesentlicher Bestandteil des Interpretationsprozesses, da durch den im empirischen Material bleibenden Vergleichshorizont eine methodische Kontrolle der Standortgebundenheit der Forschenden erfolgen kann. Werden zu Beginn noch Vergleichshorizonte oder mögliche Anschlussäußerungen von den Forschenden selbst generiert, können diese im Verlauf der Forschung „durch systematische Vergleiche von empirischen Daten nach und nach durch empirisches Wissen erweitert und relativiert werden." (Alexi/Fürstenau 2012, S. 209) Diese Form des Schlussfolgerns, die sich zwischen theoretischem Vorwissen und der auf Basis der empirischen Daten neu gewonnenen Erkenntnisse bewegt und schließlich diese Bereiche ineinander in Bezug setzt, folgt dem Prinzip der Abduktion (vgl. Reichertz 2011).

Sinn- und soziogenetische Typenbildung

Ziel der dokumentarischen Methode ist eine Herausbildung von Typen. Die Typenbildung erfolgt auf Grundlage der komparativen Analyse: „[W]enn nicht nur in einem Fall, sondern in mehreren Fällen eine bestimmte Art und Weise, ein Problem zu bearbeiten, identifiziert werden kann, und wenn dieser Orientierungsrahmen zudem von kontrastierenden Orientierungsrahmen unterschieden werden kann, dann lässt sich dieser Orientierungsrahmen vom Einzelfall ablösen und zum Typen ausarbeiten." (Nohl 2008, S. 13) Maßgeblich für die Herausarbeitung von Typen sind also einerseits die Suche von Kontrasten in der Gemeinsamkeit und andererseits auch die Suche nach Gemeinsamkeiten im Kontrast (vgl. Bohnsack 2009, S. 21). Zu unterscheiden sind dabei verschiedene Formen der Typenbildung. Bei der sinngenetischen Typenbildung werden unterschiedliche Orientierungsrahmen der Bearbeitung oder Lösung einer Problemstellung in verschiedenen, also unterschiedlichen Fällen herausgearbeitet. Zentral ist die Herausarbeitung eines gemeinsamen „Orientierungsproblems" (ebd., S. 22), das durch alle analysierten Kontraste in den Fällen sichtbar gemacht werden konnte. Die soziogenetische Typenbildung hingegen ist die systematische Analyse der fallspezifischen Erfahrungshintergründe. Es wird die Soziogenese der Orientierungsrahmen herausgearbeitet (vgl. Nohl 2008, S. 13).

3.2.2 Zum Potenzial der dokumentarischen Methode bei der Erhebung von Schüler_innenvorstellungen

Für die Rekonstruktion von Vorstellungen ist es naheliegend, abduktiv vorzugehen. Über die tatsächlich vorgefundenen Äußerungen fließt „theoretisches Wissen der WissenschaftlerInnen über mögliche Hintergründe der Äußerungen ein, und ein interpretativer Verstehensprozess ist zudem ein kreativer, intellektueller Prozess, bei dem auch Vorstellungen formuliert (oder ‚erfunden', bzw. ‚entworfen') werden, die die Äußerungen plausibilisieren, in ihnen aber nicht evident vorgefunden werden. Dieser Prozess wird als Abduktion bezeichnet." (Murmann 2013, S. 5) Murmann schlägt vor, bei der Rekonstruktion von Schüler_innenvorstellungen zunächst von einem eigenen fachlich geprägten Erfahrungshintergrund Abstand zu nehmen. Die Interpretation der Daten sollte stattdessen vor dem Hintergrund erfahrbarer Zusammenhänge des Phänomens vollzogen werden (vgl. Murmann 2004, S. 5; vgl. dazu auch Marton/Booth 2014). Murmann beschreibt einen phänomenographischen Forschungszugang. Im Rahmen der vorliegenden Arbeit sollen die Daten nicht ausschließlich vor einem fachlichen Zusammenhang und auch nicht nur vor den Zusammenhängen des Phänomens vollzogen werden. Die Daten sollen insbesondere auch vor dem Hintergrund der individuellen Vorstellungen im Vergleich zu anderen Fällen (vgl. komparative Analyse) rekonstruiert werden.

Dateninterner Vergleichshorizont

In Veröffentlichungen zu Vorstellungen von Kindern herrschen eine Begriffsvielfalt und damit einhergehend auch eine Begriffsuneindeutigkeit vor. So werden Begriffe wie: Präkonzept, Alltagsvorstellung, naive Theorie, Misskonzept und sogar Fehlkonzept genutzt (vgl. Heran-Dörr 2011, S. 6). Gemeinsam ist diesen Begriffen, dass sie eher negativ konnotiert sind. Schüler_innenvorstellungen werden als unfertig, als falsch angesehen und sollen in fachliche Vorstellungen überführt werden. „Schülervorstellungen werden in diesem Sinne also als Lernschwierigkeiten verstanden, die sich in erster Linie aus der Sache selbst ergeben, beispielsweise auf Grund ihrer Abstraktheit oder Komplexität." (ebd., S. 7f.) Dass es sich um andere Vorstellungen (um kindliche Weltdeutungen (vgl. Rauterberg 2013, S. 43)) handelt, wird nicht betont. Die Frage ist generell, wie eine Vorstellung denn überhaupt falsch sein kann.

Forschung zu Vorstellungen von Kindern im Bereich des naturwissenschaftlichen Lernens und insbesondere auch zum Thema elektrischer Strom orientiert sich in der Regel an fachlichen Vorstellungen. Diese stellen den Maßstab, an welchem Kindervorstellungen gemessen, abgebildet und in Hinblick auf ihre Fachlichkeit eingestuft werden können. So beschreibt Heran-Dörr, dass Schüler_innenvorstellungen „vor dem Hintergrund einer richtigen Vorstellung (im Sinne der fachlichen Anschlussfähigkeit) als inhaltsspezifische Fehlvorstellungen empirisch erfasst" (Heran- Dörr 2011, S. 7) werden. Wird also ein fachlicher Vergleichshorizont angelegt, so können Vorstellungen von diesen abweichen und als naiv oder falsch eingeordnet werden. Legitimiert wird dieser Vergleichshorizont mit der Annahme, dass schulische Bildungsprozesse auf Wissenserwerb und ein „zunehmendes Maß an fachlicher Richtigkeit abzielen." (ebd., S. 6) In der Regel wird bei der Erhebung und der anschließenden Auseinandersetzung mit Schüler_innenvorstellungen stets davon ausgegangen, sie zu ändern, belastbares fachliches Wissen aufzubauen (vgl. ebd., S. 7).

Kindliches Welterkunden wird nicht aufgegriffen und nicht als „richtig" verstanden. Stattdessen wird Welterkunden der Erwachsenen als Maßstab angelegt (vgl. Rauterberg 2013, S. 37). Ob sich Forschung zu Vorstellungen von Kindern zu Phänomenen ausschließlich einen fachlichen Vergleichshorizont leisten kann oder will, ist weiter zu diskutieren. Murmann betont in diesem Zusammenhang, dass für den Sachunterricht

– und dabei insbesondere für Inhaltsbereiche, in denen noch keine Vorstellungen erschlossen wurden – gilt, zunächst „Schülerperspektiven in Form von Wissenselementen oder Eigentheorien zu einem Inhaltsgebiet grundlegend zu erfassen und zu beschreiben" (Murmann 2013, S. 5). Für dieses Anliegen „sind offene Antwortformate, Gesprächs- und Handlungssituationen bei der Erhebung und damit relativ kleine Stichproben sowie eine qualitative Analyse unvermeidlich." (ebd.) Eine Änderung der Vorstellungen erwähnt Murmann hier nicht. Zentral ist nur ihre Erfassung.

In vorliegender Studie geht es in erster Linie um die Rekonstruktion unterschiedlicher Bedeutungszuschreibungen und Deutungen und nicht um den Aufbau physikalischer Konzepte zu elektrischem Strom. Daher liegt der Fokus nicht auf der Rekonstruktion fachlicher Vorstellungen bzw. dem Messen der rekonstruierten Deutungen an fachlichen Vorstellungen, sondern auf der Rekonstruktion individueller Konzepte, Vorgehensweisen, die den Handlungen der Kinder immanent sind. Die Gegenstände der Auseinandersetzung werden von den Kindern selbst konstruiert. Dass dabei auch fachliche Konzepte zum Tragen kommen können, ist zu erwarten, jedoch nicht notwendig. Der Vergleichshorizont, an den die rekonstruierten Deutungen angelegt werden, ist kein ausschließlich fachlicher (auch wenn fachliche Bedeutungszuschreibungen eine Rolle spielen werden), sondern ein fallinterner bzw. ein fallübergreifender. Das bedeutet, die Handlungen einzelner Kinder werden vor anderen eigenen Handlungen bzw. auch Handlungen anderer rekonstruiert. Der Vergleichshintergrund verbleibt somit im empirischen Material.

Die dokumentarische Methode als Auswertungsverfahren der qualitativen Sozialforschung scheint aufgrund der Fokussierung des atheoretischen Wissens und der Verfahrensschritte zur Rekonstruktion eben dieses Wissens in besonderer Weise dazu geeignet zu sein, in vorliegender Studie eingesetzt zu werden. Zudem hat sie sich im Zusammenhang mit der Analyse von Videoaufnahmen bewährt. Das Anwendungsfeld der dokumentarischen Methode kann in Anwendung auf didaktische Fragestellungen erweitert werden. Mit leichten Modifizierungen lässt sich die dokumentarische Methode auf die Fragestellung anwenden. Zentrales Anliegen der dokumentarischen Methode ist wie dargestellt die Rekonstruktion habitualisierten Wissens und bestimmter Orientierungen und Erfahrungen. Dieses Prinzip lässt sich auf vorliegendes Forschungsziel übertragen. Es soll analysiert werden, welches Wissen Kinder über den elektrischen Stromkreis und Energiegewinnung zum Teil inkorporiert haben, welches in der Handlungspraxis sichtbar wird und nicht verbal von den Kindern expliziert werden kann oder muss. Dies kann über die Rekonstruktion von Suchräumen geschehen. Daher soll in der Studie geklärt werden, inwiefern sich mit den Verfahrensschritten der dokumentarischen Methode Räume rekonstruieren lassen, innerhalb derer Kinder beim freien Explorieren nach Ursachen für das Nichtfunktionieren ihrer Stromkreise suchen. Dabei kann gleichzeitig geklärt werden, inwiefern die dokumentarische Methode einen Beitrag in der Diskussion um die Rekonstruktion von Vorstellungen leisten kann.

Vorliegende Studie zielt nicht auf eine Typenbildung ab, insbesondere nicht auf eine soziogenetische. Dennoch wird durch eine fallinterne und fallübergreifende komparative Analyse versucht, Suchräume zu rekonstruieren und zu identifizieren, die vom einzelnen Kind abgelöst und in einen allgemeineren Kontext eingebettet werden können. Dabei wird besonders nach Kontrasten in der Gemeinsamkeit gesucht. Das heißt, zentraler Gegenstand der komparativen Analyse ist der Umgang der Kinder mit gleichen Materialien sowie objektbezogene Bedeutungszuschreibungen.

Auch wenn elektrischer Strom ein Inhaltsgebiet ist, zu dem bereits verschiedene Vorstellungen herausgearbeitet werden konnten, ist die Erhebung von Vorstellungen über Suchräume in einer explorativen Situation mit Materialien zum Thema elektrischer Strom und elektrische Energiegewinnung und mit dem Analysefokus auf im Umgang mit Materialien sichtbar werdende Vorstellungen ein Bereich, für den „Schülerperspektiven in Form von Wissenselementen und Eigentheorien grundlegend zu erfassen sind.“ (Murmann 2013, S. 5).

Es stellen sich daher aus methodischer Sicht zwei Fragen, die im weiteren Verlauf geklärt werden sollen:

Inwiefern lassen sich mit Verfahrensschritten der dokumentarischen Methode auf Basis videographierter Schüler_innenhandlungen Räume rekonstruieren, innerhalb derer Kinder für das Nichtfunktionieren ihrer Stromkreiskonstrukte suchen?

Inwiefern kann die dokumentarische Methode einen Beitrag in der Diskussion um die Rekonstruktion von Vorstellungen leisten?

3.2.3 Setting der Studie

Zur Beantwortung der Frage, inwiefern sich mit Verfahrensschritten der dokumentarischen Methode Suchräume beim Explorieren rekonstruieren lassen, wurde ein konkretes Setting entworfen, in welchem Kinder mit Materialien zum Thema elektrischer Strom und Energiegewinnung frei Explorieren können.

Erklärtes Ziel bei der Auswahl der Materialien ist es, den Ansprüchen einer Bildung für nachhaltige Entwicklung gerecht zu werden. Konkret bedeutet das, dass neben „klassischen" Experimentiermaterialien zum Thema Strom und Elektrizität, wie Batterien, Glühlämpchen usw., auch regenerative Energiequellen (Windräder und Wasserräder zum Antrieb von Generatoren; Solarzellen) und LEDs zum Einsatz kommen. Neben 4,5 V-Flachbatterien stehen verschiedene Solarzellen zum Explorieren bereit. Sie unterscheiden sich sowohl in der Größe als auch bezüglich der Leistung und der Bauart:

- Drei Solarzellen mit den Abmessungen 50x50 mm. Diese Zellen leisten bei Standardmessbedingungen[58] eine Nennspannung von 0,6 V und einen Nennstrom von 890 mA. Sie erzielen eine Leistung von 390 mW.
- Zwei Solarzellen mit den Abmessungen 97x80 mm. Diese Zellen leisten bei Standardmessbedingungen eine Nennspannung von 4,8 V und haben einen Nennstrom von 81 mA. Sie erzielen eine Leistung von 390 mW.
- Ein flexibles Dünnschicht-Solarmodul mit den Abmessungen 200x100 mm. Das flexible Solarmodul besitzt eine Nennspan-

58 Standardmessbedingungen bei Solarzellen: Lichtspektrum AM 1,5; Bestrahlungsstärke E = 1000 Watt / pro Quadratmeter; Zellentemperatur 25 °C (vgl. Lehnert 2004, S. 18).

nung von 3 V und einen Nennstrom von 340 mA. Es erzielt eine Leistung von einem Watt.

Weiterhin sind Motoren in das Setting integriert, die mit einem Rotor ausgestattet auch als Windgeneratoren eingesetzt werden können. Bei maximaler Drehzahl (8000 U/min) liefern diese eine Spannung von 24 V. Um eine helle weiße LED zum Leuchten zu bringen wird nach Angabe des Vertriebs (Lemo-Solar) eine Drehzahl von 1060 U/min benötigt. Mit einmaligem Pusten auf das Windrad wird die LED zum Leuchten gebracht. Neben den Windgeneratoren steht noch ein Wasserrad mit integriertem Generator bereit, das eine Spannung von 3-6 V und einen Strom von 60 mA liefert.

Als Verbraucher stehen Glühlampen, LEDs und Solarmotoren mit einer geringen Anlaufspannung (0,1 V; 1,5 mA) zum Explorieren bereit, die effektiv mit kleineren Solarmodulen betrieben werden können. Diese Motoren drehen sich, angeschlossen an eine der 50x50 mm großen Solarzellen, ab einer Einstrahlung von 5 Watt pro Quadratmeter. Bei Sonnenschein wird eine Einstrahlung von 1000 Watt pro Quadratmeter erreicht (vgl. Lehnert 2004, S. 18). Das heißt, die Solarzellen sind auch bei geringer Sonneneinstrahlung einsetzbar.

Neben den elektrischen Energiequellen und Verbrauchern finden sich noch weitere Bauteile, die wichtig sind, um die einzelnen Teile zu verbinden (Kabel, Lüsterklemmen, Schraubendreher) oder anderweitig zu ergänzen (Schalter, Taster).

Zusätzlich zu den Materialien zum Konstruieren von Stromkreisen wird noch eine künstliche Lichtquelle in die Materialumgebung integriert. Da die Tageslichtverhältnisse mitunter nicht ausreichend sind, um mit den Solarzellen ausreichend elektrischen Strom zum Betrieb einer LED oder eines Motors zu erzeugen, wurde sich für diesen Schritt entschieden.[59]

---

[59] Aus der Perspektive einer nachhaltigen kann dieser Schritt hinterfragt werden, da es sicherlich nicht energieeffizient ist, mit einer leistungsstarken Lampe eine Solarzelle anzustrahlen, um dann eine LED zum Glimmen zu bringen. Da die Fragestellung der Studie aber auf die Rekonstruktion von Suchräumen und nicht auf die Beantwortung ethischer oder moralischer Fragen abzielt, ist es vertretbar, gewisse Hilfsmittel mit in das Setting zu integrieren. Daher findet sich auch eine Schreibtischlampe unter den zur Exploration zur Verfügung gestellten Materialien.

Ein zentraler Anspruch ist, obwohl es sich um eine didaktische Situation handelt, dass das Material so wenig wie möglich didaktisch aufbereitet wird. In einer Studie für die Stiftung Haus der kleinen Forscher haben Jeretin-Kopf et al. unter anderem den Einfluss von unterschiedlichen Materialsystemen (Lego, Fischer Technik, UMT (Konstruktionsbaukastensystem), Baumarktmaterialien) auf die Motivation, die Problemlösefähigkeit und die Kreativität untersucht. Kinder sollten eine „Gummibärchenwurfmaschine" planen und bauen. Bezüglich der Motivation konnte festgehalten werden, dass diese bei der Gruppe, die mit Baumarktmaterialien gearbeitet hat am stärksten ausgeprägt war. Im Hinblick auf die Problemlösefähigkeit hat sich ebenfalls gezeigt, dass diese im Umgang mit den Baumarktmaterialien hoch war, insbesondere in Hinblick auf die Vielfalt und die Komplexität der Problemlösungen. In Bezug auf die Kreativität erzielten nur die UMT Materialien bessere Werte als die Baumarktmaterialien (vgl. Jeretin-Kopf et al. 2015, S. 228 ff.).

Die für die vorliegende Studie angebotenen Materialien sollen den Kindern möglichst „natürlich" und „ursprünglich" zur Verfügung stehen - so, wie sie auch in Geräten und Schaltkreisen vorkommen. Es soll bewusst auf eine starke didaktische Aufbereitung verzichtet werden. Da im Rahmen der Studie ein weiterführender Beitrag in der Diskussion um die Erhebung von Vorstellungen von Kindern zu Elektrizität und elektrischem Stromkreis geleistet werden soll, würde es dem Ziel zuwiderlaufen, wenn das Material durch eine zu starke didaktische Aufbereitung bereits vorgedeutet ist. Sobald die Materialien didaktisch aufbereitet werden, sei es durch Steckverbindungen oder vereinfachte schematische Darstellungen, bekommen die Kinder schon eine bestimmte Vordeutung des Materials, die weitere, eigene Deutungen beeinflussen würden.

3.2.4 Testerhebung

Vor der eigentlichen Erhebung wurde eine Testerhebung durchgeführt, um festzustellen, wie die Kinder mit den Materialien umgehen, welche Probleme und Schwierigkeiten es möglicherweise gibt und ob das Setting zur Beantwortung der Forschungsfragen geeignet ist. Neun Kinder der Freien Schule am Mauerpark (Berlin) kamen gemeinsam mit ihrem Lehrer in den „Sachunterrichtssatelliten" der Grundschulwerkstatt der Humboldt-Universität zu Berlin, um die Materialien auszuprobieren und mit ihnen umzugehen. Die Kinder waren zwischen 7 und 10 Jahren alt. Sie explorierten etwa 120 Min. selbstständig. Währenddessen wurden die Kinder mit einer Videokamera gefilmt. Die Kamera war fest auf einem Stativ montiert, allerdings war die Möglichkeit vorhanden, die Kamera zu schwenken, um einen größeren Aktionsradius der Kinder aufzeichnen zu können.

Die Materialien wurden frei auf einem großen Materialtisch angeboten. Es gab zu Beginn der Arbeitsphasen keine konkreten Handlungsaufforderungen, die auf ein bestimmtes Produkt abzielten (z. B. „Was braucht ihr, um eine Lampe zum Leuchten zu bringen?"). Die Kinder wurden vor dem Explorieren gefragt, ob sie manche Dinge bereits kennen. Auf diese Weise wurden die Dinge benannt, ohne allerdings zwangsläufig vorzugeben, was mit ihnen gemacht werden kann. Die Kinder wurden dann aufgefordert, auszuprobieren, was mit den Materialien gemacht werden kann. Nach und auch schon während dieser Einführung begannen die Kinder mit den Materialien zu arbeiten und zu probieren.

Methodischer Zugang: Beobachtungsprotokoll

Die nachfolgenden Beschreibungen und Konsequenzen basieren auf einem Beobachtungsprotokoll (vgl. Przyborski/Wohlrab-Sahr 2009). Da während der Testerhebung bereits gefilmt wurde, konnten die Videoaufzeichnungen genutzt werden, um die Beobachtungsprotokolle zu erstellen. Es handelt sich somit um eine videogestützte Anfertigung von Beobachtungsprotokollen bzw. um videogestützte teilnehmende Beobachtung (vgl. Wagner-Willi 2004, S. 49f.).

Neben dem Festhalten der Beobachtungen wurden besonders markante, wichtige verbale Aussagen der Kinder als Zitate („Verbatims") festgehalten (vgl. Przyborski/Wohlrab-Sahr 2009, S. 64). Es wurden also sowohl die Handlungen beobachtet und dokumentiert als auch sprachliche Äußerungen festgehalten. Zusätzlich zu den unmittelbar aus den Beobachtungen stammenden Informationen werden weitere Kontextinformationen, die nicht direkt den Beobachtungen entnommen werden konnten, in die Protokolle miteinbezogen (vgl. ebd.). In vorliegendem

Fall handelt es sich dabei vorrangig um fachbezogene Informationen zum Thema Stromkreis.[60]

Der Schwerpunkt der Beobachtung lag während der Testerhebung auf dem Umgang der Kinder mit den Materialien. Es wird daher weniger darauf geachtet, ob einzelne Kinder eine herausstechende Rolle einnehmen und damit eine Fokussierung der Beobachtung einhergeht (vgl. ebd., S. 65). Zentral ist, inwiefern bestimmten Materialien eine besondere Bedeutung zugeteilt wird, bzw. welche Materialien im Fokus der Kinder stehen und ob das Setting geeignet ist, um im weiteren Verlauf die formulierten Forschungsfragen beantworten zu können. Die Beobachtungsprotokolle wurden kurzzeitig nach der Testerhebung angefertigt (vgl. ebd., S. 66).

Während der Testerhebung wurde sich bereits dafür entschieden, die Kinder zu filmen, da im weiteren Verlauf der Forschung die Analyse videographierter Kinderhandlungen den Kern der Rekonstruktion von Suchräumen bildet. Wenn auch die Videos in der Testerhebung nicht mit Fokus auf die Bildebene methodisch fundiert ausgewertet wurden, so diente der Einsatz von Videokameras bereits der Überprüfung der technischen Ausrüstung zur Datenerhebung. Da bei der ersten Testerhebung der Beobachtungsschwerpunkt darauf lag, nachzuvollziehen, wie die Kinder mit dem Material umgehen und wie dieses sich auf das formulierte Ziel hin bewährt, sollen an dieser Stelle nur Aspekte zu diesen Bereichen wiedergegeben werden.

Auswertung der Testerhebung

An dieser Stelle sollen nun zunächst einige für die weitere Anlage der Studie wichtige Beobachtungen wiedergegeben werden, ehe daraus die Konsequenzen für das weitere Vorgehen, die Umgestaltung des Settings abgeleitet werden sollen.[61]

---

60 In der Testerhebung ist die Bezugnahme auf fachliche, physikalische Kontextinformationen legitim, da noch nicht die Rekonstruktion von Suchräumen im Fokus stand.

61 Aus datenschutzrechtlichen Gründen wurden die Namen der Kinder geändert. Dies gilt sowohl für die Testerhebung als auch für die Hauptuntersuchung. Von allen Kindern lag eine Erlaubnis vor, Bild und Tonaufnahmen für Forschungszwecke anzufertigen.

Die Kinder experimentierten fast ausschließlich mit Batterien.

Neben regenerativen Energiequellen standen den Kindern auch konventionelle Batterien zur Verfügung. Der Großteil der Kinder nahm sich zu Beginn des Explorierens eine Batterie, um damit zu explorieren. Die übrigen elektrischen Energiequellen blieben anfangs weitestgehend unbeachtet, obwohl ein Junge beim ersten Blick auf den Materialtisch eine Solarzelle auch als eine Solarzelle erkannte: *„...wenn da Licht drauf scheint, dann kann man da...äähhh...Strom erzeugen...“*. Dass die Kinder sich am Anfang fast ausschließlich für Batterien entschieden haben, bleibt unbegründet. Es ist anzunehmen, dass die Batterien den Kindern vertrauter oder bekannter waren. Nach einer anfänglichen Phase, in der die Kinder begonnen haben, einfache Stromkreise zusammenzubauen, verwendeten einige schließlich auch Solarzellen. Ein Junge tauschte die Batterie gegen eine Solarzelle in seinem Stromkreis mit Motor/Ventilator[62] und stellte mit Begeisterung in der Stimme fest: *„...mit Solar....mit Solar...es funktioniert...es funktioniert mit Solar...“*. Daraufhin wurden auch andere Kinder ermutigt, ebenfalls Solarzellen anstelle der Batterien zu verbauen: *„...komm, wir probiern's auch mal aus...“*. Einige Kinder tauschten in der folgenden Zeit die Batterie gegen eine Solarzelle oder bildeten einen neuen Stromkreis mit Motor und Solarzelle. Ein Junge stellte mit erstaunter, überraschter Stimme fest, als er einen Motor mit der Solarzelle antrieb: *„...das ist nur mit einer Solarzelle angetrieben...“*. Derselbe Junge wollte später eine konventionelle kleine Glühlampe an die Solarzelle anschließen: *„...ich mach 'ne Lampe über Solarzelle...“*, ein anderes Kind antwortete darauf: *„...Lampe über Solarzelle funktioniert nicht, hab ich schon ausprobiert...“*. Die Lampen können mit der Solarzelle nicht zum Leuchten, nicht einmal zum Glimmen gebracht werden, da diese einen zu geringen Strom und eine zu niedrige Spannung liefern. Weiterhin machten einige Kinder die Beobachtung, dass wenn sie einen Motor mit Propeller an die Batterie anschlossen, sich dieser um einiges schneller drehte, als wenn derselbe Motor an die Solarzelle angeschlossen war. Zwar stellten die Kinder fest, dass der Motor sich schneller drehte, wenn sie die Solarzelle direkter und unmittelbarer ins Sonnenlicht hielten, allerdings drehte sich der Motor, angeschlossen an die Batterie trotzdem noch schneller. Ein Kind schaltete auch zwei Solarzellen in Reihe: *„...ey, was ist wenn man hier*

62 Die Kinder bezeichneten die Motoren mit aufgesteckter Luftschraube als Ventilatoren.

noch welche anschließt... vielleicht wird das doller...“. Es beobachtete, dass sich der Motor mit Propeller angeschlossen an zwei Solarzellen schneller drehte, aber immer noch langsamer als an eine Batterie angeschlossen. Die Batterien waren die gesamte Zeit der Erarbeitungsphase die bestimmende und - in den Augen der Kinder - auch bessere Energiequelle.

Da die Besonderheit des angebotenen Materials im Rahmen einer Studie, in der es im weiteren Sinne um die Erhebung von Vorstellungen zum elektrischen Stromkreis geht, auf den angebotenen erneuerbaren Energiequellen liegt, sollen diese auch von den Kindern benutzt werden. Das heißt, für den weiteren Verlauf soll auf die Bereitstellung von Batterien verzichtet werden. Dadurch ergeben sich auch Änderungen bezüglich des weiteren Materials, das bereitgestellt wird. Glühlampen werden nicht weiter angeboten werden, da der aus den bereitstehenden regenerativen Energiequellen erzeugte elektrische Strom nicht ausreicht, um konventionelle Glühlämpchen zum Leuchten zu bringen.

Die Kinder benutzten die Motoren und Propeller nur als „Verbraucher“, nicht aber als Generatoren, die mit Windkraft angetrieben werden können.

Den Kindern stand eine Vielzahl von Glockenankermotoren mit verschiedenen Propelleraufsätzen zur Verfügung. Diese Motoren funktionieren einerseits als Motoren, die von einer Energiequelle angetrieben werden oder andererseits als Generatoren, die mit einem Propeller oder einer Luftschraube ausgestattet als Windgeneratoren eingesetzt werden können. Die Motoren wurden von den Kindern während der Erarbeitungsphase ausschließlich als Motoren genutzt, nicht aber als Generatoren. Diese Tatsache ist deshalb bemerkenswert, da die Kinder schon ziemlich zu Beginn von Windrädern sprachen: *„...guck mal 'n Windrad, ...mach doch 'n Windrad...“*, aber niemand ein Windrad als elektrische Energiequelle benutzte. Es wurden lediglich „Ventilatoren“ gebaut. Dabei ist ein Windrad ein Rad, das von Wind angetrieben wird. Es wird hier eine Differenz zwischen den Bezeichnungen der Kinder und dem, was sie tun deutlich. Während der Einführungsphase wurden die Motoren auch nur als „Motoren“ bezeichnet. Es wurde nicht angegeben, dass diese auch als Generatoren, also Stromerzeuger eingesetzt werden können. Bei der Datenerhebung soll dennoch nicht benannt werden, dass die Motoren auch Generatoren sind, da die Kinder diese Erfahrung oder Feststellung selber machen sollen und können - oder eben nicht machen.

Während der Durchführung eines Workshops zum Thema erneuerbare Energien im Sommer 2009 sind die teilnehmenden Grundschüler_innen von selbst darauf gekommen, die Motoren als Generatoren für Windräder einzusetzen.

Die Kinder erkannten das Wasserrad als Wasserrad, benannten es auch als Wasserrad, benutzten es allerdings als „Verbraucher".

Den Kindern stand auf dem Materialtisch ein Wasserrad mit angeschlossenem Generator zur Verfügung. Zudem befand sich auf dem Tisch eine Gießkanne und auf der breiten Fensterbank (die ebenfalls von den Kindern als Experimentierplatz genutzt wurde) ein Aquarium sowie verschiedene Plastikwannen, die bei der Einführung nicht weiter erwähnt wurden, aber dennoch hätten benutzt werden können. Im Vorraum des Sachunterrichtssatelliten befindet sich zudem eine Küchenzeile mit Spülbecken. Das Wasserrad fand zu Beginn der Experimentierphase der Kinder keine Beachtung, da die meisten Kinder mit Batterie und Motor arbeiteten. Nach einer Weile begann ein Junge sich mit dem Wasserrad zu beschäftigen. Er schloss das Wasserrad an einen Motor mit Luftschraube: *„...guck mal, du kannst hier drehen* (beim Drehen des Wasserrades zu seinem Tischnachbarn) *...und dann kommt hier auch...* (Propeller dreht sich) *...he, guckt mal, was ich hier gemacht habe... so 'ne Stromzelle..."*. Er stellte also fest, dass beim Drehen des Wasserrades ein Strom erzeugt wird, der einen Motor zum Drehen bringt. Der Junge beschäftigte sich weiter mit dem Wasserrad und schloss es schließlich parallel zu dem Ventilator, den er zuvor durch Ankurbeln des Wasserrades angetrieben hat, an eine Batterie an: *„...geil!* (erstaunt), *guck, was ich gemacht hab ...guck ma', was ich gemacht hab.* (zu seinem Nachbarn) *...Ich hab da die beiden Dinger da noch rangeschlossen. ...Jetzt muss ich da nicht drehen* (Wasserrad) *und hier dreht's sich auch von alleine* (Motor)*..."*. Der Junge, der im ersten Schritt herausgefunden hat, dass er mit dem Wasserrad eine *„Stromzelle"* gebaut hat und dabei festgestellt hat, dass man mit dem per Hand angekurbelten Wasserrad einen Motor mit elektrischem Strom versorgen kann, hat nun das Wasserrad als „Verbraucher" in seinen Stromkreis integriert. Ein anderer Junge übernahm später den Versuchsaufbau, benutzte das Wasserrad aber ebenfalls nicht als Antrieb für den Generator sondern nur als Verbraucher.

Das Wasserrad wurde von Anfang an als Wasserrad bzw. als Wassermühle erkannt und bezeichnet, allerdings zu keinem Zeitpunkt im Zusammenhang mit Wasser benutzt, obwohl Gießkanne, Aquarium und Spülbecken mit Wasseranschluss auf dem Tisch oder in Sichtweite waren. Dabei haben die Kinder das Wasserrad ja klar als ein solches erkannt und die Erfahrung gemacht, dass durch das sich drehende Rad ein elektrischer Strom erzeugt wird. Auf die Idee es mit Wasser anzutreiben sind sie jedoch nicht gekommen. Für weitere Erhebungen soll daher offensichtlicher eine Möglichkeit gegeben werden, um das Wasserrad mit Wasser anzutreiben. Dazu sollen Aquarium und Gießkanne zentraler am Materialtisch positioniert werden, sodass die Kinder leichter darauf zugreifen können und deutlich wird, dass diese Materialien auch mit zum gesamten Materialangebot gehören.

Die Kinder benutzten kaum die LEDs.

Die LEDs wurden weniger benutzt als Glühlampen. Dies liegt möglicherweise daran, dass im Vorfeld darauf hingewiesen wurde, dass manche LEDs nicht an Batterien angeschlossen werden dürfen, da diese sonst zerstört würden. Zudem waren die Glühlampen den Kindern aus der alltäglichen Anwendung vertrauter (Taschenlampe, Fahrradbeleuchtung). Einige Kinder wollten zwar mit den LEDs arbeiten, doch stellten sich hierbei gewisse Schwierigkeiten ein. Zwar benutzten die Kinder die „richtigen" LEDs zusammen mit den „richtigen" Energiequellen (d .h. die Hochleistungs-LEDs mit den Solarzellen und die herkömmlichen LEDs mit den Batterien), allerdings ließ sich beobachten, dass einige Kinder die LEDs nicht zum Leuchten bekamen. So meinte ein Junge beim Verbinden der Anschlüsse der LED mit den Anschlüssen des flexiblen Solarmoduls trotz guter Sonneneinstrahlung auf das Solarmodul: *„...da passiert nichts..."*. Die LED muss „richtigrum" geschaltet werden, damit sie funktioniert.[63] Der Junge probierte nach einem ersten Misserfolg dann nicht weiter mit der LED.

Da in kommenden Erhebungen auf Batterien verzichtet werden soll, stellt sich die Frage nach einem Verzicht auf LEDs praktisch gar nicht, da

63 Eine LED lässt Strom nur in eine Richtung durch. Das längere Bein, die Anode, muss an den Pluspol der Stromquelle, das kürzere Bein, die Kathode, an den Minuspol der Stromquelle angeschlossen werden.

die verbleibenden regenerativen Energiequellen nicht ausreichend Strom liefern, um die konventionellen Glühlampen zum Leuchten zu bringen. Auf LEDs kann dann also nicht verzichtet werden. Außerdem sind vor dem Hintergrund von BNE als Leitbild für die Auswahl der Materialien zum Explorieren Glühlampen sowieso schlecht zu begründen, da diese viel zu viel Energie nicht in Licht, sondern in Wärme umwandeln und dementsprechend eine schlechtere Energieeffizienz besitzen. LEDs hingegen nutzen den meisten Strom, um ihn auch tatsächlich in Licht umzuwandeln. LED-Technik ist also wesentlich BNE-gerechter als herkömmliche Glühlampen.

Kameraposition

Neben den Änderungen bei der materiellen Ausstattung soll auch das Aufnahmefeld der Kamera geändert, das heißt erweitert werden. Während der Testerhebung wurde mit einer auf einem Stativ installierten Kamera gefilmt. Die Kamera stand stets am selben Fleck und wurde nicht bewegt. Allerdings war es möglich, die Kamera während der Aufzeichnung zu schwenken, sodass die Kinder sowohl am Experimentiertisch als auch an der Fensterbank gefilmt werden konnten. Die Bild- und Tonqualität der Aufnahmen ist qualitativ gut, allerdings ist in vielen Situationen die Kamera zu weit vom Geschehen entfernt. Es ist teilweise schwierig zu erkennen, welche Materialien die Kinder nutzen, wie sie die Teile anschließen und verbinden. Durch die Entfernung der Kamera wird eine genaue Zuordnung des Gesprochenen ebenfalls erschwert. Als Konsequenz soll daher in weiteren Erhebungen mit zwei Kameras gearbeitet werden. Eine Kamera soll den Materialtisch fokussieren, die andere den Fenstertisch, da dieser Bereich sich ebenfalls als zentraler Handlungsort herausgestellt hat. Zur Verbesserung der Tonaufnahmen wird zusätzlich an die den Materialtisch fokussierende Kamera ein Richtmikrofon angeschlossen.

Materialien

Eine Anmerkung der Kinder, die sich auch mit den selbstgetätigten Beobachtungen deckt, ist, dass mitunter zu wenig Material zur Verfügung stand. Die Kinder hätten in manchen Situationen mehr Materialien gebrauchen können. So stellten manche Kinder ziemlich zeitig fest *„...ohhh, es gibt nicht mehr so viel, was ich arbeiten kann...!"*. Zwar stand in dem Maße Material zur Verfügung, dass jedes Kind einen Stromkreis mit mindestens einem Verbraucher hätte aufbauen können, allerdings wären insbesondere mehr Energiequellen von Vorteil gewesen. So kam es manchmal zu kleinen verbalen Auseinandersetzungen unter den Kindern. Während der weiteren Erhebungen werden die Materialien, wie in der nachstehend angeführten Tabelle dargestellt, erweitert.

Gattung	Art	Test	Erhebung
Solarzellen	Gerahmte 0,6 V, 890 mA	6	8
	flexibles Modul 3V, 340 mA	1	2
	Dünnschichtmodule 4,8 V, 81 mA	2	2
Motoren/ Generatoren	Wundermotor Anlaufspannung 0,1 V Leerlaufstrom 1,5 mA.	2	2
	Glockenankermotor Anlaufspannung 0,15 V Leerlaufstrom 16 mA	3	6
	Motorständer	4	7
Batterien	4,5 V Block	6	0
Wasserrad	Generatorspannung 3 - 6 V Generatorstrom max. ca. 60 mA	1	1
Wasserturbine	Anlaufspannung 0,1 V Leerlaufstrom 2 mA Betriebsspannung 0,1 - 15 V Imax. 250 mA	0	1
Kurbelgenerator		0	2
Glühlampen		10	0
LEDs	Helle blaue 15000 mcd und weiße 20000 mcd, empfohlene Betriebsspannung 3,2 - 3,4 V Strom 20-40 mA	6	10

	gemischte	100	0
Schalter	Taster	4	4
	Schiebeschalter	2	2
	Kippschalter	2	2
Kabel	Mit Krokodilklemme	20	20
	Lose Kabel	50	50

Tabelle 4 Materialien Datenerhebung

3.2.5 Videobasierte Forschung zu Vorstellungen

Die Datenerhebung fand ebenfalls im Sachunterrichtssatelliten der Grundschulwerkstatt der Humboldt-Universität zu Berlin statt. Es wurde mit zwei Kameras gefilmt, um die beiden Haupthandlungsorte (Materialtisch und Fenstertisch) im Aufnahmebereich der Kamera zu haben. Der Ton der einen Kamera (Materialtisch) wurde zusätzlich mit einem externen Richtmikrofon aufgezeichnet. Die Videos wurden auf Band aufgezeichnet und anschließend digitalisiert.

Um Akteursperspektiven[64] bestmöglich zu berücksichtigen, sollten Erhebungs- und Auswertungsverfahren angewendet werden, „die sprachliche und körperliche Ausdrucks- und Verständigungsmöglichkeiten gleichermaßen ernst nehmen." (Nentwig-Gesemann/Wagner-Willi 2007, S. 213) Das Verfahren der Videographie kann diesem Anspruch gerecht werden. Des Weiteren ist das Vorgehen der Kinder beim Explorieren von einer hohen Körperlichkeit gekennzeichnet und orientiert sich stark an den zur Verfügung gestellten Materialien. Es bietet sich also an, die Kinder während des Explorierens zu beobachten und zu filmen, um zu dokumentieren, wie sie mit den Materialien umgehen. Ausgangslage für die Rekonstruktion von Suchräumen bilden dann diese videographierten Kinderhandlungen.

---

64 Im Rahmen der Kindheitsforschung ist es zentral, aus der Sichtweise der Kinder zu rekonstruieren. (vgl. Heinzel 2012, S. 22)

Der Fokus bei der Rekonstruktion von Suchräumen liegt nicht auf der Analyse explizit kommunikativer Äußerungen, sondern auf der Ebene nonverbaler Handlungen, um dadurch einen Zugang zum handlungsleitenden Wissen herzustellen. Es wird angenommen, dass die Kinder über Annahmen und Kenntnisse bezüglich elektrischer Energiegewinnung und elektrischem Stromkreis verfügen (diese müssen nicht fachlich sein) bzw. Vorstellungen besitzen, diese allerdings nicht ausreichend verbalisieren können.[65] Ein Zugang über die Rekonstruktion der körperlichen Ausdrucksformen (des Umgangs der Kinder mit den Materialien), also über die Bildebene bietet hier eine gute Möglichkeit, in die Handlungspraxis eingelassenes Wissen zu rekonstruieren. Der Analyse der Bildebene soll kein ergänzender Charakter zur Analyse der verbalen Äußerungen zugewiesen werden, sondern sie soll die Hauptuntersuchungsebene bilden. Eine rein ergänzende Funktion der Bildebene würde den Besonderheiten der Videodaten nicht gerecht (vgl. Bohnsack 2009, S. 139). Bewegungen, Handlungen und über Sprachhandlungen hinausgehende Aktivitäten der abgebildeten Bildproduzenten (der Kinder) sollen zentraler Bestandteil der empirischen Analyse sein.

Für das Ziel der Studie ist es in erster Linie relevant zu erfahren, wie Kinder mit den Materialien umgehen und welche Orientierungen im Umgang mit den Materialien rekonstruiert werden können.[66] Solche Orientierungen werden nicht in den vordergründigen Antworten der Probanden gesucht, sondern insbesondere im handlungsleitenden Wissen, in dem sich diese Orientierungen dokumentieren. Explizite kommunikative Äußerungen während der Explorationsphasen werden anschließend mit in die Auswertung einbezogen. Ein rekonstruktives Verfahren ist zur Beantwortung der Forschungsfragen notwendig, da abduktiv aus dem Material heraus Suchräume rekonstruiert werden müssen.

Zur Auswertung audiovisuellen Materials

Vor gut zehn Jahren hielt Wagner-Willi fest, dass die methodologische Reflexion bezüglich der spezifischen Qualität von Videoanalysen im Bereich der sozialwissenschaftlichen Forschung noch ganz am Anfang stehe

65 Dies hat sich bereits verstärkt in der ersten Testerhebung gezeigt.

66 Orientierungen werden hier als die Zuschreibung von Bedeutungen verstanden, sie werden als Handlungsorientierungen verstanden.

(vgl. Wagner-Willi 2004, S. 29). Auch Reichertz und Engler bezeichnen noch 2011 die gegenwärtige Situation als unkomfortabel (vgl. Reichertz/Engler 2011, S. 9), weil es u.a. keine ausreichende (fachliche) Diskussion gibt. In der qualitativen Sozialforschung dominieren weiterhin textinterpretative Verfahren. Dies ist auch bei Studien der Fall, in denen Videoaufzeichnungen ausgewertet und interpretiert werden. Wagner-Willi erhob den Vorwurf, dass auch bei Videointerpretationen zu stark mit Transkriptionen von Gesprächen gearbeitet wird. Die körperliche, materielle sowie räumliche Dimension, die das besondere Potenzial von Videoaufzeichnungen ausmachen, wird bei zu starker Fixierung auf die verbalen Anteile audiovisueller Daten zu wenig beachtet (vgl. Wagner-Willi 2004, S. 50). In den letzten Jahren wurden jedoch vermehrt Studien veröffentlicht und Einführungsbände herausgegeben, in denen videographische Daten die Ausgangslage der Analyse bilden und in denen die Eigenständigkeit videographischer Daten berücksichtigt wurden. Damit einhergehend wird auch die methodologische Reflexion weiter vertieft (vgl. Reichertz/Engler 2011, Dinkelaker/Herrle 2009; König 2013, Reh 2014, Huhn et al. 2012).

Bewegte Bilder stellen eine andere Datenbasis als stehende Bilder oder Textdaten dar und benötigen deshalb einen spezifischen Zugang zu ihren Sinnstrukturen. Dennoch können Grundgedanken, die bei der Textinterpretation eine Rolle spielen, auch für die Interpretation von Videodaten eine Orientierung bieten (vgl. Reichertz/Engler 2011, S. 8). Ansätzen und Kenntnissen aus film- und medienwissenschaftlichen Analysen wird bei videographischen Analysen meistens wenig Aufmerksamkeit gezollt, obwohl in diesen Bereichen in den letzten Jahren „sehr differenzierte und sehr elaborierte Kunstlehren entwickelt worden, um die Besonderheiten der Filmsprache und der Filmsemiotik zu erfassen und in die Bedeutungsrekonstruktion mit einzubeziehen." (ebd., S. 9) Ästhetische Dimensionen von Filmen und Videos können damit in besonderer Weise analysiert werden. Die Nützlichkeit dieser film- und medienwissenschaftlichen Zugänge ist nach Reichertz und Engler für sozialwissenschaftliche Handlungsanalysen daher nur bedingt geeignet (vgl. ebd.). Zur Analyse von Sendungen der Massenmedien und Videos, die von den Erforschten selbst produziert wurden und in denen es in besonderem Maße um die Leistungen der abbildenden Bildproduzent_innen geht, eignen diese sich hingegen schon. Dies können Videos aus dem privaten (bspw. familiären) oder öffentlichen Bereich (bspw. Fernsehsendungen) sein (vgl. Bohnsack 2009, S. 117).

Zur besonderen Spezifik audiovisuellen Materials: Sequenzialität und Simultaneität

Der kontrollierte methodische Zugang zu audiovisuellem Datenmaterial ist weitaus aufwendiger und komplexer gestaltet als bei Textdaten. Videoaufzeichnungen beinhalten eine sehr komplexe Fülle von ineinander verflochtenen Beobachtungselementen bildlicher als auch akustischer Art. Die Transkription, bzw. das Protokollieren sowie auch die Interpretation erfordern demnach auch eine andere Qualität und Herangehensweise als es bei textinterpretativen Verfahren der Fall ist (vgl. Wagner-Willi 2004, S. 61). An Texte kann ein sequenzanalytisches Verfahren angelegt werden, da das Grundmodell für einen sequenziellen Ablauf der Text ist (vgl. ebd., S. 51). Allerdings ist soziale Wirklichkeit und dementsprechend auch der Versuch ihrer videographischen Dokumentation nicht alleine sequenziell im zeitlichen Nebeneinander strukturiert, sondern auch durch die Simultaneität von Handlungen und Geschehnissen gekennzeichnet (vgl. ebd.). Bis zu einem gewissen Grad lassen sich bewegte Bilder und damit auch die Simultaneität in Texte übertragen. Es kann versucht werden, parallele Handlungen mit zu übertragen, bspw. wenn eine Person lacht oder sich bewegt. Schwieriger wird es, wenn Mimik und Gestik genauer transkribiert werden sollen (vgl. ebd.). Soziale Wirklichkeit kann dieser Annahme folgend nicht als Text vorliegen, da Text Wirklichkeit nicht in Gänze erfassen kann. Zudem ist die Überführung des Bildes in Text schon ein erster Schritt der Interpretation. Körperlichkeit, Territorialität usw. werden aus den Bildern heraus interpretiert. Bohnsack bezeichnet die Verwendung des Begriffs „Transkript" bei der Übertragung von Bild zu Wort als problematisch, da implizite Inhalte dabei expliziert werden, wenn das Bild in Wort oder Text übertragen wird. Hierbei findet dann also schon eine Interpretation statt (vgl. Bohnsack 2009, S. 170). Aus dieser Überlegung heraus wird für die Verwendung des Begriffs Protokoll plädiert, da ein Protokoll „auf der Ebene einer formulierenden Interpretation angesiedelt ist." (ebd.)

Für die Analyse ist es notwendig, diese Komplexität zu reduzieren. Forschungspraktisch fällt diese Reduktion in der Regel zu Ungunsten der Bildebene aus. Am Ende dominieren dann meist doch wieder textinterpretative Verfahren. Damit werden die Möglichkeiten audiovisuellen Materials allerdings nicht ausgeschöpft. Die dokumentarische Videointerpretation versucht dieser Komplexität gerecht zu werden, „indem sie systematisch zwischen verschiedenen Interpretationsebenen differenziert, die Verschränkung von Simultaneität und Sequenzialität explizit berücksichtigt und die komparative Analyse einbezieht." (Wagner-Willi 2004, S. 61)

Zur konkreten Vorgehensweise

Bei der Interpretation der vorliegenden Videodaten wurde sich insbesondere an der Vorgehensweise und den Interpretationsschritten Wagner-Willis orientiert, welche in besonderer Weise die Ebene des Bildes in ihrer Auswertung berücksichtigt. Wagner-Willi wiederum orientierte sich bei ihrer Vorgehensweise an Erickson, der den Begriff der Mikroanalyse prägte und damit „treffend das spezifische Potenzial der Videoanalyse bezeichnet." (ebd., S. 52)[67] Allerdings blieb in den methodischen Darlegungen die Frage, „wie denn eine Mikroanalyse im Sinne der detaillierten Transkription des audio-visuellen Materials vorgenommen werden kann, unbeantwortet." (ebd.) Wagner-Willi entwickelte daher ein Verfahren der mehrdimensionalen Mikroanalyse, das den Prinzipien der dokumentarischen Methode folgt und zugleich die Verfahrensweise an die spezifische Struktur des empirischen Materials anpasst (vgl. ebd.). Durch ein mikroanalytisches Vorgehen entsteht der Effekt der „Befremdung des Vertrauten." (ebd., S. 63) Dadurch wird eine analytische Distanz des Beobachtenden/Interpretierenden zum Gegenstand erreicht.

67 Ericksons Mikroanalyse vollzieht sich in verschiedenen Schritten. Zunächst wird das Video in Gänze gesehen. Es werden Stellen markiert, in denen größere Veränderungen der Aktivität zu erkennen sind sowie weitere Abschnitte, die interessant sein könnten. Darauf basierend können größere Segmente identifiziert und voneinander abgegrenzt werden. Im Anschluss werden die Hauptsegmente nach demselben Prinzip in weitere Untersegmente aufgeteilt. Von diesen Segmenten erfolgt dann eine Mikroanalyse in Form der detaillierten Transkription des verbalen und nonverbalen Verhaltens. In diesen Transkripten sollten Beziehungen zwischen den einzelnen Akteuren deutlich werden. Zudem soll neben dem verbalen Handeln auch das Nonverbale transkribiert werden. Im Anschluss wird das gesamte Video unter dem Aspekt des minimalen und maximalen Kontrastes erneut angesehen. Kontrastierende Segmente werden dann ebenfalls einer Mikroanalyse unterzogen (vgl. Wagner-Willi 2005, S. 272ff.).

Das Ziel der von Wagner-Willi durchgeführten Studie ist die Rekonstruktion ritueller Praxen beim Übergang von der Hofpause zum Klassenunterricht. Insbesondere sollten bei der Auswertung die körperliche, materiale, territoriale und szenische Gestaltung der Bildebene berücksichtigt werden (vgl. ebd., S. 53). Metatheoretische Ausgangslage für die Untersuchung bildeten zwei unterschiedliche Konzepte: zum einen das Konzept des konjunktiven Erfahrungsraums (Mannheim 1980) und zum anderen das der Übergangsrituale (Turner 1989).[68] In Wagner-Willis Ausführungen bilden die Hofpausen die konjunktiven Erfahrungsräume, da dort Grüppchen mit demselben konjunktiven Erfahrungswissen zusammenkommen (Freunde). Die Unterrichtssituation stellt einen kommunikativen Erfahrungsraum dar, in welchem Teilnehmer_innen verschiedener konjunktiver Erfahrungsräume zusammenkommen und nun einen kommunikativen Erfahrungsraum bilden, da Wissen kommunikativ ausgetauscht wird (vgl. Wagner-Willi 2004, S. 53f.).[69]

3.2.6 Schritte des Vorgehens

Das Feld, in dem die dokumentarische Methode in der vorliegenden Studie angewendet werden soll, ist durch diese noch nicht methodisch erschlossen. Im Allgemeinen wurde die dokumentarische Methode eingesetzt, um Orientierungsmuster, Rollenverständnisse, den Habitus zu rekonstruieren. Zwar wird sie auch in der Schulforschung eingesetzt, dann aber nicht im Rahmen didaktischer Fragestellungen und insbesondere nicht im Bereich des Experimentierens oder des naturwissenschaftli-

68 Übergangsrituale spielen für die geplante Arbeit keine Rolle, allerdings folgen hier der Vollständigkeit halber noch einige Anmerkungen zu diesem Konzept: Übergangsrituale sind dreiphasig. Sie bestehen aus einer Ablösungsphase, einer Schwellenphase und der Angliederungsphase. Am interessantesten ist die Schwellenphase, da sie eine „Antistruktur" aufweist. Mit diesem Begriff ist die zeitweilige Befreiung der „kognitiven, affektiven, volitionalen, kreativen, usw. Fähigkeiten des Menschen von den normativen Zwängen" (Turner 1989, S. 68) gemeint. Hier entstehen Fokussierungsmetaphern (vgl. Wagner-Willi 2004, S. 55f.).

69 Diese Tatsache ist auch für die geplante Erhebung zutreffend, bloß wird sie nicht explizit thematisiert. Nichtsdestotrotz kommen Personen unterschiedlicher konjunktiver Erfahrungsräume zusammen (auch wenn manche konjunktiven Erfahrungsräume kongruent sind, bspw. Geschlecht, Herkunft, Alter...), die dann einen kommunikativen Erfahrungsraum bilden. Für die vorliegende Untersuchung ist dies allerdings nebensächlich.

chen Arbeitens. Die Arbeitsschritte der dokumentarischen Methode müssen auf das vorliegende Material und die gewählte Fragestellung angepasst werden. Hier wird also methodisches Neuland betreten. Das angewendete methodische Vorgehen wird im Folgenden anhand eines Beispiels verdeutlicht.

I. Beobachtungsfokus auf ein Kind

Der Beobachtungsfokus wird zunächst auf ein Kind gelegt. Dieser Schritt dient der Reduktion des Datenmaterials und dem besseren Einstieg in die Analyse der Daten. Er lässt sich auch in Hinblick auf die Fragestellung begründen. Wie der Titel verdeutlicht, existieren sowohl individuelle als auch kollektive Suchräume. Die Interaktionen der Kinder mit den Materialien stehen im Zentrum der Analyse. Daher ist es zulässig, den Beobachtungsfokus zunächst auf ein Kind zu legen, um so zunächst am Beispiel eines Falles (individuelle) Suchräume zu rekonstruieren. Nach einer ersten Durchsicht fiel die Entscheidung auf Hans, auch nach dem Prinzip der Fokussierung (siehe dazu später mehr). Hans' Handlungen wirkten nach der ersten Durchsicht besonders „dicht" und reichhaltig: er machte sehr viel und sehr viel Unterschiedliches. Nach Anfertigung einer umfassenden Fallanalyse wurden dann weitere Kinder in den Fallvergleich miteinbezogen (kollektiver Suchraum).[70]

II. Trennung Bild und Ton

Noch vor der Identifizierung einzelner Sequenzen und der Erstellung einer thematischen Gliederung werden Bild- und Tonebene getrennt. Dadurch soll im weiteren Verlauf gewährleistet werden, dass die Bildebene in besondere Weise berücksichtigt wird. Ein entscheidender Gedanke bei der Bildinterpretation ist es, die Bilder nicht nur mit Wörtern zu beschreiben oder zu erklären, sondern sie vielmehr von Texten als eigenständige Systeme zu unterscheiden. Insbesondere gilt dies bei der Interpretation von „Stills", also von Einzel- oder Standbildern. Aber auch bewegte Bilder sollten in ihrer Eigenständigkeit berücksichtigt werden.

70 Nach der Fallanalyse konnten bereits erste Suchräume rekonstruiert werden. Daher wurden im weiteren Forschungsverlauf keine weiteren umfassenden Fallanalysen angefertigt, sondern basierend auf den gefundenen Suchräumen bestätigend und kontrastierend in das weitere Material gesehen.

Wenn beide Bereiche (Text und Bild) als eigenständige Systeme angesehen werden, müssen bei der Analyse beide Bereiche getrennt voneinander ausgewertet werden. Es sind also zwei Analyseschritte notwendig: für das Bild und für den Text (vgl. Bohnsack 2009, S. 173). Wichtig bei der Reihenfolge der Schritte ist es, die Bilder zuerst zu protokollieren und interpretieren, da eine Neigung dahingehend besteht, Bilder mit Texten zu erklären und nicht andersrum Texte mit Bildern (vgl. ebd.). Die Eigenständigkeit der Bilder soll so bewahrt werden. In der Textinterpretation wird dann bereits auf Homologien zwischen der Bild- und der Textebene eingegangen. In der abschließenden reflektierenden Gesamtinterpretation werden die Interpretation der Bildebene und die der Tonebene aufeinander bezogen.

III. Segmentierungsanalyse: Identifizierung der Sequenzen und thematische Gliederung

Die Segmentierung des Videomaterials dient der Erstellung eines thematischen Ablaufes, um einen Überblick über das Gesamtgeschehen zu bekommen. Sie trägt damit zu einer weiteren Reduktion der Komplexität bei und ist zudem notwendig, um im weiteren Verlauf zu fokussierende Sequenzen auszumachen.

Die gesamte zu analysierende Passage wird zunächst in Sequenzen unterteilt (vgl. Wagner-Willi 2005, S. 262). Es bietet sich an, diese Untergliederung anhand der Interaktionswechsel durchzuführen, da diese Wechsel in der Regel von den abgebildeten Bildproduzent_innen selbst initiiert werden. Einzelne Sequenzen können anhand der Kontinuität dessen, was abgebildet wird, konkreter bezüglich der Bewegungen und Handlungen der abgebildeten Bildproduzenten identifiziert werden (vgl. Bohnsack 2009, S. 196; vgl. dazu auch Dinkelaker/Herrle 2009, S. 54). Da in der vorliegenden Studie der Fokus auf der Analyse der Handlungen der abgebildeten Bildproduzenten liegt, bietet sich diese Art der Segmentierung an.

Es existieren verschiedene den Interaktionswechsel kennzeichnende Hinweismerkmale: Änderung der Personen im Raum, Veränderungen im Muster des Sprecherwechsels, Änderung des fokussierten Themas. Bei einer Änderung in einem der drei Bereiche findet meist auch eine Änderung in den anderen Bereichen statt (vgl. Dinkelaker/Herrle 2009, S. 56ff.). Im vorliegenden Fall liegt das anfängliche Hauptauswahlinstrument auf der Änderung des fokussierten Themas.[71] Im Vordergrund der Analyse steht die Rekonstruktion der nonverbalen Handlungen und des Umganges der Kinder mit den zum Explorieren zur Verfügung stehenden Materialien. Fokussierte Themen können dann bestimmte Materialien sein, mit denen umgegangen wird oder - um den Bezug zur der Studie zugrunde liegenden Fragestellung hier aufzugreifen - Suchräume.

Bohnsack benennt drei Arten von Sequenzen: Hauptsequenzen, Untersequenzen und eingeschobene Sequenzen. Hauptsequenzen zeichnen sich durch eine Kontinuität bezüglich dessen aus, was abgebildet wird, wo also eine Identität in der Szenerie festgehalten werden kann. Untersequenzen lassen sich als Modifikationen der Hauptsequenz identifizieren. Diese sind bspw. Einstellungswechsel der Kamera oder andere Montageleistungen. Das heißt, Untersequenzen lassen sich diesem Verständnis nach bezüglich der Leistungen der abbildenden Bildproduzenten bestimmen. Als eingeschobene Sequenzen schließlich werden fremde, mit der Kontinuität brechende Sequenzen bezeichnet, nach denen aber wieder zur Identität der Hauptsequenz zurückgekehrt wird (vgl. Bohnsack 2009, S. 196). Übergänge zwischen den einzelnen Sequenzen sind mitunter nicht immer einfach zu bestimmen, da sie sich zum Teil auch überlappen. Das heißt, „das Segment beginnt, wenn die Merkmale des prägenden Interaktionsmusters das erste Mal auftreten und endet, wenn die Merkmale nicht mehr zu beobachten sind." (Dinkelaker/Herrle 2009, S. 62f.) Diese Übergangsphasen werden dann genauer beschrieben. Die einzelnen Sequenzen werden dann mit einer Überschrift versehen.[72] Die Beschreibung des Verlaufs zählt bereits zur formulierenden Interpretation (siehe oben) und stellt einen elementaren Schritt der Analyse dar (vgl. Bohnsack 2009, S. 198).

Die Einteilung der Untersequenzen erfolgt bei vorliegendem Material allein anhand der Leistungen der abgebildeten Bildproduzenten. Bohnsack hingegen identifiziert wie oben beschrieben einzelne (Unter-)

---

71 Veränderungen im Muster des Sprecherwechsels sind nicht ausschlaggebend, da wie oben beschrieben nur die Bildebene als Basis der Segmentierung dient.

72 Zur Benennung der einzelnen Sequenzen kann, so Bohnsack, bereits auf Begriffe des Texttranskriptes zurückgegriffen werden, ohne allerdings auf die formulierende Interpretation zuzugreifen (vgl. Bohnsack 2009, S. 196). Da in vorliegender Studie die Transkripte der Tonebene erst nach der Analyse der Bildebene angefertigt wurden, bietet sich diese Vorgehensweise nicht an. Die Überschriften für einzelne Sequenzen wurden auf Basis einer vorikonographischen Ebene der Bildinterpretation formuliert.

Sequenzen auch in Hinblick auf die Montageleistungen der abbildenden Bildproduzenten (vgl. ebd., S. 198f.). Die Begriffe Hauptsequenz und Untersequenz sind somit etwas anders gefüllt als bei Bohnsack. Als Hauptsequenz wird die Phase bezeichnet, die inhaltlich bildlich von einer Kontinuität geprägt ist. (Bsp. Ein Kind baut einen geschlossenen Stromkreis bestehend aus Solarzelle und Motor. Die Sequenz beginnt, wenn das Kind anfängt, sich die Sachen (bzw. die erste Sache) zu nehmen, die es benötigt, um einen Stromkreis zu bauen und endet, wenn der fertige Stromkreis weggelegt oder demontiert wird.) Untersequenzen stellen die verschiedenen Arbeitsschritte, die zu beobachten sind, dar. (Bsp. Ein erstes Kabel wird an einem Kontakt der Solarzelle befestigt). Eingeschobene Sequenzen sind solche, die mit dem Hauptthema brechen und in einem anderen Zusammenhang stehen. Die Benennung der Sequenzen geht über ein reines Finden von Überschriften hinaus. So werden insbesondere die Untersequenzen mit einem knappen Satz überschrieben, der die abgebildete Aktivität auf einer ikonographischen Ebene festhält.

Exemplarische Segmentierungsanalyse „Tim"
Hauptsequenzen

HS 1: Solarzellen-Motor Stromkreise 03:18-30:56

1a) Ein einfacher Stromkreis aus Solarzelle und Motor wird erstellt 03:18-07:17

1b) Den anderen Jungen wird beim Bauen der Solarzelle-Motor-Stromkreise geholfen 07:48-11:43

1c) Mehrere Motoren werden an eine Solarzelle angeschlossen 14:04-30:56

HS 2: Andere Bauteile und Gegenstände werden (temporär) in den Solarzelle-Motor-Stromkreis integriert 35:00 (Band 1) - 35:11 (Band 2)

2a) Die Wasserturbine wird in die Handlungen integriert und an die Solarzelle angeschlossen 35:00 (Band 1) - 16:26 (Band 2)

2b) Beim Arbeiten mit der Turbine wird Wasser hinzugenommen 19:25-35:11

HS 3: Reprise: Ein neuer Solarzelle-Motor-Stromkreis wird erstellt 37:22-40:57

Untersequenzen Hauptsequenz 1a Tim
Ein einfacher Stromkreis aus Solarzelle und Motor wird erstellt

	Zeit	Inhalt
1	03:18-03:40	Tim nimmt ein flexibles Solarmodul, betrachtet es und legt es schließlich vor sich
2	03:41-03:43	Tim greift kurz nach der Solarzelle zwischen Mohameds Armen
3	03:44-03:48	Tim greift erneut nach dem flexiblen Solarmodul, bewegt es kurz
4	03:49-03:53	Tim greift mit der Rechten einen Motor und legt ihn vor sich

5	03:54-04:01	Tim greift eine gerahmte Solarzelle und legt sie vor sich
6	04:02-04:15	Tim greift mit der rechten ein grünes Krokodilkabel und verbindet ein Ende mit einem Kontakt der Solarzelle
7	04:16-04:41	Tim verbindet das andere Ende des Krokodilkabels mit dem Motor
8	04:42-04:51	Tim hält die Solarzelle hoch
9	04:52-05:02	Tim versucht, die Schatulle der Solarzelle zu öffnen
10	05:03-05:21	Tim entfernt das Krokodilkabel zwischen Solarzelle und Motor wieder
11	05:22-05:46	Tim verbindet mit dem Kabel wieder die Solarzelle mit dem Motor
12	05:47-05:53	Tim hält die Solarzelle erneut hoch
13	05:54-06:04	Tim nimmt ein weiteres Krokodilkabel vom Tisch und verbindet damit den noch freien Kontakt der Solarzelle mit dem freien Kontakt des Motors
14	06:05-06:16	Tim hält die Solarzelle erneut hoch und richtet mit der rechten Hand den Motor auf
15	06:17-06:19	Beim Ablegen der Solarzelle beginnt der Motor sich zu drehen
16	06:20-06:27	Tim sieht dem drehenden Propeller zu
17	06:28-06:37	Tim hebt zunächst die Solarzelle hoch, dann den Motor und schließlich wieder die Solarzelle
18	06:38-06:43	Tim wackelt an seinen Kabeln und an Mohameds Kabeln
19	06:44-06:49	Tim dreht den Kopf in Richtung Off und zeigt auf die Gegenstände, die vor ihm liegen
20	06:50-06:51	Tim hebt die Solarzelle ein weiteres Mal kurz hoch

21	06:52-07:04	Tim rafft seine Sachen zusammen und geht zur Schreibtischlampe
22	07:05-07:17	Tim hält die Solarzelle dicht unter den Lampenschirm

Tabelle 5 Untersequenzen Hauptsequenz 1a Tim

IV. Auswahl der Sequenzen zur detaillierten Analyse nach dem Prinzip der Fokussierung (Auswahl „dichter" Sequenzen)

Die Analyseeinheiten bilden innerhalb der dokumentarischen Videoanalyse ausgewählte Sequenzen und nicht die schier unüberwindbare Gesamtmasse der (Video-)Daten. Innerhalb dieser Sequenzen werden wiederum einzelne Fotogramme (vgl. Bohnsack 2009; Nentwig-Gesemann DGFE Vortrag: „Interaktions-, Beziehungs- und Bildungsräume von 0- bis 3-jährigen Kindern und frühpädagogischen Fachkräften" 2016) oder kurze zusammenhängende Sequenzen (vgl. Wagner-Willi 2004) untersucht. Da diese Vorgehensweise mitunter sehr aufwendig ist, kann die detaillierte Analyse nur von einigen ausgewählten (in Hinblick auf die angelegte Fragestellung besonders dichten und relevanten) Sequenzen erfolgen (vgl. Bohnsack 2009, S. 174). Ein forschungspraktisches Dilemma hierbei ist, dass im Verhältnis zur Gesamtdatenmenge nur einige einzelne Sequenzen näher analysiert werden. Bohnsack betont allerdings, dass die dokumentarische Methode dieses Dilemma umgeht, da der Modus Operandi, also das handlungsleitende Wissen, welches allen Handlungen zugrunde liegt, über die gesamte Länge des Datenmaterials vorhanden ist, in manchen Sequenzen jedoch stärker als in anderen sichtbar wird (vgl. ebd.).

Um einen leichten und möglichst direkten Einstieg in die Daten zu finden, wird dem Auswahlkriterium der Fokussierung gefolgt (vgl. ebd.). Für eine detaillierte Analyse werden Sequenzen ausgewählt, die in Hinblick auf die an die Daten angelegte Fragestellung dramaturgisch besonders dicht sind und dementsprechend Erkenntnisse liefern können. In Gesprächsanalysen hat sich gezeigt, dass dies insbesondere Passagen sind, die eine hohe metaphorische und interaktive Dichte aufweisen. „Es handelt sich hierbei um jene Passagen, in denen Zentren gemeinsamen Erlebens, d.h. Zentren eines für die Gesprächsbeteiligten [...] gemeinsamen Erfahrungsraumes sich dokumentieren […]" (Bohnsack 2011a, S. 67).

In der Analyse einer Gruppendiskussion von Kindern zur Rekonstruktion ihrer kollektiver Diskurs- und Spielpraktiken wurde der Begriff der Fokussierungsmetapher erweitert. Es konnte festgestellt werden, dass sich über die Gruppendiskussion hinaus fokussierte Passagen ergaben. Die Fokussierung fand nicht nur sprachlich, sondern auch handlungspraktisch statt. Es konnte ein Wechsel vom Reden über das Spiel hin zu einer handlungspraktischen Demonstration beobachtet werden (vgl. Nentwig-Gesemann 2002, S. 54).

> „Trotz dieser Differenzierung entwickeln sich im Rahmen beider Ebenen fokussierte Passagen, die ich nicht als Fokussierungsmetaphern, sondern als Fokussierungsakte bezeichne, da nicht mehr die Ebene des Gespräches oder Diskurses der primäre Rahmen der Situation ist, sondern vielmehr die Ebene des körperbezogenen, szenischen Handelns. Als formale Merkmale von Fokussierungsakten bei Kindern möchte ich auf der Grundlage der bisherigen empirischen Analyse vorläufig festhalten: Hohe Konzentration und Engagement der Gruppe, große interaktive Dichte - bis hierhin entspricht dies den Fokussierungsmetaphern -, eine komplexe, abgestimmte Integration von Rollen bzw. Handlungen, über die nicht mehr metakommunikativ verhandelt werden muss, sowie eine gewisse ‚dramatische' Übersteigerung, Verzerrung oder Überpointierung der Darstellung." (ebd.)

Obwohl der Anspruch formuliert wurde, die Kinder frei und unangeleitet explorieren zu lassen, gibt es Phasen, in denen mit ihnen verbal oder auch handelnd in Kontakt getreten wurde, bspw. wenn die Kinder etwas fragten oder etwas gefragt wurden. Für eine Analyse wurden in besonderer Weise Sequenzen ausgewählt, in denen selbstläufige Passagen der Erforschten das Geschehen dominieren. Solche Situationen sind meist besonders dicht und reich an Auswertungsmöglichkeiten, da individuelle und kollektive Fokussierungen am stärksten zur Geltung kommen (vgl. Bohnsack 2009, S. 174f.). Andere für eine eingehende Analyse ausgesuchte Sequenzen sind solche, die mit der Fokussierung oder in ihrer Kontinuität brechen.[73]

Wird der Fokus zur Identifikation relevanter Sequenzen auf die Ebene des Bildes gelegt, lassen sich relevante Passagen anhand der kollektiven Fokussierung der visuellen Aufmerksamkeit unterscheiden (vgl. Dinkelaker/Herrle 2009, S. 77).[74] Dieses Prinzip bietet sich gut für die vorliegende Studie an, muss aber etwas modifiziert werden, da der Beobachtungsfokus auf ein Kind gelegt wird (siehe Schritt 1). Von einer „kollektiven Fokussierung" zu sprechen, trifft daher nicht zu. Vielmehr wird zunächst auf die individuelle Fokussierung eingegangen. Text ist dann bspw. der Gegenstand, der im Fokus der Beobachtung steht und Handlungen der Kinder anregt (Kontext). Für die vorliegende Studie sind das die Sequenzen, in denen die Kinder Stromkreis(-konstrukt)e zusammengebaut haben und zur Überprüfung dieser überleiten. An dieser Stelle betreten die Kinder Suchräume, um nach Ursachen für das Nichtfunktionieren oder für das Besserfunktionieren suchen.

In der vorliegenden Studie werden Videosequenzen als Analyseneinheiten gewählt. Es wurde sich gegen die detaillierte Analyse von einzelnen Fotogrammen[75] entschieden, da die Planimetrie und die Komposi-

---

73 Bezüglich der vorliegenden Daten wäre dies bspw. ein Kind, das eine Reihe funktionierender Stromkreise gebaut hat und plötzlich einen Stromkreis mit nur einem Kabel zwischen Energiequelle und Verbraucher konstruiert.

74 Die stete Verschränkung von simultanen und sequenziellen Interaktionsordnungen kann als ein wechselseitiges aufeinander Bezogensein von Text und Kontext bezeichnet werden. Der Text ist dabei die im Vordergrund stehende Aktion, der Kontext sind dann alle ebenfalls wahrnehmbaren Erscheinungen und Phänomene, welche den Hintergrund bilden vor welchem der Text als bedeutungstragendes Element seine Bedeutung erlangt (vgl. Dinkelaker 2009, S. 48). Die Differenzierung in Text und Kontext wird von den Akteuren selbst vorgenommen.

75 Im Rahmen der dokumentarischen Videointerpretationen kann auch mit einzelnen Fotogrammen aus den Videodaten (sogenannten Stills) gearbeitet werden. Bohnsack geht davon aus, dass der der Handlung zugrunde liegende Orientierungsrahmen der Bildproduzenten einer Videosinneinheit auch in jedem einzelnen Fotogramm dieser Sinneinheit zu rekonstruieren ist und demnach das Fotogramm die zu analysierende Sinneinheit darstellt (vgl. Bohnsack 2009). Wesentlicher Bestandteil der Analyse ist dabei die Rekonstruktion der planimetrischen Komposition der einzelnen Fotogramme (vgl. Bohnsack 2009/Hampl 2010/Schobner 2011). Dabei werden in das einzelne Fotogramm Linien eingezeichnet, um die formale Komposition des Einzelbildes zu entschlüsseln und zu interpretieren. Auf diese Weise lassen sich insbesondere die Leistungen der abbildenden Bildproduzenten analysieren.

tion des Bildes aufgrund der Tatsache, dass die Leistungen der abbildenden Bildproduzenten nicht im Vordergrund der Untersuchung stehen, nicht von einem übergeordneten Interesse sind. Zudem sind die einzelnen Fotogramme in der geplanten Untersuchung nur in ihrer Einbindung in den Sequenzverlauf von besonderer Relevanz. Das heißt, bei der formulierenden und reflektierenden Interpretation werden kurze Sequenzen in Gänze beschrieben und interpretiert. Dabei wird sich an der Vorgehensweise von Wagner-Willi orientiert.

V. Formulierende Interpretation

In der formulierenden Interpretation wird zunächst vorikonografisch beschrieben, was zu sehen ist.[76] Das heißt, es erfolgt eine Beschreibung der Gebärden und anderer Interaktionselemente. In der anschließenden ikonografischen Analyse wird die vorikonografische Deskription einer Handlung nun mit einem Sinn gefüllt, also interpretiert. Wagner-Willi führt zur Verdeutlichung das Beispiel eines Jungen an, der aus dem Bereich der Garderobe den Klassenraum betritt. „Er nimmt den Schal in die Rechte, geht einen Schritt seitlich versetzt zurück und hebt die Hand. Zeige- und Mittelfinger voneinander abgespreizt, hält er sie dich an Jeanettes Hinterkopf." (vgl. Wagner-Willi 2004, S. 61) Dies wäre die vorikonografische Beschreibung, die ikonografische wäre das Erkennen des Aufsetzens von Hasenohren (vgl. Wagner-Willi 2004, S. 61f.). Den zentralen Bezugspunkt der Beschreibung bilden die beobachtbare soziale Interaktion und die interaktiven Handlungsverläufe.

Weiterhin geht es bei der formulierenden Interpretation darum, eine Möglichkeit zu finden, die Verschränkung von Simultaneität und Sequenzialität innerhalb der sozialen Situation darzustellen („Wer macht was, womit und mit wem? Welche Dinge laufen parallel ab?"). Diesem Anspruch wird die Auswertung gerecht, indem sekundengenaue Zeitangaben zu den beobachteten Passagen angegeben wurden (vgl. ebd., S. 62). Die Verschränkung zwischen Simultaneität und Sequenzialität von

76 Bei der formulierenden und reflektierenden Interpretation verweist Bohnsack auf die Arbeiten und Erkenntnisse von Panofsky zur Bildinterpretation (vgl. Panofsky 1975). Er bezeichnet seine Arbeitsschritte bei der Bildinterpretation daher auch mit Panofskys Begriffen: vorikonografische Interpretation, ikonografische Interpretation (als Bestandteile der formulierenden Interpretation) und ikonologisch-ikonische Interpretation (als Bestandteil der reflektierenden Interpretation) (vgl. Bohnsack 2009, S. 28; S. 202ff.).

sozialer Situation und individuellem Agieren Einzelner muss dann durch Sprache wiedergegeben werden. Eine Möglichkeit der Darstellung sind Tempuswechsel, die Verwendung von Subjunktionen oder auch Adjektivierungen von Aktivitäten. Durch diese stilistischen Mittel kann erreicht werden, die Verbindung von Sequenzialität und Simultaneität darzustellen. Durch diese Mikroanalyse entsteht der Effekt der „Befremdung des Vertrauten", das heißt es wird erreicht, dass der Beobachter sich analytisch vom Gegenstand distanziert. Der immanente Sinngehalt wird wiedergegeben. Dieser Effekt ist wichtig, da durch ihn dazu beigetragen wird, dass die formulierende Interpretation nicht so weit geht, „um-zu" Motive zu unterstellen. „Denn die dokumentarische Interpretation zielt darauf den modus operandi der Gebärden zu interpretieren, nicht aber den Akteuren Handlungsintentionen zu unterstellen." (ebd., S. 63)

Die formulierende Interpretation verlässt die Ebene der ikonografischen Beschreibung nicht. Der immanente Sinngehalt der sozialen Situation soll wiedergegeben werden. Im folgenden Beispiel liegt der Fokus der Wiedergabe des immanenten Sinngehaltes auf der Interaktion Tims mit den Materialien.

Beispiel formulierende Interpretation Tim HS 1, US 7/8

> *„Vor Tim auf dem Tisch liegen ein Motor und eine Solarzelle. Zwischen den beiden Gegenständen befindet sich ein grünes Krokodilkabel, in dessen einem Ende ein Anschlusskabel des Motors sowie ein Anschlusskabel der Solarzelle stecken und dessen anderes Ende Tim in seiner rechten Hand hält. Tim greift nun mit der linken nach dem anderen Anschlusskabel der Solarzelle und dem anderen Anschlusskabel des Motors und klemmt zunächst das Kabel des Motors in die Krokodilklemme, die er in der Hand hält. Anschließend klemmt er das Kabel der Solarzelle in dieselbe Krokodilklemme. Nachdem Tim die Anschlusskabelenden in der Krokodilklemme befestigt hat, greift er mit der rechten Hand den Motor, der bisher umgestoßen auf der Tischfläche lag und hebt ihn ein kleines Stück an. Mit der linken Hand greift er gleichzeitig nach der Solarzelle und hebt sie zunächst mit auf die Tischplatte aufgestellten Ellbogen an, bevor er sie dann weiter, leicht nach vorne gestreckt, bis etwa auf Kopfhöhe weiter anhebt. Der Deckel der Solarzellenschatulle zeigt derweil nach oben. Das grüne Krokodilkabel hängt schlaufenförmig zwischen Solarzelle und Motor. Tims Kopf ist währenddessen in Richtung seiner Hände*

geneigt. Tim zieht die linke Hand mit der Solarzelle dann wieder ein Stück zurück und stößt mit seinem Zeigefinger den Propeller des Motors an, den er nach wie vor in seiner rechten Hand hält. Anschließend führt er beide Hände mit den Gegenständen wieder zurück zur Tischplatte und legt den Motor ab. Während des Zurücknehmens der Hände schaut er in Richtung der Solarzelle, die er in seinen Händen gedreht hat, sodass der Deckel der Solarzellenschatulle vor seinem Gesicht ist."

VI. Reflektierende Interpretation und (fallinterne) komparative Analyse

Während der anschließenden reflektierenden Interpretation wird der dokumentarische Sinngehalt der beschriebenen Situation herausgestellt. Es geht um das „Wie" der Herstellung der sozialen Situation, der Interaktion und des Agierens Einzelner. Die reflektierende Interpretation zielt auf die theoretisch-reflexive Explikation des mit dem „Beobachteten jeweils verbundenen Kontextes und Sinnzusammenhangs" (ebd., S. 63) ab. Wird in der formulierenden Interpretation der Frage nachgegangen, was zu sehen ist, geht es in der reflektierenden darum, zu rekonstruieren, wie das zu Sehende hergestellt wird. Insbesondere soll geklärt werden, innerhalb welchen Rahmens ein Thema aufgegriffen und behandelt wird. „Dieser Orientierungsrahmen (oder auch: Habitus) einer Gruppe oder eines Individuums ist der zentrale Gegenstand dokumentarischer Interpretation." (Bohnsack 2011b, S. 43)

Für die vorliegende Studie bedeutet das konkret, zu rekonstruieren, wie die Kinder mit den Materialien umgehen, mit welchen Bedeutungen sie es belegen. Auf diese Weise können Suchräume identifiziert werden, innerhalb derer Kinder nach Ursachen für das Nichtfunktionieren ihrer Stromkreis(-konstrukt)e suchen. In der vorliegenden Studie bilden somit die Suchräume die zu rekonstruierenden Orientierungsrahmen.

Forschungspraktisch wird so vorgegangen, dass zunächst die erste zu analysierende Sequenz angesehen wird und dann verschiedene sinnvolle Anschlusshandlungen vom Interpretierenden gesucht werden, die an die beobachtete Handlung anschließen könnten (vgl. Bohnsack 2009, S. 20). Auf diese Weise lassen sich verschieden Lesarten bilden, wie das in der ersten Sequenz aufgegriffene Thema weiter behandelt werden könnte. Unter Hinzunahme der anschließenden Sequenzen lassen sich dann bestimmte Anschlussäußerungen beibehalten, andere wiederum verwerfen. Auf diese Weise kann der Rahmen, innerhalb dessen ein Thema ausgehandelt wird, rekonstruiert werden. Wesentlicher Verfahrensschritt ist dabei die komparative Analyse. Wird zunächst ein fallinterner Vergleichshorizont angelegt, wurde im fortschreitenden Verlauf mit fallübergreifenden Vergleichen gearbeitet. Zentral ist dabei zu schauen, wie ein gleiches Thema in anderen Sequenzen (des gleichen Kindes) oder in anderen Fällen (von anderen Kindern) aufgegriffen und bearbeitet wird (vgl. Bohnsack 2009, S. 20f.; vgl. auch Dinkelaker/Herrle 2009, S. 81). In Hinblick auf die Fragestellung bedeutet das, es kann rekonstruiert werden, wo und wie die Kinder beim Explorieren nach Ursachen für das Nichtfunktionieren ihrer Stromkreis(-konstrukt)e suchen. Es können sowohl individuelle Suchräume als auch kollektive Suchräume rekonstruiert werden.

In der folgenden exemplarischen reflektierenden Interpretation lassen sich bereits Verweise auf die von Tim betretenen Suchräume finden. Zudem wird deutlich, wie im Sinne der komparativen Analyse fallübergreifend vergleichend vorgegangen wird.

Beispiel reflektierende Interpretation Tim HS 1, US 7/8

> *„Tim möchte einen Motor zum Drehen bekommen. Zu diesem Zweck verbindet er eine Solarzelle und einen Motor mit einem Krokodilkabel. In seinen Handlungen zeigt sich ein Verständnis davon, dass der Motor mit etwas verbunden werden muss, um ihn zum Drehen zu bekommen. Er hat die Krokodilklemme an das äußere Ende des Anschlusskabels geklemmt und nicht an eine willkürliche Stelle des Kabels. Stecker von elektrischen Geräten werden mit den Enden, den Steckern, mit der Steckdose verbunden. Auch Sarah und Hans haben die Krokodilklemmen stets an die äußeren Enden der benutzten Kabel geklemmt. An den Enden sind die Kabel blank. Das heißt, die Drähte liegen an den Enden frei, sind abisoliert. Ein elektrischer Strom kann nur fließen, wenn die metallenen Krokodilklemmen mit abisolierten Kabeln verbunden werden. Dieses Wissen scheint Tim wie auch den anderen Kindern aus ihrer Alltagspraxis implizit präsent zu sein. Ohne Umwege werden die einzelnen Verbindungen stets korrekt verbunden. (Vorhandensein der Verbindungen/ Art und Weise, wie die Verbindungen gesetzt sind.)*

Das Aufstellen des Motors und das in-die-Hand-Nehmen der Solarzelle lässt sich dahingehend interpretieren, dass Tim an dieser Stelle mit einer Handlung (in diesem Fall mit seinem Vorhaben, den Motor zum Drehen zu bringen) fertig ist. Bei Sarah und bei Hans hat das Hochheben der Solarzelle das Ende der Bauphase symbolisiert. Das Aufstellen des Motors stützt diese Lesart noch. Tim ist mit dem Bauen fertig und stellt den Motor auf den Ständer, damit er sich jetzt auch drehen kann. (Abschließen eines Arbeitsschrittes; Ende der Bauphase, Beginn der Überprüfungsphase) Die zu erwartende Anschlusshandlung nach dem (vermeintlichen) Fertigstellen des Motors ist ein in-den-Fokus-Nehmen des Motors, um zu schauen, ob sich der Motor auch dreht.

Durch das hier eingeleitete Ende der Bauphase kann nun auch festgehalten werden, dass Tim nur ein Kabel verwendet, um die beiden Bauteile miteinander zu verbinden. Allerdings verbindet er jeweils ein Kabel der Solarzelle mit einem Kabel des Motors, also so, dass beide Bauteile kreisförmig verbunden sind. Tim verbindet die beiden Bauteile jedoch so miteinander, dass ein Kurzschluss entsteht. Es lässt sich an dieser Stelle also nicht zweifelsohne eine Einwegzuführungsvorstellung in Tims Handlungen feststellen. Zwar nutzt er nur ein Kabel, die Zuführung allerdings ist nicht einfach, sondern zweifach (beide Anschlüsse der Solarzelle sind mit jeweils einem Anschluss des Motors verbunden). Er hat einen Stromkreis konstruiert, in dem mehrere Kreise vorhanden sind. (Vorhandensein der Verbindungen)

Eine andere Lesart wäre, dass Tim zunächst beide Teile mit nur einem Kabel verbindet, um dann zu schauen, ob der Motor sich dreht. Dass er also nach jedem Bauschritt überprüft, ob der Motor sich nun dreht. Diese Lesart ist allerdings nicht belastbar, da Tim alle Anschlüsse der Bauteile miteinander verbunden hat und dies als Indikator für den Abschluss der Bauphase gedeutet werden kann.

Das Anheben der Solarzelle in Richtung der Raumdecke und der dort angebrachten Lampe zeigt auch bei Tim, dass die Solarzelle mit Licht in Verbindung gebracht wird. Er hebt die Solarzelle mit der Oberfläche nach oben zeigend hoch. Zwei Lesarten lassen sich dazu bilden: Die Oberfläche der Solarzelle ist bekannt oder es ist klar, dass die transparente Seite die Oberseite ist und die schwarze Seite der

Boden. In der Handlung des Hochsteckens lässt sich der Suchraum Funktionsweise der Solarzelle wiederfinden. Während der ersten Phase des Anhebens ist Tims Blick in Richtung des Motors gerichtet: Er erwartet etwas am Motor. Der Motor dreht sich allerdings nicht. Mögliche Anschlusshandlungen wären das Ablegen der Sachen, um sie zu modifizieren, das Ablegen der Sachen, um sich etwas anderem zuzuwenden, die Solarzelle höher in Richtung der Lampe strecken oder mit den Gegenständen zur Lampe am Fenstertisch gehen, um dort die Solarzelle ins Licht zu halten.

Tim hebt dann, nachdem er kurz auf die Oberfläche der Solarzelle geblickt hat, höher. Die Solarzelle ist also weiterhin in seinem Aufmerksamkeitsfokus. Er sucht den Grund für das Nichtdrehen seines Motors also in dieser Sequenz zunächst bei der Solarzelle. Durch das weitere Anheben wird dies noch deutlicher. Zudem wird hier die Thematisierung der Distanz der Solarzelle zur Lichtquelle als ursächlich für das Funktionieren sichtbar (Funktionsweise der Solarzelle; Distanz) Tim schaut während des Anhebens und auch des Weiterhochhebens zur Solarzelle, genauer auf die Oberfläche der Solarzelle. Diese Blicke während des Hochhebens konnten auch bei Sarah und Hans festgehalten werden. Eine Lesart dazu wäre, dass Tim auf die Solarzelle schaut, um sie mit der Oberfläche in Richtung der Deckenbeleuchtung auszurichten. Tim schaut also zur Orientierung auf die Solarzelle. (Suchraum Solarzelle, Licht Ausrichtung) Eine andere mögliche Lesart wäre, dass etwas an der Solarzelle erwartet wird (vgl. Hans und Sarah). Bei den anderen Kindern wurde diese Erwartungshaltung mit der besonderen Oberfläche der Solarzelle gedeutet: Die Kinder versuchen zu beobachten, ob sich bei der Solarzelle ein zu beobachtender Effekt einstellt, wenn sie ins Licht gehalten wird.

Eine mögliche Anschlusshandlung wäre an dieser Stelle, dass Tim nun zum Fenster geht, um die Solarzelle unter die kleine Lampe zu halten. Er könnte nun aber auch sein Stromkreiskonstrukt ablegen und überprüfen, ob der Motor oder die Kabel die Ursachen für das Nichtdrehen sind. Tim könnte auch die Solarzelle tauschen, da er zunächst nur an diesem Bauteil nach der Ursache für das Nichtdrehen sucht. (das nichtfunktionierende, möglicherweise sogar kaputte Bauteil wird durch ein anderes (funktionierendes) ersetzt) Ebenfalls wäre der Bau eines gänzlich neuen Stromkreises aus anderen Materialien eine mögliche Anschlusshandlung.

Das folgende Anstoßen des Propellers lässt verschiedene Lesarten zu: das verträumte Anstoßen (vgl. Hans), das Ausprobieren, ob der Propeller sich überhaupt drehen und bewegen kann oder das Anschwung geben, damit der Motor sich selbstständig dreht (wie bei einem alten Propellerflugzeug). Tim richtet seine Aufmerksamkeit hier für einen kurzen Augenblick weg von der Solarzelle und hin zum Motor. Letztlich kann nicht exakt rekonstruiert werden, was Tim hier genau macht. Eine mögliche Anschlusshandlung wäre gewesen, dass Tim sich nun ausführlicher mit dem Motor beschäftigt, hier möglicherweise nach einer Ursache für das Nichtdrehen sucht, allerdings verbleibt seine zum Motor gerichtete Aktivität beim Anstoßen. (Gangbarkeit des Motors)

Er startet einen erneuten Versuch und hält die Solarzelle noch einmal kurz in Richtung Fenster, fokussiert abermals die Solarzelle. In diesen ersten beiden Sequenzen sucht Tim nahezu durchgehend bei der Solarzelle, genauer noch bei der Ausrichtung der Solarzelle, nach der Ursache für das Nichtfunktionieren seines Stromkreiskonstruktes. (Funktionsweise der Solarzelle, Distanz)"

VII. Transkription Ton

Erst jetzt wird die Tonebene in den weiteren Interpretationsverlauf miteinbezogen. In den aufgezeichneten Videos gibt es wenig in Hinblick auf die Fragestellung relevanten und demnach zu interpretierenden gesprochenen Text. Dies liegt daran, dass die handelnde Tätigkeit der Kinder im Vordergrund steht und die Kinder auch sehr in ihre Tätigkeit vertieft sind. Redeimpulse und Nachfragen durch den Forschenden gibt es wenige. Werden einzelne Kinder direkt angesprochen, so sind die Redebeiträge in der Regel relativ kurz. Der Fokus liegt auf der Analyse des Bildes, dennoch wird die Ebene des Tones mit in die Auswertung einbezogen.

Bei der Texttranskription wird so vorgegangen, wie es auch bei der Analyse von Interviews oder Gruppendiskussionen vorgeschlagen wird (vgl. Bohnsack 2009, S. 222). Zusätzlich wird allerdings zu den Zeilennummern die Laufzeit des Videos in den Transkriptkorpus geschrieben (vgl. ebd., S. 222f.). Dadurch, dass der Zeitverlauf angegeben wird, lässt sich einfacher eine Parallele zu den Interpretationen auf der Bildebene herstellen. Am Beispiel von Tim soll dieses Vorgehen kurz dargestellt werden. Zunächst wird die Tonebene parallel zu der zuvor analysierten Bildebene der Videosequenz transkribiert.

Transkript der Tonebene Tim HS 1, US 7/8[77]

	Sprecher	Inhalt	Zeit
01	Dennis	Wie heißt du eigentlich?	04:13
02	FS	Florian	04:14
03	Paul	Haben sie doch am Anfang gesagt	04:15- 04:16
04	Dennis	Hab ich nicht gehört	04:17
05	Mohamed	Hab ich auch nicht gehört (.) dötdödöö	04:18
06	Mark	Von Fischertechnik	04:22- 04:23
07	Mohamed	Nein, das ist nicht Fischertechnik	04:24- 04:25
08	Paul	└ Doch	04:25
09	Tim	└ Doch	04:25
10	FS	Die Ständer sind von Fischertechnik	04:26- 04:27
11	Mark	Was sag ich	04:28
12	Nino	Kann man das hier auch irgendwo befestigen, dass sich das (2) automatisch dreht	04:33- 04:40
13	Christian	└ Ja, hier gibt's Schrauben	04:37

77 Erläuterungen zu dem Transkript:
└ Beginn einer Überlappung oder direkter Anschluss beim Sprecherwechsel
(.) kurze Pause
(2) Pause mit Angabe der Dauer in Sekunden
( ) unverständlich
@( )@ lachend gesprochen
@@ lachen
Ja::: Dehnung
<u>Betont</u> Betonung
? Frageintonation
. sinkende Intonation

14 Dennis	Also entweder, denn das hier ist ein	04:40
15 Mohamed	Befestige das jetzt da	04:41
16 Nino	Kann man das befestigen, dass sich das automatisch dreht?	04:42-04:44
17 Dennis	Ja, du brauchst solche Solarkraftwerke, was du hier dran drehst (und)	04:45-04:47
18 Christian	Ja, Solarzellen oder man braucht sowas hier (.) Wasserkraft	04:48-04:51

Am Beispiel dieses Auszuges wird deutlich, dass die Analyse der Tonebene nicht zwangsläufig in Verbindung mit der Bildebene steht. Die Interpretation des Tones erweist sich als schwierig, da es kein einheitliches Gespräch gibt, sondern viele verschiedene Themen, von verschiedenen Personen angesprochen. Diese Gespräche überlagern sich zum Teil und sind dadurch schwer zu erfassen. Zudem handelt es sich bei den meisten Verbaläußerungen eher um kurze Gesprächsfetzen oder um nur zum Teil verbundene und aufeinander eingehende Äußerungen. Tim ist an diesem Gespräch kaum beteiligt. Der einzig aktive Redebeitrag, ehe sein Motor sich dreht und dies von ihm und anderen thematisiert wird, ist ein *„doch"*, bezogen auf die Frage, ob die Materialien zum Teil von Fischertechnik seien. Diese Aussage steht allerdings nicht mit dem in Verbindung, was Tim tut.

Zur besseren Veranschaulichung des methodischen Vorgehens insbesondere in Bezug auf die Tonebene soll an dieser Stelle eine Passage des weiteren Gesprächsverlaufs wiedergegeben werden, die im nächsten Schritt aufgegriffen wird.

	Sprecher	**Inhalt**	**Zeit**
1	Dennis	Ähm. Wie ging nochmal; weiß an weiß oder rot an rot	04:53-04:55
2	Nino	Aber hier steht nur (4)	04:57-05:04
3	Mohamed	└ Probier mal weiß an weiß	04:58-05:00
4	Nino	hier steht hmmm hier ich hab aber nur rot schwarz	05:01-05:04

5	Mohamed	Nimm man mal weiß an rot	05:05-05:06
6	Dennis	Ja, dann musst du rot schwarz nehmen (markierte) rot schwarz	05:06-05:08
7	Mark	Ich hab nur rot (und weiß)	05:09
8	Mohamed	Und jetzt nehme ich mal das	05:10-05:11
9	Nino	Ich hab mir mal mein eigenes Radio gebaut	05:14-05:15
10	Mark	Ja	05:16
11	Dennis	Toll(.) Ich nicht	05:17-05:18
12	Nino	Und dann hab ich mir mit dem komischen Brenner den @Arm verbrannt@	05:18-05:22
13	Dennis	@(.)@ Sehr witzig	05:23
14	Mark	Das geht nicht. Warum geht das nicht?	05:27-05:28
15	Nino	Ich sag dir das kann man nicht befestigen	05:29-05:30
16	Mohamed	└ Was willst du denn erreichen? (2) Aber ich versuch irgendwie auch Elektrizität zu erzeugen	05:29-05:35
17	Christian	Ja, Solarzellen braucht man vielleicht auch	05:37-05:39
18	Nino	Auah (.) was hab ich hier denn gerade (.) keine Solarzelle, wa?	05:42-05:47
19	Christian	Hier, man könnte einmal Wasser rein; steckt das so rein; (.) dis kommt die ganze Zeit so lang;	05:49.05:54
20	Mark	@@	05:55
21	Mohamed	Ich hatte immer gedacht bl..., also blau und rot;	05:56-05:58
22	L	(unverst.)	05:59-06:10
23	FS	Ja äh ( ) schneller ( )	06:01-

	mitlerweile wirklich gut ausgestattet ( ) aus-probieren	06:09
24 Christian	Ich frag mich, ich hab nur vergessen, wie dis	06:05-06:07
25 Dennis	└ Komm schon funktionier (.) funktionier	06:05-06:08
26 Nino	Ey, ich sag dir ich ( )	06:08-06:09
27 Christian	Ni::no::: (.) Hallo Nino (.) Nino, du schaffst es	06.11-06:16
28 Nino	Bin ich nicht gut?	06:17-06:18
29 Alle Kinder	@@@@@@	06:19-06:22
30 Mohamed	Gibts hier auch noch bl..(.) und blau und rot? (4) Florian?	06:01-06:08
31 FS	Ja?	06:09
32 Mohamed	Gibt's hier auch blau und rot?	06:09-06:10
33 FS	Blau und rot. Wie blau und rot	06:12-06:13
34 Mohamed	Na so ein blaues Kabel (3) dis gibt's glaub ich nicht.	06:13-06:19
35 FS	Keine Ahnung, ob es blaue Kabel gibt ( ) die Farbe ist ja eigentlich egal	06:18-06:22
36 Tim	└ Oh, es dreht si::ch	06:21-06:22
37 Dennis	Du machst weiß an rot	06:23-06:24
38 Marc	└ Tims dreht sich auch	06:24-06:25
39 L	Hey	06:25
40 Christian	Ninos und Tims dreht sich; komisch;	06:26-06:28

41	Mohamed	Ihh, Tim, wie hast du das hingekriegt?	06:28-06:29
42	Tim	Ich hab dis hier mit den (Zackendingern) verbunden; so kann man's auch machen;	06:30-06:33
43	Mohamed	Also sag, erklär mir das mal mit	06:35-06:36
44	Tim	Du musst hier (die) die Zangen mit dem anderen Teil verbinden; soll ich dir das zeigen?	06:36-06:40
45	Mohamed	Ne, ich mach schon; Mit weiß oder rot? (.) Mit rot.	06:41-06:44
46	Tim	Ääh das kann man ja auch mit den, mit den hier übertragen; weil die,	06:45-06:47
47	FS	Mit den mit den Klemmern	06:49
48	Christian	└ Kann man die hier auch rausnehmen?(laut) Kann man die hier auch rausnehmen?(leiser)	06:48-06:51
49	FS	Ja, da kannst du, da sind da so kleine Schraubenzieher, da kannst du das mit abschrauben.	06:52-06:54
50	Christian	Ja, ich hab hier einen in der Hand	06:55-05:56
51	Tim	└ Das geht besser, wenn man die ( ) ans Fenster nimmt;	06:54-06:56
52	FS	└ Musst du mal probieren	06:57
53	Tim	Weil eine Lampe macht das auch	06:59
54	FS	Mhm	07:01
55	Mark	Meins dreht sich gar nicht,	07:03:07:04
56	Christian	Gegen den Uhrzeigersinn geht's raus	07:04-07:05
57	Nino	Ey jetzt dreht sich meins nicht mehr	07:06-07:07
58	Christian	Ja das ist, du musst es vielleicht auch erst mal ins Licht halten;	07:08-07:10
59	FS	Und gibt's da einen Unterschied jetzt? (.) Am	07:11-

	Fenster oder der helleren Lampe?	07:14
60 Tim	Ja, das dreht sich schneller	07:15-07:16
61 FS	Hmm	07:17
62 Tim	Weil dadurch mehr Strom produziert wird	07:17-07:20
63 Mohamed	└ Meins dreht gar nicht	07:18-07:19
64 FS	Warum?	07:21
65 Tim	Weil der nimmt die Sonnenstrahlen auf und wandelt die in Energie um und die Energie (wandelt Strom) um (2)	07:22-07:28
66 Mohamed	└ Meins dreht sich gar nicht	07:24
67 FS	└ Mhm	07:28
68 Tim	└ Und dadurch dreht sich das;	07:30-07:31
69 FS	Ok	07:31
70 Mark	└Meins auch nicht. Ich mach jetzt einfach das da. Ich nehm' mir das einfach; Ich klau' das mal hier und die Batterie natürlich.	07:25-07:32

Formulierende Interpretation des Textes

In der formulierenden Interpretation des Textes wird dieser in Oberthemen (OT) und Unterthemen (UT) eingeteilt (vgl. Bohnsack 2009, S. 225; vgl. auch das Vorgehen bei der Analyse der Bildebene). Zudem gibt es auch noch parallele Themen (PT), die parallel zum Hauptthema laufen. Die Bestimmung des Hauptthemas folgt dabei dem jeweiligen fokussierten Kind. Existieren parallele Themen, so stellt im Beispiel Tim die Hauptthemen. Die einzelnen Ober- und Unterthemen werden anschließend mit einer kurzen Überschrift bzw. Beschreibung versehen. Dabei werden auch explizit genannte Begriffe aufgegriffen (vgl. ebd.). Die formulierende Interpretation der Textebene dient der Erstellung eines thematischen Ablaufes.

OT 1 Der Name des Forschenden 04:13-04:18

OT 2 Sind die Materialien von Fischertechnik oder nicht? 04:22-04:28

OT 3 Man kann die Sachen auch so befestigen, dass sie sich automatisch drehen. Dazu braucht man aber Solarzellen oder Wasserkraft. *Mit Unterbrechungen* 04:33-04:51

OT 4 Welche Farben gehen zusammen: weiß an weiß, rot an rot, rot an schwarz, weiß an rot, rot an blau… 04:53-06:22

PT 1 Nino hat sich einmal ein eigenes Radio gebaut und sich dabei verbrannt. 05:14-05:23

OT 5 Tims Motor dreht sich 06:21-07:31

> UT 1 Tims Motor dreht sich auch 06:21-06:28
>
> PT 1 „Die" können rausgenommen werden, indem die kleinen Schraubenzieher benutzt werden 06:48-06:56
>
> UT 2 Tim erklärt, dass er die „Zackendinger" miteinander verbunden hat und es so hinbekommen hat. 06:28-06:49
>
> UT 3 Am Fenster wird es besser gehen, weil eine Lampe es ja auch macht 06:54-07:01
>
> PT 2 Marks Propeller dreht sich gar nicht und Ninos nicht mehr 07:03-07:10
>
> UT 4 Unter der Lampe am Fenster dreht sich der Propeller schneller, weil mehr Strom produziert wird, weil mehr Sonnenstrahlen aufgenommen und in Energie umgewandelt werden. 07:11-07:31

Die Auswertung der Tonebene bezieht sich in diesem Beispiel auf einen längeren Zeitraum als die Sequenz der Bildebene. Dies ist dadurch bedingt, dass die Bildebene vor der Tonebene eingehend analysiert wurde. Die Länge der zu analysierenden Bildsequenzen wurde anhand von Brüchen im Bild und im Handlungsablauf bestimmt. Auf Ebene des Bildes wurden also zunächst Sequenzen bestimmt. Bei der Transkription der

Tonebene hat sich dann jedoch gezeigt, dass auch noch die folgende Zeitspanne spannend ist, da Tim hier in Ansätzen versucht zu erklären, wie er seinen Motor zum Drehen bekommen hat. Die relevanten Handlungen waren zu diesem Zeitpunkt bereits beendet. Dennoch lassen sich hier Verbindungen zwischen der Ebene des Bildes und der des Tones herstellen. Tim ist aktiv nur an einem Gespräch beteiligt (OT 5). Die übrigen Gesprächsfetzen und Äußerungen beziehen sich nicht auf Tims Tätigkeit.[78]

VIII. Reflektierende Gesamtinterpretation in der Dimension von Bild und Ton

Die reflektierende Gesamtinterpretation in der Dimension von Bild und Ton ist der abschließende Bestandteil der Interpretation und verbindet Bild- und Tonebene. Beide Bereiche werden zueinander in Beziehung gesetzt und gemeinsam analysiert. Der folgende kurze Ausschnitt soll diesen Arbeitsschritt veranschaulichen.[79]

OT 5 UT 3 Am Fenster wird es besser gehen, weil eine Lampe es ja auch macht 06:54-07:01

> *„Während Tim vom Tisch aufsteht, sagt er, dass der Motor sich besser dreht, wenn er seinen Stromkreis mit zum Fenster nimmt, „weil eine Lampe macht das auch". In Tims Handlungen konnte bereits festgehalten werden, dass er Licht für das Funktionieren seines Stromkreises/Motors eine Rolle zuschreibt. Er hat nach nahezu jedem Arbeitsschritt die Solarzelle in Richtung Deckenbeleuchtung angehoben und dann geschaut, ob sein Motor sich nun dreht. Hier nun thematisiert er Licht auch verbal, ohne es allerdings explizit auszusprechen: Er möchte zum Fenster, „weil eine Lampe macht das auch". Diese Äußerungen lassen sich auf zwei Arten lesen und interpretieren. Zweifelsohne beziehen sich Tims Äußerungen auf das*

78 Daher erfolgt die reflektierende Interpretation in der Dimension Bild und Ton nur für das OT5/UT3. Die übrigen Themen werden nicht synchron zum Bild, sondern mit Bezug zu den vorher absolvierten Handlungen interpretiert. Die parallelen Sequenzen 1 und 2 werden aus forschungsökonomischen Gründen nicht weiter betrachtet.

79 Der Schritt der reflektierenden Interpretation in der Dimension von Bild und Ton (vgl. Bohnsack 2009, S. 226 ff.) mit einer ausführlichen Diskursanalyse wird in der vorliegende Studie nicht angewendet, da der Ertrag einer solchen Analyse den Aufwand nicht rechtfertigt und zudem in weiten Teilen nicht möglich ist, da nicht oder kaum gesprochen wird.

> *Funktionieren der Solarzelle und das Drehen des Motors. „Am Fenster" dreht sich der Motor besser, weil eine Lampe den Motor auch zum Drehen bekommt. Das Fenster kann in Tims Aussage also als Sinnbild für Sonnenlicht gesehen werden. „Am Fenster" fällt mehr Sonnenlicht ein als an Tims Platz am Tisch, deshalb wird sich der Motor besser drehen, da mehr Licht auf die Solarzelle einfällt. (Funktionsweise der Solarzelle, Distanz/Position) Er begründet seine Vermutung, dass es am Fenster besser gehen muss, damit, dass eine Lampe (in seinem Fall die Deckenbeleuchtung) den Motor zum Drehen gebracht hat. Da „am Fenster" die kleine angeschaltete Schreibtischlampe steht, könnte sich diese Ortsangabe auch auf die Schreibtischlampe beziehen, da es im Schein der kleinen Lampe heller als an seinem Arbeitsplatz ist. Das „weil eine Lampe kann das auch" könnte dann die zuvor gebildete Lesart umkehren: Am Tisch hat sein Stromkreis in den gegebenen Lichtverhältnissen des Raumes funktioniert, „am Fenster" geht es aber besser, weil eine Lampe (die Schreibtischlampe) macht das auch. Die erste Lesart scheint im Gesamtsetting jedoch plausibler, da Tim während der Arbeitsphase und durch das wiederholte Hochheben der Solarzelle in Richtung der Deckenbeleuchtung, und nicht etwa in Richtung des Fensters, zunächst die künstlichen Lichtverhältnisse thematisiert hat. Gestützt wird diese Annahme dadurch, dass Tim dann mit der Solarzelle am ausgestreckten Arm in Richtung des Fensters geht und erst dann einen Schlenker zur Schreibtischlampe macht und die Solarzelle dicht unter den Lampenschirm hält. (Funktionsweise der Solarzelle, unterschiedliche Lichtquellen)"*

Als Ergebnis der verschiedenen Interpretationsschritte können unterschiedliche Suchräume festgehalten werden, die auf der Suche nach Ursachen für das Nichtfunktionieren von Stromkreis(-konstrukt)en, bzw. auf der Suche nach Möglichkeiten zur Verbesserung der Funktionsweise der Stromkreise, betreten werden. In dem hier zur Veranschaulichung des methodischen Vorgehens angeführten Beispiel lassen sich bereits verschiedene Suchräume identifizieren, die Tim während des Explorierens betritt. Innerhalb der Suchräume lassen sich verschiedene Bewegungen ausmachen, die im Folgenden als Strategien bezeichnet werden.

Solarzelle (Ebene)

- Funktionsweise der Solarzelle (Suchraum)
    - Die Distanz der Solarzelle zum Licht wird verringert (Strategie)
    - Die Oberfläche der Solarzelle wird zum Licht ausgerichtet (Strategie)

Verbindungen (Ebene)

- Vorhandensein der Verbindungen (Suchraum)
- Art und Weise, wie die Verbindungen gesetzt sind (Suchraum)
    - Verbinden der Metallenden (Strategie)[80]

Motor (Ebene)

- Gangbarkeit des Motors (Suchraum)
    - Der Propeller wird angestoßen (Strategie)

80 Im Forschungsverlauf wird diese Strategie nicht weiter aufgegriffen und ausdifferenziert, da sie nicht als eigenständige Strategie innerhalb des Raumes „Art und Weise, wie die Verbindungen gesetzt sind" rekonstruiert werden konnte, bzw. keine Strategie auf der Suche nach Ursachen für das Nichtfunktionieren von Stromkreiskonstrukten bildete.

4. Empirische Befunde

Zur Rekonstruktion individueller Suchräume wurde zunächst eine detaillierte und umfassende Fallanalyse angefertigt. Es wurden mit einem Beobachtungsfokus auf Hans alle Sequenzen aus dem Material ausgewählt und analysiert, in denen er nach Ursachen für das Nichtfunktionieren seiner Stromkreis(-konstrukt)e sucht oder probiert, die Funktionsweise seiner Stromkreise zu verbessern. Mit der Fallanalyse können auf der einen Seite individuelle Umgangsweisen mit dem Material herausgearbeitet werden, auf der anderen Seite können vor einem fallinternen Vergleichshorizont unterschiedliche Suchräume rekonstruiert werden.

Im Anschluss an diese Fallanalyse und die in ihr rekonstruierten Suchräume erfolgt eine Kontrastierung mit drei anderen Kindern, um dadurch weitere Suchräume zu finden bzw. bereits gefundene zu stärken. Auf diese Weise kann die Rekonstruktion kollektiver Suchräume erfolgen. Am Ende kann eine Suchraumstruktur erstellt werden.[81]

4.1 Fallanalyse: Was macht Hans und wie geht er dabei vor?

Am konkreten Fall Hans wird exemplarisch dargestellt, *wie* er beim freien Explorieren vorgeht, *was* er macht und *wo* er nach Ursachen für das Nichtfunktionieren seiner Stromkreise und Stromkreiskonstrukte[82] sucht. Hans Vorgehen wird anhand von Passagen, die auf Basis von Fo-

81 In der Darstellung der Analyse des empirischen Materials wird vollständig auf Literaturbezüge und -vergleiche verzichtet. Die Darstellung soll zunächst für sich stehen. Vergleiche verbleiben ebenfalls im empirischen Material. Die Einordnung und der Vergleich mit Erkenntnissen anderer Studien erfolgt dann in der Diskussion zentraler Ergebnisse und Befunde.

82 Als Stromkreiskonstrukte sollen Konstruktionen der Kinder verstanden werden, von denen sie annehmen, sie sind „fertig“ bzw. funktionstüchtig, die es aber nicht sind.

F. Schütte, *Freies Explorieren zum Thema elektrischer Stromkreis*, Sachlernen & kindliche Bildung – Bedingungen, Strukturen, Kontexte, https://doi.org/10.1007/978-3-658-23059-3_4

kussierungsakten[83] ausgewählt wurden, vorgestellt. Dabei werden im Verlauf der Falldarstellung zunehmend umfassender fallinterne Vergleichshorizonte in die Analyse miteinbezogen.[84]

4.1.1 Thematische Gliederung – Inhaltlicher Ablauf

Zunächst soll, wie im Methodenteil dargestellt, unter Verweis auf die Segmentierungsanalyse mit einem Beobachtungsfokus auf Hans ein zeitlicher und thematischer Ablauf erstellt werden, um aufzeigen zu können, was Hans wann macht. Auf Basis dieser ersten inhaltlichen und zeitlichen Übersicht kann neben Hans individuellem Vorgehen auch eine bessere Einordnung der detailliert analysierten Sequenzen in den Gesamtablauf erfolgen. Zur besseren Darstellung und Verständlichkeit des thematischen Ablaufs werden einzelne Untersequenzen (in Klammern) gebündelt.

HS1 „Solarzelle und Motor werden zu einem geschlossenen Stromkreis miteinander verbunden", 09:00-22:23

- Erstkontakt mit den Materialien (1-7)
- Der Kurbelgenerator (8-9)
- Hans versucht, Kabel in die Lüsterklemmen zu klemmen (10-15)
- Hans entdeckt die Krokodilkabel, mit ihnen wird ein geschlossener Stromkreis zusammengebaut (16-30)
- Der Stromkreis funktioniert (31-36)

---

83 Zur Erinnerung: Fokussierungsakte sind in Bezug auf die Fragestellung Passagen, in denen die Kinder etwas gebaut haben, von dem sie annehmen, dass es jetzt funktioniert. Diese Passagen sind in der Regel dort angesiedelt, wo die Bauphase beendet ist und die Überprüfungsphase beginnt. Diese Passagen konnten gut bestimmt werden, da sie oftmals mit einem Bruch im Geschehen einhergehen (bspw. einem Körperpositions- oder Ortswechsel). Insbesondere sind solche Passagen interessant, in denen etwas gebaut wurde, bei dem etwas nicht auf Anhieb funktioniert und die Kinder sich dann auf die Suche nach Ursachen für das Nichtfunktionieren machen. Von forschungsleitendem Interesse ist dabei, wie sich die Kinder in diesen Situationen verhalten und wie sie bei der Suche nach Ursachen vorgehen.

84 Der Rückgriff auf Vergleichshorizonte aus dem Datenmaterial ist Bestandteil der komparativen Analyse. Im Zuge der Fallanalyse wird ein fallinterner Vergleichshorizont mit in die Analyse einbezogen. Im zweiten Teil der Ergebnisdarstellung werden sowohl fallinterne als auch verstärkt fallübergreifende Vergleiche im Zuge der komparativen Analyse herangezogen, um so eine Raumtypik zu rekonstruieren.

- Hans arbeitet kurz mit Paula am Wasserrad (37)
- Der Stromkreis wird noch einmal unter die kleine Lampe gehalten (38-42)

HS2 „Der in HS 1 erstellte Stromkreis wird variiert und verändert", 22:24-48:55

HS2a „Ein Taster wird in den Basisstromkreis integriert", 22:24-34:20

- Hans orientiert sich neu (1-5)
- Hans bestückt eine Solarzelle mit zwei Kabeln (6-9)
- Hans verkabelt einen Taster (10-23)
- Der Taster wird zwischen Solarzelle und Motor gebaut (24-28)
- Beim Betätigen des Tasters passieren unterschiedliche Dinge (29-36)

HS2b „Ein Schalter wird an die Stelle des Tasters gebaut", 34:21-44:00

- Hans tauscht den Taster gegen einen Schalter aus (1-15)
- Beim Schalten passiert nichts (16-18)
- Hans baut den Stromkreis um, beim Schalten passiert noch immer nichts (19-22)
- Nach Interaktion mit dem Forschenden und Sarah sowie einer Änderung in seinem Aufbau passiert auch am Fenster nichts (23-28)
- Hans baut den Schalter aus und verbindet die freigewordenen Kabelenden mit weiteren Kabeln zu einem geschlossenen Stromkreis (29-36)

HS2c „Die Kabel werden schrittweise verlängert und der Propeller wird ausgetauscht", 44:01-48:55

- Hans tauscht einen Propeller aus (1-3)
- Hans verlängert die Kabel in seinem Stromkreis (4-15)

HS3 „Der Versuch, eine LED zum Leuchten zu bringen“, 48:56 (Band 1)-07:30 (Band 2)

HS3a „Eine LED wird mit einer Solarzelle verbunden, die LED leuchtet nicht“, 48:56-56:13

- Hans nimmt sich Materialien vom Tisch (1-2)
- Hans verbindet mit zwei Kabeln Solarzelle und LED miteinander (3-7)
- Hans trägt seinen Aufbau unter die Schreibtischlampe (8-11)
- Hans pausiert, schaut hier und da (12-16)
- Hans hält seinen unveränderten Aufbau erneut ins Licht, es scheint nichts zu passieren (17-21)

HS3b „Hans schließt mehrere Solarzellen an die LED an, die LED leuchtet nicht“, 56:14 (Band 1)-03:54 (Band 2)

- Hans orientiert sich neu am Tisch (1-4)
- Hans schließt zwei Solarzellen an die LED an, es scheint nichts zu passieren (5-9)
- Hans ändert seinen Aufbau, unter der kleinen Lampe passiert nichts (10-17)
- Hans nimmt eine dritte Solarzelle hinzu, die LED leuchtet noch immer nicht (18-28)

HS3c „Hans beschäftigt sich mit einem vom Forschenden zusammengebauten LED-Solarzellen Stromkreis“, 03:55-07:30

- Hans sieht, wie der Forschende eine LED zum Leuchten gebracht hat (1-4)
- Hans betrachtet den Stromkreis des Forschenden, deckt die Solarzelle auf und zu (5-15)

HS4 „Arbeit mit dem Wasserrad, der Wasserturbine und Aufenthalt im Off", 07:31-13:30

HS5 „Verschiedene Solarzelle-Motor-Stromkreise werden gebaut und inspiziert", 13:31-22:01

- Aus einer Solarzelle und einem Motor wird ein geschlossener Stromkreis gebaut und zum Fenster getragen (1-8)
- Hans betrachtet die verschiedenen Stromkreise (9-30)

In dieser inhaltlichen Übersicht wird erkennbar, was Hans in knapp eineinhalb Stunden macht, was er alles probiert und mit wie vielen unterschiedlichen Materialen und Bauteilen er umgeht. Es zeigt sich hier schon, wie komplex und vielseitig Hans Auseinandersetzung mit den Materialien ist.

4.1.2 Der Motor dreht sich zum ersten Mal (Hans 1;30-33)[85]

30	17:19-17:28	Hans verbindet die noch offene Klemme des weißen Kabels mit dem zweiten Kabel der Solarzelle, der Motor beginnt sich zu drehen
31	17:29-18:20	Hans schaut dem sich drehenden Motor zu
32	18:21-18:28	Hans nimmt eine andere Solarzelle und kurz auch einen anderen Propeller vom Tisch und hebt sie hoch
33	18:29-18:43	Hans löst kurz einen Kontakt seines Stromkreises, zieht am Propeller und schließt den Stromkreis dann wieder

Hans hat im Vorfeld, nachdem er sich zunächst am Materialtisch orientiert und verschiedene Materialien in die Hände genommen und betrachtet hat, begonnen, eine Solarzelle und einen Motor mit Krokodilkabeln zu verbinden. Die ausführliche Interpretation setzt an dem Zeitpunkt ein,

[85] Die Darstellung dieses ersten Ergebnisteiles orientiert sich in hohem Maße an den unterschiedlichen Interpretationsschritten. Das heißt, die Zweiteilung von zunächst vollzogener Interpretation und anschließender Interpretation in der Dimension von Bild und Ton wird beibehalten, um der Bedeutung der Bildebene besonders Rechnung zu tragen.

als Hans die letzte freie Krokodilklemme seines Stromkreises mit einem Anschlusskabel der Solarzelle verbindet und der Motor sich dann zu drehen beginnt. Abbildung 1 veranschaulicht seinen Aufbau. Die Fragestellung der Arbeit ist, wo und wie Kinder nach Ursachen für das Nichtfunktionieren ihrer Stromkreise und Stromkreiskonstrukte suchen. In dieser Sequenz muss Hans nach keiner Lösung suchen, da der Motor sich direkt dreht. Die Sequenz ist trotzdem wichtiger Bestandteil der Analyse, da sie inhaltlich einen wichtigen Abschnitt darstellt, da hier innerhalb der Gruppe das erste Mal ein funktionierender Stromkreis gebaut wurde und zudem ein Umgang mit den Dingen bzw. Bedeutungszuschreibungen sichtbar gemacht werden konnte. Weiterhin konnte diese Sequenz als ein szenischer und dramatischer Höhepunkt auf der Bildebene bestimmt werden.

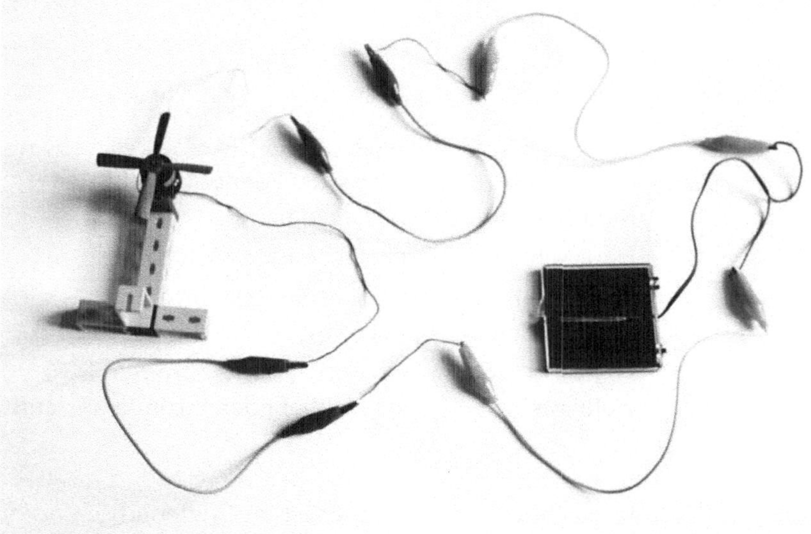

Abbildung 1: Stromkreis Hans 1;30-33

Hans' Umgang mit der Drehung des Motors

Er ist überrascht

Der Analyseabschnitt setzt damit ein, dass Hans seinen Stromkreis schließt und der verbaute Motor sich zu drehen beginnt. Von dieser einsetzenden Drehung ist Hans überrascht.

> *„Hans sitzt am Materialtisch, auf dem verschiedene Gegenstände zum Thema elektrischer Strom und elektrische Energiegewinnung liegen. Mit Hans am Tisch sitzen Sarah und Josephine. Direkt vor Hans auf dem Tisch steht ein Motor mit aufgestecktem Propeller, an dem verschiedene Kabel befestigt sind. Hans klemmt gerade ein Kabel an ein anderes, woraufhin sich der Propeller zu drehen beginnt. Während des Festklemmens blickt Hans in Richtung seiner Hände. […] Mit der beginnenden Drehung richtet Hans seinen Blick in Richtung des Motors, verbleibt aber nicht in dieser Haltung, sondern dreht seinen Kopf nach rechts, zieht seine rechte Hand zum Körper, rückt seinen Oberkörper ein kleines Stück vom Tisch zurück und blickt einen kurzen Moment auf eine Solarzelle, die nun sichtbar wird und die mit Kabeln mit dem Motor verbunden ist. […]" (FI Hans 1;30/31, 17:18-18:20 (1/1/1))*[86][87]

Hans verbindet zu Beginn dieser Szene ein letztes Kabel mit der Solarzelle, sodass er einen geschlossenen Stromkreis vor sich hat (vgl. Abbildung 1). Der Motor dreht sich. Durch die einsetzende Drehung des Motors nach dem Verbinden des letzten notwendigen Kontaktes wirkt Hans im ersten Moment überrascht. Es scheint nicht so, als ob er tatsächlich in diesem Moment eine Drehung des Motors erwartet hat. Zwar ist davon

---

86 Die Angaben sind wie folgt zu lesen: FI (Formulierende Interpretation) Hans (Name des Kindes) 1 (Hauptsequenz); 30/31 (Untersequenzen) 17:19-17:32 (zeitliche Einrodnung) (1 (Gruppe)/1 (Kamera)/ 1 (Band))

87 In der Fallanalyse Hans und der anschließenden fallübergreifenden Suchraumkonstruktion finden sich Auszüge aus den Interpretationen einzelner analysierter Videosequenzen, um transparent zu machen, auf welcher Basis Räume und Strategien rekonstruiert wurden. Es wurde darauf verzichtet, Transkripte der Tonebene in den Text zu integrieren. Zum einen wurde teilweise sehr wenig oder gar nicht zur Sache gesprochen und zum anderen wurde der Ton, wie in den Schritten des Vorgehens vorgestellt, gemeinsam mit der Bildebene einer Analyse in der Dimension von Bild und Ton unterzogen. Daher finden sich Aussagen der Kinder in die Textpassagen eingelassen. Den Kern der Analyse bildete wie dargestellt die Analyse der Bildebene.

auszugehen, dass Hans das Ziel hat, den Motor zum Drehen zu bringen[88], allerdings bestätigt seine Körpersprache dies nicht. Hans zieht die Arme von seinem Stromkreis zurück und schaut dabei schnell zwischen Solarzelle und Motor hin und her. Er wirkt geradezu erschrocken. Ein Erschrockensein tritt u.a. auf, wenn ein unvorhergesehenes Ereignis eintritt, wenn etwas passiert, mit dem nicht gerechnet wurde. In dieser Sequenz, genauer noch in diesem Moment, scheint das einzige unvorhergesehene Ereignis, der sich zu drehen beginnende Motor zu sein. Die anderen Kinder erschrecken Hans nicht und auch sonst ist kein sichtbarer Grund für sein Erschrockensein festzustellen. Hans' folgender rascher Wechselblick zwischen der Solarzelle und dem Motor, bzw. Propeller bestärkt die Lesart, dass Hans von dem drehenden Propeller irritiert und überrascht ist. Bei der Einbettung dieser Sequenz in den Kontext wird sichtbar, dass Hans Schritt für Schritt einen geschlossenen Stromkreis konstruiert hat. Dies lässt die Annahme zu, dass Hans sich dessen bewusst ist, was er tut, nämlich, dass er aus einer Solarzelle, einem Motor und verschiedenen Kabeln zielgerichtet einen geschlossenen, funktionierenden Stromkreis baut, um den Motor zum Drehen zu bekommen. Hans' Blicke bei der beginnenden Drehung des Motors stützen diese Annahme jedoch nicht und belegen weiterhin auch nicht, dass Hans weiß, wie ein funktionierender Stromkreis gebaut werden muss. Plausibler scheint die allgemeine Überraschtheit über den sich drehenden Motor, ohne dass Hans weiß, warum diese Drehung jetzt gerade zustande kommt. Es zeigt sich hier möglicherweise bereits eine Diskrepanz zwischen Denken und Handeln.

Er genießt seinen Erfolg

> *„[…] Hans rutscht kurz auf seinem Stuhl hin und her, ehe er mit vor der Brust verschränkten Armen ruhig sitzenbleibt und zu sprechen beginnt. Die anderen Kinder blicken in seine Richtung. Hans zeigt kurz mit der rechten Hand in Richtung Fenstertisch und der dort stehenden Schreibtischlampe, während er, das Gesicht ins Off gewendet, weiterhin spricht. Anschließend hebt er die geballten*

[88] Dieses Ziel ist naheliegend, da dem Material immanent ist, Stromkreise daraus zu konstruieren, bzw. einen Motor zum Drehen zu bringen oder eine LED zum Leuchten zu bekommen, obgleich es nicht obligatorisch ist.

> *Fäuste und tänzelt auf seinem Stuhl auf und ab. […]" (FI Hans 1;31, 17:29-18:20 (1/1/1))*

Hans sucht und erhält Bestätigung für seinen Erfolg. Die anderen Kinder schauen zu Hans und seinem sich drehenden Motor. Das anschließende Zurücklehnen mit verschränkten Armen bekräftigt Hans Erleben eines Erfolges noch. Mit vor der Brust verschränkten Armen lehnt er sich zurück und sieht seinem sich drehenden Propeller zu. Nach erledigter Arbeit gönnt Hans sich eine Pause, indem er sich zurücklehnt und seinen Erfolg genießt. Unterstrichen wird dieses Erfolggenießen noch durch die wohlwollenden, lächelnden Blicke der anderen Kinder am Tisch und im Raum.

Vor Freude über seinen Triumph tänzelt er umher. Hans befindet sich nicht in einer Disko oder bei einer anderen Tanzveranstaltung. Das Setting ist kein Tanzsetting. Hans' Tanz gleicht einem Freudentanz, ähnlich einem Fußballspieler, der das erlösende Tor geschossen hat und nun vor Freude darüber einen Tanz aufführt. Er deutet die einsetzende Drehung nach einem ersten Erschrockensein zu einem Erfolgserleben um. Das Ballen der Fäuste kurz vor dem Aufführen des Tanzes unterstreicht zusätzlich das Erleben eines Erfolges. Hans scheint in diesem Moment nicht zu interessieren, wie das von ihm Gebaute funktioniert, sondern ausschließlich, dass er etwas geschafft hat, möglicherweise, dass er etwas geschafft hat, das vor ihm noch keiner hinbekommen hat.[89]

Hans' Beschäftigung mit dem Stromkreis

Die Teile sind miteinander verbunden

> *„[…] Hans zieht nun auch seine linke Hand in Richtung Körper und schaut noch einmal schnell im Wechsel von der Solarzelle zum Motor und zurück, ehe er seinen Kopf aufrichtet und kurz ins Off blickt. Dabei lacht er. Mit der rechten Hand zeigt Hans nun kurz in Richtung der Solarzelle und gleichzeitig mit der linken Hand in Richtung des Motors. […]" (FI Hans 1;31, 17:29-18:20 (1/1/1))*

[89] Zeitgleich mit Hans' Tanz hat Josephine mit einem Kurbelgenerator einen Motor zum Drehen gebracht und schaut sprechend und lachend ins Off.

Hans stellt in dieser Sequenz, nachdem er die Bauteile zuvor physisch miteinander verbunden hat, auch mit seiner Kopfbewegung eine Beziehung zwischen Motor und Solarzelle her. Der Wechselblick zwischen Motor und Solarzelle lässt sich als ein mentales Verbinden der Bauteile deuten. Er wirkt wie ein Nachvollziehen des Weges des elektrischen Stroms. Hans' kurzes gleichzeitiges Zeigen auf die Solarzelle und den Motor stützt diese Lesart weiter. Hans stellt hier gestisch eine Verbindung zwischen Motor und Solarzelle her.

Die Solarzelle wird mit „Licht" in Verbindung gebracht

> *„[...] Hans zeigt kurz mit der rechten Hand in Richtung Fenstertisch und der dort stehenden Schreibtischlampe. [...] Er greift dann mit den Händen nach Motor und Solarzelle und schiebt die Sachen vor sich zusammen. Dabei schaut er zuerst vor sich in Richtung seiner Hände und anschließend in Richtung Fenstertisch. Er zeigt mit der rechten Hand erneut Richtung Fenster, während er in Richtung Off gewandt ist. Anschließend schaut Hans zu Josephine, die eine Solarzelle in der Hand hält, und hebt mit der Rechten seine Solarzelle kurz an. Dabei spricht er. Redend und sich in verschiedene Richtungen wendend, bleibt er auf seinem Stuhl sitzen. Hans nimmt, während er spricht, mit der rechten Hand eine kleine gerahmte Solarzelle vom Materialtisch auf, hebt sie in die Höhe, legt sie schließlich aber wieder auf den Tisch zurück." (FI Hans 1;31/32, 17:29-18:28 (1/1/1))*

Hans zeigt auf die leuchtende Schreibtischlampe auf dem Fenstertisch, also auf eine Lichtquelle. Dies bestärkt den Eindruck, dass Hans in dieser Sequenz bewusst ist oder wird, dass Licht eine Bedeutung in seinem Stromkreis innehat. Hans thematisiert durch seine Geste des Zeigens Licht. Zwischendurch macht es den Eindruck, als ob Hans die Sachen vor sich zusammenschiebt, um dann mit ihnen etwas zu tun - möglicherweise um zum Fenster zu gehen, um dort die Solarzelle unter die Lampe, die bereits in seinem Aufmerksamkeitsfokus war, zu legen.[90] Da der Motor sich allerdings bereits am Materialtisch dreht, ist es nicht notwendig,

[90] In anderen Sequenzen von Hans und auch anderen Kindern wird deutlich, dass die Schreibtischlampe eine besondere Rolle innehat, da viele der von den Kindern gebauten Stromkreise erst hier für sie zufriedenstellend funktionieren. Im zweiten Teil der Ergebnisdarstellung wird dies deutlicher werden.

dass Hans zur Schreibtischlampe geht, um seinen Stromkreis dort auszuprobieren.

Das kurze Anheben der von Hans verbauten Solarzelle sowie das Hochheben einer weiteren nicht verbauten, auf dem Materialtisch liegenden Solarzelle stehen in dieser Szene nicht in Verbindung mit Licht. Hans hebt die Solarzelle hoch, um sie Josephine zu zeigen. Während er die Solarzellen anhebt, interagiert er mit Josephine. Es hat den Anschein, dass er ihr zeigen oder erklären möchte, womit er seinen Stromkreis gebaut hat oder wie er den Motor zum Drehen bekommen hat.

Schalten durch Lösen eines Kabels

> *„[...] Hans greift nun mit beiden Händen nach dem Motor, zieht diese dann aber wieder zurück und löst eine der Krokodilklemmen, die an der Solarzelle befestigt sind. Der Motor hört auf, sich zu drehen. Während des Lösens des Kabels schaut Hans zum Motor. Nachdem der Motor sich nicht mehr dreht, wackelt Hans, den Motor in der Rechten haltend, mit der Linken am Propeller. Anschließend verbindet er das lose Kabel wieder mit der Solarzelle und der Propeller beginnt sich erneut zu drehen." (FI Hans 1;33, 18:29-18:43 (1/1/1))*

Die Handbewegungen hin zum Motor lassen darauf schließen, dass Hans entweder den Propeller vom Motor lösen möchte oder den Sitz des Propellers ändern möchte. Allerdings dreht sich der Propeller. Hans löst daher eine Verbindung seines Stromkreises, sodass die Drehung des Motors stoppt. Er nutzt das Lösen der Verbindung wie einen Schalter: Um am Motor etwas zu ändern, muss der Motor zunächst ausgeschaltet werden. Möchte jemand eine Glühbirne tauschen, so schaltet er auch zunächst die Lampe aus. Hans ändert nichts an seinem Motor, doch das ist an dieser Stelle nicht von Relevanz. Interessanter ist das beschriebene „Schalten". Der Akt des Unterbrechens und auch die Selbstverständlichkeit, mit der Hans diesen Vorgang ausführt, ist bemerkenswert, da er auf diese Weise intuitiv schaltet.

Der Motor dreht sich zum ersten Mal (17:32-18:47) – Analyse in der Dimension von Bild und Ton

Nachdem die Tonebene mit in die Analyse einbezogen wurde, können die zuvor herausgearbeiteten Bereiche weiter ausdifferenziert werden. Allerdings zeigt sich auch, dass bestimmte Dinge, die auf Ebene des Bildes rekonstruiert wurden, sprachlich nicht aufgegriffen wurden. Es gibt also einen Unterschied zwischen verbalen Äußerungen und ausgeführten Handlungen.

Der Motor dreht sich automatisch ohne Hans' Energie (17:32-18:03)

Während der Unterhaltung über den Spaß, den das Arbeiten mit den Materialien bringt, ruft Hans erstaunt aus: *„Hey (2) ich hab's geschafft!" (17:32-17:34 (1/1/1))*. An dieser Stelle lässt sich eine Homologie zur Bildebene und dem dort rekonstruierten Erstauntsein herstellen. Der Ausruf *„Hey"* ist Ausdruck dieses Erstauntseins. Mit dem *„ich hab's geschafft!"* bestätigt Hans, dass er sein Ziel erreicht hat: Er hat es geschafft, den Motor zum Drehen zu bringen. Im Weiteren präzisiert er noch, was er geschafft hat, nämlich, dass sich der Motor *„automatisch" (17:35 (1/1/1))* dreht, ohne dass Hans etwas machen muss. Hans setzt hier elektrische Energie aus Sonnenenergie mit einem Automatismus gleich. Währenddessen schaut er, wie auf der Bildebene rekonstruiert, erstaunt zwischen Motor und Solarzelle hin und her, ehe er sich schließlich zufrieden zurücklehnt und dem Motor zusieht. Dabei thematisiert er nun ganz explizit die *„Sonne"*. Dass er dabei die Menge der Sonne thematisiert *(„Wahrscheinlich bloß ein bisschen wenig Sonne" (17:38-17:40 (1/1/1)))*, leuchtet nicht unbedingt ein, da sich der Motor dreht. Hans' Aussage kann sich dann nur auf die Geschwindigkeit der Motordrehung beziehen. Es ist zu wenig Sonne, damit sich der Motor schnell dreht. Hans sieht also die Menge des einfallenden Sonnenlichtes als bedeutsam für die Funktionsweise der Solarzelle an.

Wie auf der Bildebene rekonstruiert, thematisiert Hans auch in seinen Handlungen oder genauer noch durch seine Gesten *Licht*. Sprachlich wird dies bestätigt und weiter präzisiert. Hans thematisiert *Sonne(-nlicht)*. Während Hans sagt: *„Wahrscheinlich bloß'n bißchen wenig Sonne. Eigentlich wollte ich da und dachte-" (17:38-17:42 (1/1/1))*, zeigt er zum Fenstertisch, wo mehr Sonnenlicht einfällt und wo auch die Schreibtischlampe steht. Er spricht in dieser Sequenz von Sonnenlicht, obwohl das Licht am Materialtisch überwiegend künstlich ist. Auf sprachlicher Ebene zeigt sich hier ein Wissen um Solarenergie, bzw. dass aus *Sonnen*licht elektrischer Strom hergestellt werden kann. Auch wenn diese sprachliche Äußerung nicht zwangsläufig mit seinen Handlungen, bzw. seinen Erfahrungen und Beobachtungen während des Handelns zusammenpasst. Hans unterbricht seinen Satz dann mit einem *„Juhu!"(17:42 (1/1/1))*, welches die auf der Bildebene interpretierte Siegesgeste der verschränkten Arme verstärkt. Mit geballten Fäusten ruft er *„Juhu!"*. Dabei führt er nicht weiter aus, was am Fenster besser oder anders ist.

Während Hans dann aber beginnt, seine Sachen zusammenzuschieben, um sie an einen anderen Ort, nämlich zum Fenster, zu tragen, dreht sich bei Josephine der Motor angeschlossen an einen Kurbelgenerator. Es beginnt damit ein kurzes eingeschobenes Gespräch, das jedoch weiterhin im Zusammenhang des Oberthemas steht. Josephine macht darauf aufmerksam, dass es bei ihr *„jetzt auch geht" (17:46-17:47 (1/1/1))*, ihr Motor sich also dreht. Hans äußert, dass es sein *„Ziel" (17:55 (1/1/1))* war, den Motor ohne seine *„Energie" (17:59 (1/1/1))* zum Drehen zu bekommen. Mit dieser Aussage geht er auf das unmittelbar bei Josephine stattfindende Geschehen ein. Josephine muss ihre eigene Energie durch Kurbeln in elektrische Energie umwandeln, bei Hans hingegen dreht sich der Motor *„automatisch" (17:35 (1/1/1))*, ohne dass er selbst noch etwas (wie bspw. Kurbeln) machen muss. In diesem kurzen Dialog werden zwei elektrische Stromquellen mit den gegensätzlichen Eigenschaften manuell/automatisch belegt. Bei der einen elektrischen Stromquelle muss die eigene Körperenergie hineingesteckt werden, bei der Solarzelle wird die Energie *automatisch* erzeugt. In diesem Vergleich steckt in der Art und Weise, wie Hans hier spricht, eine Wertung zugunsten des Automatischen.

Schließlich, als Hans dabei ist seine Sachen zusammenzuschieben, sagt er: *„Oh genau, da wollte ich gerade hin" (18:02-18:03 (1/1/1))*. Hier lässt sich ebenfalls gut eine Verknüpfung zur Bildebene herstellen. Hans zeigt zum Fenstertisch und zur Schreibtischlampe, vor die Svenja und Paula gerade eine Wanne ziehen und Hans dort somit nicht hingehen kann. Der Platz ist belegt und Hans sagt enttäuscht, dass er doch eigentlich gerade diesen Platz einnehmen wollte. Hans ist also gerade dabei seinen Stromkreis an einen Ort zu tragen, an dem nicht *„bloß 'n bisschen wenig Sonne"* ist. Hier wird weiterhin deutlich, dass Hans zwar von Sonnenlicht im Zusammenhang mit der Solarzelle spricht, diese jedoch letztlich unter eine künstliche Lichtquelle halten möchte. Es zeigt sich auch hier ein Unterschied zwischen der verbalen Äußerung und der durchgeführten Handlung.

Verschiedene (blöde) Solarzellen 18:04-18:26

Josephine nimmt eine Solarzelle vom Tisch auf und fragt: *„Was ist das eigentlich?“ (18:04-18:05 (1/1/1))*. Hans antwortet darauf, indem er seine Solarzelle in die Hand nimmt und sagt: *„Auch so'n, denk ich mal“ (18:07 (1/1/1))*. Das fehlende Subjekt nach *„so'n“* bezieht sich auf die Solarzelle in seiner Hand. Hans teilt also gestisch und verbal mit, dass es sich bei dem von Josephine hochgehaltenen Gegenstand ebenfalls um eine Solarzelle wie die seine handelt. Der Forschende bestätigt dann Hans' Aussage mit dem Zusatz, dass diese nur anders aussieht *(„Ja (.) genau, das sieht bloß anders aus.“ (18:09-18:11 (1/1/1)))*. Josephine ist mit dieser Antwort zufrieden, sagt *„Gut“ (18:12 (1/1/1))* und hört eine Weile Hans zu, ehe sie sich eine andere Solarzelle vom Tisch nimmt. Hans äußert dann, er wolle mit der von Josephine hochgehaltenen Solarzelle nichts machen, da diese blöd aussieht *(„Tse, das benutze ich nicht, (2) das sieht blöd aus. (3) Ich nehme ma' das hier.“ (18:14-18:20 (1/1/1)))*, um sich mit diesen Worten eine der kleinen gerahmten Zellen zu nehmen. In diesem Gespräch wird deutlich, dass Josephine Solarzellen nicht kennt oder zumindest die hochgehobene Solarzelle nicht als eine solche erkennt. Allerdings hat sie zuvor bei Hans gesehen, was eine Solarzelle kann.

Reprise 18:37-18:47

In der letzten thematischen Einheit greift Hans sprachlich erneut seinen Erfolg auf, nachdem er zuvor, wie auf der Bildebene beschrieben, seinen Stromkreis öffnet, am Propeller bastelt und den Stromkreis wieder schließt. Hans hat nichts verändert und nichts Neues probiert. Das *„Hey, ich hab's geschafft“ (18:37-18:39 (1/1/1))* bezieht sich also auf nichts Neues, sondern auf dieselbe Situation. Da Hans ein eher extrovertiertes Verhalten zeigt, ist die Interpretation schlüssig, dass Hans noch einmal seinen Erfolg zelebrieren will. Durch die Wiederholung des Schließens des Stromkreises kann Hans aber auch erfahren haben, dass der Moment des Schließens oder allgemeiner das Geschlossensein des Stromkreises eine wichtige Funktion hat.

Die auf der Bildebene rekonstruierte Verwendung des Krokodilkabels als Schalter wird von Hans sprachlich nicht thematisiert. Das Schalten findet nur auf handlungspraktischer Ebene statt.

Zusammenfassung – Licht als Voraussetzung für eine Drehung des Motors

Wie auf der Bildebene rekonstruiert und bei der reflektierenden Interpretation in der Dimension von Text und Ton bestätigt, ist Hans von der einsetzenden Drehung des Motors überrascht. Diese Tatsache impliziert seinen vorausgegangenen Handlungen eine gewisse Willkür. Hans scheint sich nicht wirklich bewusst zu sein, was er genau tut bzw. warum sich der Motor jetzt dreht. Zwar ist Hans die Funktionsweise oder besser gesagt, der Nutzen einer Solarzelle bewusst (sie kann Strom erzeugen) und auch sein Ziel formuliert er (dass sich der Motor automatisch dreht, ohne dass er selber noch irgendetwas (z. B. Kurbeln) machen muss), doch scheint er nicht genau zu wissen, wie ein Stromkreis aufgebaut ist, da er durch die einsetzende Drehung des Motors überrascht ist. Beim Tun hat sich ergeben, dass der Motor sich dreht.

Hans thematisiert ganz explizit die Menge des Sonnenlichtes. Verstärkt durch seine Aussage: *„Vielleicht nur 'n bisschen wenig Sonne"*, sucht Hans in diesem Interpretationsabschnitt nach Erklärungen für das seinem Empfinden nach zu langsame Drehen des Motors. Es werden hier bereits Räume deutlich, in denen Hans sich bewegt, wenn er sich mit dem Stromkreis auseinandersetzt.[91] Er weiß um die Bedeutung von Licht für das Funktionieren seines Stromkreises. Dies wurde sowohl in seinen Handlungen und seiner Gestik rekonstruiert, als auch auf sprachlicher Ebene bestätigt. Dabei scheint für ihn die Menge des einfallenden (Sonnen-)Lichtes als ausschlaggebend. Im weiteren Verlauf des Sequenzbündels ist jedoch die Distanz der Solarzelle zur Lichtquelle in seinem Aufmerksamkeitsfokus. Allerdings fällt bei kürzerer Distanz zur Lichtquelle, in diesem Fall zur Lampe, auch mehr Licht auf die Solarzelle. Die Deutungen bedingen sich also gegenseitig.[92]

---

91 Diese Räume werden im weiteren Verlauf weiter präzisiert und ausdifferenziert.

92 Die Frage, ob die Distanz zur Lichtquelle oder die Menge einfallenden Lichtes handlungsbestimmend bei den Kindern ist, wird im Verlaufe der Ergebnisdarstellung aufgegriffen.

Hans verwendet verschiedene Begriffe, mit denen er seinen Stromkreis oder die Funktionsweise seines Stromkreises beschreibt. Dabei taucht auch der zentrale Begriff der Energie auf. Hans wollte den Motor ohne seine eigene Energie (Muskelenergie) zum Drehen bekommen, nämlich so, dass er automatisch funktioniert. Hans weiß um die Voraussetzungen, die gegeben sein müssen, damit die Solarzelle elektrische Energie erzeugen kann. Er thematisiert ganz explizit Sonne als Voraussetzung dafür, dass sein Motor sich drehen kann. Interessant hierbei ist jedoch, dass er in seinen Handlungen künstliches Licht thematisiert. Hier gibt es eine Differenz zwischen Sprechhandlung und ausgeführtem praktischen Handeln.

Hans unterbricht den Stromkreis wie mit einem Schalter, thematisiert dies sprachlich jedoch nicht. Für die Unterbrechung des Stromkreises durch das Lösen einer Verbindung hat Hans, wenn auch nur auf sehr rudimentäre Weise, die Funktion eines Schalters genutzt. Auffällig ist dabei, dass Hans dies sprachlich nicht thematisiert, nachdem er zuvor all seine Handlungen auch kommentiert hat. Hier scheint sich nun implizit allerdings auch ein Wissen Hans' zu Anschlussbedingungen des elektrischen Stromkreises zu zeigen. Er nutzt die Trennung des Stromkreises bewusst, um den Motor auszuschalten, ohne dies allerdings zu explizieren.

Hans hat in dieser Sequenz einen Stromkreis gebaut, der als Basisstromkreis bezeichnet werden kann. Dieser Stromkreis stellt die Ausgangslage für die weiterführende Auseinandersetzung mit weiteren Materialien dar. Der Basisstromkreis besteht aus einer elektrischen Stromquelle (Solarzelle), einem elektrischen Verbraucher (Motor) und zwei Kabeln. Im weiteren Verlauf wird der Basisstromkreis variiert. Zum einen werden Bauteile gegen andere getauscht. Zum anderen werden Bauteile hinzugenommen und der Basisstromkreis erweitert. So werden bspw. Schalter, mehrere Stromquellen oder weitere Verbraucher in den Basisstromkreis integriert. Eine Erweiterung oder Variation des Basisstromkreises bedeutet nicht zwangsläufig, dass stets das zuvor verwendete Material konstantgehalten wird. Der Basisstromkreis kann vielmehr als ideelles Konstrukt verstanden werden.

4.1.3 Hans verbaut einen Taster in seinen Basisstromkreis (Hans 2a;28-35)

Hans orientiert sich zunächst neu am Materialtisch. Er nimmt verschiedene Materialien in die Hand und betrachtet sie. Mit einem Taster beschäftigt er sich länger. Im Folgenden löst Hans die Krokodilkabel seines Basisstromkreises von der Solarzelle ab, sodass Motor und Solarzelle nun getrennt sind. Er beginnt die Solarzelle mit anderen Kabeln neu zu verbinden, ehe er sich dann wieder dem Taster zuwendet und an diesem mehrere lose Kabel festschraubt. In einem nächsten Schritt baut Hans das Taster-Kabel-Konstrukt zwischen Solarzelle und Motor und verbindet die Kabelenden miteinander (vgl. Abbildung 2). An dieser Stelle setzt die nächste ausführliche Interpretation der folgenden Sequenzen ein. Diese hier nur knapp skizzierte Umbauphase dauert insgesamt ca. zehn Minuten.

28	32:10-32:24	Hans verbindet das letzte Kabel des Tasters mit einem der Kabel, die bereits mit dem Motor verbunden sind; der Motor beginnt sich zu drehen
29	32:25-32:44	Hans betätigt den Taster, die Drehung des Motors stoppt. Hans wiederholt den Vorgang
30	32:45-32:49	Hans legt den Taster auf dem Tisch ab, der Motor dreht sich nicht mehr
31	32:50-32:52	Hans stößt mit der linken Hand den Propeller an
32	32:53-32:56	Hans tanzt umher
33	32:57-33:06	Hans sitzt still am Tisch
34	33:07-33:55	Hans greift redend nach dem Taster, der Motor beginnt kurz, sich zu drehen. Er drückt den Taster mehrere Male, der Motor dreht sich unregelmäßig. Währenddessen schaut Hans abwechselnd zum Motor und zum Taster. Zwischendurch tippt er den Motor an
35	33:56-34:20	Hans schaut redend und zeigend auf seinen Stromkreis und den Tisch

Abbildung 2: Stromkreis Hans 2a;28-36

Hans' Reaktion auf den sich drehenden Motor

Im weiteren Sequenzverlauf beschäftigt sich Hans ausführlich mit seinem Taster-Stromkreis und probiert den Taster aus. Dabei irritiert ihn die Reaktion auf das Drücken des Tasters zunächst.

> *„[...] Hans hat vor sich auf dem Materialtisch einen Motor, eine Solarzelle und verschiedene Kabel liegen. Die Gegenstände sind miteinander verbunden. Hans greift mit der linken Hand ein weißes Krokodilkabel und verbindet dieses mit einem losen Kabel, welches er in der rechten Hand hält. Während Hans dies tut, dreht sich kurz der Propeller an dem vor ihm stehenden Motor, stoppt dann kurz und beginnt sich anschließend schnell zu drehen. Er greift mit der rechten Hand den Taster, der rechts von ihm liegt. Seinen Kopf dreht er währenddessen, nachdem sein Blick zuvor auf seine Hände gerichtet war, in Richtung des sich drehenden Propellers. Hans drückt den Taster, woraufhin sich der Motor nicht mehr dreht. Anschließend nimmt er den Finger vom Taster und die Drehung setzt wieder ein.*

Diesen Vorgang wiederholt Hans dreimal. Sein Blick ist währenddessen stets in Richtung des Propellers gewendet. Hans schaut dann kurz in Richtung des Tasters in seiner Hand, ehe er wieder zum Propeller sieht und den Taster erneut drückt. Seine linke Hand, die zuvor auf dem Tisch vor ihm gelegen hat, nimmt er währenddessen vom Tisch und lässt seinen linken Arm nun am Körper baumeln. Hans drückt und lässt den Taster erneut wieder los, während er zu sprechen beginnt. Seinen Kopf wendet er dabei zwischen Taster und Motor hin und her, blickt zwischendurch auch kurz ins Off. Während Hans zu sprechen beginnt, sehen die anderen am Tisch sitzenden Kinder zu ihm. […]" (FI Hans 2a;28/29, 32:10-32:44 (1/1/1))

In dem Moment, in dem Hans das letzte freie Kabel seines Taster-Kabel-Konstrukts in den Basisstromkreis integriert und sich der Motor zu drehen beginnt, schreckt Hans nicht wie in Hans 1;31 (vgl. „Hans' Umgang mit dem Motor - Er ist überrascht") auf, sondern schaut ruhig und gelassen in Richtung des sich drehenden Propellers. Hans wirkt in diesem Moment nicht überrascht darüber, dass der Motor sich zu drehen beginnt. Vielmehr scheint er sich dessen bewusst zu sein, was passieren wird, wenn er den Taster in seinen Basisstromkreis baut. Hier lässt sich ein Kontrast in der Gemeinsamkeit, also ein unterschiedlicher Umgang in einer ähnlichen Situation, festhalten.

Hans' Motor dreht sich zu Beginn der Sequenz, wenn der Taster nicht betätigt wird. Sobald Hans den Taster aber drückt, stoppt die Drehung. Dies liegt an Hans' Konstruktion des Stromkreises (siehe Abbildung 2). Wird der Taster *nicht* gedrückt, kann der Strom fließen und der Motor dreht sich. Beim Betätigen des Tasters entsteht ein Kurzschluss, sodass der Motor sich dann nicht mehr drehen kann.

Hans betätigt einige Male den Taster und schaut dabei zum Motor, der abwechselnd dreht und stoppt. Hier scheint er zu registrieren, dass es sich nicht um einen gewöhnlichen Schalter[93] handelt, denn dieser Schalter schaltet nicht, sondern muss gedrückt gehalten werden, damit der Motor steht. Es handelt sich um einen Taster. Es ist anzunehmen, dass Hans der Ansicht ist, er habe einen gewöhnlichen Druckschalter verbaut.

93 Als gewöhnlicher Schalter soll hier ein Schalter verstanden werden, der in zwei verschiedenen Positionen stehen kann. Zum einen so, dass der Stromkreis geschlossen ist und der Strom fließen kann, zum anderen so, dass der Schalter geöffnet und der Stromfluss dadurch unterbrochen ist.

Hans hält den Taster nämlich zunächst nicht gedrückt, sondern drückt ihn nur kurz, schaltet an ihm. Druckschalter sind in verschiedenen elektrischen Geräten (bspw. Lampen) zu finden. Sie besitzen einen hohen alltagspraktischen Bezug. Abgesehen davon, dass der Taster nicht für das Anliegen geeignet ist, einen Stromkreis dauerhaft (in einer Ruheposition) zu unterbrechen, sondern nur funktioniert, wenn er manuell gedrückt wird, tritt hier noch eine weitere Schwierigkeit auf, nämlich, dass die Funktion des Tasters „falsch herum" im Sinne eines An- und Ausschaltens ist: Gewöhnlich wird bei der Betätigung des Tasters der Stromkreis geschlossen, wie bspw. bei einer Türklingel. Hier wird er jedoch unterbrochen. Hans beschäftigt sich in dieser Sequenz ausführlich mit dem Taster und beobachtet, was beim Drücken und Loslassen des Tasters passiert, welche Reaktionen wann hervorgerufen werden. Allerdings wirkt er in dieser Situation nicht zufrieden mit dem Resultat. Der folgende kurze Abschnitt verstärkt diesen Eindruck noch, da er sich weiterhin ausführlich mit seinem Stromkreis beschäftigt.[94]

> *„Hans legt den Taster auf dem Tisch ab. Dabei dreht sich der Motor noch einmal kurz, ehe er still steht. Hans zieht seine rechte Hand ein kleines Stück zum Körper und schaut ernst über die vor ihm liegenden Sachen, ehe er mit der linken Hand den Propeller anstößt." (FI Hans 2a;30/31, 32:45-32:52 (1/1/1))*

Hans hält in dieser Situation inne und schaut nachdenkend, geradezu nachvollziehend über seinen Stromkreis. Dieser kreisende Blick konnte bei Hans schon zuvor (Hans 1;30/31) festgehalten werden. Er stellt ein erstes visuelles, äußeres Überprüfen dar. Im Zuge dieser Überprüfung stößt Hans kurz mit der Hand den Propeller an. Wird dieses Antippen im Bezug zur vorangehenden visuellen Überprüfung gedeutet, so kann es ein verträumtes, unbewusstes, nachdenkliches Antippen sein. Es könnte aber auch als nächster Schritt einer Überprüfung gedeutet werden. Nachdem zunächst die Verbundenheit visuell überprüft wurde, wendet

94 Im Verlauf der Sequenz wird deutlich, dass es in dem Stromkreis ein technisches Problem geben muss. Als Hans den Taster aus seiner Hand auf den Tisch legt, stoppt die Drehung, obwohl sich der Motor stets gedreht hat, wenn Hans nicht den Taster gedrückt hielt. Es muss ein Problem innerhalb des Stromkreises vorliegen: ein weiterer Kurzschluss oder ein nicht korrekt verbundenes Kabel, das sich durch das Hantieren mit dem Taster gelockert hat, sodass der Stromkreis nicht mehr geschlossen ist und der Motor deshalb nicht mehr dreht.

Hans sich hier nun dem nächsten Bauteil in seinem Stromkreis, dem Motor, zu, um ihn möglicherweise auf seine Gangbarkeit hin zu überprüfen. In dieser Sequenz wirkt Hans' Antippen des Propellers jedoch eher wie ein verspielt, verträumtes Antippen. Gestützt wird diese Lesart noch dadurch, dass er sich nicht weiter mit dem Motor oder dem Propeller auseinandersetzt.

Der Übergang von der Kontrolle zur Präsentation des Stromkreises – Hans setzt sich in Szene

Hans leitet eine Phase ein, in der er sich in Szene setzt und vor Freude ein Tänzchen aufführt. Die Phase der Kontrolle verschiedener Bauteile des Stromkreises ist hier zu Ende.

> *„Hans streckt beide Hände in die Höhe und zieht sie dann in raschem Tempo in Richtung seines Körpers, ehe er kurz von seinem Hocker aufsteht und tanzt. Dabei lacht er. Die am Tisch sitzenden Mädchen schauen ihm dabei zu." (FI Hans 2a;32, 32:53-32:56 (1/1/1))*

Das Ballen der Fäuste gleicht einer Siegesgeste: Hans hat etwas erreicht. Das Aufführen eines Tanzes verstärkt dieses Erfolgserleben noch. In dieser Sequenz muss etwas aufgetreten sein, über das Hans so erfreut ist, dass er einen Freudentanz aufführt. Wird an dieser Stelle noch einmal Hans' Anliegen bedacht, einen Schalter in den Stromkreis zu integrieren, um den Motor an- und ausschalten zu können, so wird dieses erfüllt: Nachdem Hans ein paar Mal „geschaltet" hat und den Taster ablegt, steht der Motor still. Hans hat den Motor abgeschaltet. Er freut sich und tanzt vor Freude vor dem Tisch. Diese Lesart beinhaltet, dass Hans die vorher stattfindende Aktion am Schalter nicht wahrnimmt oder zu seinen Zwecken umdeutet: Der Taster muss erst einige Male betätigt werden, bis er funktioniert – er muss „warmgeschaltet" werden. Oder: Vorher hat irgendetwas nicht funktioniert, aber jetzt ist alles in Ordnung. Wie auch in Hans 1;31 (vgl. „Hans' Umgang mit der Drehung des Motors – Er genießt seinen Erfolg") verleiht er seinem vermeintlichen Triumph mit großer Leiblichkeit ein besonderes Maß an Aufmerksamkeit. Er inszeniert sich und seinen Stromkreis für die kommende Passage, in der es gilt, seinen Triumph zu präsentieren.

Die Präsentation des Taster-Stromkreises

> *„[…] Hans hält lächelnd den Taster in der Hand, bewegt ihn, woraufhin der Motor für einen kurzen Augenblick wieder schneller dreht. Während dieser Drehung schaut Hans zunächst über den Tisch und in Richtung der am Tisch sitzenden Mädchen, ehe er in raschem Wechsel vom Motor zum Taster und zurück schaut. Dabei bewegt er seinen Daumen auf dem Taster. Hans hält den Taster weiterhin in der Hand, während sich der Propeller erneut zu drehen beginnt. Hans sieht auf den Propeller. Er drückt erneut den Taster und der Motor stoppt. Hans richtet sich nun aus einer nach vorne gebeugten Haltung auf, lacht und streckt redend seine rechte Hand mit dem Taster nach vorne über den Tisch aus. Seinen linken Arm stemmt er währenddessen in seine linke Seite. Während des Ausstreckens des Armes beginnt sich der Propeller erneut kurz zu drehen. Hans drückt zweimal kurz hintereinander den Taster, wobei sich der Propeller jeweils kurz ruckartig bewegt. Hans drückt ein drittes Mal, der Motor steht still. Hans lächelt nicht mehr. Sein Blick ist auf den Propeller fokussiert. Nach dem dritten Drücken schaut auch Paula kurz zu Hans. Hans dreht seinen Kopf kurz ins Off, nachdem er zuvor in Richtung der Sachen vor sich gesehen hat. Er schüttelt den Taster kurz in der Hand, ehe er ihn zweimal drückt. Als Hans dann ein drittes Mal den Taster betätigt, bewegt sich der Propeller wieder kurz. Hans drückt noch einmal den Taster, der Motor dreht sich nicht." (FI Hans 2a;33/34, 32:57-33:55 (1/1/1))*

Die Betätigung des Tasters stützt die Lesart, dass Hans denkt, er habe nun einen funktionierenden Stromkreis mit Schalter gebaut. Besonders deutlich wird dies in dem Moment, in dem er den Taster auf der flachen Hand liegend in Richtung der Mädchen ausstreckt, ihn auf den „Präsentierteller" legt. Er zeigt den übrigen Kindern, was er gebaut hat. Allerdings zeigt sich hier wieder, dass ein Wackelkontakt in Hans' Stromkreis sein muss, denn die Bewegungen am Motor lassen sich nicht zwangsläufig auf die Betätigung *des* Tasters zurückführen, sondern eher auf Bewegung *irgendwo am* Taster. Hans' Vorführung seines Stromkreises mit Schalter misslingt also an dieser Stelle. Nachdem er sich zuvor seines Erfolges sicher schien, das erreicht zu haben, was er wollte (einen Stromkreis mit Schalter gebaut zu haben) und deshalb schon einen Freudentanz aufgeführt sowie seine Vorführung des Schalters inszeniert hat, tritt kein Effekt ein. Hans ist davon sichtlich überrascht: Er dreht seinen Kopf ins Off, in Richtung des Forschenden, als wollte er darauf aufmerksam machen, dass bei ihm gerade ein Problem vorliegt, obwohl er sich zuvor sicher war, einen funktionierenden Stromkreis mit Schalter gebaut zu haben. Hans versteht nicht, warum der Motor nicht mehr auf das Betätigen des Tasters reagiert. Er schüttelt den Taster ein wenig hin und her, so wie es manchmal üblich ist einen nicht (mehr) funktionierenden elektrischen oder mechanischen Gegenstand zu schütteln, in der Hoffnung, dass dadurch die Funktion wieder hergestellt wird. Ein gutes Vergleichsbeispiel hierfür ist das Schütteln der Fernbedienung, wenn die Sender beim Drücken der Taste nicht direkt umspringen.

Nach der misslungenen Präsentation des Stromkreises, wendet Hans sich noch einmal dem Taster sowie dem Motor zu. Seine Heiterkeit ist einem ernsten Verhalten gewichen.

> *„[…] Hans stößt den Propeller mit der Hand an und drückt dabei erneut den Taster. Der Motor dreht sich nicht. Hans drückt erneut. Der Motor dreht sich nicht. Hans blickt auf den Taster in seiner Hand und drückt in kurzen Abständen auf den Taster. Der Motor dreht sich nicht. Hans stößt daraufhin den Motor noch einmal mit der Hand an. Sein Gesicht ist angespannt, während er zum Propeller schaut. Schließlich lässt er den Taster los, zeigt mit der rechten Hand auf den Taster, nimmt ihn erneut in die Hand und bewegt ihn etwas hin und her. Als Hans den Taster zurück auf den Tisch legt und seinen Arm in Richtung Körper zurückzieht, dreht der Propeller wieder kurz.“* (FI Hans 2a;33/34, 32:57-33:55 (1/1/1))

Das Anstoßen lässt zwei verschiedene Lesarten zu, die allerdings beide dasselbe Thema fokussieren. Zum einen kann das Anstoßen gedeutet werden als ein „Anschwung geben“, damit die Drehung des Motors wieder einsetzt. Zum anderen erscheint die Deutungsmöglichkeit plausibel, dass der Motor sich nicht dreht, weil er auf irgendeine Weise blockiert wird. Das Anstoßen ist an dieser Stelle ein anderes als das zuvor beschriebene verträumte Anstoßen (vgl. Hans 2a;30/31, „Hans‘ Reaktion auf den sich drehenden Motor“).

In dieser Szene rückt das einzige Mal ein anderes Bauteil als der Taster in Hans' Aufmerksamkeitsfokus. Allerdings dominiert die Auseinandersetzung mit dem Taster auch hier weiterhin die Szenerie. Er betätigt weiterhin den Taster, ab und zu dreht der Motor an, eine konstante Drehung gibt es nicht mehr zu beobachten. Der Taster steht nun wieder zentral in Hans' Aufmerksamkeit. Durch das Ruckeln, das viele Schalten und auch durch sein Zeigen auf den Schalter wird diese Fokussierung noch deutlicher. Ob Hans allerdings in Betracht zieht, dass das Nichtfunktionieren nicht auf den Taster an sich zurückzuführen ist, sondern auf nicht korrekt verbundene Anschlüsse kann auf der Bildebene nicht geklärt werden. Die Lesart, Hans ist der Ansicht, der Taster sei kaputt oder funktioniere nicht richtig, ist durchaus plausibel, da er in den folgenden Sequenzen einen Schalter an die Stelle des Tasters baut. Er versucht nicht, andere Ursachen (wie bspw. die Anschlüsse) zu überprüfen oder auszuschließen, sondern tauscht ein Bauteil aus.

Der Schalter im Stromkreis (32:34-34:20) – Analyse in der Dimension von Bild und Ton

Beim Drücken dreht der Motor sich, beim Loslassen nicht (32:34-32:59)

Während Hans nach dem Zusammenbau seines Stromkreises die ersten Male den Taster betätigt hat, flucht er: *„Oh shit!" (32:34 (1/1/1))*. Hans flucht im Zusammenhang mit der Betätigung des Tasters. Es scheint etwas aufgetreten zu sein, das er nicht erwartet hatte oder das ihn ärgert. Hans wollte einen Schalter in seinen Stromkreis einbauen, um den Motor an- und auszuschalten. Er stellt jetzt aber fest, dass das Schalten nicht funktioniert, da er den Taster gedrückt halten muss, damit der Motor stillsteht. Aus diesem Grund flucht er: *„Shit"*. Im Folgenden beschreibt Hans dies genauer. Wenn er den Taster gedrückt hält, dreht sich der Motor nicht; lässt er den Taster jedoch los, dreht sich der Motor *(„Sobald ich das gedrückt lasse (2) dreht's sich nicht, (.) aber sobald ich's wieder hochlasse" (32:39-32:45 (1/1/1)))*. Allerdings tritt in dem Moment, in dem er seine Beobachtung verbalisiert, ein weiteres Problem auf: Hans Beobachtung ist zwar richtig (vgl. technische Anmerkung zum Stromkreis), allerdings werden jetzt die Auswirkungen des Wackelkontaktes sichtbar. Der Motor verhält sich nicht mehr entsprechend Hans' Beschreibung. Das spiegelt sich auch im weiteren Satzverlauf wider. Nachdem Hans zunächst den Taster betätigt und beobachtet hat, verbalisiert er seine Beobachtungen während er gleichzeitig seine Handlungen verbalisiert. Seine Sprechhandlung passt zum Ende hin aber nicht mehr zu seiner tatsächlichen

Beobachtung, weswegen er seine ursprünglichen Aussage: *„Sobald ich's wieder hochlasse"*, nicht zu Ende bringt. Der Forschende ergänzt dann ein *„Dreht es sich" (32:48 (1/1/1))*, dem Hans ein *„Nichts" (32:49 (1/1/1))* hinterher schiebt. Hier bestätigt sich in dem, *was* er sagt und vor allem auch in dem, *wie*, in welcher Tonlage und Intonation er die Worte spricht, dass Hans irritiert ist. Hans hält hier sprachlich fest, dass sich der Motor, wenn er den Taster betätigt hat, nicht mehr dreht.

Kurze Zeit später ruft Hans laut: *„Ja" (32:53 (1/1/1))*. Mit dem *„Ja"* geht die Siegerpose einher: Mit geballten Fäusten ruft er *„Ja"*. Er hat etwas geschafft, sein Ziel erreicht. Dazu passt das auf der Bildebene rekonstruierte Erleben eines Erfolges. Es ist das eingetreten, was Hans erwartet hat: Der Taster wurde betätigt, der Motor steht still. Das auf der Ebene des Bildes rekonstruierte „Warmschalten" wird sprachlich nicht bestätigt, ist den Handlungen jedoch immanent. Es lässt sich als ein Ausprobieren und Nachvollziehen deuten.

Mit dem Schalter wollte Hans bestimmen, wann der Motor sich dreht und wann nicht (33:00-33:23)

Durch Hans Selbstdarstellung aufmerksam geworden, richtet sich Josephine mit den Worten: *„He, du wolltest doch, dass es sich dreht (2) und es dreht sich nicht." (33:00-33:04 (1/1/1))* an Hans. Dieser antwortet kurze Zeit darauf: *„Naja, kommt drauf an. Wollte es (.) dass (.) ich wollte, dass es sich dreht, wenn ich will, dass es sich dreht." (33:07-33:15 (1/1/1))*

Josephine formuliert Hans gegenüber, was sie als Ziel seiner Handlungen ausgemacht hat, nämlich, dass der Motor sich drehen soll. Da sich Hans' Motor gerade jedoch nicht dreht, sieht sie dieses Ziel nicht erfüllt. *„Es dreht sich nicht"*, sagt sie nüchtern. Hans überlegt eine Zeit, ehe er Josephine antwortet. Dabei formuliert er sein Ziel, dass er wollte, dass der Motor sich dreht, wenn er es möchte (*„Naja (.) kommt drauf an. Wollte es (.) dass (.) ich wollte, dass es sich dreht, wenn ich will, dass es sich dreht."*). Er beschreibt also, was auf der Bildebene bereits deutlich geworden ist. Hans wollte einen Schalter in seinen Stromkreis integrieren, um festzulegen, wann sich der Motor dreht und wann nicht, um ihn an- und auszuschalten. Er expliziert hier seine Absicht. Im Verlauf präzisiert Hans seine Aussagen noch, indem er sich direkt an Josephine wendet und zu ihr spricht: *„Weil ich hab jetzt 'n (.) Josephine, ich hab 'n Schalter rangebaut." (33:20-33:23 (1/1/1))* Hier wird auch sprachlich deutlich, dass Hans davon ausgeht, einen Schalter und keinen Taster verbaut zu haben. Allerdings interessiert sich Josephine nicht mehr für Hans und seinen Schalter, sondern ist mit Svenja und einer LED beschäftigt. Bis zu diesem Zeitpunkt bestätigt sich, was auf der Bildebene bereits rekonstruiert werden konnte. Hans wollte einen Schalter in den Stromkreis integrieren, um den Motor an- und auszuschalten und erhält in dieser Sequenz zunächst die vermeintliche Bestätigung seines Ziels. Während Hans Josephine direkt anspricht, streckt er seine Hand mit dem Schalter nach vorne. Er präsentiert Josephine seinen Schalter, die dann auch kurz zu Hans und seinem Schalter blickt. Als Hans dann aber weiter schaltet, reagiert der Motor willkürlich, sodass Hans äußert, der Schalter *„reagiert aber nicht immer" (33:28-33:30 (1/1/1))*. Das auf der bildlichen Ebene Rekonstruierte wird von Hans hier nun explizit kommuniziert: Der Schalter reagiert nicht immer. Die Präsentation vor Josephine und auch den anderen Kindern misslingt also und wird von Hans an dieser Stelle auf den Taster zurückgeführt, der nicht richtig reagiert. Hans benutzt hier das Verb „reagieren", was an dieser Stelle durchaus als präzisere Verbalisierung seiner Beobachtung gelten kann. Eigentlich müsste auf Hans' Aktion, so seine Erwartung, eine Reaktion folgen. Konkreter heißt das: Auf die Aktion des Schaltens müsste eine Reaktion am Motor folgen. Allerdings „reagiert" der Schalter nicht zu seiner Zufriedenheit, da der Motor sich nicht nach einem eindeutigen Muster dreht.

Der Schalter reagiert nicht immer, weil der Strom nicht fließen kann (33:28-34:05)

Wie auf der Bildebene herausgestellt werden konnte, steht der Taster im Zentrum von Hans' Auseinandersetzung mit seinem Stromkreis, da er nicht Hans' Erwartungen entsprechend funktioniert und da dieser in vorliegender Sequenz neu in den Stromkreis integriert wurde. Hans schaltet und wackelt daher intensiv am Taster. Dabei flucht er zweimal: *„Nein shit" (33:44-33:45 (1/1/1))* und ein lang gezogenes *„Oh nei::::n" (33:49-33:51 (1/1/1))*. Auf der Bildebene wurde aber weiterhin ersichtlich, dass Hans zwar sehr auf den Taster fixiert ist und auch registriert, dass dieser nicht seinen Erwartungen gemäß funktioniert, er jedoch nichts an seinem Stromkreis oder an den Anschlüssen seines Tasters ändert. In diesem Unterthema allerdings verbalisiert er, dass die Ursache für das willkürliche Drehen am „Schalter" liegt. *„Wahrscheinlich liegt es am Schal-*

ter (.), dass des hier nicht richtig rumkommt (.), der Strom von dem nach dem." (33:58-34:05 (1/1/1)) Während er das sagt, zeigt er beim ersten *„dem"* auf die eine Seite des Tasters und beim zweiten *„dem"* auf die andere Seite. Die Ursache liegt also nicht an den Verbindungen am Schalter, sondern *im* Schalter. Durch seine Gesten und seine parallel stattfindenden Sprechakte thematisiert Hans gleichzeitig eine Flussbewegung des elektrischen Stromes. *„Der Strom kommt nicht rum."* Hier wird deutlich, dass Strom in Bewegung ist, irgendwo hin möchte. Eine Erklärung liefert Hans allerdings nicht. Er verbleibt auf Ebene des Beschreibens.

Hans findet einen besseren Schalter (34:18-34:20)

Mit den Worten: *„Ich glaub, ich hab 'n besseren Schalter" (34:18-34:20 (1/1/1)),* nimmt Hans von der Tischplatte einen Schiebeschalter auf, den er in der kommenden Sequenz anstelle des Tasters einbauen wird. Hier bestätigt sich, dass Hans die Ursachen für das willkürliche Drehen nach Betätigung des Tasters am Taster an sich sucht. Mit einem *„besseren"* Schalter will er in weiterer Folge dann seinen Stromkreis so aufbauen, dass sich der Motor an- und ausschalten lässt. Dass die Anschlüsse innerhalb des Tasters nicht korrekt miteinander verbunden sind, zieht Hans hier nicht weiter in Betracht. Hans sucht nur am Schalter, nicht an den Verbindungen.

Zusammenfassung - Erweiterung des Basis Stromkreises

Hans ist in dieser Sequenz nicht überrascht

Wie in Hans 1;30-33 (vgl. „Hans' Umgang mit der Drehung des Motors – Er ist überrascht") herausgearbeitet wurde, zeigte Hans sich durch die einsetzende Drehung des Motors überrascht. In dieser Sequenz nun, in der Hans seinen Basisstromkreis um einen Taster erweitert hat, schreckt er nicht auf, als sich der Motor zu drehen beginnt. Er wirkt zunächst konzentriert und betrachtet seinen Stromkreis unaufgeregt. Diese Ruhe impliziert seinen vorangegangen Handlungen eine planvolle, überlegte Herangehensweise. Hans weiß, was er möchte und was er tun muss. Dies wird insbesondere noch einmal deutlich, als er zu Josephine sagt, er wolle, dass sich der Motor dreht, wenn er es möchte.

In Hans 1;30-33 (vgl. „Hans' Umgang mit der Drehung des Motors") konnte dieses überlegte, planvolle Handeln nicht rekonstruiert, sondern im Gegenteil eher ausgeschlossen werden, da Hans Überraschtsein sehr heftig ausgefallen ist. Ob Hans dieses Können aus seiner Erfahrung heraus erworben hat, kann nicht abschließend geklärt werden. Auf jeden Fall ist Hans routinierter vorgegangen.

Hans inszeniert sich und seinen Stromkreis

Wie bereits in Hans 1;30-33 (vgl. „Hans' Umgang mit der Drehung des Motors - Er genießt seinen Erfolg") inszeniert sich Hans sowohl verbal als auch mimisch und gestisch. Allerdings ist seine Aufführung hier noch länger und ausführlicher. Hans zelebriert sich selbst und seinen Stromkreis und zieht so das Interesse der anderen Kinder auf sich. Verbleibt Hans zunächst dabei, ein Tänzchen aufzuführen, um so seiner Freude über den drehenden Motor Ausdruck zu verleihen (vgl. Hans 1;30-33, „Hans Umgang mit der Drehung des Motors - Er genießt seinen Erfolg"), geht er hier noch einen Schritt weiter. Er zieht die Aufmerksamkeit der anderen Kinder mit einer Siegesgeste und einem Tanz auf sich, um dann seinen Stromkreis mit Schalter zu präsentieren. Wie oben analysiert, misslingt diese Präsentation aber dadurch, dass die Reaktionen auf das Betätigen des Schalters willkürlich ausfallen und Josephine Hans direkt darauf aufmerksam macht, dass das, was er wollte, gar nicht eingetreten ist. Hans wird so in eine Rolle gebracht, in der er sich den anderen Kindern, insbesondere Josephine, gegenüber rechtfertigen muss. Die Inszenierung misslingt.

Taster vs. Schalter

Hans ist der Annahme, er habe einen Schalter verbaut. Allerdings handelt es sich um einen Taster. Der Taster befindet sich während des gesamten Sequenzbündels in Hans' Aufmerksamkeitsfokus. Obwohl Hans (in den Momenten, in denen der Taster trotz des Wackelkontaktes funktioniert) ganz klar registriert und auch beschreibt, was er bei der Betätigung des Tasters feststellt, geht er davon aus, dass der Taster nicht richtig funktioniere (An- und Ausschalten). Auch im Zuge seiner Auseinandersetzung erschließt sich ihm der Sinn nicht, da er stets davon ausgeht, einen Schalter verbaut zu haben. Die für ihn einleuchtende Schlussfolgerung daraus ist: Der Taster ist kaputt. Verstärkt wird diese Erfahrung noch dadurch, dass der Taster unregelmäßig funktioniert und nicht auf jedes Drücken gleich reagiert und letztlich auch noch getauscht werden soll.

Der Taster ist das zentrale Problem

Durch die misslungene Präsentation des Stromkreises, die Feststellung, dass der „Schalter" nicht richtig reagiert und die Behauptung, die Ursache dafür läge am „Schalter" selbst, liegt Hans' Fokus deutlich auf dem Taster. Er kommt letztlich zu dem Schluss, der „Schalter" sei kaputt. Wird noch einmal vor Augen geführt, wovon Hans ausgegangen ist, nämlich, dass er einen Schalter verbaut hat, so leuchtet diese Erklärung ein: Der Schalter ist kaputt, weil mit ihm der Motor nicht an- und ausgeschaltet werden kann. Andere Ursachen ergründet Hans daher nicht explizit. Er betrachtet den Schalter nur isoliert, nicht in Bezug auf seine Eingebundenheit in den gesamten Stromkreis. Er sucht nur am Schalter nach Ursachen für das unregelmäßige Funktionieren. Daher scheint sein Ausblick, am Ende einen anderen Schalter zu verwenden, plausibel.

Dieses Sequenzbündel zeigt im Vergleich zu Hans 1;30-33 (vgl. „Hans' Beschäftigung mit dem Stromkreis") einen Übergang zum genaueren Überprüfen. Der erste Stromkreis funktionierte, sodass Hans nicht nach Ursachen für ein Nichtdrehen des Motors suchen musste, weil der Motor sich direkt gedreht hat. Allerdings hat er in Hans 1;30-33 (vgl. „Hans' Beschäftigung mit dem Stromkreis - Die Solarzelle wird mit ‚Licht' in Verbindung gebracht") die Solarzelle und insbesondere Licht auf der Solarzelle als notwendige Bedingung für eine schnelle Drehung des Motors thematisiert. In dieser Sequenz funktioniert der Motor zwar auch, allerdings gibt es im Vergleich zu erstem Stromkreis ein Konstruktionsproblem. Hans versucht, dieses Problem zu ergründen und in Ansätzen auch zu beheben. Er beschäftigt sich intensiv mit dem Taster, sieht hier den Grund für seine Probleme, gleichzeitig wähnt er eine Ursache aber auch an den Verbindungen zwischen Motorteil und Solarzellenteil seines Stromkreises. Diese Verbindung wird bei seinem Stromkreis durch den Schalter hergestellt. Schalter und Verbindungen stehen hier in einem engen thematischen Zusammenhang.

4.1.4 Ein Basisstromkreis mit LED (Hans 3a;7-9)

Bisher hat Hans mit einem Basisstromkreis bestehend aus Solarzelle, Motor und Kabeln gearbeitet. Im weiteren Verlauf beginnt Hans, einen Basisstromkreis mit einer LED anstatt eines Motors zu konstruieren (vgl. Abbildung 3). Da die LED nicht leuchtet, versucht Hans verschiedene Dinge, um die LED zum Leuchten zu bringen.

7	50:07-50:23	Hans schließt den noch freien Kontakt des zweiten gelben Krokodilkabels an den noch freien Kontakt der Solarzelle
8	50:24-50:28	Hans nimmt seinen neu gebauten Stromkreis und geht zum Fenstertisch
9	50:29-50:50	Hans betrachtet die LED, während die Solarzelle unter der Lampe liegt

Abbildung 3: Stromkreis Hans 3a;7-9 und Hans 3a;18-20

Der Gang zur Schreibtischlampe

> *„[...] Hans hält in der rechten Hand ein gelbes Krokodilkabel und in der linken die Anschlusskabel einer Solarzelle. [...] Er klemmt das gelbe Krokodilkabel an dem noch unbestückten Anschlusskabel der Solarzelle fest. Anschließend greift er mit der linken Hand nach einer LED, die jetzt sichtbar wird und durch die beiden gelben Krokodilkabel mit der Solarzelle verbunden ist. Mit der rechten Hand greift Hans die Solarzelle, steht auf und geht mit den Sachen in seinen Händen zum Fenstertisch.“ (FI Hans 3a;7/8, 50:07-50:28 (1/1/1))*

Unmittelbar nachdem Hans den letzten noch freien Kontakt seines Stromkreiskonstruktes verbunden hat, steht er auf und geht zur Schreibtischlampe. Er bringt also sein Stromkreiskonstrukt mit Licht in Verbindung. Am Fenster und insbesondere unter der Schreibtischlampe ist der Lichteinfall größer als am Materialtisch unter der Deckenbeleuchtung. Die Funktionsweise der Solarzelle wird am Fenstertisch begünstigt. Hans hat bereits zuvor die Erfahrung gemacht, dass sich ein Motor an eine Solarzelle angeschlossen schneller dreht, wenn die Solarzelle direkt unter die kleine Lampe gehalten wird (vgl. Hans 1;30-33, „Hans' Beschäftigung mit dem Stromkreis - Die Solarzelle wird mit ‚Licht' in Verbindung gebracht"). Andererseits hat Hans in derselben Sequenz auch die Erfahrung gemacht hat, dass sich der Motor, angeschlossen an eine Solarzelle, auch am Materialtisch problemlos dreht, der Gang zur Schreibtischlampe also nicht zwingend war, um eine Drehung des Motors zu erzielen. Deutlich wird hier jedoch, dass die Solarzelle und Licht, bzw. Helligkeit in Hans Aufmerksamkeitsfokus liegen und er sein Stromkreiskonstrukt direkt und selbstverständlich mit Licht in Verbindung bringt. Der Gang zur Schreibtischlampe stellt den Übergang von der Bauphase zur Überprüfungs- oder Testphase des Stromkreiskonstruktes dar.

Licht auf der Solarzelle

> *„[...] Hans legt die Solarzelle kurz unter der Schreibtischlampe ab, ehe er sie wieder mit der rechten Hand aufnimmt und direkt unter den Schirm der Lampe hält. Dabei blickt er in Richtung seiner Hände. Er bewegt kurz den Kopf nach links, bevor er eine Zeit lang auf die LED in seiner linken Hand schaut. Anschließend neigt er kurz*

den Kopf und schaut in Richtung der Solarzelle, die er gerade direkt unter die Glühlampe der Schreibtischlampe hält." (FI Hans 3a;9, 50:29-50:50 (1/2/1))

Das Halten der Solarzelle unter die Lampe stellt ein erstes Prüfen des Stromkreiskonstruktes dar. Zu diesem Zeitpunkt ist es nicht als Suche nach einer Ursache für das Nichtfunktionieren zu deuten, sondern als ein erstes Ausprobieren. Während dieses ersten Testens des Stromkreiskonstruktes setzt gleichzeitig ein weiterführendes Überprüfen ein. Als Hans die Solarzelle direkt unter die kleine Lampe hält, leuchtet die LED nicht. Zwar lässt sich auf der Bildebene nicht genau erkennen, ob die LED tatsächlich nicht leuchtet, allerdings lässt sich dies unter Hinzunahme der technischen Kontextinformationen erklären. Die Solarzelle liefert zu wenig Spannung und ist möglicherweise falsch angeschlossen. Während Hans nun also auf die LED in seiner Hand schaut und sie eingehend beobachtet, hält er die Solarzelle unterschiedlich dicht unter die Lampe. Hier beginnt ein tiefergehendes Überprüfen bzw. Suchen nach Möglichkeiten für das Nichtleuchten der LED. Hans fokussiert hierbei wieder (vgl. Hans 1;30-33, „Hans' Beschäftigung mit dem Stromkreis - Die Solarzelle wird mit ‚Licht' in Verbindung gebracht") die Solarzelle. Seine Beschäftigung mit der Solarzelle geht dabei aber über ein bloßes ins-Licht-Halten hinaus. Hans variiert die Distanz der Solarzelle zur Lichtquelle, sucht also in der Entfernung der Solarzelle zur Lichtquelle nach einer Ursache für das Nichtfunktionieren.

Er misst der Solarzelle in dieser Situation eine besondere Rolle für das Leuchten der LED bei. Im vorangegangenen Verlauf hat Hans die Erfahrung gemacht, dass die Solarzelle elektrischen Strom aus Licht produziert[95]. Je mehr Licht auf die Solarzelle fällt, desto mehr Strom produziert sie. Hans hält die Solarzelle unmittelbar unter die Lampe. Ob für Hans dabei die Menge des Lichtes, das auf die Solarzelle trifft oder die Distanz zwischen Lichtquelle und Solarzelle im Fokus steht, ist nicht

---

[95] Ob Hans diese Tatsache in diesen Begrifflichkeiten präsent ist, kann nicht gesagt werden. Anzunehmen ist aber in jedem Fall, dass Hans die Bedeutung des einfallenden Lichtes auf der Solarzelle für das Funktionieren eines Motors oder in diesem Fall einer LED bewusst ist. Gestärkt wird diese Annahme durch seine Aussage *„Wahrscheinlich bloß'n bisschen wenig Sonne."* (vgl. Hans 1;30-33, „Der Motor dreht sich zum ersten Mal – Analyse in der Dimension von Bild und Ton"), in der er die Menge einfallenden Lichtes mit der Drehgeschwindigkeit des Motors in Verbidung bringt.

gänzlich zu klären. Da er die Solarzelle in geringem Abstand direkt unter die Glühbirne hält, ist davon auszugehen, dass für ihn die Distanz zur Lichtquelle eine größere Bedeutung besitzt. Die Auseinandersetzung mit der Solarzelle kann an dieser Stelle weiter präzisiert werden. Nicht alleine die Solarzelle steht im Vordergrund, sondern gleichzeitig Licht als notwendige Voraussetzung für ihr Funktionieren. Allerdings kann Hans in Auseinandersetzung mit der Solarzelle keine Ursache für das Nichtleuchten finden.

Warum leuchten die kleinen „wd-Lampen" nicht? (50:08-51:07) – Analyse in der Dimension von Bild und Ton

Als Hans die Solarzelle seines Stromkreises unter die Schreibtischlampe hält, fragt er: *„Warum funktioniert das nicht?"* (50:30-50:32 (1/1/1)). Diese Frage impliziert, er habe die Solarzelle und die LED so miteinander verbunden, dass irgendetwas funktionieren müsste, wenn er die Solarzelle ins Licht hält. Wird ein Bezug zur Bildebene hergestellt und Hans' Stromkreis betrachtet, so lässt sich das *„Funktionieren"* eindeutig auf die LED, bzw. das Leuchten der LED zurückführen. Allerdings leuchtet die LED nicht. Geschwächt wird die Zuweisung des *„Funktionierens"* auf das Leuchten der LED durch den nächsten Gesprächsabschnitt, in welchem Hans fragt, was die *„Lampen"* eigentlich sollen *(„Was sollen die Lampen hier eigentlich? Die kleinen wd-Lampen." (50:36-50:40 (1/1/1))).*[96] Wenn Hans fragt, was die Lampen sollen, auf was kann sich dann das Funktionieren beziehen? Allerdings beantwortet Hans seine Frage nach einer kurzen Wiederholung der selbigen durch den Forschenden *(„Was die sollen?" (50:40-50:41 (1/1/1)))* selber: *„Leuchten?" (50:42 (1/1/1))*. Ob Hans, als er die LED zu verwenden begann, bereits das Ziel hatte, die LED zum *Leuchten* zu bringen, kann nicht mit Gewissheit bestätigt werden. Hans hätte ebenso erwarten können, dass die LED etwas anderes kann. Die LED zum Leuchten zu bringen, scheint dennoch am wahrscheinlichsten, gerade wegen der eigenständigen Beantwortung der Frage durch Hans und

96 Hans bezeichnet die LEDs als „wd-Lampen". Im Zuge der Vorstellung der Materialien wurden die LEDs als solche benannt. Hans hat offenbar einen ähnlich klingenden Namen („wd") behalten. Dass er den Zusatz „Lampe" hinterherschiebt, ist ebenfalls nachzuvollziehen, da auch der Forschende sagte „kleine Lämpchen". Da LEDs lichtemittierende Dioden sind, liegt der Vergleich mit einer Lampe nahe, die auch Licht ausstrahlt.

aufgrund der Einführung in das Material.[97] Hinzu kommt noch, dass Hans die Erfahrung gemacht hat, dass Dinge die an eine Solarzelle angeschlossen werden, *„funktionieren"* können. Die Solarzelle „macht" etwas, das etwas anderes bewirken kann: Drehen, Leuchten, Funktionieren.

Es entwickelt sich nun zwischen Hans, dem Forschenden und Sarah ein kurzer Dialog, in dem es darum geht, warum die LED nicht leuchtet (*„Die leuchtet aber nicht, (.) warum leuchtet die nicht?" (50:47-50:50)*). Sarah antwortet: *„wegen dem Licht, oder?" (50:55-50:56 (1/1/1))*. Allerdings hat Hans bereits seine Solarzelle unter die Schreibtischlampe gehalten (*„Na, weil (.) er hat das ja gerade auch unter die Lampe drunter gehalten" (50:57-50:59 (1/1/1))*) und hat somit bereits bei der Distanz der Solarzelle zur Lichtquelle nach Ursachen für das Nichtfunktionieren zu suchen begonnen. Da Sarah selbst mit etwas anderem beschäftigt war und erst durch Hans' Frage, bzw. die Frage des Forschenden auf die Situation aufmerksam geworden ist, hat sie diesen Schritt der Prüfung nicht wahrgenommen. Sarahs Rat ist aber durchaus als eine Möglichkeit zu sehen, das Problem zu lösen. Es wird deutlich, dass auch Sarah die Ursachen für das Funktionieren eines Stromkreises zuerst im Bereich *„Licht auf der Solarzelle"* aushandelt.[98] Hans, der nicht wirklich am Gespräch beteiligt ist, fragt nach einiger Zeit nur noch einmal langgezogen: *„Warum ni:::::cht?" (51:02-51:04 (1/1/1))*, dabei hält er die Solarzelle wieder unter die Schreibtischlampe.

Was auf der Bildebene rekonstruiert wurde, bestätigt sich auch in der Analyse in Bild und Ton: Es wird ausschließlich die Solarzelle, bzw. das Licht auf der Solarzelle thematisiert. Andere Erklärungsmuster oder -versuche werden hier nicht hinzugezogen, weder von Hans noch von Sarah. Als er die Solarzelle wieder zurückzieht und immer noch kein Leuchten beobachten konnte, beantwortet er seine Frage nach dem Nichtleuchten damit, dass die LED *„gemein ist" (51:07 (1/1/1))*. Hans erhält auf explorierender und sprachlicher Ebene keine Lösung für sein Problem. Er sucht nach keiner Erklärung für die Ursache und erhält dementsprechend auch keine Antwort. Als Erklärung spricht Hans der LED wie bereits in der Sequenz Hans 1;33 menschliche Eigenschaften zu: Die LED ist

---

97 Der Forschende sagt in den ersten Minuten als Nachtrag zur Materialvorstellung, dass es sich bei den LEDs um „kleine Lämpchen" handelt.

98 Im weiteren Verlauf der Ergebnisdarstellung wird dies noch ausführlicher in die Analyse miteinbezogen.

gemein und leuchtet daher nicht. In dieser Sequenz allerdings scheint das Gemeinsein Hans' Tonfall berücksichtigend keine ernsthafte Begründung zu sein. Vielmehr tritt Hans' Geltungsbedürfnis zu Tage.

Zusammenfassung – Variation des Basisstromkreises

Hans möchte eine LED zum Leuchten bekommen. Zu diesem Zweck verbindet er die LED mit einer Solarzelle. Aus der formulierenden Interpretation der Sequenz wird ersichtlich, dass Hans die Solarzelle vermeintlich richtig mit der LED verbunden hat. Er hat - dies wird aus den Kontextinformationen ersichtlich - ziemlich zügig ein Stromkreiskonstrukt gebaut. Auf der Bildebene ist in dieser Einstellung nicht zu sehen, dass die LED nicht leuchtet, allerdings ist unter Hinzunahme weiterer Kontextinformationen auszuschließen, dass die LED leuchtet. Die verwendete Solarzelle liefert zu wenig Spannung, um die LED zum Leuchten zu bringen. Es ist technisch also nicht möglich, dass die LED leuchtet. Hinzu kommt eine weitere Schwierigkeit, die generell die Verwendung der LED betrifft. Eine LED muss „richtigherum" an die Solarzelle angeschlossen werden.[99] Ob Hans zusätzlich zu der Tatsache, dass die verwendete Solarzelle nicht ausreichend elektrischen Strom produzieren kann, um die LED zum Leuchten zu bringen, diese auch noch falsch angeschlossen hat, ist auf den Videoaufnahmen nicht zu erkennen.

Hans beschäftigt sich in dieser Sequenz nur mit der Solarzelle und ihrer Ausrichtung zur Lichtquelle. Er stellt nicht die verwendete Solarzelle infrage und auch nicht die Verbindungen zwischen den einzelnen Bauteilen. In seinem Fokus ist nur die Solarzelle, bzw. das Licht auf der Solarzelle. Dies wurde in der Analyse deutlich. An anderen Stellen sucht Hans nicht nach Ursachen. Stattdessen führt er das Nichtleuchten darauf zurück, dass die LED gemein sei. Hans handelt das Problem also nicht in einem naturwissenschaftlichen, experimentellen Rahmen aus, sondern einem animistischen, indem er der Solarzelle oder der LED die menschliche Eigenschaft des Gemeinseins zuspricht. Dass Hans der Überzeugung

[99] Die beiden (unterschiedlich langen) Beine der LED, die Kathode (kurzes Bein) und die Anode (langes Bein) müssen auf spezifische Weise mit den Kontakten der Solarzelle verbunden werden, damit sie funktioniert. So muss die Anode an dem Pluspol der elektrischen Stromquelle, in diesem Fall der Solarzelle, angeschlossen sein, die Kathode am Minuspol.

ist, die LED oder die Solarzelle seien gemein zu ihm, kann ausgeschlossen werden. Vielmehr scheint hier Hans Geltungsbedürfnis durchzudringen mit dem er seine Unsicherheiten überspielt. Hans geht in dieser Untersequenz nicht planvoll und überlegt vor. Es lässt sich vielmehr eine einseitige Problembetrachtungsweise rekonstruieren.

4.1.5 Die Verbindungen im LED Stromkreis (Hans 3a;18-22)

Wie dargestellt hat Hans beim Prüfen seiner LED Stromkreiskonstrukte ausschließlich die Solarzelle und insbesondere ihre Distanz zur Lichtquelle thematisiert (vgl. Hans 3a;7-9, „Licht auf der Solarzelle"). Dies konnte nach Analyse der Bildebene festgehalten werden. Auch unter Einbeziehung der Tonebene in die Analyse konnten keine weiteren Ebenen der Auseinandersetzung gefunden werden. Hans beschäftigt sich nur mit der Solarzelle und überprüft zu jenem Zeitpunkt keine andere mögliche Ursache für das Nichtleuchten. Dieses Vorgehen ist zunächst nicht verwunderlich, da Hans die Erfahrung (vgl. Hans 1;30-33, „Hans' Beschäftigung mit dem Stromkreis - Die Solarzelle wird mit ‚Licht' in Verbindung gebracht") gemacht hat, dass Licht auf der Solarzelle die Drehgeschwindigkeit des Motors beeinflusst, also ursächlich für eine (schnellere) Drehung ist. Andere Aspekte musste er zu jenem Zeitpunkt nicht in Betracht ziehen. Allerdings hat Hans in der Sequenz, in der er den Taster in seinen Basisstromkreis integriert hat, auch andere Bauteile seines Stromkreises fokussiert und nicht ausschließlich die Solarzelle (vgl. Hans 2a;28-30, „Hans' Reaktion auf den drehenden Motor").

Die zuvor beschriebene einseitige Problemsicht mit Fokus auf die Solarzelle wird in dieser Sequenz nun aufgebrochen. Hans weitet seine Überprüfung auf die Verbindungen aus.[100]

---

[100] Zwischenzeitlich hat Hans sich zunächst mit anderen Materialien beschäftigt, hat den mit dem Wasserrad arbeitenden Mädchen zugeschaut und mit einem der Hocker gespielt. (51:24-54:34) Anschließend nimmt er sich wieder seinen zuvor gebauten LED-Solarzellen Stromkreis und setzt sich mit den Verbindungen auseinander. Die vorliegende Sequenz ist als Fortsetzung der vorangegangenen Auseinandersetzung zu sehen, auch wenn eine kurze Pause zwischen den Passagen liegt, in denen Hans etwas anderes gemacht hat.

18	54:51-55:15	Hans betrachtet den Stromkreis, insbesondere die Verbindungen und die LED
19	55:16-55:24	Hans nimmt den Stromkreis und geht an den Fenstertisch zur Wasserradgruppe
20	55:25-55:49	Hans geht mit seinem Stromkreis weiter zur kleinen Lampe und interagiert mit dem Forschenden
21	55:50-55:53	Hans hält die Solarzelle unter die Schreibtischlampe
22	55:54-56:10	Hans unterhält sich mit dem Forschenden

Die Verbindungen und die LED

> *„Hans greift mit der linken Hand nach der Verbindung zwischen den beiden gelben Krokodilkabeln. […] Seinen Kopf beugt er währenddessen nach vorne in Richtung der Hände und der Verbindungsstelle. Anschließend nimmt Hans die LED in beide Hände, betrachtet sie ausgiebig und wackelt und biegt an den beiden Beinen der LED und den gelben Krokodilkabeln." (FI Hans 3a;18, 54:51-55:15 (1/1/1))*

Hier stehen nun die Verbindungen haptisch und visuell in Hans' Aufmerksamkeitsfokus. Diese konkrete Verbindung scheint allerdings Hans' Verständnis nach keinen Fehler aufzuweisen, da er nichts an ihr ändert. Schließlich greift er die andere Verbindungsstelle seines Stromkreises zwischen LED und gelben Krokodilkabeln und schaut auch diese intensiv an, biegt sogar die Beinchen der LED auseinander. Das Wackeln und Ziehen lässt sich als ein Testen auf Festigkeit der Verbindungen deuten. Ist alles fest verbunden? Halten die Verbindungen dem Wackeln und Ziehen stand? Zu Beginn der Exploration hat Hans bereits kurz die Verbindungen thematisiert. Es konnte festgehalten werden, dass er prüfend über die Verbindungen sieht, mit seinen Blicken eine Verbindung herstellt (vgl. Hans 1;31, „Hans' Beschäftigung mit dem Stromkreis - Die Teile sind miteinander verbunden"). Hier nun werden die Verbindungen durch das Ziehen deutlicher thematisiert.

Nachdem zunächst festgehalten werden konnte, dass Hans fast ausschließlich die Solarzelle und ihre Funktionsweise überprüft (vgl. „Hans 3a;7-9,Licht auf der Solarzelle"), weitet er hier seine Suchräume auf die Verbindung aus.

Der Gang zum Fenstertisch

> *„Hans greift mit der linken Hand die Solarzelle, steht auf und […] geht mit den Gegenständen in der Hand in Richtung Schreibtischlampe." (FI Hans 3a;19, 55:16-55:24 (1/1/1))*

Hans hat im bisherigen Verlauf des Explorierens die Erfahrung gemacht, dass am Fenster Lichtverhältnisse herrschen, die es ermöglicht haben, dass sich die an eine Solarzelle angeschlossenen Motoren (besser) drehen können. Daher liegt es nahe, dass Hans auch hier nun zum Fenster geht, um seine Solarzelle unter die Schreibtischlampe zu halten. Der Gang zum Fenstertisch ist wie auch schon in den vorherigen Sequenzen als Schwelle zwischen unterschiedlichen Phasen der Beschäftigung mit den Stromkreis(-konstrukt)en zu deuten. Stellte er in vorangegangener Sequenz einen Übergang von der Bauphase zur Testphase dar, so ist er in dieser Sequenz der Übergang von einer ersten Überprüfungsphase zu einer umfassenderen Überprüfungsphase. Zunächst wurden die Verbindungen überprüft, ehe nun wieder das gesamte Stromkreiskonstrukt getestet wird, wobei die Solarzelle im Zentrum seiner Aufmerksamkeit steht.

Die Solarzelle

> *„[…] Hans streckt für einen kurzen Moment die Hand mit der Solarzelle in Richtung der Lampe, zieht sie dann aber wieder zurück. Paula greift um Hans herum und schaltet die Schreibtischlampe an. Dabei schaut dieser von unten in Richtung Lampe. […]" (FI Hans 3a;20, 55:26-55:49 (1/1/1))*

Das Prozedere scheint zunächst dem aus den vorangegangenen Sequenzen zu gleichen. Hans kommt zum Tisch und hält die Solarzelle dicht unter die Schreibtischlampe. In dieser Sequenz gibt es allerdings kurz einen irritierenden Moment. Als Hans an der Lampe ankommt, ist er zunächst irritiert, da die Lampe nicht leuchtet. Er zieht die Hand mit der Solarzelle wieder zurück. Gefestigt wird diese Annahme durch Hans' Blick von unten in den Lampenschirm. Paula beseitigt diese Irritation jedoch umgehend, indem sie die Schreibtischlampe wieder anschaltet.

> *„[…] Nachdem Paula die Lampe angeschaltet hat, dreht Hans sein Gesicht zur Kamera und beginnt zu sprechen. Während er redet, hebt Hans kurz Solarzelle und LED ein kleines Stück in die Höhe.*

Anschließend dreht er sich lachend wieder in Richtung der Lampe." (FI Hans 3a;20, 55:26-55:49 (1/1/1))

Das Hochhalten ist in diesem Ausschnitt ein anderes als das vorher beobachtete und beschriebene. Hans hält die Solarzelle hier nicht unmittelbar unter die Lampe. Das Hochheben gehört demnach nicht zur Überprüfungsphase. Deutlich wird dies auch dadurch, dass Hans die Solarzelle zusammen mit der LED anhebt. Das Anheben lässt sich als ein kurzes Zeigen deuten. Dass er während des kurzen Anhebens in Richtung der Kamera gewandt ist und dabei spricht, verstärkt die Annahme des Zeigens. Das Lachen lässt darauf schließen, dass Hans etwas Lustiges im Zusammenhang mit den Sachen in seinen Händen geäußert hat. Vor der Überprüfung ist er hier also zunächst noch kurz abgelenkt, bzw. mit etwas anderem beschäftigt. Schließlich hält Hans die Solarzelle unter die Lampe und beginnt die Überprüfung seines Stromkreiskonstruktes. Diese läuft nach dem bereits bekannten Vorgehen ab. Hans hält die Solarzelle dicht unter die Schreibtischlampe und schaut währenddessen auf die LED. Die kurze Distanz der Solarzelle zur Lichtquelle ist auch hier in seinen Handlungen deutlich erkennbar.

„Hans setzt sich nun auf einen Hocker vor der Lampe und hält die Solarzelle dicht darunter. Dabei schaut er erst auf die Lampe und dann kurz auf die LED in seiner linken Hand. […]" (FI Hans 3a;21, 55:50-55:53 (1/1/1))

Die LED leuchtet nicht, obwohl Hans die Solarzelle näher an die Lampe gehalten hat (55:35-56:10) – Analyse in der Dimension von Bild und Ton

„Die Lampe" 55:35-55:49

Das Thema startet mit der Frage von Hans, weshalb die Lampe ausgeschaltet ist (*„Warum ist die Lampe aus?" (55:35-55:36 (1/1/1))*. Er stellt diese Frage, als er von den Wasserrad-Mädchen zur Schreibtischlampe geht, um dort seine Solarzelle unter die Lampe zu halten. Der Forschende rät ihm, diese wieder anzumachen (*„Kannste wieder anmachen" (55:37-55:39 (1/1/1)))*. Hans stellt die Frage, weil er eine leuchtende Lampe erwartet hat (wie in den Sequenzen zuvor) und diese seiner Erfahrung nach benötigt, um mit einer Solarzelle einen Motor anzutreiben. Hans fragt nach einem Grund für das Ausgeschaltetsein der Lampe (*„Warum"*). Allerdings bekommt er auf diese Frage keine Antwort. Die einzige Antwort, die Hans erhält, zielt nicht auf das *„Warum?"*, sondern geht einen Schritt weiter. Der Forschende liefert eine weiterführende Antwort: *„Kannste wieder anmachen."* Die Frage nach der Ursache des Ausseins der Lampe wird hier nicht beantwortet. Hans Frage wird dahingehend interpretiert, dass ihn der Grund des Ausgeschaltetseins nicht interessiert. Die Frage wurde gleich dahingehend beantwortet, sie wieder anzuschalten. Paula vollzieht dann diesen Hinweis vom Forschenden und schaltet die Lampe ein. Wie auf der Bildebene beschrieben, geht Hans zum Fenster, um seinen Stromkreis zu testen. Seine Frage nach der ausgeschalteten Lampe steht hier im Zusammenhang mit dem Testen des Stromkreises.

Im Anschluss an diesen kurzen Dialog setzt ein zweiter Dialog zwischen Hans und dem Forschenden an. Dabei geht es inhaltlich erneut um die Schreibtischlampe. Diesmal allerdings eher auf eine flapsige Art und Weise. Hans fragt den Forschende, ob die Schreibtischlampe auch mit den *„Sachen"* gebaut wurde *(„Habt ihr die auch gebaut mit den Sachen?" (55:42-55:45 (1/1/1)))*. Die *„Sachen"* sind in diesem Zusammenhang die Experimentiermaterialien. Dies wird dadurch bestätigt, dass Hans, während er diesen Satz spricht, die Solarzelle und die LED in seinen Händen kurz anhebt und somit ein Zusammenhang zwischen Witz und Material deutlich wird. Direkt im Anschluss an diese Frage fängt Hans hämisch/verschmitzt und lautlos an zu lächeln, während der Forschende, etwas im Abseits stehend fragt: *„Was gebaut?" (55:45-55:46 (1/1/1))*. Der anschließende Dialog zeigt, dass der Forschende den von Hans geplanten Gag zunächst nicht versteht oder wahrnimmt. Daher schließen sich weitere Äußerungen an, bis Hans schließlich den Witz selber auflöst, als er lachend auf die Schreibtischlampe zeigt. Die Art und Weise, *wie* der Forschende Hans' Fragen begegnet, zeigt, dass er die Pointe zunächst nicht wahrnimmt, da er ernsthaft versucht, zu realisieren, worum es bei Hans' Frage gerade geht *(„Was gebaut?" „Die kleine Lampe oder die große Lampe?" (55:45-55:49 (1/1/1)))*.

Es funktioniert nicht, obwohl Hans es schon näher drangemacht hat – Konklusion: gemein! 55:54-56:10

Hans hält die Solarzelle sehr dicht unter die Schreibtischlampe. Es konnte bereits auf der Bildebene rekonstruiert werden, dass dieser Schritt der Überprüfung als Routine in seinen Handlungen sichtbar wird. Als Hans nun die Solarzelle unter die Lampe hält, leuchtet die LED nicht und Hans stellt in jammerndem Tonfall fest: *„Ja, das funktioniert doch wieder nicht“ (55:54-55:55 (1/1/1))*. Hans benutzt hier das Wort *„wieder“*: Die LED hat in der vorangegangenen Sequenz nicht geleuchtet und leuchtet *wieder* nicht. Die Art und Weise, *wie* Hans diese Aussage verpackt, kann auf zwei unterschiedliche Arten gedeutet werden: Der Sinn seiner Handlung erschließt sich ihm nicht, da die LED ja doch wieder nicht leuchten wird. Es ist also egal, ob die Solarzelle unter die Lampe gehalten wird oder nicht. Deshalb kann diese Aussage als Explikation einer Trotzhandlung gelesen werden. Andererseits kann Hans darüber enttäuscht sein, dass die LED nicht leuchtet, obwohl er zuvor die Verbindungen überprüft hat und nicht versteht, weshalb die LED immer noch nicht leuchtet. Der Satz kann also auch als Explikation eines Enttäuschtseins gelesen werden. Der Forschende geht dann auf Hans Aussage ein: *„Aber so hast du's ja auch schon probiert mit der Solarzelle“ (55:55-55:57 (1/1/1))*. Die Betonung liegt dabei auf *der* spezifischen Solarzelle. Hans wird hier also mitgeteilt, dass er bereits mit derselben (baugleichen) Solarzelle probiert hat, die LED zum Leuchten zu bekommen. In dieser Antwort steckt ein Hinweis auf die verwendete Solarzelle.[101] Zunächst sagt der Forschende nur, dass Hans es *„so auch schon probiert“* hätte. Der Zusatz: *„mit der Solarzelle“* wird hinterhergeschoben und lenkt dadurch den Fokus der Aussage auf die verwendete Solarzelle. Hans verneint anschließend zunächst diese Aussage, dass er es so bereits probiert hätte, stockt dann aber und fügt als Erklärung hinzu: *„Nee (2), ich hab's aber schon näher dran gemacht“ (55:57-56:01 (1/1/1))*.

An dieser Stelle sollen zwei Dinge genauer betrachtet werden: Der Satzabbruch nach dem *„Nee“* sowie die nachfolgende Aussage, in der Hans das *„Näher“* thematisiert. Mit dem *„Nee“* verneint Hans zunächst, dass er es zuvor schon einmal auf dieselbe Weise probiert hatte. Er bestreitet also die Aussage des Forschenden. Während des *„Nee“* wird ihm allerdings bewusst, dass die Verneinung der Aussage nicht zutreffend ist. Er hat es zuvor auf dieselbe Art mit derselben Solarzelle versucht und geht im Zuge dieser Bewusstwerdung in eine andere Argumentationsfigur über: Er hat die Solarzelle diesmal näher unter die Lampe gehalten *(„Ich hab's aber schon näher drangemacht“)*. Hier expliziert Hans, was er

[101] Zur Erinnerung: Der von der von Hans verwendeten Solarzelle produzierte elektrische Strom reicht nicht aus, um diese LED zum Leuchten zu bringen.

getan hat, nämlich die Solarzelle näher unter die Lampe zu halten. Es bestätigt sich damit die bereits vorher gebildete Lesart der Distanz der Solarzelle zur Lichtquelle. Hans hat die Solarzelle stets dicht unter die Lampe gehalten. Hier nun sagt er, er habe die Solarzelle *noch* dichter, noch näher unter die Lampe gehalten. Die Distanz der Solarzelle zur Lichtquelle ist demnach eine zentrale Voraussetzung für ihre Funktion und lässt sich deutlich in den Handlungen als auch in den verbalen Äußerungen festhalten.

Nach einer Weile schiebt Hans dann als Erklärung hinterher, dass die Solarzelle *„gemein" (56:10 (1/1/1))* sei und löst damit die Situation auf. In der vorangegangenen Sequenz (vgl. Hans 3a;7-9, „Warum leuchten die kleinen ‚wd-Lampen' nicht? - Analyse in der Dimension von Bild und Ton") hat Hans das Nichtleuchten ebenfalls auf ein Gemeinsein zurückgeführt. Damit löst Hans sich von dem Weg, die Ursachen für das Nichtleuchten auf erkundender, ausprobierender oder gar experimenteller Seite zu lösen und betritt erneut den Weg der Zuschreibung menschlicher Eigenschaften. Mit einer Beseelung seines Stromkreiskonstruktes erklärt er, weshalb die LED nicht leuchtet: sie ist *„gemein"*, will ihn ärgern. Wie bereits zuvor wirken diese Anthropomorphismen wie ein Überspielen der experimentellen Stagnation.

Zusammenfassung – Erweiterung der Suche nach Ursachen für das Nichtfunktionieren von Stromkreis(-konstrukt)en auf die Verbindungen

Hans weitet in diesem Sequenzbündel die Überprüfung seines Stromkreises aus. Nachdem er seinen Fokus auf die Solarzelle gelegt hat (vgl. Hans 1;30-33, „Hans' Beschäftigung mit dem Stromkreis - Die Solarzelle wird mit ‚Licht' in Verbindung gebracht"; Hans 3a;7-9, Licht auf der Solarzelle), beschäftigt er sich hier nun auch eingehender mit den Verbindungen, ehe er sich dann wieder verstärkt der Solarzelle zuwendet. Auf Ebene des Bildes konnte sehr gut rekonstruiert werden, dass Hans sich mit den Verbindungen beschäftigt, sie auf ihre Festigkeit hin überprüft. Unter Hinzunahme der Tonebene konnte dieser Befund nicht weiter bestätigt werden. Hans hat die Verbindungen nicht verbal aufgegriffen. Er spricht nur über die Solarzelle, die er weiterhin fokussiert und auch explizit in seinen Ausdrücken thematisiert. Die Verbindungen sind - zumindest in diesen Sequenzen - sprachlich nicht präsent, in der Handlungspraxis jedoch eingelassen. Hier lässt sich ganz im Sinne der Grundannahmen der dokumentarischen Methode ein handlungsleitendes Wissen rekonstruieren, das dem Akteur explizit nicht bewusst ist.

Weiterhin bestätigt sich hier die Bedeutung der Solarzellen im Rahmen der Überprüfung von Stromkreisen und Stromkreiskonstrukten nach Beendigung eines Bauabschnittes. Das Halten der Solarzelle ins Licht wird routiniert vollzogen. Andererseits festigt sich hier auch die Bedeutung der Distanz der Solarzelle zur Lichtquelle im Rahmen der Überprüfung und in Hinblick auf die Funktionsweise der Solarzelle.

Hans findet in diesem Sequenzbündel nicht die Ursache für das Nichtleuchten seiner LED, obwohl er den Stromkreis nun schon umfassender untersucht hat. Seine Erklärung beschränkt sich auf das Gemeinsein der Solarzelle.

4.1.6 Die Verwendung mehrerer Solarzellen (Hans 3b;9/17/27)[102]

Hans ändert und erweitert im Folgenden sein Stromkreiskonstrukt aus der vorangegangenen Sequenz. Er baut die kleine gerahmte Solarzelle aus, um anschließend die LED mit einem Dünnschicht-Solarmodul und einem flexiblen Solarmodul zu verbinden.[103] Die nun von ihm genutzten Solarzellen sind größer als die zuvor benutzten kleinen gerahmten Zellen, sie haben eine größere Oberfläche. Zudem wechselt Hans die Solarzelle nicht bloß aus, sondern verwendet zwei Solarzellen. Handlungsleitend scheint hier also die Größe, bzw. die Menge der Solarzellen zu sein, ähnlich der Floskel „viel hilft viel".

Hans verbindet jeweils ein Bein der LED mit beiden Anschlusskabeln einer Solarzelle (vgl. Abbildung 4). Er baut somit keinen Stromkreis. In den vorangegangenen Sequenzen hat Hans stets Stromkreise oder

[102] Bei der Interpretation dieses Sequenzbündels wird anders vorgegangen als es bei den bisher analysierten Sequenzen der Fall war. Die hier ausgewählten Untersequenzen (3b;9/17/27) stehen in einem direkten Zusammenhang, obwohl sie nicht unmittelbar aufeinander folgen, wie es bei den anderen bisher ausgewählten Passagen der Fall war. Hans versucht in Hauptsequenz 3b, eine LED zum Leuchten zu bekommen. Zu diesem Zweck erweitert er seinen Stromkreis kontinuierlich. Die folgenden zu analysierenden Untersequenzen wurden ausgewählt, da in ihnen der jeweilige Erweiterungsschritt abgeschlossen ist und Hans jeweils schaut und ausprobiert, ob die LED leuchtet.

[103] Die von Hans nun gewählten Solarzellen würden – richtig geschaltet – jeweils auch alleine ausreichen, um die LED auch am Materialtisch zum Leuchten zu bringen.

Stromkreiskonstrukte gebaut, bei denen beide Kabel der Solarzelle nie gemeinsam in eine Klammer geklemmt wurden. In den Handlungen und insbesondere in den Verbindungen des Stromkreiskonstruktes lassen sich Annahmen der Zweizuführungsvorstellung (vgl. Kapitel: 2.3.3 Vorstellungsforschung zum Thema) wiederfinden. Hans hat zwei Solarzellen an die Lampe angeschlossen, von denen jeweils „Strom" zur LED gelangt.

9	58:52-59:19 (Band 1)	Hans geht mit seinem Konstrukt zur Fensterbank und hält die Solarzellen unter die kleine Lampe
17	00:43-01:09 (Band 2)	Hans sitzt am Fenstertisch und hält zwei Solarzellen unter die kleine Lampe
27	02:55-03:45 (Band 2)	Hans geht mit seinen Sachen zum Fenstertisch, bleibt vor der kleinen Lampe stehen, dreht dann wieder um und legt seinen Sachen auf dem Materialtisch ab

Zwei Solarzellen mit zwei Kabeln (Hans 3b;9)

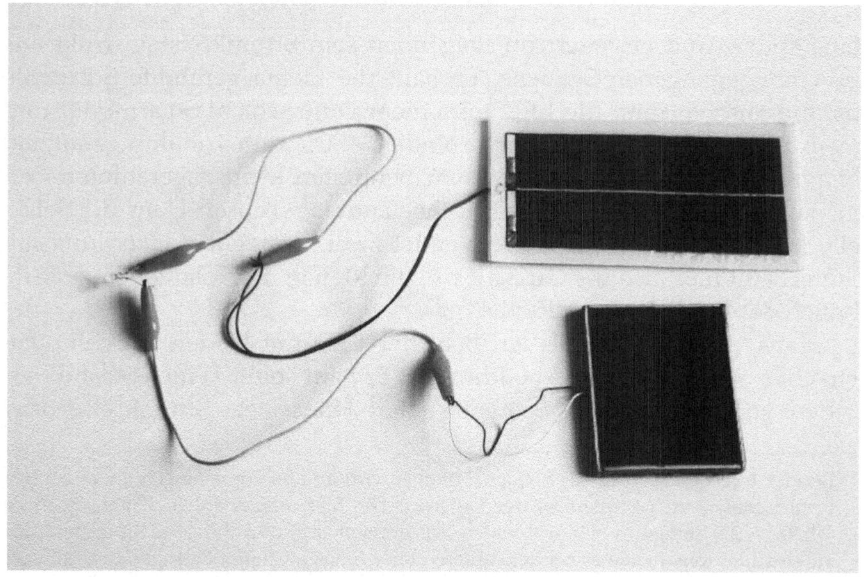

Abbildung 4: Stromkreis Hans 3b;9

> *„[...] Hans geht sprechend in Richtung der Schreibtischlampe, die im Vordergrund auf dem Fenstertisch steht [...] und hält die beiden Solarzellen dicht unter die kleine Lampe. [...]" (FI Hans 3b;9, 58:52-59:19 (1/2/1))*

Nachdem Hans die beiden Solarzellen mit der LED verbunden hat, geht er mit seinem Konstrukt zum Fenstertisch, um dort die beiden Solarzellen unter die Lampe zu halten. Er probiert aus, ob zwei Solarzellen die LED zum Leuchten bringen. Hans trägt sein Konstrukt erneut direkt nach dem Verbinden des letzten Kabels zum Fenster, ohne vorher am Tisch zu schauen, ob die LED nicht vielleicht auch schon dort leuchtet. In den zuvor untersuchten Sequenzen Hans 3a;7-9 und Hans 3a;18-22 ist er ebenfalls so vorgegangen. Der Gang zum Fenstertisch und zur Schreibtischlampe wirkt nahezu ritualisiert. Er ist ein Zeichen für die Beendigung der Bauphasen und den Beginn der Überprüfungsphasen. Am Fenstertisch hält Hans die Solarzellen wieder sehr dicht unter die kleine Lampe. Die Solarzelle ist hier abermals im Fokus seiner Aufmerksamkeit. Erneut wird deutlich, dass der Distanz der Solarzelle zur Lichtquelle eine besondere Bedeutung zukommt. Hans hat in anderen Sequenzen die Erfahrung gemacht, dass der Motor sich schneller dreht, wenn die Solarzelle unmittelbar unter die Lampe gehalten wird. Die Distanz zur Lichtquelle wird in seinen Handlungen deutlich thematisiert und wirkt in dieser Sequenz bestimmend.

Hans grundsätzlicher Ansatz in dieser Sequenz, zwei Solarzellen an die LED anzuschließen, ist durchaus nachzuvollziehen und sinnvoll. Je nachdem, wie die Solarzellen verbunden werden, wird die Stromstärke oder die Spannung erhöht.[104] Dass Hans ein Wissen um Gesetzmäßigkeiten von Reihen- oder Parallelschaltungen hat, dokumentiert sich nicht in seinen Handlungen. Die Solarzellen sind weder parallel noch in Reihe geschaltet. Hans scheint vielmehr nach der Devise „viel hilft viel" gehandelt zu haben. Diese Lesart leuchtet ein, da sie in vielen anderen Alltagssituationen vorzufinden ist: Brennt das Feuer auf kleiner Flamme, werden Holzscheite nachgelegt, um ein größeres Feuer und mehr Hitze zu erreichen; hält das Regal an der Wand nicht, werden mehr Schrauben

104 Bei der Reihenschaltung von elektrischen Stromquellen ist die Gesamtspannung die Summe der Einzelspannungen. Die Stromstärke bleibt die gleiche. Bei einer Parallelschaltung von elektrischen Stromquellen bleibt die Spannung gleich, die Gesamtstromstärke ist die Summe der Stromstärken der einzelnen Stromquellen.

zum Befestigen benutzt. Genauso nimmt Hans eine zweite Solarzelle, um mehr Strom zu produzieren, sodass die LED leuchtet.

Hans fokussiert in diesem ersten Sequenzabschnitt wie auch in vorangegangenen Sequenzen vorerst die Solarzellen, nicht aber die Anschlüsse oder die LED. In der Sequenz Hans 3a;7-10 hat Hans auch zunächst die Solarzelle überprüft, später allerdings auch noch die Anschlüsse. In der Sequenz Hans 3a;18-22 wurden die Verbindungen bereits etwas ausführlicher in die Überprüfung des Stromkreiskonstruktes mit eingebunden. Hier nun beschäftigt er sich erneut nur mit der Solarzelle. In dieser Sequenz verdeutlicht sich, dass Hans beim Vorgehen der Überprüfung seiner Stromkreiskonstrukte einem bestimmten Ablauf folgt bzw. bestimmte Schwerpunkte oder zentrale Momente bei der Überprüfung setzt. Die Solarzelle dominiert seinen Umgang bei der Ursachenfindung.

> *„[…] Während Hans zurücktritt, wird sein verkrampfter Gesichtsausdruck sichtbar. Hans verlässt den Aufnahmebereich mit seinen Solarzellen in den Händen, während Svenja ihm hinterherschaut." (FI Hans 3b;9, 58:52-59:19 (1/2/1))*

Hans macht kein fröhliches Gesicht, sondern schaut wütend oder verärgert. Auch wenn er zur Selbstdarstellung neigt (vgl. Singen; Tanzen; Siegerposen) und der Gesichtsausdruck daher als überspitzt gedeutet werden kann, macht Hans trotzdem ein wütendes Gesicht. Hans ärgert sich, dass seine LED nicht leuchtet, obwohl er seinen Stromkreis umgebaut und verbessert hat, indem er zwei Solarzellen verwendet hat.

Das funktioniert immer noch nicht (58:58-59:27) – Analyse in der Dimension von Bild und Ton

Während Hans vom Materialtisch zum Fenstertisch in Richtung Schreibtischlampe geht, sagt er: *„Lässt du mich durch bitte" (59:08-59:10 (1/1/1))*, woraufhin Svenja einen Schritt zurückgeht, um Hans Platz zu machen. Als Hans dann schließlich beide Solarzellen unter die Lampe hält und die LED nicht leuchtet, sagt er in einem leicht genervten Tonfall: *„Das funktioniert immer noch nicht" (59:13-59:16 (1/1/1))*. Hans scheint davon ausgegangen zu sein, dass er seinen Stromkreis nun so verändert hat, dass die LED leuchten wird. Allerdings *„funktioniert"* sein Stromkreis nicht. Paula, die zuschaut, wie Hans die Solarzellen unter die Lampe hält, fragt ihn schließlich, ob er *„überhaupt schon angeschlossen" (59:16-59:17 (1/1/1))* hat. Auf der Bildebene konnte rekonstruiert werden, dass die Solarzelle für Hans' Suche nach Ursachen für das Nichtfunktionieren seines Stromkreiskontruktes zentral ist. Paula fragt nun aber nach den Anschlüssen, den Verbindungen. Mit dieser Äußerung liefert Paula eine Vorlage, dass Hans nun, wie auch im Ansatz in vorangegangenen Sequenzen, den Fokus auf die Verbindungen legen könnte. Hervorzuheben ist hier auch der technische Begriff *„angeschlossen"*. Paula spricht nicht von verbinden, sondern von anschließen. Allerdings geht Hans nicht weiter auf diese Nachfrage von Paula ein. Stattdessen beginnt er, während Paula noch ihre Frage stellt, sich in einem babyähnlichen Tonfall zu beschweren: *„Was ist das denn? äy hädädä (.) Was ist das denn ey?" (59:17-59:27 (1/1/1))*. Hier zeigt sich abermals Hans Geltungsbedürfnis, das auch schon in anderen Sequenzen herausgearbeitet werden konnte. Durch seine Art, durch sprachliche Äußerungen und durch Handlungen (Tanzen, übertriebene Gesten) lenkt er die Aufmerksamkeit immer wieder weg von seinem Stromkreiskonstrukt hin zu seiner Person. Hier zeigt sich deutlich Hans' Umgang mit vermeintlichen Misserfolgserlebnissen. Er lenkt von seinem Stromkreiskonstrukt ab und überspielt die Situation mit Albernheiten.

Hans sucht hier nach keiner Erklärung für das Nichtfunktionieren seines Stromkreises. In seinem Aufmerksamkeitsfokus sind die Solarzellen, andere Ursachen versucht Hans nicht zu ergründen. Durch die wiederholte Frage: *„Was ist das denn?"*, zeigt sich eine gewisse Unsicherheit auch auf sprachlicher Seite. Hans formuliert keine Gründe, Ursachen oder mögliche Probleme.

Zwei Solarzellen mit 4 Kabeln (Hans 3b;17)

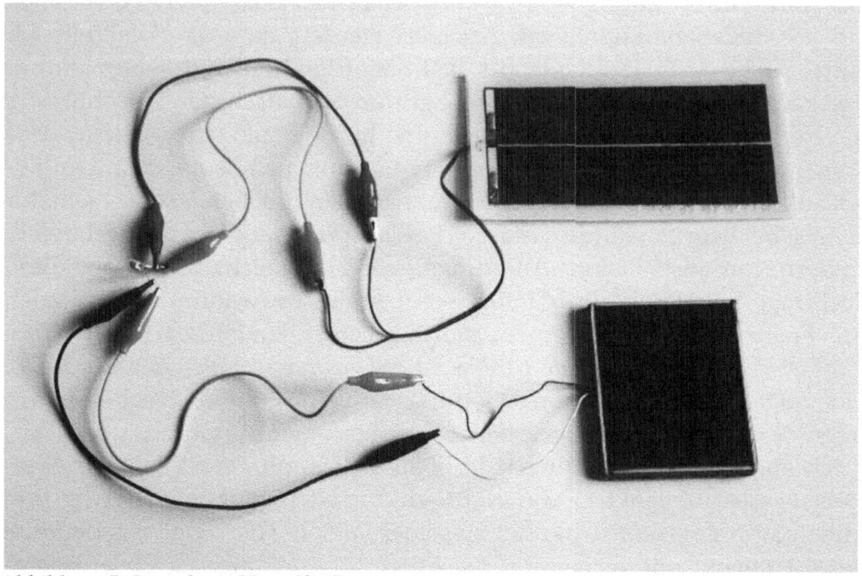

Abbildung 5: Stromkreis Hans 3b;17

Nachdem Hans mit seinem Konstrukt aus der Sequenz Hans 3b;9 vom Fenstertisch zum Materialtisch zurückgekehrt ist, nimmt er zwei Kabel hinzu und verändert es. Er löst jeweils die Krokodilklammer, die zuvor beide Anschlusskabel jeder Solarzelle eingeklemmt hatte, sodass jeweils nur noch eines der Anschlusskabel in den verwendeten Krokodilklemmen steckt. Mit den hinzugenommenen Kabeln verbindet er jetzt jeweils das freigewordene Anschlusskabel mit dem Bein der LED, mit welchem die Solarzelle bereits verbunden ist. Hans hat nun also die Solarzellen „richtig" verkabelt, so dass an jedem Kontakt ein Kabel befestigt ist. Allerdings hat er trotzdem keinen geschlossenen Stromkreis konstruiert. Eine Solarzelle ist jeweils mit nur einem Kontakt der LED verbunden. Die LED ist somit nicht in den Stromkreis integriert und kann daher auch nicht leuchten (vgl. Abbildung 5).

Hans beschäftigt sich nun im Zuge des Überprüfens, bzw. der Ursachenrecherche für ein Nichtleuchten, mit den Verbindungen zwischen

Solarzellen und LED. Auf den ersten Blick geschieht dies auf einer quantitativen Ebene: Er nutzt nun statt zwei vier Kabel. Eine Lesart dazu wäre, dass Hans auch hier nach der Devise handeln könnte „viel hilft viel". Mehr Kabel erhöhen die Wahrscheinlichkeit, dass die LED leuchtet, da mehr Strom fließen kann oder mehr Wege für den Stromfluss bereitstehen. Allerdings verbleibt diese Lesart im Spekulativen und lässt sich aus dem bisherigen Verlauf nicht mit einer anderen Sequenz vergleichen. Eine andere Lesart wäre, dass Hans im Laufe der Auseinandersetzung mit dem Material die Erfahrung gemacht hat, dass an eine Solarzelle immer zwei Kabel angeschlossen werden müssen, mit denen dann ein weiteres Bauteil (Motor, in diesem Fall LED) verbunden werden muss. Genau das macht Hans auch - ohne allerdings genau zu wissen, wie denn dieses weitere Bauteil mit den Kabeln verbunden werden muss. Hier sollte dann aber auch konstatiert werden, dass Hans zu Beginn dieser Sequenz gerade nicht aus diesem Erfahrungswissen geschöpft hat und dementsprechend jedes Kabel der Solarzelle mit einem weiteren Kabel verbindet. Die beiden Bedeutungszusammenhänge widersprechen sich nicht und können nebeneinander existieren.

Hans versucht in dieser Sequenz nicht durch Hinzunahme einer weiteren Solarzelle, sondern durch Hinzunahme von zwei Kabeln die LED zum Leuchten zu bringen. Ob Hans' neues Konstrukt funktioniert, überprüft er wiederum unter der kleinen Lampe. Das Prozedere gleicht dem in der vorangegangenen Sequenz. Hans variiert hier also die Menge der Bauteile.

> *„[...] Hans betritt nun wieder das Bild und streckt seine Hände mit den beiden Solarzellen unter die Lampe. Währenddessen steht Svenja auf und geht vom Tisch weg. Hans setzt sich nun auf Svenjas Stuhl und hält immer noch die beiden Solarzellen dicht unter die Lampe." (FI Hans 3b;17, 00:43-01:09 (1/2/2))*

Die Solarzelle befindet sich wieder im Zentrum seiner Aufmerksamkeit. Hans hält die Solarzellen dicht unter die Lampe. Die Verbindungen betrachtet er im Zuge des Überprüfens, wie z. B. zuvor auf Festigkeit (vgl. Hans 3a;18-22, „Die Verbindungen und die LED") nicht weiter. An dieser Stelle ist seine Vorgehensweise aber durchaus plausibel. Hans hat die Verbindungen am Tisch erneuert und erweitert und möchte nun überprüfen, ob die LED leuchtet. Die Lichtverhältnisse am Materialtisch sind ungünstig, daher geht er zur Schreibtischlampe, wo er die Erfahrung gemacht hat, dass ein Motor sich angeschlossen an eine Solarzelle zügig und besser dreht als am Materialtisch.

Viel Aufwand für die blöde Birne, die immer noch nicht funktioniert (00:08-01:08)– Analyse in der Dimension von Ton und Bild

Während Hans wieder vom Materialtisch zum Fenstertisch geht, redet er ununterbrochen. Zu Beginn sagt er: *„Soviel Aufwand für eine Birne" (00:12-00:16 (1/2/2))*. Seit geraumer Zeit ist Hans damit beschäftigt, eine LED zum Leuchten zu bringen. Zu diesem Zweck verändert und erweitert er sein Stromkreiskonstrukt. Die *Lampe* will allerdings *nicht funktionieren,* wie Sarah auch anmerkt. Sarah scheint Gefallen an Hans' Art zu kommunizieren zu haben, da sie stets auf Hans' Äußerungen eingeht und auch über seine Kommentare lacht. Nachdem Sarah über Hans LED sagt: *„Die nicht funktionieren will" (00:18-00:20 (1/2/2)),* fügt Hans an: *„Die gemein ist und blöd und bescheuert" (00:22-00:26 (1/2/2))*. Wie schon in vorangegangenen Sequenzen bezeichnet Hans die LED als *„gemein"* und *„blöd"*, da sie nicht leuchtet. Dieses Motiv des Gemeinseins zieht sich durch mehrere Untersequenzen. Hans kommuniziert mit der LED, schreibt ihr menschliche Eigenschaften zu. Mit diesen Zuschreibungen überspielt er seine Unsicherheiten. Das Nichtleuchten kann von Hans nicht erklärt werden. Er sucht weiterhin auch nicht nach möglichen Lösungen, sodass er sein Nichtwissen oder seine Unsicherheit mit vermeintlicher Lustigkeit und möglichem Enttäuschtsein überspielt.

Während Hans auf die LED schimpfend weiter Richtung Schreibtischlampe geht, fragt Paula nach, *„wer" (00:38 (1/2/2))* denn gemein und blöd ist. Sie springt auf Hans Tiraden an. Hans beantwortet dann ihre Frage mit: *„Na die Dicken (.) die Birne" (00:39-00:42 (1/2/2))*. Hans bedient sich hier weiterhin an Anthropomorphismen und beschimpft die LED. Seine Äußerungen wirken zudem sinnentleert. Während er reimend *(„der hat ein Loch man (2) die Birne hat ein Loch. Hat sie doch (.) sagt ioch" (00:43-00:53 (1/2/2)))* an den am Fenstertisch stehenden Mädchen vorbeigeht, macht Josephine einen angewiderten Gesichtsausdruck. Hans stößt mit seiner Art und seinen Reimen auf *„-och"* bei manchen Kindern auf Unverständnis. Als er die Solarzellen schließlich unter die Lampe hält, ruft er zweimal hintereinander: *„Das funktioniert immer noch nicht" (00:56-00:58*

(1/2/2)). Im Anschluss wird deutlich, dass er die Ursache für das Nichtleuchten während der Überprüfung (nicht während des Bauens!) allein bei den Solarzellen und deren Anzahl sucht. *„Ich hab jetzt schon zwei rangebaut. Soll ich noch einen dritten ranbauen? OK, kein Problem!" (01:01-01:08 (1/2/2))*. Hans versucht die LED zum Leuchten zu bringen, indem er immer weitere Solarzellen anschließen will. In diesem Bereich (Anzahl der Solarzellen) handelt er die Ursachen für das Nichtleuchten der LED aus. Auf sprachlicher Ebene wird, wie auch im Vorfeld auf handlungspraktischer Ebene, das *„Ranbauen"*, also das Verbinden von Bauteilen thematisiert. Das *„Wie"* des Ranbauens und Verbindens expliziert Hans hier nicht weiter. Hans ändert die Verbindungen, thematisiert aber weiterhin Solarzellen. Hier zeichnet sich eine Differenz zwischen Handlung und Sprechhandlung ab. Es zeigt sich aber auch, wie Bereiche, in denen Ursachen für das Nichtleuchten gesucht werden, ineinander übergehen oder miteinander verbunden werden. Das Anbauen ist unmittelbar mit den Solarzellen verknüpft: Mehr Solarzellen müssen mit der LED verbunden werden.

Am Ende dieser Sequenz gibt Hans einen Ausblick auf sein folgendes Vorhaben: Eine weitere Solarzelle zu verbauen.

Drei Solarzellen mit 6 Kabeln (Hans 3b;27)

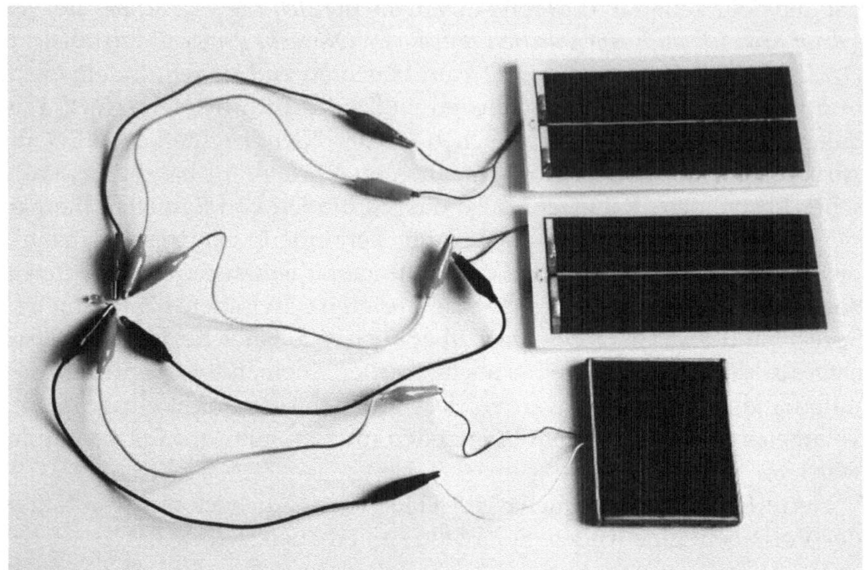

Abbildung 6: Stromkreis Hans 3b;27

Hans integriert schließlich noch eine dritte Solarzelle in sein Stromkreiskonstrukt (Hans 3b;27). Diese schließt er im Gegensatz zu den ersten beiden Solarzellen anders an. Er verbindet ein Kabelende der Solarzelle mit einem Bein der LED und das andere Kabelende dieser Solarzelle mit dem anderen Bein der Solarzelle, sodass diese Solarzelle mit der LED einen Stromkreis bildet (vgl. Abbildung 6). Allerdings leuchtet die LED nicht. Dies lässt sich auf zwei mögliche Ursachen zurückführen. Da zu diesem Zeitpunkt an jedem Bein der LED drei Klemmen befestigt sind, besteht die Möglichkeit, dass in Hans Stromkreiskonstrukt ein Kurzschluss aufgetreten ist. Die Beine der LED sind sehr kurz und wenn dort insgesamt sechs Klemmen angeschlossen sind, kann es durchaus sein, dass diese sich zum Teil berühren und dadurch einen Kurzschluss verursachen. Zum anderen kann es sein, dass Hans die dritte Solarzelle „falsch" herum (siehe technische Erläuterungen zur LED) angeschlossen hat. Technisch wäre es möglich gewesen, durch Hinzunahme der dritten Solarzelle die LED zum Leuchten zu bringen. Die Solarzelle liefert dafür eine ausreichende Spannung. Auch dass bereits zwei Solarzellen an der LED angeschlossen waren, wäre, wenn die dritte Solarzelle richtig geschaltet worden wäre, egal. Dass Hans die dritte Solarzelle anders als die ersten zwei an die LED angeschlossen hat, impliziert Hans' Handlungen eine gewisse Beliebigkeit bezüglich des Setzens von Verbindungen. Er sucht nach Gründen für das Nichtleuchten der LED und orientiert sein Handeln auch im Rahmen der Verbindungen zwischen den Bauteilen, wie in der vorangegangenen Sequenz deutlich gemacht werden konnte. Dass die Bauteile jedoch auf eine spezifische Art und Weise verbunden sein müssen, findet sich in seinen Handlungen in der vorangegangenen und auch in dieser Sequenz nicht wieder. In dieser Sequenz bricht er mit seiner bisherigen Vorgehensweise beim Setzen der Verbindungen aus den Sequenzen Hans 3b;9 und Hans 3b;17. Es lässt sich keine Regelmäßigkeit beim Anschließen der Solarzellen erkennen. In den zu Beginn analysierten Sequenzbündeln (Hans 1;30-33, Hans 2a;28-36, Hans 3a;7-10) hat Hans auf Anhieb die Verbindungen so gesetzt, dass alle Teile (irgendwie) kreisförmig miteinander verbunden waren. Daher ist es in dieser Sequenz ob der vielen verwendeten Kabel auch möglich, dass Hans den Überblick über sein Stromkreiskonstrukt verloren hat. Für das formulierte Ziel der Arbeit ist diese Tatsache aber unwesentlich, da es in erster Linie darum geht, zu schauen, wo Hans nach Ursachen und Gründen für das Nichtfunktionieren sucht. Ob er dabei aus technisch-naturwissenschaftlicher Sicht „richtig" vorgeht, ist unwichtig.

Auffällig ist in dieser Untersequenz (Hans 3b;27), dass Hans, nachdem er sein Konstrukt erweitert hat, aufsteht und zur Schreibtischlampe in Richtung Fenster geht, dann aber vor der Lampe stehen bleibt und nicht wie in den Sequenzen zuvor, die Solarzellen dicht unter die Lampe hält, um unter diesen Bedingungen zu überprüfen, ob die LED leuchtet.

> *„[…] Mit den Solarzellen in den Händen geht er redend in Richtung der Lampe auf dem Fenstertisch. Dabei blickt Paula kurz zu ihm. Hans bleibt mit den Solarzellen eine Zeit lang vor dem Fenstertisch stehen, ehe er sich wieder umdreht und redend zurück zum Materialtisch geht. Dort legt er die Solarzellen ab und verlässt den Aufnahmebereich der Kamera."* (FI Hans 3b;27, 02:55-03:45 (1/1/2))

Die Szenerie und der Ablauf ähneln den vorangegangenen analysierten Sequenzen. Der ritualisierte Gang zur Schreibtischlampe wird auch hier angetreten. Auf dem Platz direkt vor der Lampe sitzt Josephine. Hans hat also keinen direkten Zugang zur Lampe und wartet deshalb in zweiter Reihe. Diese Lesart macht Sinn, wenn sich vergleichbare Situationen vorgestellt werden. Ist der Platz, an den ich mich gerne setzen oder stellen möchte besetzt, warte ich zunächst bis die Person mit dem, was sie tut, fertig ist oder ich frage, ob kurz für mich Platz geschaffen werden kann. Hans könnte also möglicherweise warten, bis ein Platz unter der Lampe frei wird. Allerdings lässt sich diese Lesart nicht stützen, wenn die übrigen Szenen von Hans zum Vergleich herangezogen werden, in denen er seine Sachen unter die Schreibtischlampe hält. In jenen Sequenzen verhält sich Hans nicht gerade aufmerksam und zurückhaltend, sondern drängt sich unter die Lampe. Eine andere Lesart wäre, dass Hans während des kurzen Ganges vom Materialtisch zum Fenster bewusst wird, dass seine LED nicht leuchten wird und er deshalb kurz inne hält, ehe er zurück zum Materialtisch geht. Allerdings scheint diese Lesart sehr spekulativ und kann auf Ebene des Bildes nicht geklärt werden. Möglich wäre an dieser Stelle ebenfalls, dass Hans nun die Lust verliert, da er zuvor einige Misserfolgserlebnisse hatte und jetzt aufgibt.

Drei „Solarempfänger" sollten jetzt reichen (02:49-03:48) – Analyse in der Dimension von Ton und Bild

Nachdem Hans eine dritte Solarzelle an seine LED gebaut hat, thematisiert er auch verbal noch einmal die Menge der Solarzellen, die er nun verwendet und dass diese jetzt reichen müssen: *„Drei müssen doch wohl jetzt reichen (.) Drei Solarempfänger" (02:49-02:53 (1/1/2))*. Das *„Reichen"* bezieht sich wieder - unter Hinzunahme der Kontextinformationen, bzw. die Einbettung dieser Sequenz in den Kontext von US 9 und US 17 - darauf, die LED zum Leuchten zu bringen. Die Frage: *„Wenn die jetzt nicht leuchtet, ey" (02:56-02:58 (1/1/2)),* kann in diesem Zusammenhang auf verschiedene Weisen gelesen werden. Es ist möglich, diesen Satz als eine Drohung zu lesen: *„Wenn die jetzt nicht leuchtet, ey"*, dann: ...raste ich aus; oder: ... schmeiße ich die LED weg, etc. Der Satz kann aber auch ein Eingeständnis Hans' sein: *„Wenn die jetzt nicht leuchtet, ey"*, dann: ...weiß ich auch nicht weiter. Wie bereits rekonstruiert werden konnte, sucht Hans in diesem Sequenzbündel den Grund für das Nichtleuchten der LED nur bei den Solarzellen und noch genauer bei der Anzahl der Solarzellen. Andere mögliche Ursachen zieht Hans hier nicht explizit in Betracht. Implizit hat er sich jedoch auch mit den Verbindungen beschäftigt, da sie eine notwendige Voraussetzung für die Integration jeder weiteren Solarzelle in das Stromkreiskonstrukt sind. Das Setzen der Verbindungen wurde nur handelnd, nicht sprachlich thematisiert. Hans hat alles versucht und ist nun mit seinem Wissen am Ende. Die erste Lesart ist jedoch auch berechtigt, da Hans schon in den vorherigen Sequenzen seinen Unmut über die *„gemeine, blöde“* Solarzelle geäußert hat. Hans hat über die vergangenen Sequenzen hinweg eine Beziehung zu der LED aufgebaut: Über einen längeren Zeitraum hat er sich mit ihr beschäftigt und versucht, sie zum Leuchten zu bekommen. Im Zuge dessen hat er die LED mit menschlichen Attributen beschrieben und auch zum Ende dieser Sequenz hin sagt er: *„Boah, Alter, die macht mich fertig“ (03:45-03:48 (1/1/2))*. Es wirkt so, als ob ein persönlicher Kampf zwischen Hans und der LED stattfinden würde: Die LED ist gemein, will Hans ärgern und macht ihn jetzt sogar fertig.

Auffällig ist in dieser letzten der drei zusammenhängend interpretierten Untersequenzen, dass Hans seinen Stromkreis gar nicht mehr unter die Lampe am Fenstertisch hält. Zwar steht Hans auf, möchte seine Sachen zum Fenster tragen, was jedoch aufgrund des Umfangs nicht mehr so einfach ist *(„Scheiße, ich muss das erstmal rüber transportiert bekommen“ (03:03-03:07 (1/1/2)))*, allerdings sagt er dann: *„Ich kann sie, glaub ich, aber später erst ausprobieren“ (03:32-03:35 (1/1/2))*, weil der Platz an der Lampe belegt ist. In den vorangegangenen Sequenzen hat Hans sich den Platz an der Lampe durch Fragen oder durch Drängeln beschafft. Als nun der Platz an der Lampe belegt ist, will er anstatt zu fragen sein Ausprobieren auf später verschieben. Wie bereits oben beschrieben, scheint Hans hier die Lust zu verlassen, sein Stromkreiskonstrukt noch ausprobieren zu wollen.

Zusammenfassung – Mehr dazunehmen

In den analysierten drei zusammenhängenden Sequenzen stehen die Solarzellen in Hans Aufmerksamkeitsfokus. Hans betrachtet als Bedingung für das Funktionieren seines Stromkreises auf den ersten Blick nur diese.

Dabei lassen sich bereits beschriebene Vorgehensweisen wiederfinden, sodass bestimmte Handlungen als falltypisch herausgearbeitet werden können. Jedes Mal wenn Hans seinen Stromkreis um eine Solarzelle erweitert hat, tritt er den Gang zum Fenstertisch und der kleinen Lampe an, um seine Solarzellen in das Licht zu halten. Dieser Gang zum Fenster stellt eine Schwellenphase von der Bauphase zur Überprüfungsphase dar und trennt auch die Orte, an denen die Handlungen dieser Phasen sich vollziehen. Die Bauphase findet am Materialtisch, die Überprüfungsphase am Fenstertisch statt. Der Gang zum Fenster stellt eine Überleitung oder Schwelle vom Bauen zum Überprüfen dar.

Der Solarzelle kommt in vorliegendem Sequenzbündel die zentrale Bedeutung zu. Allerdings sind die Verbindungen ebenfalls von Bedeutung, auch wenn Hans sie nicht explizit thematisiert oder untersucht. Handelnd beschäftigt er sich dennoch mit den Verbindungen. In der Sequenz Hans 3b;9 hat Hans die beiden Solarzellen und die LED mit nur zwei Kabeln verbunden. Im Zeitraum zwischen den Untersequenzen Hans 3b;9 und Hans 3b;17 baut Hans zwei weitere Kabel in seinen Stromkreis, schließt diese allerdings aus technisch-naturwissenschaftlicher Perspektive betrachtet nicht richtig an. Es entsteht kein Stromkreis. Hans berücksichtigt in diesen Zwischensequenzen jedoch die Verbindungen und misst ihnen handlungspraktisch eine Bedeutung zu. Zudem wurden die Verbindungen von Paula in der Untersequenz 3b;9 auch direkt angesprochen. Durch die in diesem Sequenzbündel zentrale Vorgehensweise der Integration mehrere Solarzellen in sein Stromkreiskonstrukt werden automatisch Verbindungen mit thematisiert, da diese nötig sind, um die Solarzellen anzuschließen. Sie werden hier jedoch nicht explizit thematisiert, sondern sind den Handlungen immanente Mittel zum Zweck, nämlich Solarzellen mit der LED zu verbinden. Im Zuge der Überprüfungsphasen werden sie nicht als ursächlich mit in die Auseinandersetzung eingebunden. Es zeigt sich hier eine weitere Differenz zwischen den ausgeführten Tätigkeiten und den sprachlichen Äußerungen.

In diesen Sequenzen lässt sich eine weitere Vorgehensweise, eine weitere Orientierung fixieren. Wie analysiert ist Hans' Vorgehen beim Versuch, die LED zum Leuchten zu bekommen, sehr stark auf die Solarzelle fokussiert. In diesen Sequenzen geht er aber einen Schritt weiter als in vorherigen Sequenzen. Hans hat zuvor die Solarzelle mit Licht in Verbindung gebracht und hat, um seine zuvor konstruierten Stromkreise zu überprüfen, die Solarzelle immer dicht unter die Schreibtischlampe gehalten. In seinen Handlungen und Bewegungen ließ sich die Orientierung Distanz/Menge zur Lichtquelle/Licht als notwendiger Faktor für das Funktionieren einer Solarzelle rekonstruieren. Hier nun lässt sich eine weitere Orientierung rekonstruieren, die Ursachen für das Leuchten bzw. Nichtleuchten der LED bestimmt: Die Menge der Solarzellen. Hans versucht, durch Hinzunahme einer zweiten und schließlich einer dritten Solarzelle die LED zum Leuchten zu bekommen. In der Verwendung mehrerer Solarzellen dokumentiert sich jedoch die Vermutung, dass *mehr* Solarzellen *mehr* elektrischen Strom erzeugen. Auf der Ebene der Bildinterpretation konnte festgehalten werden, dass sich in Hans' Vorgehen eine Logik zeigt: Zunächst hat er eine Solarzelle an die LED angeschlossen und dann unter der Schreibtischlampe überprüft, ob sie leuchtet; dann hat er eine zweite Solarzelle angeschlossen und diese anschließend überprüft, usw. Hans' Vorgehen lässt sich relativ simpel, aber dennoch äußerst treffend mit der Redewendung „viel hilft viel" beschreiben. Die Thematisierung von Solarzelle und Verbindungen liegen in diesen Sequenzen eng beieinander und lassen sich nicht trennscharf voneinander unterscheiden, da sie sich zum Teil bedingen.

Ebenfalls lässt sich in diesen drei zusammengehörigen Sequenzen Hans' falltypischer Umgang mit den Dingen und den Erklärungen wiederfinden („gemein sein"). Hans sucht, wie dargestellt, nur auf der Ebene der Solarzelle(n) nach einer Lösung für sein Problem. Die LED leuchtet in diesen Sequenzen nicht. Durch die Hinzunahme weiterer Solarzellen versucht Hans, die LED zum Leuchten zu bringen. Als dies nicht funktioniert sagt er, die Solarzelle wolle ihn ärgern, sie sei blöd und gemein. Jedes Mal wenn Hans zur Lampe geht und beobachtet, dass die LED nicht leuchtet, verfällt er in diese verbalen Erklärungs- oder Begründungsmuster.

4.1.7 Der stille Beobachter (Hans 5;6-9)

Nachdem der Forschende eine LED an eine Solarzelle angeschlossen und zum Leuchten gebracht hat, beschäftigt sich Hans weiter mit Solarzellen und LEDs, deckt die Solarzellen zu und wieder auf und beobachtet dabei die LED. Nachdem er kurz beim Wasserrad und der Wasserturbine schaut und sich einen Moment im Off aufhält, beginnt er sich erneut mit Motoren und Solarzellen zu beschäftigen. Der folgende Abschnitt scheint auf den ersten Blick nicht neu zu sein und in der Tat ist das, *was* Hans hier macht nicht neu, allerdings ist die Art und Weise, *wie* er hier vorgeht von Interesse, da hier Erfahrungen und Umgangsweisen sichtbar werden, die in früheren Sequenzen zum Teil noch nicht so deutlich wurden, bzw. hier vor einem erweiterten fallinternen Vergleichshorizont deutlicher hervorscheinen und somit auch deutlicher rekonstruiert werden können.

6	14:36-14:47	Hans verbindet das andere Kabel mit dem Motor
7	14:48-14:59	Hans nimmt seinen Aufbau und geht zum Fenster
8	15:00-15:16	Hans legt mit Josephines Hilfe das Solarmodul unter der Lampe ab, setzt sich und schaut dem sich drehenden Motor zu
9	15:17-15:35	Hans sitzt still auf dem Hocker und sieht den Motoren zu

Die Sequenzen liegen am Ende der Explorationsphase. Drei der fünf Kinder sitzen am Materialtisch, arbeiten aber nicht mehr mit den Materialien. Stattdessen sind sie im Gespräch mit dem Forschenden. Hans ist das einzige noch aktive Kind am Materialtisch. Josephine beschäftigt sich noch mit verschiedenen Solarzelle-Motor-Stromkreisen, die alle unter der Schreibtischlampe am Fenstertisch stehen. Auch sie ist später mit in das Gespräch eingebunden. Die Sequenz wurde ausgesucht, weil sie mit Hans' Vorgehen bricht. Es wurde ein Kontrast in der Gemeinsamkeit deutlich: Die Materialien sind gleich, unterschiedlich ist jedoch Hans' Umgang mit ihnen und insbesondere sein Verhalten beim Umgehen mit ihnen. Hier beobachtet er am Ende ruhig und fokussiert die drehenden Motoren. Zuvor war er zumeist sehr laut und unruhig.

Hans hat aus zwei Krokodilkabeln, einer Solarzelle und einem Motor einen geschlossenen Stromkreis konstruiert (vgl. Abbildung 7). Nachdem er den letzten Kontakt verbunden hat, redet er kurz mit dem Forschenden und trägt seinen Stromkreis dann zur Schreibtischlampe. Am Materialtisch hat sich Hans' Motor noch nicht gedreht. Dies ändert sich aber, als Hans die Solarzelle unter der Schreibtischlampe ablegt.

Abbildung 7: Stromkreis Hans 5;6-9

Der habitualisierte Übergang vom Bauen zum Überprüfen

> *„[...] Er greift dann mit der Rechten die vor ihm liegende flexible Solarzelle und mit der Linken den Motor, steht auf und geht in Richtung Fenstertisch. [...]" (FI Hans 5;7, 14:48-14:59 (1/1/2))*

Wie bereits dargestellt, hat sich bei Hans im Laufe der Erarbeitungsphase eine gewisse Routine eingestellt. Sobald ein neuer Stromkreis oder ein Stromkreiskonstrukt gebaut wurden, folgt der Gang zur Schreibtischlampe, um dort zu überprüfen, ob die LED leuchtet oder der Motor sich dreht. Hat Hans noch zu Beginn der Explorationsphase (vgl. Sequenz Hans 1;31) beobachten können, dass der Motor sich angeschlossen an eine Solarzelle dreht, hat er im weiteren Fortgang des Explorierens erfahren, dass am Fenster und unter der Schreibtischlampe bessere Voraussetzungen für die Funktionsweise der Solarzelle gegeben sind und ist stets zum Überprüfen seiner Um- und Neubauten zum Fenstertisch gegangen. Daher ist nachzuvollziehen, warum Hans nicht als ersten Schritt seinen Stromkreis am Tisch überprüft, sondern direkt zum Fenster geht. Der routinierte Gang zur Schreibtischlampe ist ein Zeichen für den Übergang der Bauphase zur Ausprobier- bzw. Überprüfungsphase, welche an jeweils spezifischen Orten stattfinden.

Der sichere Umgang mit den Materialien

Neben dieser Unterscheidung zwischen Bauphase und Überprüfungsphase und dem Gang zum Fenster als Zeichen für einen Wechsel zwischen den Phasen (Schwellenphase), lässt sich hier auch ein routiniertes Vorgehen im Umgang mit den Materialien erkennen.

> *„Hans greift mit der linken Hand ein Kabel, das fest mit dem Motor verbunden ist und klemmt das Krokodilkabel, welches er in der rechten Hand hält, an dieses Kabelende. Gleichzeitig beginnt er, in Richtung des Forschenden zu sprechen. Hans blickt zunächst auf seine Hände, schaut dann allerdings in Richtung des Forschenden. Während Hans in Richtung des Forschenden spricht, dreht dieser sich um und schaut kurz zu Josephine. […]" (FI Hans 5;6, 14:36-14:47 (1/1/2))*

Der Umgang mit den Materialien wirkt sicher. Hans verbindet die einzelnen Bauteile zügig miteinander und kann während des Bauens sogar seine Blicke schweifen lassen. Hans vollzieht hier Arbeits- bzw. Handlungsschritte, die er bereits in vorangegangenen Sequenzen durchgeführt hat und die zu einem Erfolg geführt haben, nämlich, dass der Motor sich dreht. In Hauptsequenz 3 war Hans' Vorgehen nicht von einem sichtbaren Erfolgserlebnis gekrönt, da es auch nach intensiver Beschäftigung und der Suche nach einer Problemlösung in verschiedenen Bereichen seines Stromkreiskonstruktes nicht zu einem Erfolgserlebnis, dem Leuchten der LED, geführt hat.

Zwei Momente lassen sich in dieser Sequenz festmachen. Zum einen Hans' Zuwendung hin zu Bewährtem und Vertrautem als Umgang mit vermeintlichen Misserfolgen aus anderen Bauphasen mit anderen Materialien und zum anderen ein vertrauter Umgang mit den Sachen an sich, der aus einer Erfahrung im Umgang mit den Materialien über die Explorationsdauer hin gewonnen bzw. ausgeprägt wurde.

Von der Selbstdarstellung zur sensiblen Beobachtung

Zur Erinnerung: Es konnte festgehalten werden, dass Hans auf eine bestimmte Art und Weise mit seinen Erfolgen und vermeintlichen Misserfolgen umgeht, bzw. dass er seine Person auf eine bestimmte Art und Weise inszeniert: Er tanzt, er führt Siegesgesten auf, er singt, er reimt, er redet mit den Materialien, beschimpft sie. Es konnte ein starkes Geltungsbedürfnis rekonstruiert werden, welches sich in einem hohen Maß an Körperlichkeit manifestiert, sowohl verbal als auch nonverbal. Durch dieses extrovertierte Verhalten hat Hans' Reaktionen der anderen Kinder auf sich gezogen, sowohl wohlwollende (Sarah) als auch missbilligende (Josephine). In dieser Sequenz bricht Hans mit seinem bisherigen Verhalten während des Überprüfens bzw. nach dem Überprüfen des Stromkreises.

> *„[…] Hans tritt derweilen weiter an den Fenstertisch, auf dem mehrere sich drehende Motoren stehen, heran und legt die Solarzelle unter die Schreibtischlampe, während Josephine, immer noch vor der kleinen Lampe sitzend, mit den Armen gestikuliert. Der Motor beginnt sich zu drehen. Hans stellt ihn vor sich ab. Nachdem Hans die Sachen auf dem Tisch abgelegt hat, setzt er sich auf den Hocker, auf dem zuvor der Forschende gesessen hat. Während Hans sich setzt, legt Josephine Hans' Solarzelle ein Stückchen näher an die Schreibtischlampe und schiebt auch den Motor nach. Anschließend dreht sie sich wieder mit dem Gesicht zur großen Kamera. Hans legt sich derweilen mit verschränkten Armen auf den Fenstertisch und sieht still und ruhig den sich drehenden Motoren zu." (FI Hans 5;8/9, 15:00-15:35 (1/1/2))*

Nach dem obligatorischen Gang zum Fenstertisch zur Überprüfung seines Stromkreises legt Hans, wie in den Sequenzen zuvor, seine Solarzelle unter der Schreibtischlampe ab, woraufhin sich der Motor zu drehen beginnt. Anstatt durch körperliche und verbale Aktivitäten auf sich aufmerksam zu machen, setzt sich Hans hier ruhig an den Tisch und nimmt eine durchaus entspannte Haltung ein. Mit auf verschränkten Armen gebettetem Kopf sieht er dem sich drehenden Motor zu.

Verschiedene Lesarten können zu dieser Sitzposition gebildet werde. Hans ist am Ende der Arbeitsphase erschöpft, hat sich zuvor völlig verausgabt und kann nun nur noch nichtstuend seinem drehenden Motor zusehen. Die Sitzposition ließe sich demzufolge als ein Zeichen für Müdigkeit verstehen. Eine weitere Lesart wäre, dass Hans zuvor mit seiner direkten und selbstdarstellerischen, sich in den Vordergrund stellenden Art nicht gut in der Kinderrunde angekommen ist, sodass er sich still zurückzieht. Dieser Lesart nach würde seine Körperhaltung ein sich Zurückziehen oder ein Wegducken bedeuten. Eine dritte Lesart rückt das stille Beobachten des Motors in den Fokus. Hans hat einen Stromkreis gebaut, der Motor dreht sich angeschlossen an eine Solarzelle und er beobachtet nun konzentriert seinen Aufbau und insbesondere den Motor. Im Kontext eingebettet scheint diese letzte Lesart am treffendsten zu sein. Es kann zwar nicht ausgeschlossen werden, dass Hans nach einer guten Stunde Explorieren unter vollem Körpereinsatz erste Müdigkeitsanzeichen zeigt, allerdings wirkt er in dieser Situation nicht schläfrig, sondern konzentriert und auf seinen Motor fokussiert.

Hans hat während der Explorationsphase in erster Linie viel „gemacht" und experimentiert, ohne sich mit den fertigen Produkten auseinanderzusetzen. Die Tätigkeiten des Bauens, Ausprobierens, Überprüfens und Änderns standen im Vordergrund seiner individuellen aktiven Auseinandersetzung mit den Materialien. Nachdem Hans mit vielen unterschiedlichen Materialien und Bauteilen umging und versucht hat, verschiedene Stromkreise zu konstruieren und auch Probleme innerhalb seiner Stromkreiskonstrukte zu beheben, kehrt er in dieser Sequenz wieder zu bewährten Materialien zurück und baut einen Stromkreis, den er schon ganz zu Beginn der Explorationsphase gebaut hat. Er begibt sich hier zurück in eine sichere Umgebung, in der er sich auskennt. Funktionierende Stromkreise mit Motoren hat er bereits gebaut, die LED-Stromkreise funktionierten hingegen nicht. Hans hat sich zwar intensiv mit den LED-Stromkreisen beschäftigt, an verschiedenen Stellen nach Ursachen für ein Nichtleuchten gesucht und seinen Stromkreis geändert, um die LED zum Leuchten zu bringen, was allerdings ausblieb.

Hans schließt die Exploration mit einem funktionierenden Stromkreis. Sich über diesen Stromkreis erneut übergebührend zu freuen, wäre der Sache nicht angemessen, da er nur eine Wiederholung einer vorangegangenen Tätigkeit ist. Daher beschäftigt Hans sich jetzt hier still mit seinem Stromkreis und betrachtet ihn ausgiebig. Hans beendet die Explorationsphase mit einem Erfolgserlebnis seinerseits, welches er aber nicht nutzt, um sich erneut zur Schau zu stellen, sondern als Anlass nimmt, seinen Stromkreis zu beobachten.

Zusammenfassung – Zurück zum Basisstromkreis

Hans ist in dieser Sequenz nicht aktiv durch Sprechanteile beteiligt. Zudem drehen sich die Gespräche auch nicht um Hans oder die von ihm gebauten Stromkreise. Drei zentrale Momente können am Ende dieses Sequenzbündels festgehalten werden: Erstens der routinierte Umgang mit den Materialien und der zügige Bau eines Basisstromkreises, zweitens die Wiederkehr zum Basisstromkreis aus der Sequenz Hans 1;30-33 sowie drittens Hans Umgang mit dem Stromkreis nach der Bauphase.

Der routinierte Umgang mit den Materialien

Deutlich wird in dieser Sequenz, dass Hans mit einer gewissen Sicherheit und auch zügig den Stromkreis zusammengebaut hat. In seinen Handlungen wird eine Routine beobachtbar und auch rekonstruierbar. Hans hat im Zuge der Arbeit und Auseinandersetzung mit den Materialien ein Wissen erworben, aus dem er schöpfen kann und welches ihn befähigt, zügig einen Stromkreis zusammenzubauen. In der ersten analysierten Sequenz war Hans überrascht, als er zum ersten Mal einen geschlossenen Stromkreis zusammengebaut hat, bei welchem sich der Propeller gedreht hat. In jener Sequenz wirkte Hans' Vorgehen ungeplant und willkürlich, dadurch ließ sich auch erklären, dass Hans von der einsetzenden Drehung des Propellers überrascht war. Zum Ende hin konstruiert Hans zügig einen Stromkreis, trägt ihn zum Fenster und beobachtet den sich drehenden Motor. Verstärkt wird sein routiniertes Vorgehen auch dadurch, dass Hans in dieser Sequenz mit wenigen Materialien arbeitet. Er benutzt nur Motor und Solarzelle, die er mit zwei Krokodilkabeln verbindet. Sein Stromkreis ist somit im Vergleich zu seinen vorher gebauten Konstrukten (abgesehen von dem zuerst gebauten Stromkreis) nahezu minimalistisch. Zuvor hat Hans oftmals sehr viele Kabel, zum Teil auch eher umständlich miteinander verbunden und sehr spektakuläre Stromkreise gebaut. Hier nun beschränkt sich der Stromkreis auf die

Funktionalität. Er benutzt keine zusätzlichen Materialien, sondern ist auf das Wesentliche konzentriert.

Hans baut in dieser Sequenz denselben Stromkreis wie in Hans 1;30-33

Hans baut das, was er kennt. In dieser Vorgehensweise lässt sich ein gewisses Sicherheitsdenken ausfindig machen. Nachdem er Probleme mit den LEDs hatte, begibt er sich wieder auf vertrautes Terrain und baut einen Solarzellen/Motor-Stromkreis. Diese Wiederkehr zu Bekanntem ist zum einen ein Zeichen dafür, das Vorhaben, eine LED zum Leuchten zu bekommen, aufzugeben und zum anderen aber auch ein Zeichen dafür, die Explorationszeit mit einer Bestätigung mit einem Erfolgserlebnis abzuschließen. Allerdings geht Hans nach Fertigstellung des Stromkreises anders mit diesem Erfolg um.

Hans' Umgang mit dem Stromkreis

Durch die am Fenster einsetzende Drehung ist Hans nun nicht mehr überrascht. Dieser Effekt lässt ihn nicht mehr erstaunt reagieren, da er nicht mehr neu ist, schon einmal im Zuge der Explorationsphase herbeigeführt wurde und zudem bewusst noch einmal herbeigeführt und somit auch erwartet wurde. Vielmehr lässt sich in Hans' Handlungen, in seinem gesamten Auftreten in dieser Sequenz eine gewisse Ruhe rekonstruieren. Er singt nicht mehr, er witzelt nicht mehr, er zieht nicht mehr durch Tanzen oder andere Gesten die Aufmerksamkeit der anderen Personen auf sich. Hier nun setzt er sich still an die Fensterbank vor seinen drehenden Propeller und sieht ihm zu, beobachtet ihn. Das Überraschtsein und das sich-selbst-zur-Schau-Stellen weichen hier also einem genaueren Hinschauen und Beobachten. Ein überschwängliches Feiern des Stromkreises an dieser Stelle scheint nicht angebracht, da Hans hier nichts Neues macht, sondern nur eine alte Idee wieder aufwärmt. Es findet in dieser abschließenden Sequenz ein Wechsel von einer schieren Erreichung eines Effekts mit aufwändigem Aufbau, wie in anderen Sequenzen beobachtet werden konnte, hin zu einer Fokussierung auf die Beobachtung des Phänomens statt.

4.2 Fixierung und Füllung des Suchraumansatzes auf Basis der Fallanalyse Hans

Als Ergebnis der Fallanalyse Hans können verschiedene Ebenen und Räume beschrieben werden, innerhalb derer Hans nach Ursachen für das Nichtfunktionieren seiner Stromkreis(-konstrukt)e sucht, genauso wie Bereiche, denen er im Zuge des Überprüfens eine Bedeutung zugeschrieben hat. An dieser Stelle wird die eingangs vorgestellte Entwicklung eines Suchraumkonzeptes für das freie Explorieren aufgegriffen und mit Inhalten gefüllt. Die Raumidee wird nun also zunächst auf Basis eines empirischen Falles beschrieben und ausdifferenziert.

Hans betritt auf der Suche nach Ursachen für das Nichtfunktionieren seiner Stromkreis(-konstrukt)e verschiedene Räume. Auch wenn er sich mit funktionierenden Stromkreisen auseinandersetzt, betritt er Suchräume, um bspw. ein besseres Ergebnis zu erzielen (vgl. Sequenz Hans 1;30-33).[105] Im Folgenden werden die rekonstruierten Räume, innerhalb derer Hans nach Ursachen für das Nichtfunktionieren seiner Stromkreis(-konstrukt)e sucht, aus der Fallanalyse und dem Kontext herausgehoben und eigenständig dargestellt. Hierbei geht es insbesondere darum, übergeordnete Räume und Bewegungen innerhalb dieser Räume (Strategien) zu identifizieren und einzugrenzen (Wo und wie geht Hans innerhalb thematisch festgelegter Räume bei der Suche vor?). Es soll versucht werden, eine Raumstruktur herauszuarbeiten.

Mit der Darstellung der Suchräume werden gleichzeitig Hans' individuelles Vorgehen und seine individuellen Suchabläufe wiedergegeben. Von Interesse ist nicht nur die Identifikation der Räume, also *wo* er sucht, sondern insbesondere auch, *wie* er bei der Suche und innerhalb der einzelnen Räume vorgeht. Neben der inhaltlichen Auseinandersetzung mit dem elektrischen Stromkreis und elektrischer Energiegewinnung ist also auch die methodische Vorgehensweise innerhalb der Suchräume und übergeordnet auch während einer Phase des freien Explorierens von Bedeutung. Die Art und Weise der Problemlösung wird somit auch berücksichtigt.

105 Damit wird deutlich der Bereich der Technik betreten, da es um die Verbesserung einer Funktion geht.

Es zeigt sich bei der Darstellung der Suchräume, dass es nicht dabei belassen werden kann, allein Suchräume zu rekonstruieren, da insbesondere die Bewegungen innerhalb der Räume aufgedeckt werden sollen. Im Folgenden werden die Suchräume und Bewegungen innerhalb der Räume (Strategien) in eine Struktur gebracht, um sie dadurch besser sichtbar zu machen und voneinander abzugrenzen, aber gleichzeitig auch, um ihre Verbundenheit bzw. Zugehörigkeit zu verdeutlichen. Es bietet sich an, zunächst übergeordnete Ebenen zu bestimmen, die dann die Ausgangslage für eine weitere Strukturierung bilden. Die auf Basis der Fallanalyse sichtbar gewordenen Ebenen der Auseinandersetzung orientieren sich zunächst am von Hans verwendeten Material.[106] Hans schreibt diesen Materialien in der Auseinandersetzung Bedeutung für das Nichtfunktionieren seiner Stromkreis(-konstrukt)e zu. Es handelt sich dabei um die Solarzelle, den Schalter, den Motor und die Verbindungen zwischen den Bauteilen. Den einzelnen Ebenen lassen sich dann Suchräume zuordnen. Die Räume beziehen sich auf den Ort oder die Stelle, an der Hans sucht. Einzelnen Suchräumen lassen sich dann Strategien zuordnen, wie Hans in dem jeweiligen Suchraum vorgeht, wie er Probleme, die er gefunden hat, versucht zu lösen. Die Struktur ist demnach Ebene, Suchraum, Strategie(n).

Ehe die Räume zusammenfassend beschrieben und auch voneinander abgegrenzt werden, ist es hilfreich, die Struktur mit Inhalten zu füllen, die gleichzeitig als Gliederung für Hans' Vorgehen bezogen auf sein Betreten von und seine Bewegungen in Suchräumen fungieren kann.

Solarzelle (Ebene)

- Funktionsbedingungen der Solarzelle (Suchraum)
  - Die Distanz der Solarzelle zum Licht wird verringert (Strategie)
- Die Solarzelle an sich (Suchraum)
  - Weitere Solarzellen werden hinzugenommen (Strategie)

---

106 An dieser Stelle ist es wichtig zu betonen, dass die Ebenen sich am Material orientieren und nicht deckungsgleich mit ihm sind. Eine Ebene der Auseinandersetzung, die Verbindungen zwischen den Bauteilen, ist kein Material an sich, sondern schon der von Hans intendierte Zweck. Das Material, mit dem Verbindungen hergestellt werden und mit dem Hans sich auch auseinandersetzt, sind die Kabel. Die Ebene der Auseinandersetzung indes sind die Verbindungen.

  - Die Solarzelle wird gegen eine größere getauscht (Strategie)

Verbindungen (Ebene)

- Vorhandensein der Verbindungen (Suchraum)
  - Die Verbindungen werden visuell geprüft (Strategie)
  - Die Verbindungen werden auf Festigkeit geprüft (Strategie)
- Art und Weise, wie die Verbindungen gesetzt sind (Suchraum)
  - Es werden mehr Kabel hinzugenommen (Strategie)

Schalter (Ebene)

- Funktionsweise des Schalters (Suchraum)
  - Der Schalter wird wiederholt betätigt (Strategie)
  - Der Schalter wird getauscht (Strategie)

Motor (Ebene)

- Gangbarkeit des Motors (Suchraum)
  - Der Propeller wird angestoßen (Strategie)

4.2.1 Solarzelle (Ebene)

Hans beschäftigt sich auf der Suche nach Ursachen für das Nichtfunktionieren seiner Stromkreis(-konstrukt)e ausführlich mit der Solarzelle. Auch in Sequenzen, in denen seine Stromkreise funktionieren (z. B. Sequenz Hans 1;30-33), steht die Solarzelle im Fokus seiner Aufmerksamkeit. Er sieht in den Solarzellen eine notwendige Voraussetzung für das Funktionieren der „Verbraucher"[107]. Die Beschäftigung mit den Solarzellen weist dabei unterschiedliche Facetten auf und lässt sich nicht nur damit erklären, dass Hans der Solarzelle eine besondere oder möglicherweise entscheidende Funktion zuschreibt. Hans nähert sich der Solarzelle und beschäftigt sich mit ihr auf unterschiedliche Weise und probiert verschiedene Dinge mit ihr aus. Hans betritt in Auseinandersetzung mit der

107 Streng genommen sind LEDs und Motoren keine Verbraucher, da sie den elektrischen Strom nicht verbrauchen, sondern die elektrische Energie in eine andere Energieform übertragen: Bewegung, Licht.

Solarzelle verschiedene Räume, in denen er sich unterschiedlich bewegt, in denen unterschiedliche Strategien sichtbar werden.

Funktionsbedingungen der Solarzelle (Suchraum)

Die Distanz der Solarzelle zum Licht wird verringert (Strategie)

Auf handlungspraktischer Ebene ist durch alle analysierten Sequenzen hinweg deutlich geworden, dass für Hans die Entfernung der Solarzelle zur Lichtquelle eine große Bedeutung hat. Er hält die Solarzellen nach jedem Bauabschnitt dicht unter die Schreibtischlampe oder legt sie direkt in ihren Lichtschein. Die Distanz zur Lichtquelle ist dabei sehr gering. In diesen Handlungen zeigt sich, dass die Entfernung der Solarzelle zur Lichtquelle von Hans als bedeutsamer Faktor für die Funktionsweise der Solarzelle und damit für das Funktionieren der Motoren oder LEDs eingeschätzt wird. Je näher die Solarzelle an der Lichtquelle ist, desto besser kann Licht auf die Solarzelle einfallen, damit der Motor sich (schneller) dreht oder die LED leuchtet.

Welche handlungsleitende Annahme hinter der Strategie steht, kann zu diesem Zeitpunkt nicht abschließend geklärt werden. Möglich sind zwei Begründungszusammenhänge. Wird die Solarzelle dicht unter die Lampe gehalten, ist die Distanz zwischen Solarzelle und Lichtquelle sehr gering. Der Weg, der vom Licht zurückgelegt werden muss, ist demnach kürzer. Andererseits trifft in kurzer Distanz auch mehr Licht auf die Oberfläche der Solarzelle, da sie sich direkter im Lichtschein befindet.[108] In der Handlung des dicht-unter-die-Lampe-Haltens ist allerdings die Distanz bestimmend und weniger die Menge, auch wenn beide Bereiche eng zusammenhängen. Hans verringert die Distanz so sehr, dass sie sich aufhebt, da die Solarzelle fast die Glühlampe berührt.

Auf sprachlicher Ebene hingegen konnte festgehalten werden, dass Hans auch die Menge des einfallenden Lichtes auf der Solarzelle thematisiert. Wie angemerkt kann eine Begründung des Haltens der Solarzelle ins Licht sein, dass auf diese Weise mehr Licht auf die Solarzelle einfällt.

---

108 Diesem Begründungszusammenhang liegt folgende Alltagsvorstellung bzw. -beobachtung zugrunde: In der Distanz zu einer gewöhnlichen Lampe, zu welchen auch die verwendete Schreibtischlampe gezählt werden kann, wird die Intensität des Lichtes immer schwächer. Die Menge an Licht, die in einiger Entfernung zur Lampe noch ankommt, ist also geringer als unmittelbar unter der Glühlampe.

Hans verbalisiert in einer Sequenz ganz explizit die Menge des Lichtes („*Wahrscheinlich bloß 'n bisschen wenig Sonne*" *(17:32-17:42 (1/1/1))*.[109] Die Menge des einfallenden Lichtes hängt also auch, wenn Hans' Handlungen vor dem Hintergrund seiner Aussagen interpretiert werden, von der Positionierung der Solarzelle zur Lichtquelle ab, insbesondere auch von der Ausrichtung und Entfernung zu ihr.

Die Menge des einfallenden Lichtes und die Verkürzung der Distanz der Solarzelle zum Licht sind in Hans' Vorgehen eng miteinander verbunden. In der Distanz geht die Menge mit auf (oder auch andersherum: In der Menge geht die Distanz mit auf). Handlungsleitend ist die Distanz der Solarzelle zur Lichtquelle. In der verbalen Schlussfolgerung steht aber die Menge des Lichtes im Mittelpunkt. Es wird hier eine Differenz zwischen Sprechakt und Handlung sichtbar.

Der übergeordnete Raum, in dem Hans sich bewegt, sind die Funktionsbedingungen der Solarzelle. Hans versucht, diese in handelnder Auseinandersetzung mit ihr zu verbessern. Hans benennt die Menge des einfallenden Lichtes als ursächlich für eine seinem Empfinden nach zu schwache Drehung des Motors (vgl. Sequenz Hans 1;30-33). Die handlungspraktische Bearbeitung des Themas, innerhalb dessen er die Menge an Licht auf der Solarzelle im Umgang mit den Materialien aushandelt, ist dann die Distanz der Solarzelle zur Lichtquelle. Seine Strategie ist es, die Distanz der Solarzelle zur Lampe zu verringern.

Die Solarzelle ‚an sich' (Suchraum)

Neben den Funktionsbedingungen der Solarzelle und deren Verbesserungen sucht Hans auch bei der Solarzelle ‚an sich' nach Ursachen für das Nichtfunktionieren seiner Stromkreis(-konstrukt)e. Dieser Bereich bildet einen eigenen Suchraum. Dabei lassen sich zwei unterschiedliche Strategien beobachten, denen unterschiedliche Begründungszusammenhänge immanent sind und die während der Fallanalyse rekonstruiert werden konnten.

---

[109] Dass Hans hier Sonnenlicht anspricht, in seinen Handlungen aber ausschließlich künstliches Licht thematisiert, ist bei der Beschreibung der Suchräume irrelevant.

Weitere Solarzellen werden hinzugenommen (Strategie)

Um eine LED zum Leuchten zu bringen, verbaut Hans mehrere Solarzellen, nachdem die LED angeschlossen an eine Solarzelle nicht leuchtet. Sowohl auf handelnder als auch auf verbaler Ebene thematisiert Hans die Anzahl der Solarzellen (vgl. Sequenz Hans 3b;9/17/27)). Die hier sichtbar werdende Strategie fokussiert also die Erhöhung der Anzahl der Solarzellen. Im Verlauf der Fallanalyse konnte herausgearbeitet werden, dass ein dahintersteckendes handlungsleitendes Motiv ist, dass mehr Solarzellen mehr Strom produzieren und damit die Wahrscheinlichkeit erhöhen, dass die LED leuchten wird.

Die Solarzelle wird gegen eine größere getauscht (Strategie)

Auf der Suche nach dem Nichtleuchten der LED tauscht Hans in derselben Sequenz die verwendete Solarzelle gegen eine andere, nicht baugleiche Solarzelle aus. Er sieht demnach in der genutzten Solarzelle die Ursache für das Nichtfunktionieren und tauscht sie gegen andere. Eine mögliche handlungsleitende Erklärung für diesen Schritt kann die Annahme sein, die verwendete Solarzelle ist zu klein oder zu schwach und erzeugt demnach zu wenig Strom, um die LED zum Leuchten zu bringen. Die anstelle der anfangs verbauten Solarzellen sind jeweils größer und würden - dem Erklärungsmuster folgend - mehr Strom produzieren. Die Erklärung würde also in die gleiche Richtung wie bei der Anzahl der Solarzellen gehen. Eine größere Solarzelle liefert mehr Strom. Eine andere, simplere vermeintliche Erklärung für den Tausch wäre, dass die Solarzelle nicht funktioniert, weil sie kaputt ist und daher getauscht werden muss.

In jedem Fall sucht Hans hier bei der verwendeten Solarzelle nach der Ursache für das Nichtleuchten der LED und tauscht sie daher aus. Eine oder mehrere andere Solarzelle(n) sollen das Problem des Nichtfunktionierens lösen.

4.2.2 Verbindungen (Ebene)

Hans beschäftigt sich auf der Suche nach Ursachen für das Nichtfunktionieren seiner Stromkreiskonstrukte auch mit den Verbindungen. Die Verbindungen zwischen den einzelnen Bauteilen stellen eine weitere übergeordnete Ebene dar. Hans betritt die Ebene der Verbindungen in der Regel erst, nachdem er sich mit der Solarzelle auseinandergesetzt hat. Die offensichtliche[110] Beschäftigung mit den Verbindungen nimmt nicht so viel Zeit in Anspruch wie die auf Ebene der Solarzellen.

Vorhandensein der Verbindungen (Suchraum)

Hans überprüft das Vorhandensein der Verbindungen auf zwei unterschiedliche Weisen, sodass sich zwei Strategien innerhalb des Suchraumes herausarbeiten lassen.

Die Verbindungen werden visuell geprüft (Strategie)

Hans lässt seinen Blick über sein Stromkreiskonstrukt wandern und stellt mit seinen Augen und seinen Wechselblicken zwischen den einzelnen Bauteilen eine Verbindung her (vgl. die Sequenzen Hans 1;30/31 und 2;30/31, 34). Die erste Strategie der Prüfung vollzieht sich also visuell. Hans sucht nach einem sichtbaren Problem. Im Fokus steht dabei, ob alle Bauteile miteinander verbunden sind. Unterstützt wird dieses erste visuelle Prüfen noch durch die unterstützende Tätigkeit des Zeigens auf die Bauteile, die er mit seinen Blicken verbindet.

Die Verbindungen werden auf Festigkeit geprüft (Strategie)

Innerhalb des übergeordneten Suchraums lässt sich ein weiterer untergeordneter Suchraum rekonstruieren, der über das visuelle Überprüfen hinausgeht, aber dennoch der Überprüfung des Vorhandenseins der Verbindungen zugehörig ist. Hans prüft, ob die Verbindungen wirklich physisch vorhanden sind, indem er an einzelnen Verbindungen zieht (vgl. Sequenz Hans 3a;17). Er prüft hier also die Festigkeit der Verbindungen zwischen den einzelnen Bauteilen. Nichtfestsitzende Verbindungen werden hiermit als Ursache für das Nichtfunktionieren eines Stromkreiskonstruktes ausgeschlossen.

---

110 Der Begriff „offensichtlich" soll hier zum Ausdruck bringen, dass die Verbindungen an sich im Zentrum von Hans' Aufmerksamkeit stehen. Im Zuge der Beschreibung des Suchraumes Solarzelle wurde ersichtlich, dass die Verbindungen auch dort eine Bedeutung haben. Eine Solarzelle kann nicht angeschlossen oder getauscht werden, ohne Verbindungen zu thematisieren. In diesen Situationen stellten die Solarzellen die dominierenden Suchräume dar, in denen die Ursachen für ein Nichtfunktionieren gesucht wurden. Die Verbindungen waren dort nur Mittel zum Zweck. Der Suchraum Verbindungen meint hier, eine auf die Verbindungen fokussierte Auseinandersetzung.

Hans misst dem Vorhandensein der Verbindungen eine Bedeutung für das Funktionieren zu, da er sie auf unterschiedliche Weise überprüft, ihnen auf unterschiedliche Weise, in unterschiedlichen Räumen begegnet. Sprachlich thematisiert er die Verbindungen nicht. Die Beschäftigung mit ihnen findet ausschließlich auf einer leiblichen und handlungspraktischen Ebene statt. Sie lassen sich dem übergeordneten Suchraum Verbundenheit der Bauteile zuordnen.

Art und Weise, wie die Verbindungen gesetzt sind (Suchraum)

Es werden mehr Kabel hinzugenommen (Strategie)

Im Rahmen der Überprüfung eines Stromkreiskonstruktes ändert Hans die Anzahl der Kabel. Die Art und Weise, wie die Verbindungen gesetzt sind, steht im Zentrum seiner Suche nach Ursachen für das Nichtfunktionieren. Er nimmt weitere Kabel hinzu, um alle einzelnen Anschlusskabel der benutzen Solarzellen mit einer LED zu verbinden (vgl. Sequenz Hans 3b;9/17/27). Zuvor waren nicht alle Anschlüsse der verwendeten Bauteile miteinander verbunden. Zur reinen Anzahl der Verbindungen kommt noch die implizite Bedeutungszuschreibung hinzu, dass alle Kabelenden verbunden sein müssen und zwar mit jeweils einem anderen (Anschluss-) Kabel. Die Verbindungen müssen so gesetzt sein, dass ein Kabel jeweils ein Anschlusskabel des einen mit einem Anschlusskabel des anderen Bauteiles miteinander verbindet. Am Ende dürfen keine freien Kabelenden übrig sein.[111]

4.2.3 Schalter (Ebene)

Funktionsweise des Schalters (Suchraum)

Hans hat einen Stromkreis mit Schalter gebaut (vgl. Sequenz Hans 2a;28-35), im Zuge dessen Überprüfung er dem Schalter eine Bedeutung für das unregelmäßige Drehen seines Motors zuschreibt. Er sucht bei der Funktionsweise des Schalters nach einer Ursache für das unregelmäßige Drehen. Es lassen sich zwei Strategien innerhalb dieses Suchraumes identifizieren.

[111] Hier gibt es eine Beziehung zum Suchraum „Vorhandensein der Verbindungen".

Der Schalter wird wiederholt betätigt (Strategie)

Die Funktionsweise testet er durch Betätigung des Schalters. Als handlungsleitend wurde in diesem Zusammenhang eine Art ‚Warmschalten' herausgearbeitet. Die Überprüfung findet hier durch konzentriertes Drücken des Schalters und gleichzeitiges Beobachten des Motors statt. Die Suche bezieht sich also auf die Funktionsweise des Bauteils.

Der Schalter wird getauscht (Strategie)

Nachdem Hans durch Betätigung des Schalters keine Lösung für sein Problem gefunden hat, tauscht er den Schalter gegen einen, wie er sagt, *„besseren" (34:19 (1/1/1))* aus. Der Antrieb für den Tausch liegt demnach in der Güte des neuen im Vergleich zum bisher verwendeten Schalter, da er besser oder überhaupt zu funktionieren scheint. Dies impliziert dem Tausch die Annahme, dass der alte Schalter kaputt sei oder zumindest nicht richtig funktioniere.

4.2.4 Motor (Ebene)

Gangbarkeit des Motors (Suchraum)

Der Propeller wird angestoßen (Strategie)

In zwei kurzen Sequenzen beschäftigt Hans sich mit dem Motor auf der Suche nach Ursachen für das Nichtdrehen. Im fallinternen Vergleich lässt sich durch die komparative Analyse ein der Ebene Motor zugehöriger Suchraum samt Strategie rekonstruieren. Hans stößt den Propeller mit der Hand an (vgl. die Sequenzen Hans 2a;30/31 und 2b;34). Das Anstoßen kann als ein nächster Schritt der Überprüfung gedeutet werden. Nachdem der Stromkreis visuell überprüft wurde, was sich in erster Linie als ein Überprüfen der Verbindungen auf Vollständigkeit darstellt, wendet Hans sich dem nächsten Bauteil in seinem Stromkreis, dem Motor, zu, um dort nach einer Ursache für das Nichtdrehen zu suchen. In der ersten Sequenz (Hans 2a;30/31) wirkt Hans' Antippen des Propellers noch eher wie ein verträumtes, nachdenkliches Antippen. Im Vergleich mit der zweiten Sequenz (Hans 2b;34) lässt sich das Anstoßen als ein Überprüfen des Motors auf seine Gangbarkeit hin deuten. Es erscheint die handlungsleitende Absicht plausibel, dass der Motor sich nicht dreht, weil er auf irgendeine Weise blockiert wird. Hans' Strategie ist es, durch ein Anstoßen zu prüfen, ob der Motor sich frei drehen kann, ob er gangbar ist.

Es wird in der Darstellung der Räume deutlich, dass die Ebene der Solarzelle Hans' Auseinandersetzung mit den Materialien auf der Suche nach Ursachen für das Nichtfunktionieren seiner Stromkreis(-konstrukt)e dominiert. Im Vergleich zu den anderen herausgearbeiteten Ebenen der Auseinandersetzung erfolgt die Beschäftigung mit der Solarzelle länger, ausführlicher und insbesondere vielschichtiger.

4.2.5 Suchraumübergreifende Strategien

Es lassen sich im Anschluss an die Zusammenfassung der Fallanalyse mit Schwerpunkt auf die Herausarbeitung eines Suchraumkonzeptes mit dazugehörigen Strategien gleiche Strategien wiederfinden, derer sich Hans innerhalb unterschiedlicher Suchräume bedient. Mit diesem Befund wird deutlich, dass ausgewählte Strategien fallintern nicht auf bestimmte Suchräume beschränkt sind, sondern suchraumübergreifend wiederzufinden sind. Das heißt, bestimmte Strategien sind losgelöst vom konkreten Inhalt oder Gegenstand und allgemeingültiger, da sie in verschiedenen Situationen zu beobachten sind. Es handelt sich dabei um den Tausch von Bauteilen (suchraumübergreifende Strategie ‚Tausch') sowie den Einbau weiterer Bauteile gleicher Bauart in die Stromkreis(-konstrukt)e (suchraumübergreifende Strategie ‚mehr Hinzunehmen').

Suchraumübergreifende Strategie ‚Tausch'

Der Tausch eines Bauteiles als Strategie zum Umgang mit möglichen Ursachen eines Nichtfunktionierens findet sich bei Hans zum einen im Zusammenhang mit der Fokussierung der Solarzelle. Hans tauscht eine Solarzelle gegen ein andere (größere) aus (vgl. Sequenz Hans 3b;9). In einer anderen Sequenz will Hans seinen verwendeten Schalter gegen einen anderen austauschen (vgl. Sequenz Hans 2a;35). Handlungsleitend können unterschiedliche Annahmen sein: Das Bauteil ist kaputt und muss gegen ein anderes funktionierendes Bauteil ausgetauscht werden. Im Falle der Solarzelle kann für den Tausch aber auch die Größe der Solarzellen bestimmend sein: Mit einer großen Solarzelle ist es wahrscheinlicher, den Motor zum Drehen zu bringen als mit einer kleinen (vgl. dazu wiederum die übergeordnete Strategie: ,mehr Hinzunehmen').

Suchraumübergreifende Strategie ,mehr Hinzunehmen'

In unterschiedlichen Sequenzen und damit auch in unterschiedlichen Zusammenhängen erweitert Hans seine Stromkreis(-konstrukt)e durch die Hinzunahme und Integration weiterer Bauteile der gleichen Gattung. Während Hans dabei ist, eine LED zum Leuchten zu bringen, integriert er nach und nach weitere Solarzellen in sein Stromkreiskonstrukt (vgl. Sequenz Hans 3b;17/27), um auf diesem Wege die LED zum Leuchten zu bekommen. Als handlungsleitend konnte in diesem Zusammenhang ein Vorgehen im Sinne eines ,viel hilft viel' rekonstruiert werden: Mehr Solarzellen fangen mehr Licht ein und erzeugen mehr Strom. Dieselbe Strategie findet sich in einer anderen Sequenz wieder, allerdings nicht durch die Hinzunahme weiterer Solarzellen, sondern durch den Tausch der zunächst verwendeten gegen eine andere, größere Solarzelle (vgl. Sequenz Hans 3b;9). Als handlungsleitend konnte in dieser Situation ebenfalls die Annahme, dass eine größere Solarzelle mit einer größeren Oberfläche mehr Strom produziert, herausgearbeitet werden. Durch diese beiden Beispiele, die im selben Handlungsablauf enthalten sind, wird verdeutlicht, dass die übergreifende handlungsleitende Annahme ,viel hilft viel' sowohl die Strategie ,Tausch' der Solarzelle als auch die Strategie ,mehr Hinzunehmen' rahmt.

Schließlich findet sich noch eine weitere Sequenz wieder, in der der gegenstandsübergreifende Aspekt der Strategie deutlich wird. Hans verlängert die Verbindungen zwischen Solarzelle und Motor so, dass er die Distanz zwischen Materialtisch und Fenstertisch überbrücken kann (vgl. Kapitel: 4.1.1 Thematische Gliederung – Inhaltlicher Ablauf, Hauptsequenz Hans 2c). Die Solarzelle liegt auf dem Fenstertisch unter der Schreibtischlampe, der Motor steht auf dem Materialtisch. Die Distanz zwischen den beiden Bauteilen beträgt ungefähr einen Meter. Es handelt sich bei dieser Situation nicht wirklich um einen Suchraum, innerhalb dessen nach einer Ursache für das Nichtfunktionieren des Motors gesucht wird, da der Stromkreis ja bereits zuvor überprüft wurde und auch geschlossen ist. Es handelt sich um eine Erweiterung des Stromkreises. Hier möchte Hans, dass sich der Motor, wenn er auf dem Materialtisch steht, dreht. Zu diesem Zweck muss die Solarzelle am Fenstertisch unter der Lampe liegen und der lange Weg zwischen den beiden Bauteilen muss mit vielen Kabeln überbrückt werden. Trotzdem lässt sich hier gegenstandsübergreifend die Strategie ‚mehr Hinzunehmen' zur Lösung seines temporären Problems feststellen.

Die Ergebnisse sind gleichzeitig Grundlage für die weitere Auswertung, in der es darum geht, die Suchraumidee weiter auszudifferenzieren. Im nächsten Abschnitt erfolgt dieser Schritt zunächst im fallübergreifenden Vergleich mit Sarah.

4.3 Fallübergreifende Suchraumrekonstruktion Hans-Sarah

Sarah bewegt sich im Rahmen der Auseinandersetzung mit den Materialien wie Hans auf verschiedenen Ebenen in verschiedenen Suchräumen, um Ursachen für das Nichtfunktionieren ihrer Stromkreis(-konstrukt)e zu finden. Dabei lassen sich unter anderem bereits bei Hans rekonstruierte Räume wiederfinden. Übergeordnete Ebenen und dazugehörige Suchräume sind zum Großteil deckungsgleich (Solarzelle, Verbindungen), die Bewegung innerhalb dieser Räume jedoch unterschiedlich. Spannend ist dabei zu rekonstruieren, wie Sarah sich innerhalb dieser Räume bewegt und welcher Strategien sie sich bedient. So konnten zum Teil andere Strategien innerhalb der Suchräume identifiziert werden.

In der weiteren Darstellung und Ausdifferenzierung der Räume und Strategien unter Hinzunahme ausgewählter Sequenzen aus den Interpretationen von Sarahs Vorgehen, kommt der fallübergreifenden komparativen Analyse (vgl. Kapitel: 3.2.6 Schritte des Vorgehens) eine bedeutende Rolle zu. Wurde Hans' Vorgehen ausschließlich vor einem internen und einem hypothetischen Vergleichshorizont analysiert, so erfolgte die Interpretation von Sarahs Vorgehen vor ihrem fallinternen Vorgehen und insbesondere vor einem fallübergreifenden Vergleichshorizont.[112] Insbesondere soll im Zuge der komparativen Analyse auf gleiche und unterschiedliche Vorgehensweisen (Sarahs Umgang mit den Gegenständen und in der Situation des freien Explorierens im Vergleich zu Hans) sowie auf Kontraste in den Gemeinsamkeiten (Wie bewegen sich die Kinder

[112] Die Analyse von Sarahs Vorgehen gleicht dem im Methodenteil vorgestellten Verfahren. Nachdem zunächst eine Segmentierungsanalyse angefertigt wurde, konnten auf Basis von Fokussierungsmetaphern Sequenzen ausgewählt werden, die einer ausführlichen Interpretation unterzogen werden.

innerhalb der Suchräume? Welche Strategien lassen sich rekonstruieren?) eingegangen werden.

Sarah spricht während der gesamten Explorationsphase - gerade auch im direkten Vergleich mit Hans - sehr wenig. Die Analyse ihres Vorgehens vollzog sich fast ausschließlich auf der Rekonstruktion ihrer Handlungen und ihrer Auseinandersetzungen mit den Materialien. Die Analyse der Bildebene dominierte die Interpretation der Tonebene.

Die Analyse folgt dem Primat des Raumes. Die bei Hans gefundenen Räume bilden die Ausgangslage zur weiteren Unterfütterung und Differenzierung. Anhand der bereits rekonstruierten Räume wird Sarahs Vorgehen ausgewertet. Die Sequenzialität von Sarahs Vorgehen wird hier nicht beachtet.[113] Da die Rekonstruktion und Identifikation der Räume den Kern der Studie bildet, liegt es nahe, in der weitere Analyse einem Primat des Raumes zu folgen.

4.3.1 Solarzelle (Ebene)

Sarah hat wie Hans verschiedene Stromkreise mit Solarzellen konstruiert. Im Rahmen des Überprüfens (bei nicht funktionierenden Stromkreisen) und des Ausprobierens (bei funktionierenden Stromkreisen) bewegt sich Sarah ausgiebig auf der Ebene der Solarzelle. Basierend auf den bei Hans rekonstruierten Suchräumen und Strategien und insbesondere im Vergleich zu ihnen werden jene von Sarah dargestellt.

Nach der fallübergreifenden Suchraumrekonstruktion konnte die Auseinandersetzung auf Ebene der Solarzelle zur Lösung der Ursachen des Nichtfunktionierens weiter ausdifferenziert werden.

Solarzelle (Ebene)

- Funktionsbedingungen der Solarzelle (Suchraum)
    - Die Distanz der Solarzelle zum Licht wird verringert (Strategie)

---

[113] Der Primat Sarahs individuellen Vorgehens würde bedeuten, Sarahs Vorgehen chronologisch auszuwerten, mit einem Fokus auf dem, was sie nacheinander macht. Es würden sequenziell alle Räume beschrieben und zwar in der Reihenfolge, wie sie betreten wurden. Diese Vorgehensweise würde einem Primat des individuellen Vorgehens folgen.

  - Die Solarzelle wird unter verschiedene Lichtquellen gehalten (Strategie neu)
  - Die Position der Solarzelle zum Licht wird geändert (Strategie neu)
- Die Solarzelle an sich (Suchraum)
  - Weitere Solarzellen werden hinzugenommen (Strategie)
  - Die Solarzelle wird ausgetauscht (Strategie)

Sarahs Suche nach Ursachen für das Nichtfunktionieren ihrer Stromkreis(-konstrukt)e auf Ebene der Solarzelle findet ausschließlich im Suchraum ‚Funktionsbedingungen der Solarzelle' statt. Hier lassen sich bereits bekannte und teilweise auch neue, bei Hans bisher nicht sichtbar gewordene oder vorhandene Strategien der Problemlösung rekonstruieren. Die verwendeten Solarzellen stellt sie nicht infrage, bzw. zieht sie nicht in ihre Überprüfung mit ein. Der Suchraum ‚Die Solarzelle ‚an sich'' wird von Sarah nicht betreten.

Funktionsbedingungen der Solarzelle (Suchraum)

Die Distanz der Solarzelle zum Licht wird verringert (Strategie)

Wie bei Hans konnte auch bei Sarah in verschiedenen Situationen herausgearbeitet werden, dass der Distanz der Solarzelle zur Lichtquelle auf der Suche nach Ursachen für das Nichtfunktionieren der Stromkreis(-konstrukt)e eine besondere Bedeutung zuteil wird. Ihr Vorgehen weist dabei Parallelen zu Hans auf. Durch die Verkürzung der Distanz der Solarzelle zur Lichtquelle versucht Sarah, den Motor zum Drehen, bzw. schnellerem Drehen, oder die LED zum Leuchten zu bringen. Sie sucht hier also bei den Funktionsbedingungen der Solarzelle nach einer Lösung für ihr Problem. Es zeigt sich wie auch bei Hans ein in die Handlungen eingelassenes, handlungsleitendes Wissen um die Funktionsbedingungen der Solarzelle. Um die Funktionsbedingungen zu verbessern, ist die hier zu beobachtende Strategie, die Solarzelle näher an die Lichtquelle zu halten und somit die Distanz zur Lichtquelle zu verkürzen.

> *„[…] Anschließend hebt Sarah die rechte Hand, die immer noch die Solarzelle hält, nach oben. Ihren Kopf wendet sie ebenfalls nach oben. In einer gleichmäßigen Bewegung senkt sie den rechten Arm mit der Solarzelle in der Hand wieder in Richtung Tischplatte und legt diese*

> *dort ab, ohne jedoch die Hand von der Solarzelle zu nehmen.“ (FI Sarah 2;4, 22:49-22:55 (1/1/1))*

Sarah versucht, die Solarzelle näher in Richtung der Lichtquelle zu bringen. Auch wenn das Anheben der Solarzelle und das Blicken in Richtung der Decke nur sehr kurz und zaghaft sind, wird durch diese Streckbewegung Distanz thematisiert. Ein Unterschied zu Hans besteht allerdings in der Entfernung, in der die Solarzelle zur Lampe gehalten wird. Hans hält seine Solarzelle so dicht unter die Schreibtischlampe, dass diese fast die Glühlampe berührt. Bei Sarah ist zwischen Lampe und Solarzelle noch ein guter Meter Platz. Dies liegt daran, dass Sarah am Materialtisch gebaut und zu überprüfen begonnen hat, wohingegen bei Hans das Bauen und Überprüfen räumlich getrennt voneinander stattfanden. Die Entfernung zur Deckenlampe ist so groß, dass Sarah im Sitzen bis auf einen guten Meter nicht näher an sie herankommt. Unter die Schreibtischlampe hingegen lässt sich die Solarzelle mühelos bis dicht an die Glühlampe halten. Im weiteren Verlauf der Explorationsphase lassen sich weitere Sequenzen finden, in denen Sarah in ihren Handlungen die Entfernung der Solarzelle zur Lichtquelle thematisiert.

> *„[…] Sarah hält die Solarzelle senkrecht in einigem Abstand zur Tischfläche. Sie löst ihren Blick vom Schalter in Richtung der Decke und dreht dabei die Solarzelle waagerecht in Richtung der Decke. Sie führt die Solarzelle wieder zurück zur Tischplatte und schaut dabei in Richtung des Motors.“ (FI Sarah 4;1, 41:55-42:11 (1/1/1))*

Sarah sucht bei der Solarzelle und ihrer Entfernung zur Lichtquelle nach der Ursache für die wiedereinsetzende Drehung des Motors. Wie auch in der vorangegangenen Sequenz (vgl. Sequenz Sarah 2;4) geht mit dem Anheben der Solarzelle ein Blick in Richtung der Decke und der auf der Videoaufnahme nicht sichtbaren Deckenbeleuchtung einher. Es wird dadurch deutlich, dass das Anheben der Solarzelle im Zusammenhang mit der Deckenbeleuchtung steht. Sarah fokussiert die Lichtquelle und führt die Solarzelle in ihre Richtung.

In anderen Sequenzen wird die Thematisierung der Distanz besonders deutlich, da diese von einer hohen Leiblichkeit geprägt sind. Konnte zuvor die Thematisierung der Entfernung der Solarzelle zur Lichtquelle sowohl bei Hans als auch bei Sarah am unangestrengten Anheben des

Armes identifiziert werden, lässt sie sich hier im gesamten Arm wiederfinden.

> *„Sarah streckt in einer gleichmäßigen Bewegung die rechte Hand, in der sie die Solarzelle flach hält, nach oben, bis die Hand mit der Solarzelle den Aufnahmebereich der Kamera verlässt. Ihr Kopf ist währenddessen in Richtung ihrer rechten Hand geneigt. […] Sarah versucht, ihren rechten Arm noch höher zu strecken. Ihr Kopf ist währenddessen stets in Richtung ihrer linken Hand mit dem Motor ausgerichtet, den sie eine Unterarmlänge vor sich hält." (FI Sarah 4;20, 48:22-48:39 (1/1/1))*

Sarah führt die Solarzelle in Richtung der Lampe, möchte sie sogar so dicht wie möglich an die Lichtquelle halten. Dies wird dadurch ersichtlich, dass sie versucht, sich groß zu machen. Sie streckt sich im Sitzen, macht ihren Körper und ihre Arme lang. Später kniet sie sich sogar auf einen Hocker, der im Bildvordergrund steht, um sich noch größer zu machen und um die Solarzelle näher unter die Deckenlampe zu halten. Während sie die Solarzelle immer weiter in Richtung Lampe streckt, schaut sie den sich immer schneller drehenden Propeller am Motor in ihrer linken Hand an. Ihr wird bestätigt, dass das nähere Ausrichten der Solarzelle an der Lichtquelle eine Auswirkung auf die Drehgeschwindigkeit, auf die Leistung des Motors hat.

Die Thematisierung der Distanz der Solarzelle zur Lichtquelle gipfelt schließlich in einer Sequenz, in der Sarah nicht nur ihren Arm mit der Solarzelle zur Deckenbeleuchtung streckt, sondern versucht, mit ihrem gesamten Körper die Distanz zu verringern.

> *„Sarah streckt die rechte Hand mit der Solarzelle in die Höhe in Richtung Raumdecke. Ihren Kopf dreht sie dabei etwas schneller als ihre Hand in Richtung der Decke, ehe sie ihn wieder in Richtung der Tischplatte absenkt. […] Sie greift, die Solarzelle noch mit der rechten Hand hochhaltend, mit der linken den Motor. Die Solarzelle am ausgestreckten rechten Arm nach oben haltend, steht sie von ihrem Hocker auf und stellt sich vor den Tisch. Dabei streckt sie ihren Arm weiter in Richtung Decke, sodass die Solarzelle den Aufnahmebereich der Kamera verlässt." (FI Sarah 5;4, 1:00:38-1:00:51 (1/1/1))*

Sarah hält die Solarzelle möglichst hoch und somit möglichst dicht unter die Deckenbeleuchtung. Die Entfernung zur Lampe ist sehr gering. Am

Beispiel von Sarah, aber auch in Rückblick auf Hans, lässt sich erkennen, dass die Überprüfung der Funktionsbedingungen der Solarzelle mit der Strategie ‚Die Distanz der Solarzelle zum Licht wird verringert' zum einen vielversprechend ist, da das Problem des Nichtfunktionierens der Stromkreise auf diese Weise behoben werden konnte. Zum anderen zeigt sich insbesondere bei Sarah eine gesteigerte Routine,[114] die sich in einem lockereren Umgang beim Anheben der Solarzelle zeigt. Hat Sarah am Anfang noch sehr zaghaft die Solarzelle nur ein kleines Stück vom Tisch aus angehoben, versucht sie in der letzten analysierten Sequenz unter Einsatz ihres ganzen Körpers sich so groß wie möglich zu machen und dadurch die Distanz zur Lampe möglichst zu verringern. Sarah vollzieht diesen Bewegungsablauf sehr zügig: Kaum dass sie das Krokodilkabel am Motor befestigt hat, hebt sie die Solarzelle in Richtung der Deckenlampe an. Sarah hat diese Handlung während der Explorationsphase schon einige Male durchgeführt und ist deshalb in ihrer Ausführung schnell und routiniert. Bei Hans konnte ebenfalls eine Routine im Umgang mit der Distanz der Solarzelle zur Lichtquelle festgehalten werden. Eine so ausgeprägte Leiblichkeit ist bei Hans beim Verringern der Distanz der Solarzelle zur Lichtquelle nicht zu finden. Hans hat seine Stromkreis(-konstrukt)e allerdings auch nicht wie Sarah unter der Deckenlampe getestet und musste sich daher nicht strecken. Gemeinsam ist hier aber beiden Kindern, dass sie versuchen, die Distanz der Solarzelle zur Lichtquelle zu verringern, um eine Reaktion am Motor zu erzielen. Der einzige Kontrast in dieser Gemeinsamkeit ist, dass Sarah ihr Ausrichten in weiten Teilen an der Deckenbeleuchtung orientiert, wohingegen Hans die Solarzelle stets unter die Schreibtischlampe hält. In einer Sequenz hält Sarah die Solarzelle im Zuge des Überprüfens schließlich aber auch unter die Schreibtischlampe.

> *„Sarah streckt nun den rechten Arm mit der Solarzelle in der Hand in Richtung der auf dem Fenstertisch stehenden Schreibtischlampe. […]" (FI Sarah 2;7, 23:22-23:34 (1/2/1))*

Im Vorfeld dieser Handlung ist Sarah, so wie auch Hans es fast ausschließlich getan hat, vom Material- zum Fenstertisch gegangen. Der gesamte Gang zur Schreibtischlampe ist ebenfalls Bestandteil der Strate-

[114] Bei Hans ist das routinierte Halten der Solarzelle unter die Schreibtischlampe von Anfang an sehr präsent.

gie ‚Die Distanz der Solarzelle zum Licht wird verringert'. Durch den Gang verkürzt sich auch die Distanz. Die Solarzelle kann näher an die Lichtquelle gebracht werden.
Es lassen sich nach der fallübergreifenden komparativen Analyse verschiedene Nuancen der Strategie ‚Die Distanz der Solarzelle zum Licht wird verringert' festhalten:

- Die Solarzelle wird dicht unter die Schreibtischlampe gehalten.
- Die Solarzelle wird möglichst nah an die Deckenbeleuchtung gehalten.
- Die Solarzelle wird vom Materialtisch zur Schreibtischlampe getragen.

Funktionsbedingungen der Solarzelle (Suchraum)

Die Solarzelle wird unter verschiedene Lichtquellen gehalten (Strategie)

Im Zuge der Überprüfung ihrer Stromkreis(-konstrukt)e beschäftigt Sarah sich auch mit unterschiedlichen Lichtquellen. In dieser Auseinandersetzung spielt ebenfalls die Distanz der Solarzelle zur Lichtquelle eine entscheidende Rolle. Dadurch steht diese Strategie in enger Verbindung mit der Strategie ‚Die Distanz der Solarzelle zum Licht wird verringert'. Wurde oben die Distanz an sich oder besser die Distanz der Solarzelle zu einer spezifischen Lichtquelle (Schreibtischlampe oder Deckenbeleuchtung) als bestimmender Teil der Überprüfung herausgearbeitet, steht hier nun die Lichtquelle, unter die die Solarzellen gehalten werden, im Fokus. Der Wechsel der Lichtquelle wird hier als Strategie sichtbar.

> *„Während Hans zum Fenster geht, steht auch Sarah auf und geht einen Schritt in Richtung der anderen Mädchen. Sie steht eine Weile mit dem Rücken zur Kamera und dem Oberkörper zu Paula gedreht hinter dieser. Nach einem kurzen Moment dreht Sarah sich wieder um und geht zurück zu ihrem Platz am Tisch. Sie greift mit der rechten Hand die Solarzelle, lässt diese aber auf der Tischplatte liegen. Währenddessen hebt sie ihren Kopf in Richtung der Raumdecke an. Sie nimmt den mit der Solarzelle verbundenen Motor in die linke Hand und verlässt mit beiden Gegenständen in den Händen den Tisch in Richtung des Fenstertisches." (FI Sarah 2;6, 23:07-23:21 (1/1/1))*

Am Fenstertisch unter der kleinen Lampe besteht die Möglichkeit, den Motor zum Drehen zu bringen, da die kleine Lampe heller leuchtet und die Solarzelle dichter unter die Lampe gehalten werden kann. Diese Lampe ist besser zu erreichen als die Deckenbeleuchtung. Die Solarzelle kann dichter darunter gehalten werden und die Distanz zur Lichtquelle somit verkürzt werden. Deshalb geht Sarah zum Tisch und holt ihren Stromkreis. Am Fenstertisch bietet sich ihr die Möglichkeit zu überprüfen, ob das Nichtdrehen des Motors mit der Solarzelle, bzw. mit dem Lichteinfall auf der Solarzelle in Verbindung steht. Das Halten der Solarzelle unter verschiedene Lichtquellen lässt sich daher als eine eigene Strategie beschreiben. Im Fortgang dieses Handlungsablaufes ist dann die Distanz wieder maßgeblich:

> *„Sarah streckt nun den rechten Arm mit der Solarzelle in der Hand in Richtung der auf dem Fenstertisch stehenden Lampe. In ihrer linken Hand, die sie der rechten Hand nachführt, hält sie einen Motor mit aufgestecktem Propeller. Motor und Solarzelle sind mit Kabeln verbunden. Während Sarah die Solarzelle in Richtung der Lampe streckt, beginnt sich der Propeller am Motor am anderen Ende des Kabels zu drehen."* (FI Sarah 2;7, 23:22-23:34 (1/2/1))

Hier zeigt sich ein im Vergleich zu Hans analoges Vorgehen. Allerdings ist die Art und Weise, wie die Schreibtischlampe in die Überprüfung der Stromkreis(-konstrukt)e der beiden Kinder eingebunden ist, unterschiedlich. Hans hält von Beginn der Überprüfung an seine Sachen unter die Schreibtischlampe und zieht die Deckenbeleuchtung nicht in die Überprüfung mit ein. Sarah hingegen nutzt die Schreibtischlampe zur Überprüfung, *nachdem* sie unter der Deckenbeleuchtung keine Lösung für ihr Problem erhielt. Die Auseinandersetzung fokussiert hier also die Funktionsbedingungen der Solarzelle. Im Wechsel der Lichtquelle, unter welche die Solarzelle gehalten wird, findet sich auch die Strategie ‚Die Distanz der Solarzelle zum Licht wird verringert' wieder.[115]

Als Strategie zur Lösung ihres Problems zieht Sarah unterschiedliche Lampen in Betracht. Sie möchte ausprobieren (*„Kann ich auch mal versuchen?" (23:14-23:15 (1/2/1))*, ob der Motor sich unter der Lampe nun auch dreht. Auf die Frage hin, warum sich ihr Stromkreis am Materialtisch im

115 Es wird hier sehr deutlich, wie die einzelnen Suchräume und Strategien miteinander verwoben sind und mitunter nicht klar voneinander abzugrenzen sind.

Anschluss nicht mehr dreht, obwohl er sich ja am Fenster gedreht hat, benennt Sarah die Distanz zur Lichtquelle als ursächlich. Auf Ebene des Bildes konnte deutlich rekonstruiert werden, dass Sarah die Solarzelle mit Licht in Verbindung bringt und in ihren Handlungen ganz klar die Distanz der Solarzelle zur Lichtquelle thematisiert hat (s. o.). In diesem kurzen Dialog mit dem Forschenden verbalisiert sie dies nun auch. Ihr Motor dreht sich am Materialtisch nicht mehr, da die Solarzelle *„nicht mehr so nah" (23:38-23:40 (1/2/1))* an der Lichtquelle ist. Als der Forschende dann darauf verweist, dass sich Hans' Motor aber auch am Materialtisch drehen würde, antwortet Sarah ebenfalls, dies würde daran liegen, weil Hans' Solarzelle *„näher am Licht ist" (23:45-23:46 (1/2/1))*. Hans' Solarzelle liegt an einer Stelle auf dem Materialtisch, die direkter unter der Deckenlampe ist. Sarah thematisiert also auch hier ganz explizit die Distanz zur Lichtquelle. Die Tatsache, dass Hans eine andere Solarzelle verwendet, erwähnt Sarah nicht. Die Distanz ist die dominierende Strategie in dieser Sequenz.

Während Hans von Beginn an ausschließlich unter der Schreibtischlampe prüft, die Überprüfungsphase räumlich getrennt von der Bauphase am Materialtisch stattfindet, überprüft Sarah ihre Stromkreis(-konstrukt)e sowohl am Materialtisch als auch am Fenstertisch. Im Fortgang der Explorationsphase nimmt bei Sarah - ähnlich dem Vorgehen von Hans - die Schreibtischlampe eine besondere Funktion im Rahmen der Überprüfung der verschiedenen Stromkreis(-konstrukt)e ein. Wie herausgearbeitet, wirkt die Distanz der Solarzelle zur Lichtquelle in diesen Handlungen bestimmend. Dabei wird die Solarzelle jedoch nicht wie bei Hans möglichst dicht unter die Lampe gehalten, sondern unter der Lampe, in ihrem Lichtschein abgelegt.

Es lassen sich nach der fallübergreifenden komparativen Analyse verschiedene Nuancen der Strategie ‚Die Solarzelle wird unter verschiedene Lichtquellen gehalten' festhalten:

- Das Überprüfen der Solarzellen+X-Stromkreise erfolgt überwiegend unter der kleinen Lampe.
- Das Überprüfen der Solarzellen+X-Stromkreise erfolgt überwiegend unter der Deckenbeleuchtung.

- Das Überprüfen unter der Deckenbeleuchtung und unter der Schreibtischlampe steht in enger Verbindung mit der Strategie ‚Die Distanz der Solarzelle zum Licht wird verringert'.[116]

Funktionsweise der Solarzelle (Suchraum)

Die Position der Solarzelle zum Licht wird geändert (Strategie)

Während Sarahs Beschäftigung mit der Distanz der Solarzelle zur Lichtquelle und dem Ausprobieren verschiedener Lichtquellen wird eine weitere Strategie sichtbar, die eng mit der Entfernung zusammenhängt, da sie bisweilen im selben Handlungsverlauf enthalten ist und sichtbar wird. Dennoch lässt sie sich als eigenständige Strategie rekonstruieren. Es handelt sich um die Ausrichtung der Solarzelle zur Lichtquelle. Bei Hans konnte dieses Vorgehen nicht in dieser Deutlichkeit und demnach auch nicht als eigenständige Strategie rekonstruiert werden.[117] In der Interpretation von Sarahs Handlungen lässt sich die Eigenständigkeit der Strategie aufzeigen.

> *„Sarah greift mit der rechten Hand die vor ihr auf dem Tisch liegende Solarzelle, die mit Kabeln und einer Lüsterklemme mit einem Motor mit aufgestecktem Propeller verbunden ist und hebt die Solarzelle in der rechten Hand etwa 10 cm von der Tischplatte aus an. […] Sie hält die Solarzelle weiter in der Rechten in geringem Abstand zur Tischoberfläche." (FI Sarah 2;4, 22:49-22:55 (1/1/1))*

Die Solarzelle steht im Zentrum von Sarahs Handlungen bei der Suche nach einer Ursache für das Nichtdrehen des Motors.[118] Im Anheben der Solarzelle wird deutlich, dass Sarah die Solarzelle mit Licht in Verbindung bringt, da sie diese in Richtung der Deckenbeleuchtung ausrichtet. In diesem kurzen Ausschnitt spielt die Distanz zur Lichtquelle allerdings

---

116 Wird das Halten der Solarzelle unter die Schreibtischlampe im Nachgang an das Halten unter die Deckenbeleuchtung interpretiert, so lässt sich der gesamte Handlungsablauf als Verringerung der Distanz der Solarzelle zur Lichtquelle deuten.

117 Im fallübergreifenden Vergleich wird allerdings auch deutlich, dass in Hans' Handlungen das Ausrichten enthalten ist. Erst durch den Vergleich konnte dieses Vorgehen jedoch als eigenständige Strategie herausgearbeitet werden.

118 Sarah hat einen Stromkreis gebaut. Der Motor dreht sich allerdings nicht, da die Solarzelle aufgrund der unzureichenden Lichtverhältnisse am Materialtisch zu wenig Spannung liefert.

nicht die bestimmende Rolle. Sarah hebt die Solarzelle hier *an* und nicht *hoch*. In der Art und Weise des Hebens konnten Unterschiede festgehalten werden. Mit dem Anheben der Solarzelle geht ein Ausrichten einher. Das kurze Anheben ist demnach nicht als Hochheben, sondern als Ausrichten der Solarzelle zu rekonstruieren. Dieses Vorgehen lässt sich vom Hochheben, wie es bei Hans und auch bei Sarah in anderen Sequenzen analysiert wurde und welches dem Zweck diente, die Distanz zur Lichtquelle zu verkürzen, abgrenzen. In anderen Sequenzen ist ein ähnliches Vorgehen zu beobachten, wobei das Ausrichten allerdings noch evidenter ist und die Abgrenzung von der Strategie ‚Die Distanz der Solarzelle zum Licht wird verringert' weiter verdeutlicht.

> *„Während des Greifens und Betätigens des Schalters hält Sarah in der rechten Hand die Solarzelle senkrecht in einigem Abstand zur Tischfläche. Sie löst nun ihren Blick vom Schalter in Richtung der Decke und dreht dabei die Solarzelle waagerecht in Richtung der Decke. Sarah führt die Solarzelle wieder zurück zur Tischplatte und schaut dabei in Richtung des Motors." (FI Sarah 4;1, 41:55-42:11 (1/1/1))*

> *„Sarah greift mit der linken Hand eine auf dem Tisch liegende Solarzelle und legt diese dann ungefähr auf Schulterhöhe waagerecht in ihre rechte Hand. […]" (FI Sarah 5;4, 1:00:38-1:00:51 (1/1/1))*

In diesen Ausschnitten wird noch deutlicher, dass die Ausrichtung der Solarzelle zur Lichtquelle auf handlungspraktischer Ebene eine Relevanz in Sarahs Vorgehensweise auf der Suche nach Ursachen für das Nichtfunktionieren ihrer Stromkreise hat. Dem Anheben geht hier ein sensibles Ausrichten voraus. In dieser Art der Ausrichtung der Solarzelle zeigt sich, dass der Oberfläche und der Positionierung der Solarzelle in Sarahs Vorgehen eine Bedeutung während des Hochhebens zukommt. In diesem deutlicheren, möglicherweise auch bewussteren Ausrichten findet sich im Vergleich zu Hans ein Unterschied. Der Akt des Ausrichtens wird deutlicher vollzogen. Zwar hat Hans auch stets die Oberfläche der Solarzelle zur Lichtquelle gehalten, allerdings lief diese Handlung nicht so deutlich wie bei Sarah ab. In Hans' Handlungen ist dieser Schritt implizit enthalten, allerdings ohne die Ausrichtung dabei sowohl sprachlich als auch in seinen Handlungen gesondert zu thematisieren. Bei ihm spielte die Distanz zur Lichtquelle die übergeordnete Rolle. Die Distanz hat die Ausrichtung dominiert bzw. überdeckt und wurde nicht in dem Ausmaß wie bei Sarah thematisiert und dadurch sichtbar. In Sarahs Handlungen wird dieser Schritt explizit. Sie verdeckt die Oberfläche nicht mit einem Daumen, sondern ist bemüht, die gesamte Fläche auszurichten. Signifikant für die Struktur ist das Ausrichten der Solarzelle mit einer möglichst großen Oberfläche zur Lichtquelle. Diese Signifikanz ist in Hans' Handlungen nicht rekonstruierbar gewesen. Die von Sarah verfolgte Strategie fokussiert eine „gute" Ausrichtung der Solarzelle zur Lichtquelle. Durch das Ausrichten einer möglichst großen Fläche zur Lichtquelle erhöht sich die Menge des auf die Solarzelle einfallenden Lichtes. Im Ausrichten der Solarzelle lässt sich - allerdings in einem anderen Kontext - ähnlich wie bei Hans[119] ein „viel hilft viel" als handlungsleitende Annahme rekonstruieren: Sarah hält eine möglichst große Fläche der Solarzellenoberfläche unter die Lampe, somit kann eine große Menge Licht eingefangen werden.

Verknüpfung der beiden Strategien ‚Die Distanz der Solarzelle zum Licht wird verringert' und ‚Die Position der Solarzelle zum Licht wird geändert'

Wie in ihrer Darstellung schon angedeutet wurde, steht die Strategie ‚Die Position der Solarzelle zum Licht wird geändert' in enger Verbindung mit der Strategie ‚Die Distanz der Solarzelle zum Licht wird verringert', da durch das Ausrichten und das knapp-über-die-Tischplatte-Halten immer auch Distanz thematisiert wird. Einige Sequenzen verdeutlichen in besonderem Maße, wie nah die beiden Strategien beieinander liegen.

> *„Sarah geht nun, die Sachen in den Händen haltend, zum Fenstertisch, an dem Paula sitzt. Paula schiebt eine Solarzelle und einen Motor zur Seite, sodass unter der Lampe Platz frei wird. Sie stellt den Motor, den sie in der rechten Hand hält, vor sich auf die Tischplatte. Mit der frei gewordenen Hand nimmt Sarah die Solarzelle aus ihrer linken Hand und legt sie ebenfalls auf den Tisch unter die Schreibtischlampe an die Stelle, die Paula freigeräumt hat. Anschließend schiebt Paula mit ihrer linken Hand Sarahs Solarzelle noch ein kleines Stück weiter unter die Schreibtischlampe. Den Schalter hält Sarah weiterhin in den Händen. […]" (FI Sarah 3;25, 36:21-36:33 (1/2/1))*

119 Zur Erinnerung: Hans benutzte mehr Solarzellen, um mehr Licht einzufangen.

> *„Sarah streckt in einer gleichmäßigen Bewegung ihre rechte Hand, in der sie die Solarzelle flach hält, in Richtung der Raumdecke bis die Hand mit der Solarzelle den Aufnahmebereich der Kamera verlässt. […]" (FI Sarah 4;20, 48:22-48:39 (1/1/1))*

In diesen Sequenzen wird abschließend deutlich, dass die Abgrenzung der beiden Strategien nicht immer trennscharf voneinander erfolgen kann, sondern dass diese sich in vielen Situationen ergänzen oder sogar bedingen, wenn die Funktionsweise der Solarzelle ergründet wird. Die Sequenzen können für beide Suchräume angeführt werden. In den drei angeführten Situationen liegt die Solarzelle „gut", das heißt mit viel Oberfläche in einem möglichst steilen Winkel zur Lichtquelle oder wird in eine solche Situation gebracht. Weiterhin befindet sich die Solarzelle, wenn sie auf der Tischplatte unterhalb der Schreibtischlampe liegt, in kurzer Distanz zu einer hellen Lichtquelle. Auch wenn nicht abschließend geklärt werden kann, welche Annahme hier handlungsleitend ist, so kann doch festgehalten werden, dass die Menge des einfallenden Lichtes auf der Solarzelle durch Ausrichtung und Distanz zur Lichtquelle entscheidend für ihre Funktionsweise ist.

4.3.2 Verbindungen (Ebene)

Auf der Suche nach Ursachen für das Nichtfunktionieren ihrer Stromkreis(-konstrukt)e beschäftigt Sarah sich auch mit Verbindungen zwischen den einzelnen Bauteilen. Sie betritt dabei teilweise Räume, die auch in Hans' Auseinandersetzung mit seinen Stromkreis(-konstrukt)en rekonstruiert werden konnten. Auf Ebene der Verbindungen zwischen den Bauteilen konnten bisher zwei Suchräume mit unterschiedlichen Strategien rekonstruiert werden.

- Vorhandensein der Verbindungen (Suchraum)
  - Die Verbindungen werden visuell geprüft (Strategie)
  - Die Verbindungen werden auf Festigkeit geprüft (Strategie)
- Art und Weise, wie die Verbindungen gesetzt sind (Suchraum)
  - Es werden mehr Kabel hinzugenommen (Strategie)

Sarah betritt nur den ersten Suchraum.

Verbundenheit der Bauteile (Suchraum)

Die Verbindungen werden visuell geprüft (Strategie)

In der detaillierten Analyse von Hans' Vorgehen konnte in einer Sequenz auf Ebene des Bildes herausgearbeitet werden, dass er nachvollziehend, möglicherweise prüfend über sein Stromkreiskonstrukt schaut. Dieses „über den Stromkreis blicken" wurde als ein erstes visuelles Überprüfen gedeutet (vgl. Hans 1;30/31, „Hans' Beschäftigung mit dem Stromkreis – Die Teile sind miteinander verbunden" und Hans 2a;30/31, „Hans' Reaktion auf den drehenden Motor"). Wird kontrastierend auf Sarahs Vorgehensweise geschaut, lässt sich eine Situation finden, in der das visuelle Prüfen des Stromkreises noch herausstechender ist.

> *„[…] Anschließend lässt Sarah den Schalter auch mit der Linken los. Sie bewegt ihren Kopf nun kreisförmig über die miteinander verbundenen Gegenstände. Dabei hält sie in der rechten Hand ein Kabel, das mit dem Schalter verbunden ist." (FI Sarah 3;22, 35:45-36:09 (1/1/1))*

Sarah betrachtet hier zuerst den Schalter, der neu in ihren Stromkreis gebaut wurde, wendet ihren Blick dann aber wieder ab, um die Verbindungen zu überprüfen. Mit ihren Blicken geht sie ihren gebauten Stromkreis ab und inspiziert das Zusammengebaute. Sie prüft mit ihren Blicken, ob die Teile miteinander verbunden sind. Den Verbindungen wird also eine Bedeutung für das Funktionieren des Stromkreises zugeschrieben: Die einzelnen Bauteile müssen verbunden sein, damit der Motor sich drehen kann. Genau das überprüft Sarah hier. Anscheinend kann sie die Ursache für das Nichtdrehen des Motors auf Basis eines visuellen Prüfens nicht finden, da sie nichts an ihrem aufgebauten Stromkreis ändert. Es sind alle Kabelenden miteinander verbunden, die Verbindungen sind diesem ersten visuellen Prüfen nach in Ordnung.

Um das visuelle Prüfen als eigenständige Strategie weiter zu festigen, ist es sinnvoll, weitere Ausschnitte in die komparative Analyse miteinzubeziehen. Die Ausgangslage ist dabei jedoch eine andere als in den Sequenzbündeln Sarah 3;20-25 und Hans 2a;30/31, da der Motor sich in den jeweiligen Sequenzen dreht und dementsprechend keine Ursachen für ein Nichtdrehen gefunden werden müssen. Nichtsdestotrotz bieten sich diese Sequenzen im Vergleich an, da Verbindungen hier mit den

Blicken abgegangen werden, also visuell Verbindungen hergestellt werden.

Als sich Hans nach dem ersten Drehen des Motors zunächst kurz erschrocken hat und irritiert wirkte, hat er in schnellem Wechsel zwischen Solarzelle und Motor hin und her geschaut und somit, nachdem er zuvor physisch die Teile miteinander verbunden hat, mental, mit seinen Blicken, eine Verbindung zwischen den Dingen hergestellt (vgl. Hans 1;30, „Hans' Beschäftigung mit dem Stromkreis - Die Teile sind miteinander verbunden").[120] Sarah verhält sich in einer Sequenz ähnlich, ohne allerdings erschrocken oder überrascht zu wirken. Zudem verwendet Sarah andere Bauteile als Hans. In dieser Ausgangslage findet sich ein Kontrast in der Gemeinsamkeit. Dennoch ist das Vorgehen der beiden Kinder gleich.

> *„Während Sarah die linke Hand auf den vor ihr auf dem Tisch stehenden Kurbelgenerator legt, dreht sie mit der rechten die Kurbel des Generators. Ihren Kopf wendet sie währenddessen aus einer leicht nach vorne geneigten und geradeaus gerichteten Position nach links in Richtung eines sich drehenden Motors, der mit einer Lüsterklemme mit dem Kurbelgenerator verbunden ist. […] In einem schnellen Wechsel dreht Sarah ihren leicht nach vorne geneigten Kopf lächelnd von rechts nach links und wieder zurück. Ihre Hände bewegt sie dabei in Richtung Körper." (FI Sarah 1;8, 14:47-14:57 (1/1/1))*

Der Wechselblick zwischen Motor und Kurbelgenerator lässt sich auch bei Sarah als eine Art mentales Verbinden der Bauteile lesen. Mehr noch wirkt der Blick hier wie ein Nachvollziehen des Weges des elektrischen Stroms. Anders als Hans benutzt Sarah in dieser Sequenz einen Kurbelgenerator und keine Solarzelle. Das Zusammenspiel der Bauteile wird bei Sarah in dieser Sequenz besonders deutlich. Sarah stellt in dieser Untersequenz fest, dass auf ihre Aktion, das Drehen der Kurbel am Generator, eine Reaktion in Form des sich drehenden Motors erfolgt, es also einen Zusammenhang zwischen den beiden Bauteilen gibt. Sarah setzt die Motorendrehung mit dem Kurbeln am Generator in Verbindung. Ein kausaler Zusammenhang ist ihren Handlungen immanent: Weil sie an der

---

[120] In Hans' Überraschtsein wurde ersichtlich, dass er, obwohl er die Bauteile vorher verbunden hatte, nicht mit einer Drehung oder irgendetwas anderem gerechnet hatte. Daher wurde Hans' Handlungen zunächst eine Willkürlichkeit unterstellt.

Kurbel dreht, dreht sich auch der Motor. Ihre Blicke verstärken diesen Eindruck. Das visuelle Abgehen der Verbindungen ist dementsprechend nicht nur wie oben dargestellt ein Überprüfen, sondern lässt sich auch als ein Verbinden der Bauteile deuten.

Hans und Sarah nehmen während des Explorierens die Verbindungen zwischen den einzelnen Bauteilen mit ihren Blicken wahr. Sie stellen bei funktionierenden Stromkreisen visuell eine Verbindung her und gehen bei nichtfunktionierenden Stromkreisen mit ihren Blicken die Verbindungen prüfend ab. Die beiden Kinder thematisieren also das Vorhandensein der Verbindungen durch Blicke und nutzen als Strategie auf der Suche nach Ursachen für das Nichtfunktionieren ihrer Stromkreiskonstrukte ein visuelles Überprüfen.

Vorhandensein der Verbindungen (Suchraum)

Die Verbindungen werden auf Festigkeit geprüft (Strategie)

Das Überprüfen der Festigkeit der Verbindungen ist eine weitere Strategie innerhalb des Suchraums ‚Vorhandensein der Verbindungen', da Hans und Sarah im Zuge des Überprüfens der Verbindungen an ihnen ziehen und wackeln.[121] Das Vorgehen der beiden Kinder ähnelt sich dabei. Hans hat, als er eine LED mit einer Solarzelle verbunden hat, ausgiebig an den an der LED befestigten Kabeln gezogen (vgl. Sequenz Hans 3a;17). Dieses Wackeln und Ziehen ließ sich im Kontext eingebettet als ein Überprüfen der Verbindungen auf Festigkeit und korrekten Sitz deuten. Lösten sich die Verbindungen durch das leichte Ziehen und Wackeln nicht, so schienen sie fest genug und dementsprechend in Ordnung zu sein.

Nachdem Sarah einen Solarzellen-Motor-Stromkreis gebaut hat, beschäftigt sie sich, da der Motor sich nicht dreht, ebenfalls mit den Verbindungen. Das Überprüfen geht an dieser Stelle über ein rein visuelles Prüfen hinaus. Sarah testet wie Hans die Verbindungen nun physisch auf ihren Sitz.

> *„Sarah greift zunächst mit der rechten Hand und anschließend zusätzlich mit der linken Hand eine Lüsterklemme, an der sowohl Ka-*

121 Eine Verbindung ist diesem Verständnis nach nur dann vorhanden, wenn sie auch fest sitzt.

> *bel der Solarzelle als auch des Motors befestigt sind. Ihr Kopf ist in Richtung ihrer Hände geneigt. Sie bewegt die Lüsterklemme in ihren Händen ein wenig hin und her und zieht schließlich an einem der in der Lüsterklemme steckenden Kabel [...]. Nach einem kurzen Augenblick zieht Sarah erneut an einem der in der Lüsterklemme steckenden Kabel, ehe sie die Hand zur Solarzelle führt und diese in die Hand nimmt." (FI Sarah 2;5, 22:56-23:06 (1/1/1))*

Sarah kontrolliert, ob die Kabelenden fest in der Klemme sitzen, indem sie ebenso wie Hans an einzelnen Kabeln wackelt und zieht. Die Verbindungen sind jedoch nicht ursächlich dafür, dass der Motor sich nicht dreht, da die Kontakte fest miteinander verbunden sind und sich durch Sarahs Ziehen auch nicht lösen. Zudem ändert Sarah auch keine Verbindungen ihres Stromkreises. Offenbar muss der Grund an einer anderen Stelle im Stromkreis zu finden sein. Hans ist genauso vorgegangen. Er hat an einzelnen Kabeln und den Beinen der LED gezogen, allerdings nichts geändert. Die Weiterführung dieser Beobachtung lässt in beiden Fällen den Schluss zu, dass die Verbindungen für die beiden Kinder nicht die Ursache für das Nichtfunktionieren der Stromkreise sind.[122] Die Verbindungen haben die beiden Kinder unterschiedlich gesetzt. Hans hat mit Krokodilklemmenkabeln (geklemmten Verbindungen) und Sarah mit Lüsterklemmen (geschraubten Verbindungen) gearbeitet. Ihr Vorgehen bei der Überprüfung, ihre Strategie, ist trotz des unterschiedlichen Materials gleich, sodass die Auseinandersetzung mit der Festigkeit der Verbindungen losgelöst von einer speziellen Verbindung erfolgt. Die Überprüfung der Verbindungen auf Festigkeit findet also materialübergreifend statt.

4.3.3 Schalter (Ebene)

Nach dem Einbau eines Schalters in seinen Stromkreis hat Hans im Zuge der Überprüfung des Stromkreises auch bei diesem nach Ursachen für das Nichtfunktionieren, bzw. „nicht in seinem Sinn Funktionieren" ge-

122 Die Verbindungen sind im Sinne einer Festigkeit und eines richtig Verbundenseins des jeweiligen Kontaktes korrekt. Allerdings ist es bei Hans möglich, dass die LED nicht „richtigherum" an die Solarzelle angeschlossen ist (vgl. Ausführungen zum Material). Diesen Aspekt des Verbundenseins thematisiert Hans nicht weiter.

sucht (vgl. Sequenz Hans 2a;28-36). Dabei hat er sich zum einen, wie in der Fallanalyse dargestellt, ausführlich mit der Funktionsweise des Schalters auseinandergesetzt und ihn letztlich gegen einen anderen getauscht. Auch Sarah beschäftigt sich während der Überprüfung des Stromkreises mit dem Schalter und seiner Funktionsweise. Allerdings tauscht sie nicht den Schalter. Ihre Strategie fokussiert nur das wiederholte Schalten.

Schalter Ebene

- Funktionsweise des Schalters (Suchraum)
  - Der Schalter wird wiederholt betätigt (Strategie)
  - Der Schalter wird getauscht (Strategie)

Funktionsweise des Schalters (Suchraum)

Der Schalter wird wiederholt betätigt (Strategie)

> *„Sarah bewegt den Schalter kurz in ihren Händen, ihr Kopf ist dabei in Richtung ihrer Hände geneigt, ehe sie mit der rechten Hand den Schalter loslässt und eines der Kabel greift, die an ihm befestigt sind. Anschließend lässt sie den Schalter auch mit der Linken los. Sarah bewegt ihren Kopf nun kreisförmig über die miteinander verbundenen Gegenstände.[123] Dabei hält sie in der rechten ein Kabel, das mit dem Schalter verbunden ist. Nach einer Weile nimmt sie den Schalter wieder in die linke Hand und schiebt mit der rechten Hand den Schieber hin und her. […] Sie betätigt den Schieber einige Male, ehe sie den Kopf zurück dreht und ihn wieder leicht nach vorne geneigt in Richtung der vor ihr liegenden Gegenstände ausrichtet." (Sarah 3;22, 35:45-36:09 (1/1/1))*

In diesem Ausschnitt betrachtet Sarah zunächst den Schalter, wendet ihren Blick dann aber wieder ab, um, wie weiter oben dargestellt, die Verbindungen zu überprüfen. Im Anschluss steht dann aber der Schalter wieder im Zentrum der Auseinandersetzung. Sarah schaltet einige Male und schaut währenddessen zum Motor, der sich jedoch nicht dreht. Wird

123 Dieser Aspekt wurde bereits zuvor in Auseinandersetzung mit der Bedeutung der Verbindungen im Zuge des visuellen Überprüfens des Stromkreises interpretiert. In diesem Ausschnitt aus der formulierenden Interpretation wird deutlich, wie nah beieinander verschiedene Suchräume liegen und dass während einer kurzen Zeitspanne viele Suchräume betreten werden und dementsprechend sehr komplex gesucht wird, ohne die zu explizieren.

Hans kontrastierend miteinbezogen, so lässt sich der Suchraum ‚Funktionsweise des Schalters' als eigenständiger Suchraum mit der zugehörigen Strategie ‚Der Schalter wird wiederholt betätigt' herausarbeiten.[124] Hans hatte nach dem Einbau eines Schalters in seinen Stromkreis und vor der Präsentation (s. o. Fallanalyse) den gesamten Stromkreis überprüft und in diesem Zusammenhang wiederholt den Schalter betätigt.[125] Zwar sind die Handlungen der beiden Kinder gleich, doch unterscheiden sich die Situationen: Betätigt Hans den Taster, so dreht oder stoppt der Motor nach einem nicht nachzuvollziehenden Schema (s.o. „Wackelkontakt"). Durch das Betätigen des Tasters versucht Hans zu ergründen, welche Auswirkungen das Schalten hat und wie sich der Motor mit dem Schalter ein- und ausschalten lässt. Bei Sarah hingegen passiert beim Schalten nichts. Durch das wiederholte Betätigen des Schalters wird jedoch deutlich, dass dieser auf der Suche nach Ursachen für das Nichtdrehen ihres Motors für einen Moment lang im Fokus ihrer Aufmerksamkeit steht. Erst durch den fallübergreifenden Vergleich lässt sich die Strategie in ihrer Eigenständigkeit beschreiben.

124 Ob die Betätigung des Schalters bei Sarah eine eigene Strategie bildet, konnte beim Erstellen der einzelnen Interpretationen zu Sarahs Vorgehen nicht so deutlich herausgearbeitet werden. Es konnten verschiedene Lesarten zum Betätigen des Schalters gebildet werden. Zum einen ist das Schalten das Mittel zum Zweck. Diese Lesart knüpft an den oben genannten Gedanken an. Die Verbindungen sind in Ordnung, deshalb müsste der Motor jetzt einfach angeschaltet werden können. Der Schalter wird nur für den Zweck des Anschaltens betätigt. Andererseits schaltet Sarah einige Male, was den Zweck des Anschaltens ein wenig abschwächt und die Lesart zulässt, dass Sarah am Schalter für die Ursache des Nichtdrehens sucht. Möglicherweise ist der Schalter schwergängig und muss einige Male betätigt werden, damit er funktioniert. So wie es bspw. auch bei Drehreglern an Stereoanlagen vorkommen kann, die nach längerer Nichtbetätigung hin und her gedreht werden müssen, damit sie wieder ohne Kratzgeräusche funktionieren oder wie bei einem verklemmten Reißverschluss, der einige Male hin und her bewegt wird, um ihn wieder gangbar zu machen. Sarah wendet sich in dieser Sequenz offensichtlich dem Schalter zu und schenkt ihm Aufmerksamkeit in Hinblick auf das Funktionieren ihres Motors.

125 Dass Hans einen Taster verbaut hat, ist an dieser Stelle nicht relevant, da er, wie in der Fallanalyse deutlich wurde, davon ausgegangen ist, einen Schalter verwendet zu haben.

4.3.4 Zusammenfassung der Ergebnisse der Suchraumrekonstruktion nach einer fallübergreifenden komparativen Analyse Hans-Sarah

Nach dieser fallübergreifenden komparativen Analyse lässt sich die Raumidee weiter ausdifferenzieren sowie um neue, bei Hans nicht sichtbar gewordene, Strategien erweitern. Zudem konnte durch die vergleichende Vorgehensweise vertieft werden, dass einige Strategien auch suchraum- und materialübergreifend genutzt werden.

Solarzelle (Ebene)

- Funktionsbedingungen der Solarzelle (Suchraum)
  - Die Distanz der Solarzelle zum Licht wird verringert (Strategie)
  - Die Solarzelle wird unter verschiedene Lichtquellen gehalten (Strategie)
  - Die Position der Solarzelle zum Licht wird geändert (Strategie)
- Die Solarzelle an sich (Suchraum)
  - Weitere Solarzellen werden hinzugenommen (Strategie)
  - Die Solarzelle wird gegen eine größere ausgetauscht (Strategie)

Verbindungen (Ebene)

- Vorhandensein der Verbindungen (Suchraum)
  - Die Verbindungen werden visuell geprüft (Strategie)
  - Die Verbindungen werden auf Festigkeit geprüft (Strategie)
- Art und Weise, wie die Verbindungen gesetzt sind (Suchraum)
  - Es werden mehr Kabel hinzugenommen (Strategie)

Schalter (Ebene)

- Funktionsweise des Schalters (Suchraum)
  - Der Schalter wird wiederholt betätigt (Strategie)
  - Der Schalter wird getauscht (Strategie)

4.3.5 Suchraumübergreifende Strategie „mehr Hinzunehmen"

Als weiteres Ergebnis der fallübergreifenden Rekonstruktion konnte die suchraumübergreifende Strategie ‚mehr Hinzunehmen' wiedergefunden und erweitert werden. Bei Hans konnte die Hinzunahme weiterer Bauteile in drei sich voneinander unterscheidenden Situationen herausgearbeitet werden (vgl. Kapitel: 4.2.5 Suchraumübergreifende Strategien). Gemeinsam war diesen Situationen jedoch, dass das ‚mehr Hinzunehmen' stets konkret auf die Hinzunahme weiterer baugleicher oder ähnlicher Materialien bezogen war. Hans hat mehr Solarzellen hinzugenommen. Hans hat mehr Kabel hinzugenommen. Hans hat eine größere statt der zuvor verbauten kleineren Solarzelle hinzugenommen, von deren Verwendung ein mehr an Leistung erhofft wurde. Der hinter der Strategie stehende Deutungszusammenhang konnte mit der Floskel „viel hilft viel" beschrieben werden.

Wird dieser Deutungszusammenhang nun (wie in der Umschreibung des Raumes dargestellt) auch Sarahs Handlungen im Suchraum ‚Funktionsweise der Solarzelle' zugrunde gelegt, so lässt sich auch hier die Strategie ‚mehr Hizunehmen' wiederfinden. Das „Mehr" ist hier allerdings das mehr an Licht auf der Solarzelle und nicht ein Mehr an Materialien, die hinzugenommen werden. Hier wird in besonderem Maße deutlich, dass es sich bei der Strategie ‚mehr Hinzunehmen' um eine suchraumübergreifende Strategie handelt, die bei beiden Kindern in unterschiedlichen Situationen rekonstruiert werden kann. Die Strategie bezieht sich demnach auf Materialien wie Solarzellen und Kabel, aber auch auf immaterielle Dinge wie das auf die Solarzelle einfallende Licht.[126]

Die suchraumübergreifende Strategie ‚Tausch' konnte nach der fallübergreifenden Analyse nicht weiter empirisch fundiert werden.

[126] Hierzu kann aber auch noch die Überlegung angestellt werden, dass die materielle Seite auch hier eine Rolle spielt, da mehr Licht eingefangen wird, wenn mehr Solarzelle zur Lichtquelle ausgerichtet wird. Das mehr an Licht steht also in enger Verbindung mit einem mehr an Oberfläche der Solarzelle und dementsprechend Material.

4.3.6 Verbundenheit unterschiedlicher Strategien

Neben der Ausdifferenzierung und Erweiterung der Suchräume sowie den dazugehörigen, teilweise suchraumübergreifenden Strategien zur Bewegung innerhalb dieser Räume, wird im fallübergreifenden Vergleich und insbesondere mit Blick auf Sarah deutlich, wie die einzelnen Strategien miteinander verbunden sind. Das führt unter anderem dazu, dass die Strategien auf den ersten Blick nicht immer trennscharf voneinander zu beschreiben sind. Am Beispiel des übergeordneten Suchraumes ‚Funktionsweise der Solarzelle' soll das veranschaulicht werden:

Innerhalb des Suchraumes ‚Funktionsweise der Solarzelle' lassen sich verschiedene Strategien beschreiben:

- Die Distanz der Solarzelle zum Licht wird verringert
- Die Solarzelle wird unter verschiedene Lichtquellen gehalten
- Die Position der Solarzelle zum Licht wird geändert

Sarah bedient sich innerhalb einer kurzen Passage all dieser Strategien unmittelbar nacheinander oder auch gleichzeitig, da bestimmte gleiche Handlungen unterschiedlichen Strategien zugeordnet werden können, bzw. unterschiedliche Strategien bilden.

> *„[…] Sarah streckt den rechten Arm mit der Solarzelle in der Hand in Richtung der auf dem Fenstertisch stehenden Lampe. […]" (FI Sarah 2;7, 23:22-23:34 (1/2/1))*

So kann das Halten der Solarzelle unter die Schreibtischlampe Bestandteil jeder der drei Strategien sein. Die Menge des einfallenden Lichtes erhöht sich durch die Verringerung der Distanz von Solarzelle zu Lichtquelle; mehr Licht fällt ein, da Sarah die Solarzelle mit der Oberfläche zur Lampe hält. Sie hält die Solarzelle unter die Schreibtischlampe, nachdem sie diese zuvor unter die Deckenlampe gehalten hat. Die Strategie des Lampenwechsels ist also auch in der Situation enthalten.

Wird dieser Absatz gelesen, so ließen sich dadurch die Vorgehensweise und die Rekonstruktion verschiedener Bewegungen innerhalb der Suchräume ad absurdum führen. Allerdings wurde sowohl in der Fallanalyse Hans als auch in der fallübergreifenden Analyse Hans-Sarah ersichtlich, dass die einzelnen untergeordneten Strategien – gerade auch in der Einbettung in den Kontext und in Abgrenzung zueinander – als eigenständige Strategien rekonstruiert und bestimmt werden konnten, je nachdem, zu welchem Zeitpunkt und mit welchen nuancierten Handlungen oder einhergehenden Kommentaren oder Bemerkungen der Suchraum durchstreift und konstruiert wird.[127] Durch dieses Beispiel wird deutlich, dass die Strategien mitunter nah beieinander liegen und ineinander übergehen.

4.4 Weitere Ausdifferenzierung der rekonstruierten Räume im fallübergreifenden Vergleich

Nach der Suchraumrekonstruktion basierend auf der fallübergreifenden Analyse von Hans und Sarah konnten die gefundenen Räume weiter gefestigt und ausdifferenziert werden. Es zeigt sich, dass die übergeordneten Ebenen, auf denen gesucht wird, deckungsgleich sind. Suchräume und Strategien unterschieden sich zum Teil. Nach der Darstellung der Suchräume und Strategien wird deutlich, dass ein Schwerpunkt der Auseinandersetzung der beiden Kinder auf der Solarzelle liegt. Es wird sich auf unterschiedliche Weise, in unterschiedlichen Räumen und mit unterschiedlichen Strategien mit der Solarzelle und insbesondere ihren Funktionsbedingungen auseinandergesetzt. Neben den Solarzellen haben Sarah und Hans sich ausführlich mit den Verbindungen zwischen den einzelnen Bauteilen beschäftigt. Auch auf dieser Ebene konnten unterschiedliche Suchräume und Strategien gefunden und beschrieben werden. Diese beiden Ebenen sind auf der Suche nach Ursachen für das Nichtfunktionieren der Stomkreis(-konstrukt)e zentral.

In einem letzten Auswertungsschritt werden die Ebenen mit den zugehörigen Räumen und Strategien durch andere empirische Vergleichssequenzen weiter ausdifferenziert. Für diesen Schritt wurde das Videomaterial mit einem Beobachtungsfokus auf zwei weitere Kinder, die zufällig ausgewählt wurden (Paula und Tim) durchgesehen. Der Schwerpunkt der Beobachtung lag auf den zentralen Ebenen Solarzelle

[127] Der Begriff der Konstruktion der Suchräume durch die Individuen bietet sich an, da einerseits ein konstruktivistisches Lernverständnis der Erhebung zugrunde liegt und zum anderen die Raumkonstruktionen der Kinder, die in den Handlungen und Äußerungen der Kinder sichtbar werden, im Zuge der Arbeit rekonstruiert werden. Mit einem rekonstruktiven Verfahren können Konstruktionen der Kinder, wie es dem Namen immanent ist, rekonstruiert werden.

und Verbindungen.[128] Wieder aufgegriffen wird die Ebene Motor, die als Ergebnis der Fallanalyse Hans herausgearbeitet werden konnte, in der fallübergreifenden Analyse Hans-Sarah jedoch keine weiterführenden Erkenntnisse lieferte. In der weiterführenden fallübergreifenden komparativen Analyse wurde in Tims Handlungen deutlich, dass auch er dem Motor auf der Suche nach Ursachen für das Nichtfunktionieren seiner Stromkreise eine Bedeutung beimisst.

Es werden im folgenden Ergebnisteil nicht alle Sequenzen wiedergegeben, in denen Paula und Tim sich mit den Verbindungen oder den Solarzellen auseinandersetzen, sondern exemplarisch einige Sequenzen herausgegriffen, die die bisher gefundenen Räume und Strategien weiter festigen oder eine neue Facette der Auseinandersetzung aufzeigen. In der Darstellung der Ergebnisse dieses letzten Schrittes der Auswertung sind also fallübergreifende Gemeinsamkeiten bzw. Kontraste in der Gemeinsamkeit bestimmend.

4.4.1 Solarzelle (Ebene)

- Funktionsbedingungen der Solarzelle (Suchraum)
    - Die Distanz der Solarzelle zum Licht wird verringert (Strategie)
        - Die Solarzelle wird unter die Lampe geschoben (Strategie neu)
    - Die Solarzelle wird unter verschiedene Lichtquellen gehalten (Strategie)
    - Die Position der Solarzelle zum Licht wird geändert (Strategie)
- Die Solarzelle an sich (Suchraum)
    - Weitere Solarzellen werden hinzugenommen (Strategie)
    - Die Solarzelle wird ausgetauscht (Strategie)
        - Die Solarzelle wird gegen eine größere getauscht (Strategie)

[128] Die Ebene des Schalters wird nicht weiter berücksichtigt, da sie in Sarahs und Hans' Umgang mit den Materialien eher eine untergeordnete Rolle gespielt hat und auch bei Tim und Paula nicht weiter zu beobachten war. Strategien, die im Umgang mit dem Schalter festgehalten werden konnten, sind jedoch weiterhin von Relevanz.

- Die Solarzelle wird gegen eine baugleiche getauscht (Strategie neu)
- o Die Schatulle der Solarzelle wird zu öffnen versucht (Strategie neu)

Funktionsbedingungen der Solarzelle (Suchraum)

Die Distanz der Solarzelle zum Licht wird verringert (Strategie)

In Sarahs und insbesondere Hans' Auseinandersetzung mit der Solarzelle und konkreter noch, auf ihrer Suche nach Ursachen für das Nichtfunktionieren der Stromkreis(-konstrukt)e war die Verkürzung der Distanz der Solarzelle zur Lichtquelle zentral. Bei Sarah und Hans konnte zudem herausgearbeitet werden, dass das An- oder das Hochheben als Zeichen einer Überleitung von der Bau- zur Überprüfungsphase anzusehen ist. Nach der weiterführenden komparativen Analyse verstetigt sich die Bedeutung, die der Strategie ‚Die Distanz der Solarzelle zum Licht wird verringert' zukommt. Insbesondere wird diese Strategie bei Tim immer wieder zu verschiedenen Zeitpunkten sichtbar.

> *„Mit der linken Hand greift Tim gleichzeitig nach der Solarzelle und hebt sie zunächst mit auf die Tischplatte aufgestellten Ellbogen an, bevor er sie dann weiter, leicht nach vorne gestreckt, bis etwa auf Kopfhöhe anhebt. [...]" (FI Tim 1;8, 04:42-04:51 (2/1/1))*

> *„Nachdem Tim das Kabel festgeklemmt hat, lässt er es los und greift mit der linken Hand die Solarzelle und hebt sie hochkant und mit der Vorderseite[129] in Richtung Fenster gerichtet bis etwa auf Kopfhöhe an." (FI Tim 1;12, 05:47-05:53 (2/1/1))*

> *„Tim hebt den Ellbogen dann vom Tisch und hebt die Solarzelle weiter in die Höhe. [...]" (FI Tim 1;14, 06:05-06:16 (2/1/1))*

> *„Anschließend greift Tim mit beiden Händen nach der Solarzelle und hält sie schließlich mit aufgestütztem Ellbogen in der linken Hand nach oben. [...]" (FI Tim 1;17, 06:28-06:37 (2/1/1))*

> *„Tim greift dann mit der rechten Hand die Solarzelle, die vor ihm auf dem Tisch liegt, und hebt sie mit aufgestütztem Ellenbogen un-*

129 Hier wird auch die Strategie ‚Die Position der Solarzelle zum Licht wird geändert ' sichtbar.

> *ter die Schreibtischlampe. […] Er hebt die Solarzelle am ausgestreckten Arm bis auf Höhe des Lampenschirms der Schreibtischlampe an."* (FI Tim 3;8-10, 37:56-38:16 (2/2/2))

> *„Tim nimmt nun die Solarzelle erneut in die linke Hand und hält sie für einen kurzen Moment unter die Lampe. Schließlich legt er die Solarzelle wieder ab und greift mit der linken Hand eines der weißen Krokodilkabel, die zwischen Motor und Solarzelle hängen. […]. Tim greift dann erneut die Solarzelle und hebt sie abermals unter die Lampe."* (FI Tim 3;16-18, 38:43-38:54 (2/2/2))

Das Anheben der Solarzelle in Richtung der Raumdecke und der dort angebrachten Lampe zeigt auch bei Tim zunächst, dass die Solarzelle mit Licht in Verbindung gebracht wird. In der Handlung des Hochhebens lässt sich die Strategie ‚Die Distanz der Solarzelle zum Licht wird verringert' wiederfinden. Auch bei Tim beendet - wie bei den anderen beiden Kindern - das Hochheben der Solarzelle den Abschnitt der Bauphase und leitet die Phase ein, in der Tim überprüft, ob der Motor sich jetzt dreht. Tim prüft nach jedem einzelnen Arbeitsschritt, ob sich der Motor nun dreht und hält zu diesem Zweck die Solarzelle ins Licht, verkürzt also die Distanz zur Lichtquelle. In der fortschreitenden Auseinandersetzung mit den Materialien erfolgt das Hochheben wie auch bei Hans und Sarah automatisiert.

Die Strategie der Verkürzung der Distanz der Solarzelle zur Lichtquelle konnte abschließend fallübergreifend rekonstruiert werden. Sie ist unabhängig vom Typ der Solarzelle (die Kinder haben mit Solarzellen verschiedener Bauart und unterschiedlicher Leistung gearbeitet) und von der Art des angeschlossenen Verbrauchers (Motor oder LED). Sie ist in der Suche nach Ursachen für das Nichtfunktionieren der von den Kindern gebauten Stromkreis(-konstrukt)e zentral und handlungsleitend, insbesondere als erster Schritt bei der Überprüfung.

Funktionsbedingungen der Solarzelle (Suchraum)

Die Distanz der Solarzelle zum Licht wird verringert (Strategie)

Die Solarzelle wird unter die Lampe geschoben (Strategie)

Wie bisher dargestellt, suchen Sarah und Hans sowie auch Tim bei der Funktionsweise der Solarzelle nach Ursachen für das Nichtfunktionieren ihrer Stromkreis(-konstrukt)e.

Als handlungsleitend konnte dabei herausgearbeitet werden, dass die Menge des auf die Solarzelle einfallenden Lichtes maßgeblich ist. Die unterschiedlichen Strategien lassen sich alle über diese handlungsleitende Annahme begründen. „Menge" wurde zwar von Hans verbalisiert, der handelnden Auseinandersetzung war dabei allerdings die Thematisierung der Distanz immanent (vgl. Sequenz Hans 1;30-33). Nach Durchsicht des Videomaterials mit einem Fokus auf Paulas Umgang mit der Solarzelle konnten Momente festgehalten werden, in denen im Zuge der Überprüfung ihres Stromkreises die Menge des einfallenden Lichtes, losgelöst von einer übermäßig starken Fokussierung der Distanz, als für ihre Handlungen relevant wiederzufinden ist.[130]

Paula sitzt am Fenstertisch und hat zwei Solarzellen an einen Motor angeschlossen. Beide Anschlusskabel einer Solarzelle sind dabei jeweils mit einem Anschlusskabel des Motors verbunden. Sie beginnt die Überprüfung ihres Stromkreiskonstruktes, indem sie zunächst eine Solarzelle unter die Schreibtischlampe, neben der sie sitzt, schiebt.

> *„Paula schiebt eine Solarzelle mit der rechten Hand in den Lichtkegel der Lampe." (FI Paula 1;7, 23:23-23:25 (1/2/1))*

Nachdem Paula dann die Verbindungen geändert hat, schiebt sie beide verbaute Solarzellen in den Schein der Schreibtischlampe.

> *„Schließlich fasst sie mit der rechten Hand an die zweite Solarzelle und mit der linken Hand an die erste Solarzelle und schiebt beide Solarzellen unter den Lichtkegel der Lampe. Dabei streckt sie den Kopf*

130 An dieser Stelle muss noch einmal darauf verwiesen werden, dass die Thematisierung von Menge und Distanz sehr nah beieinander liegt und sich auch überlagert. Es konnte zuvor festgehalten werden, dass in der Thematisierung der Distanz die Thematisierung der Menge eingelassen ist (vgl. Absatz Funktionsbedingungen der Solarzelle in der Ergebniszusammenfassung Fallanalyse Hans).

leicht in Richtung ihrer Hände vor." (FI Paula 1;10 (23:46-23:50 (1/2/1))

Nach einer weiteren Modifikation der Verbindungen wiederholt sich ihre Handlung erneut.

„Paula legt die Kabel auf dem Tisch ab und schiebt erneut mit beiden Händen die Solarzellen in den Lichtkegel der Lampe. […]" (FI Paula 1;12, 24:15-24:17 (1/2/1))

Paula schiebt die Solarzelle zur Überprüfung ihres Stromkreiskonstruktes unter die Schreibtischlampe, bringt sie mit Licht in Zusammenhang. Sie fokussiert hier also wie auch Hans und Sarah in besonderem Maße die Solarzelle. In der Beschäftigung mit der Solarzelle lässt sich hier allerdings ein unterschiedliches Vorgehen im Sinne eines Kontrastes in der Gemeinsamkeit festhalten. Paula schiebt die Solarzelle ins Licht und hält sie zu diesem Zeitpunkt zunächst nicht in die Höhe. Strenggenommen könnte das Schieben der Solarzelle ins Licht auch als Verkürzung der Distanz der Solarzelle zur Lichtquelle gelesen werden. Kennzeichnend für die Strategie ‚Die Distanz der Solarzelle zum Licht wird verringert' war das Strecken des Armes und das damit verbundene möglichst-nah-an-die-Lampe-Kommen, um die Distanz aufzulösen. Dieses Strecken findet sich hier nicht.

Das Schieben der Solarzelle ins Licht kann als Vorstufe der Strategie der Verkürzung der Distanz der Solarzelle zur Lichtquelle eingeordnet werden, der die Menge noch in höherem Maße als die Distanz übergeordnet ist. Das Schieben der Solarzelle ins Licht lässt sich als Schwellenbewegung betrachten, die nach dem Bauen und vor dem Hochheben der Solarzelle ins Licht stattfindet. Die Menge des einfallenden Lichtes wird erhöht, ohne zu versuchen, die Distanz aufzulösen. Es ist daher naheliegend, die Strategie ‚Die Solarzelle wird unter die Lampe geschoben' der Strategie ‚Die Distanz der Solarzelle zum Licht wird verringert' unterzuordnen. Die Funktion einer Schwellenbewegung wird durch die anschließende Handlung Paulas noch bestärkt. Im weiteren Verlauf wird die Thematisierung der Distanz in ihren Handlungsabläufen explizit sichtbar.

„Während Paula die Solarzellen unter die Lampe schiebt, ist ihr Kopf in Richtung ihrer Hände geneigt. Sie beugt sich vor und

nimmt die zweite Solarzelle in die rechte Hand, hebt diese leicht hoch und neigt ihren Kopf in Richtung der Solarzelle." (FI Paula 1;12, 24:15-24:17 (1/2/1))

Dem unter-die-Lampe-Schieben ist gleichzeitig ein Ausrichten der Oberfläche der Solarzelle zum Licht immanent. Die Solarzelle liegt flach auf dem Tisch und wird in dieser Position ins Licht gebracht. Die Ausrichtung ist somit nahezu ideal, um eine größere Menge Licht einzufangen.

Funktionsbedingungen der Solarzelle (Suchraum)

Die Solarzelle wird unter verschiedene Lichtquellen gehalten (Strategie)

Während der Analyse von Sarahs Vorgehen wurde ersichtlich, dass sie die Solarzelle innerhalb des Suchraumes ‚Funktionsbedingungen der Solarzelle' in unterschiedlichen Lichtverhältnissen ausprobiert. Das Halten der Solarzelle unter unterschiedliche Lichtquellen konnte zunächst als eigenständige Strategie rekonstruiert werden. Während des Haltens der Solarzelle ins Licht wechselt Sarah die Lichtquelle (vgl. Sequenz Sarah 2;6-7). Tim bringt die Solarzelle auch in unterschiedliche Lichtverhältnisse. Die Situation wirkt ähnlich, allerdings scheint das handlungsleitende Motiv bei ihm ein anderes als bei Sarah zu sein oder zumindest nicht explizit wie bei ihr hervorzustechen. Sarah hat während und vor allem nachdem sie die Solarzelle unter die Deckenlampe gehalten hat, die kleine Lampe in den Blick genommen, sie schon, bevor sie ihre Solarzelle darunter gehalten hat, wahrgenommen. Der Wechsel der Lichtquellen hat sich also bereits körpersprachlich bei Sarah angebahnt, weshalb die Strategie auch als eigenständig rekonstruiert werden konnte. Nachdem Tim die Solarzelle zuvor hoch, in Richtung Deckenbeleuchtung, gehalten hat, hält er sie jetzt in Richtung Fenster und Sonnenlicht. Es findet also auch ein Wechsel der Lichtquelle statt. Dieser Wechsel wird nicht wie bei Sarah angekündigt und wirkt an dieser Stelle zunächst beliebig.

„Nachdem Tim das Kabel festgeklemmt hat, lässt er es los, greift mit der linken Hand die Solarzelle und hebt sie hochkant und mit der Vorderseite in Richtung Fenster gerichtet[131] *bis etwa auf Kopfhöhe an. […]" (FI Tim 1;12, 05:47-05:53 (2/1/1))*

131 Hier wird die Strategie ‚Die Position der Solarzelle zum Licht wird geändert' sichtbar.

Der Wechsel der Lichtquelle ist in diesem Zusammenhang nicht als eigenständige Strategie zu verstehen. Die Sequenz hilft aber dabei, um in Abgrenzung zu ihr, die bei Sarah rekonstruierte Strategie zu bestätigen und weiter zu festigen.

Funktionsbedingungen der Solarzelle (Suchraum)

Die Position der Solarzelle zum Licht wird geändert (Solarzelle)

Die in der fallübergreifenden Analyse Hans-Sarah herausgearbeitete Strategie der Ausrichtung der Solarzelle zur Lichtquelle, ist auch Tims Handlungen immanent. Bei Sarah konnte die Strategie des Ausrichtens der Solarzelle losgelöst von der Verkürzung der Distanz rekonstruiert werden (vgl. Sequenzen Sarah 2;4, 4;1 und 5;4). Es zeigt sich bei Tim kontrastierend zu Sarah und in Teilen analog zu Hans, dass die Ausrichtung der Solarzelle in der Handlung des Hochhebens eingelassen ist.

> *„[…] Die Solarzellenoberfläche zeigt, während Tim die Solarzelle nach oben streckt, nach oben.“ (FI Tim 1;8, 04:42-04:51 (2/1/1))*

> *„[…] Nachdem er das Kabel festgeklemmt hat, lässt er es los, greift mit der linken Hand die Solarzelle und hebt sie hochkant und mit der Vorderseite in Richtung Fenster gerichtet bis etwa auf Kopfhöhe an.“ (FI Tim 3;13, 38:26-38:34 (2/1/1))*

Dominant ist in diesen beiden ausgewählten Sequenzen die Distanz, allerdings ist die Ausrichtung in der handlungspraktischen Thematisierung der Distanz enthalten. Tim hebt die Solarzelle mit der Oberfläche nach oben zeigend hoch. Die Oberfläche der Solarzelle ist bekannt oder es ist eindeutig, dass die transparente Seite die Oberseite und die schwarze Seite der Boden ist. Die Verschränkung der beiden Strategien hier abermals sehr deutlich. Auch bei Sarah ließen sich Distanz und Ausrichtung nicht immer trennscharf voneinander abgrenzen (vgl. Sequenzen Sarah 3;25, Sarah 4;20, Verknüpfung der beiden Strategien ‚Die Distanz der Solarzelle zum Licht wird verringert‘ und ‚Die Position der Solarzelle zum Licht wird geändert‘).

Die Solarzelle an sich (Suchraum)

Der Suchraum ‚Solarzelle an sich‘ konnte in Hans’ Umgang mit den Materialien fallintern herausgearbeitet werden (vgl. Sequenzen Hans

3b;9/17/27). Nach der komparativen Analyse mit Sarah konnte dieser Raum nicht weiter abgegrenzt und ausdifferenziert werden, da Sarah sich nur mit den Funktionsbedingungen, nicht aber mit der Solarzelle an sich beschäftigt hat. Mit einem weiterführenden Beobachtungsfokus auf Tim und Paula konnten Sequenzen gefunden werden, in denen sich die beiden Kinder mit der Solarzelle, losgelöst von den Funktionsbedingungen, beschäftigen, also bei den von ihnen verwendeten Solarzellen ‚an sich' nach Ursachen für das Nichtfunktionieren ihrer Stromkreis(-konstrukt)e suchen.

Die Solarzelle wird ausgetauscht (Strategie)

Beide Kinder tauschen im Rahmen der Überprüfung ihrer Stromkreis(-konstrukt)e die verwendete(n) Solarzelle(n) aus. Beim Tausch gehen die beiden Kinder jedoch teilweise unterschiedlich vor, sodass die handlungsleitenden Motive und Annahmen, die zum Tausch führen, differenzierter dargestellt werden können. Es ist daher notwendig, die bisherige Struktur der Suchräume und Strategien anzupassen. Innerhalb der Strategie ‚Die Solarzelle wird ausgetauscht' finden sich zwei untergeordnete Strukturen.

Die Solarzelle wird gegen eine größere getauscht (Strategie)

Paula tauscht wie Hans (vgl. Sequenz Hans 3b;9) die zuvor verwendeten gerahmten Solarzellen gegen eine größere Solarzelle.

> *„[…] Mit beiden Händen löst Paula nun die Anschlusskabel der zweiten verbauten Solarzelle, nimmt sie vom Tisch auf und geht mit ihr ins Off. Paula kommt mit einer flexiblen Solarzelle an den Fenstertisch zurück und legt diese dort ab." (FI Paula 1;13-15, 24:18-24:46 (1/2/1))*

Im weiteren Verlauf baut Paula diese Solarzelle dann in ihren Stromkreis ein.[132] Es lassen sich hier Gemeinsamkeiten aber auch Unterschiede im

[132] Paula baut die Solarzelle nun richtig in ihren Stromkreis ein, sie baut einen Stromkreis. Zuvor waren die Verbindungen falsch gesetzt (zwei Anschlusskabel der Solarzellen an jeweils einem Anschlusskabel des Motors). Paula mischt hier also gleichzeitig zwei Strategien: eine andere (heile, neue, leistungsstärkere…) Solarzelle muss her, die aber gleichzeitig anders angeschlossen werden muss. Der Tausch der Solarzelle, bzw. die eingehende Beschäftigung mit der, die Fixierung auf die Solarzelle konnten im Verlauf dieser Sequenzen herausgearbeitet werden. Die Verbindungen hat Paula hier bisher

Vergleich zu Hans wiederfinden. Der Tausch gegen eine größere Solarzelle ist zwar gleich, die Ausgangslage ist jedoch unterschiedlich. Hans hat zuvor eine kleine Solarzelle verbaut, Paula zwei. Wird diese Tatsache zunächst ausgeklammert, scheint der Begründungszusammenhang derselbe wie bei Hans zu sein. Die kleine Solarzelle ist zu schwach, eine große Solarzelle liefert mehr Strom, da die Oberfläche größer ist. Die flexible Solarzelle besitzt allerdings auch eine größere Oberfläche als beide kleinen Solarzellen zusammen. Daher greift der Begründungszusammenhang auch in der analysierten Sequenz. Eine größere Fläche der Solarzelle kann mehr Licht einfangen, analog zu einem großen Regenfass, das mehr Regen auffängt als ein Eimer. Als Paula die Solarzelle in ihren Stromkreis eingebaut hat und der Motor sich dreht, sagt sie in einem fröhlichen, leicht überrascht klingenden Tonfall: *„Oh, guck mal, es klappt, (.) oah, das dreht, das dreht sich voll schnell." (25:19-25:23 (1/2/1))* Paula freut sich über ihren Erfolg, dass der Motor sich nun dreht, sogar *„voll schnell"* dreht.[133] Als der Forschende noch einmal Paulas Feststellung, der Motor würde sich schnell drehen aufgreift, äußert sich Hans zum Sachverhalt. Er geht auf die verwendeten Solarzellen ein. Paulas Solarzelle ist *„größer"* und *„fängt mehr auf" (25:45-25:49 (1/2/1))*. Hans bringt also hier die Größe der Solarzelle explizit mit der Drehgeschwindigkeit des Motors zusammen. Eine große Solarzelle fängt mehr Licht auf und lässt den Motor daher schneller drehen.

Die zunächst bei Hans rekonstruierte handlungsleitende Annahme, die kleinen Solarzellen funktionieren nicht richtig, sind kaputt und müs-

---

wenig beachtet, baut die Solarzelle dann aber ganz anders als zuvor in ihren Stromkreis ein. Hier werden in ihren Handlungen also auch die Verbindungen zwischen den Bauteilen thematisiert.

133 Der Forschende geht dann auf Paulas Stromkreis ein und fragt nach, ob sie denn den Motor zuvor an der anderen Solarzelle angeschlossen hat. Paula antwortet, dass sie dies nicht wüsste, aber probieren werde. An dieser Stelle scheint ein Kommunikationsproblem vorzuliegen. Der Forschende zielt mit seiner Nachfrage auf einen Vergleich zwischen dem flexiblen Solarmodul und der gerahmten Solarzelle ab. Die Frage zielt genauer darauf ab, ob sich Paulas *„das dreht sich voll schnell"* auf einen Vergleich mit einen Stromkreis mit einer gerahmten Solarzelle bezieht. Da Paula einen solchen Stromkreis nicht gebaut hat oder besser, der Motor sich bei Paula angeschlossen an eine gerahmte Solarzelle nicht gedreht hat, kann sie auf diese Frage nicht antworten, da sie es nicht weiß. Sie äußert aber dann, sie wolle dies versuchen (den Motor an die andere Solarzelle anzuschließen). Sie nimmt die Frage des Forschenden als Aufforderung wahr, einen weiteren, anderen Stromkreis zu bauen.

sen daher gegen andere getauscht werden, wird im Vergleich zu Paula geschwächt, da Paula dann nur eine Solarzelle hätte austauschen müssen. Die Menge des einfallenden Lichtes und damit die Größe der Oberfläche der Solarzelle sind als Rahmung für die Strategie zentral. Die Strategie ‚Die Solarzelle wird gegen eine größere getauscht' fokussiert also die Menge einfallenden Lichtes. Sie ist somit in hohem Maße auch mit dem Suchraum ‚Funktionsbedingungen der Solarzelle' verbunden. Die handlungsleitenden Annahmen scheinen deckungsgleich zu sein. Die Hinzunahme weiterer Solarzellen lässt sich als Strategie suchraumübergreifend als relevant sowohl für die Solarzelle an sich, als auch ihre Funktionsbedingungen rekonstruieren. Gestärkt wird diese Annahme noch durch den Vergleich zu Tim.

Die Solarzelle an sich (Suchraum)

Die Solarzelle wird gegen eine baugleiche getauscht (Strategie)

Tim tauscht im Zuge des Überprüfens seine Solarzelle gegen eine baugleiche Solarzelle aus. Diese Handlung konnte bisher noch nicht beobachtet werden.

> *„Tim hält in der rechten Hand ein Anschlusskabel des Motors und zieht mit der linken Hand eine andere Solarzelle zu sich, greift mit der rechten Hand die Krokodilklemme, die er zuvor vom Motor abgeklemmt hat und klemmt sie an ein Anschlusskabel der neu hinzugenommenen Solarzelle." (FI Tim 3;21/22, 39:02-39:07 (2/2/2))*

Die dieser Handlung zugrunde liegende Orientierung ist eine andere, als die dem Tausch gegen eine größere Solarzelle zugrunde liegende. Eine größere Fläche zu erlangen, um mehr Licht einzufangen, wie es als handlungsleitend beim Tausch gegen eine größere Solarzelle rekonstruiert wurde, passt hier daher nicht. Der Tausch gegen eine baugleiche Solarzelle scheint hier der Annahme zu folgen, die verwendete Solarzelle funktioniert nicht richtig oder ist kaputt.

Wurde nach dem fallübergreifenden Vergleich Hans-Sarah herausgearbeitet, dass der Begründungszusammenhang für den Tausch die Annahme sei, die Solarzelle sei zu klein, kaputt oder zu schwach, so muss dies an dieser Stelle widerlegt werden. Durch den weiterführenden Vergleich mit Paula und Tim konnte der Suchraum Tausch der Solarzelle und insbesondere die ihn strukturierende Orientierung weiter ausdifferenziert werden. Dem Tausch gegen eine größere Solarzelle scheint, wie auch der Hinzunahme weiterer Solarzellen (vgl. Sequenzen Hans 3b; 9/17/27), die Annahme immanent zu sein, dass eine Solarzelle zu klein und zu schwach ist, um einen Motor zum Drehen zu bringen. Durch die Hinzunahme weiterer Solarzellen oder den Tausch gegen eine größere sollte dieses Problem behoben werden. Beim Tausch gegen eine baugleiche Solarzelle greift dieser Begründungszusammenhang nicht. Ihm scheint die Annahme immanent zu sein, die verwendete Solarzelle funktioniert nicht richtig oder ist kaputt.

Die Solarzelle an sich (Suchraum)

Die Schatulle der Solarzelle wird zu öffnen versucht (Strategie)

Innerhalb des Suchraumes ‚Solarzelle an sich' lässt sich ein weiterer untergeordneter Raum bei Tim finden. Er beschäftigt sich mit der Solarzelle, zieht sie jedoch nicht als ganzes Bauteil in Betracht, sondern beschäftigt sich nur mit einem Teil der verwendeten Solarzelle, nämlich der sie umgebenden und schützenden Schatulle.

> *„Mit der rechten Hand greift Tim nach der Solarzelle, die er bereits in seiner linken Hand hält. Er hält die Solarzelle nun in beiden Händen und zieht mit der rechten Hand am Deckel und mit der linken Hand am Boden der Solarzellenschatulle. […] Schließlich legt er die Solarzelle wieder auf die Tischfläche." (FI Tim 1;9, 04:52-05:02 (2/1/1))*

Tim versucht, die Schatulle der Solarzelle zu öffnen. Die von Tim verwendete Solarzelle ist zum Schutz in einer kleinen Schatulle verklebt. Das versuchte Öffnen der Schatulle kann als ein Überprüfen, ob die Solarzelle heile oder richtig verbaut ist oder ob der Deckel die Funktionsweise der Solarzelle beeinflusst, gedeutet werden. Es kann nicht abschließend geklärt werden, welche handlungsleitenden Motive hier zugrunde liegen, einen Vergleichsfall gibt es nicht. Zudem lässt sich die Schatulle nicht öffnen. Es wird jedoch ersichtlich, dass Tim der Verpackung der Solarzelle hier einen Sinn zuschreibt. Auf sprachlicher Ebene thematisiert Tim die Schatulle oder seine Handlungen nicht.

4.4.2 Verbindungen (Ebene)

Nach der weiterführenden fallübergreifenden komparativen Analyse konnten auf Ebene der Verbindungen weitere, den Suchräumen untergeordnete Strategien herausgearbeitet werden. Die Struktur der Ebene ‚Verbindungen' lässt sich nun wie folgt darstellen:

Verbindungen (Ebene)

- Vorhandensein der Verbindungen (Suchraum)
    - Die Verbindungen werden visuell geprüft (Strategie)
    - Die Verbindungen werden auf Festigkeit geprüft (Strategie)
- Art und Weise, wie die Verbindungen gesetzt sind (Suchraum)
    - Die gesetzten Verbindungen werden erneuert (Strategie)
        - Die Verbindungen werden über Kreuz getauscht (Strategie neu)
    - Es werden mehr Kabel hinzugenommen (Strategie)
    - Kabel gleicher Farbe werden verbunden (Strategie neu)

Das visuelle und haptische Überprüfen der Verbindungen, so wie es bei Sarah und Hans beobachtet werden konnte, lässt sich mit einem Beobachtungsfokus auf Tim und Paula nicht weiter ausdifferenzieren. Die beiden Kinder betreten den Raum ‚Vorhandensein der Verbindungen' nicht.

Art und Weise, wie die Verbindungen gesetzt sind (Suchraum)

Die gesetzten Verbindungen werden erneuert (Strategie)

In der Fallanalyse Hans wurde herausgearbeitet, dass er auf der Suche nach Ursachen für ein Problem weitere Kabel hinzugenommen und in seinen Stromkreis integriert hat (vgl. Sequenz Hans 2c;4-15), damit der Motor sich auf dem Materialtisch stehend dreht, während die Solarzelle auf dem Fenstertisch im Schein der Schreibtischlampe liegt.[134]

Tim nimmt im Zuge des Überprüfens seines Stromkreises oder genauer der Verbindungen seines Stromkreises ebenfalls weitere Kabel hinzu, um Bauteile anders, bzw. neu zu verbinden. Die Strategie ‚Es

[134] Das Problem war in jener Sequenz nicht, dass der Motor sich nicht drehte, sondern dass der Motor auf dem Materialtisch stehen und die Solarzelle am Fenstertisch im Schein der Schreibtischlampe liegen sollte.

werden mehr Kabel hinzugenommen' findet sich also nicht nur dann, wenn Hans versucht, Verbindungen zu verlängern, sondern auch im Rahmen der Suche nach Ursachen für das Nichtfunktionieren von Stromkreiskonstrukten. Tim nimmt ein weiteres Kabel hinzu, um Motor und Solarzelle *neu* zu verbinden. Das Hinzunehmen eines weiteren Kabels ist hier also in einen anderen Kontext eingebettet. Das Erneuern der Verbindungen ist hier zentral. Eine sichtbar werdende Strategie fokussiert das Neusetzen aller Verbindungen. Dabei ist wiederum die Menge der Kabel bzw. die Hinzunahme von Kabeln von Bedeutung.

> *„Tim greift mit der linken Hand die Anschlusskabel der Solarzelle und mit der rechten Hand die Krokodilklemmen und zieht die Kabel aus der Klemme heraus. […] Anschließend greift er mit der linken Hand nach den Anschlusskabeln des Motors und zieht diese ebenfalls aus den Klemmen, die er in seiner rechten Hand hält. Kabel, Motor und Solarzelle liegen schließlich einzeln vor ihm, vom Kabel hält er eine Krokodilklemme in der rechten Hand." (FI Tim 1;10, 05:03-05:21 (2/1/1))*

Tim löst nicht eine Verbindung oder baut ein Kabel aus seinem Stromkreiskonstrukt aus, sondern löst alle Verbindungen, sodass letztlich alle Teile unverbunden nebeneinander vor ihm auf dem Tisch liegen. Im weiteren Verlauf verbindet er die Teile von Neuem. Dabei arbeitet er mit denselben Gegenständen weiter. Er tauscht nichts aus und nimmt zunächst auch keinen weiteren Gegenstand hinzu. Tim verbindet Solarzelle und Motor erneut und wieder nur mit einem Kabel,[135] allerdings anders als zuvor. Er verbindet mit dem Krokodilkabel einen Kontakt des Motors mit einem Kontakt der Solarzelle.

> *„Tim greift mit der linken Hand die Anschlusskabel der Solarzelle. In der rechten Hand hält er eine Klemme des grünen Krokodilkabels. Er führt die linke Hand zur Krokodilklemme und klemmt eines der Anschlusskabel in die Krokodilklemme. Anschließend greift er mit der rechten Hand ein Anschlusskabel des Motors und mit der linken Hand die andere Klemme des grünen Krokodilkabels und klemmt das Anschlusskabel fest." (FI Tim 1;11, 05:22-05:46 (2/1/1))*

---

135 Tim hat die Solarzelle mit dem Motor mit einem Kabel verbunden, sodass ein Kurzschluss entstanden ist.

Tim nimmt dann ein schwarzes Krokodilkabel hinzu, um die noch freien Anschlusskabel miteinander zu verbinden.

> *„Während Tim sich am Kopf kratzt, nimmt er mit der rechten Hand ein weiteres (schwarzes) Krokodilkabel vom Tisch. Mit der linken Hand greift er schließlich nach dem losen Anschlusskabel des Motors und klemmt es in die Krokodilklemme des schwarzen Kabels, die er in der Hand hält. Anschließend greift er mit der rechten Hand die andere Klemme des schwarzen Krokodilkabels und mit der linken Hand ein loses Anschlusskabel der Solarzelle und klemmt das Kabel in die Krokodilklemme." (FI Tim 1;13, 05:54-06:04 (2/1/1))*

In der Hinzunahme eines zweiten Kabels und dem dadurch entstandenen geschlossenen Stromkreis zeigt sich die Bedeutung um die Art und Weise der Verbindungen als notwendige Voraussetzung für das Funktionieren seines Motors.

Art und Weise, wie die Verbindungen gesetzt sind (Suchraum)

Die gesetzten Verbindungen werden erneuert (Strategie)

Die gesetzten Verbindungen werden über Kreuz getauscht (Strategie)

Innerhalb des Suchraumes ‚Art und Weise, wie die Verbindungen gesetzt sind' konnte bei Tim eine weitere Strategie rekonstruiert werden, die der Strategie ‚Die gesetzten Verbindungen werden erneuert' untergeordnet werden kann. Tim tauscht die Anschlüsse am Motor. Damit einhergehend kann die herausgearbeitete Strategie des Tausches sowohl fallintern und fallübergreifend als auch suchraumübergreifend weiter ausdifferenziert werden. Hans hat in seinem Stromkreiskonstrukt den Taster gegen einen Schalter getauscht (vgl. Kapitel: 4.1.1 Thematische Gliederung – Inhaltlicher Ablauf, Hauptsequenz Hans 2b), Tim (3;21/22), Paula (1;12/13) und Hans (3b;9/17/27)) haben Solarzellen ausgetauscht. Tim tauscht nun also ausgewählte Anschlüsse seiner Verbindungen über Kreuz aus.

> *„Tim löst mit der linken Hand die Krokodilklemmen, die mit den Anschlusskabeln des Motors verbunden sind. Anschließend klemmt er eine der beiden gelösten Krokodilklemmen, die er beide in der linken Hand hält, wieder an eines der beiden Anschlusskabel des Motors, das er in der rechten Hand hält. Die andere Krokodilklemme be-*

festigt er dann an dem anderen Verbindungskabel des Motors. Nachdem er beide Klemmen am Motor über Kreuz getauscht hat, nimmt Tim den Motor in die rechte Hand." (FI Tim 3;11-13, 38:17-38:34 (2/2/2))

Diese Handlung konnte bisher noch nicht bei einem der anderen Kinder festgehalten werden: So, wie die Kabel angeschlossen sind, funktioniert der Motor nicht, daher müssen die Kabel getauscht werden. Tim sucht den Grund für das Nichtdrehen also nicht in der Korrektheit oder Festigkeit der Verbindungen sondern bei der Position im Stromkreis. Handlungsleitend scheint die Annahme, der Motor dreht sich nur, wenn die Kabel auf eine spezifische Art und Weise miteinander verbunden sind. Die Position der Verbindungen zwischen Motor und Solarzelle ist für das Anliegen, den Motor zum Drehen zu bekommen, egal. Der Motor würde sich, wenn die Verbindungen korrekt sind, die Lichtverhältnisse ausreichend und alle Bauteile heile sind, in beiden Fällen drehen.

Art und Weise, wie die Verbindungen gesetzt sind (Suchraum)

Kabel gleicher Farbe werden verbunden (Strategie)

Während der Analyse von Tim HS 1, US 7-17 konnte auf Ebene des Tones eine Thematik identifiziert werden, die in den zuvor analysierten Sequenzen nicht rekonstruiert werden konnte. Diese Passage gibt Hinweise auf eine weitere Strategie, in welcher die Farben der Anschlusskabel zentraler Gegenstand der Auseinandersetzung sind. Diese Thematik zieht sich durch mehrere Sequenzen und wird immer wieder von verschiedenen Kindern angesprochen *(OT 4: Welche Farben gehen zusammen: weiß an weiß, rot an rot, rot an schwarz, weiß an rot, rot an blau… (04:53-06:22 (2/1/1)))*.[136]

[136] Das forschungsmethodische Vorgehen unterscheidet sich in dieser Sequenz vom übrigen Vorgehen. Es wird hier mit dem bisherigen Vorgehen, erst formulierende Interpretation der bewegten Bilder, dann reflektierende Interpretation der bewegten Bilder, danach formulierende Interpretation der Tonebene, darauf reflektierende Interpretation in der Dimension von Text und Ton und schließlich der reflektierenden Interpretation, gebrochen. Das Oberthema wird auf Ebene des Tones mit Verweis auf die Dimension des Bildes durchgeführt. Es wird zunächst eine formulierende Interpretation von Ton und Bild angefertigt, ehe eine tiefergehende reflektierende Interpretation in der Dimension von Bild und Ton angefertigt wird.

Das Gespräch über die Farben der Anschlusskabel findet sich zu Beginn der Explorationsphase der zweiten Gruppe. Einige Jungen haben sich Motor und Solarzelle genommen und versuchen nun, die Bauteile miteinander zu verbinden. Dabei thematisieren sie, wie die Bauteile miteinander verbunden werden müssen.[137]

Dass die Sachen miteinander verbunden werden müssen, steht bei den Kindern nicht zur Diskussion. Die Frage ist ausschließlich, *wie* die Bauteile miteinander verbunden werden sollen. Deutlich wird, dass die Kinder bestimmten Verbindungen eine wichtige Bedeutung zu messen. Die Kabel können nicht irgendwie, sondern nur auf eine spezifische Weise miteinander verbunden werden. Dennis verbalisiert zwei Möglichkeiten, entweder müssten die roten oder die weißen Kabel miteinander verbunden werden (04:53-04:55 (2/1/1)). Die Möglichkeit, weiß mit rot zu verbinden, nennt er nicht. Mohamed empfiehlt Dennis zunächst ebenfalls, Kabel gleicher Farbe miteinander zu verbinden *(„Probier' mal weiß an weiß" (04:58-05:00 (2/1/1)))*. Er begründet seine Vermutung jedoch nicht. Nino, der den Wortwechsel zwischen Dennis und Mohamed mitverfolgt, hat an seiner Solarzelle keine weißen Kabel, sondern nur rote und schwarz-rote (05:01-05:04 (2/1/1)). Dennis empfiehlt ihm aber auch, die Kabel gleicher Farbe miteinander zu verbinden. In dieser ersten Auseinandersetzung mit dem Thema herrscht also die Meinung vor, dass Kabel gleicher Farbe miteinander verbunden werden müssen. Nur Mohamed, der zuvor Dennis geraten hat, Kabel gleicher Farbe miteinander zu verbinden, rät dann noch einmal genau gegensätzliches *(„Nimm man mal weiß an rot" (05:05-05:06 (2/1/1)))*. Im weiteren Verlauf vertieft Mohamed noch, unterschiedlich farbige Kabel miteinander zu verbinden *(„Gibts hier auch noch bl..(.) und blau und rot? (4) Florian??" (06:01-06:08 (2/1/1)))*. Im Rahmen dieses kurzen Wortwechsels greift der Forschende mit der Äußerung, die Farbe der Kabel sei egal, inhaltlich ein (06:18-06:22 (2/1/1)). Es zeigt sich, dass sowohl Mohamed, an den sich diese Antwort

137 Die Anschlusskabel der Motoren und Solarzellen haben unterschiedliche Farben. An den Motoren befinden sich jeweils ein weißes und ein rotes Anschlusskabel, an den Solarzellen entweder ebenfalls ein rotes und ein weißes oder ein rot-schwarzes und ein rotes. Um einen Motor zum Drehen zu bekommen, muss ein geschlossener Stromkreis gebaut werden. Ob dabei Kabel gleicher Farbe oder unterschiedlicher Farbe miteinander verbunden werden, ist für das grundsätzliche Funktionieren des Motors egal. Je nachdem wie die Kabel verbunden werden, unterscheidet sich dann jedoch die Drehrichtung des Motors.

gerichtet hat, als auch die anderen Kinder diese Äußerung nicht wahrgenommen haben, bzw. nicht als handlungsrelevant aufgegriffen haben. Als zunächst Nino und dann auch Tim einen Motor zum Drehen gebracht haben, interessieren sich Mohamed und Dennis wieder dafür, welche Kabel die beiden miteinander verbunden haben. Mohamed fragt, wie Tim es geschafft hat, dass sich der Motor dreht. Als dieser antwortet, dass die Bauteile mit Krokodilkabeln verbunden werden müssen, geht Mohamed wieder auf die Farben der Kabel ein. Mohamed sieht die Ursache für das Drehen also in der Verbindung zwischen den Anschlusskabeln. Dabei thematisiert er nicht explizit, dass jeweils beide Anschlüsse der Solarzelle und des Motors verbunden sind, sucht also nicht in erster Linie im Suchraum ‚Vorhandensein der Verbindungen'. Der Fokus der Aussagen liegt allein auf den Farben. Die Solarzelle wird von beiden Jungen in keiner Weise als notwendige Bedingung für das Drehen genannt. Sie gehen in ihren Aussagen nur auf die Verbindungen ein und scheinen somit nur dort die Ursachen für das Funktionieren zu suchen. Die Farbe der Kabel lässt sich dem Suchraum ‚Art und Weise, wie die Bauteile miteinander verbunden sind' unterordnen. Die handlungsleitende Strategie ist es, Kabel gleicher Farbe miteinander zu verbinden, auch wenn Mohamed der Ansicht ist, verschiedenfarbige Kabel zu verbinden.

4.4.3 Motor (Ebene)

Die Verbraucher haben in den bisherigen Ausführungen kaum eine Rolle gespielt, da sie in den Handlungen der Kinder mit Ausnahme von Hans nicht mit einer besonderen Bedeutung während des Überprüfens der Stromkreis(-konstrukt)e belegt wurden. Bei Tim finden sich Sequenzen, die die Verbraucher als eigenständige Ebene auf der Suche nach Ursachen für das Nichtfunktionieren von Stromkreis(-konstrukt)en festigen.

Gangbarkeit des Motors (Suchraum)

Der Propeller wird angestoßen (Strategie)

Wie auch Hans stößt Tim im Zuge des Überprüfens seines Stromkreiskonstruktes den Propeller an.

> *„Nachdem Tim das letzte Kabel verbunden hat, greift er mit der rechten Hand den Motor, der bisher umgestoßen auf der Tischfläche lag, hebt ihn ein kleines Stück an […] und stößt mit seinem Zeigefinger den Propeller des Motors an, den er nach wie vor in seiner rechten Hand hält. Anschließend führt er beide Hände mit den Gegenständen wieder zurück zur Tischplatte und legt den Motor ab." (FI Tim 1;8, 04:42-04:51 (2/1/1))*

Das Anstoßen des Propellers lässt verschiedene Lesarten zu: das verträumte Anstoßen (Hans 2a;30/31), das Ausprobieren, ob der Propeller sich überhaupt drehen und bewegen kann oder das Anschwung geben, damit der Motor sich selbstständig dreht (wie bei einem alten Propellerflugzeug). Tim richtet seine Aufmerksamkeit hier für einen kurzen Augenblick weg von der Solarzelle und hin zum Motor. Es kann an dieser Stelle nicht abschließend geklärt werden, welche Orientierung dem Anstoßen zugrunde liegt. Ein verträumtes Anstoßen kann ausgeschlossen werden, da in Tims Verhalten keine Rückschlüsse darauf gebildet werden können. Die Überprüfung der Gangbarkeit durch anstoßen ist naheliegend.

Gangbarkeit des Motors (Suchraum)

Das Drehen der Motorachse wird erfühlt (Strategie)

> *„Mit der linken Hand fasst Tim zunächst an das Gehäuse des Motors und dreht mit den Fingern daran, ehe er an die Achse fasst und diese ebenfalls dreht." (FI Tim 3;14, 38:35-38:38 (2/2/2))*

Nachdem Tim in dieser Sequenz das erste Mal zum Überprüfen seines Stromkreises angesetzt hat und die Solarzelle aufgenommen und ins Licht der Schreibtischlampe gehalten hat, sagt er: *„Der Bohrer dreht sich gar nicht" (38:14-38:17 (2/1/2))*. Durch Tims Aussage bestätigt sich, dass er der Annahme ist, sein Motor müsste sich jetzt an dieser Stelle drehen. Sein Bauprozess war an dieser Stelle also zu Ende, da er hier nun eine Drehung erwartet. Der Motor dreht sich jedoch nicht, wie Tim auch selbst sprachlich festhält, jedoch nicht weiter ausführt oder erläutert. Nach dieser Feststellung setzt Tim dann mit dem Suchen nach Ursachen für das Nichtdrehen ein. Tim bezeichnet den Motor als *„Bohrer"*. Wenn kein Propeller auf dem Motor steckt und nur die Achse aus dem Motorgehäuse ragt, erinnert dieser an einen Bohrer. Da sich die Motorachse, wenn alle Funktionsbedingungen des Stromkreises erfüllt sind, auch dreht, bestärkt dies noch den Vergleich mit einem Bohrer.

Nachdem Tim die Anschlüsse seines Stromkreises getauscht hat (Tim 3;11-13), zunächst also bei den Verbindungen nach der Ursache für das Nichtdrehen seines Motor gesucht hat, hält Tim seine Solarzelle wieder ins Licht, um zu überprüfen, ob der Motor sich nun dreht. Er dreht sich jedoch nicht oder zumindest nicht so, dass Tim die Drehung optisch wahrnimmt. Er wendet sich dann dem Forschenden zu und fragt: *„Also ist die gesichert?" (38:39-38:41 (2/1/2))*. Tim handelt hier das Problem des Nichtdrehens also sprachlich im Bereich des Materials aus. Auch Hans hat das Nichtdrehen seines Motors an einem bestimmten Punkt auf das Material zurückgeführt. Anders als Hans sagt Tim hier aber nicht, dass das Material *„gemein"* sei und ihn ärgern möchte sondern, dass der Motor *„gesichert"* ist. Es gibt eine Sicherung, sodass der Motor sich nicht einfach dreht. Hier ist es wichtig, wieder den Begriff des Bohrers zu berücksichtigen, den Tim benutzt. Elektrische Werkzeuge wie Bohrmaschinen oder Akkuschrauber verfügen in der Regel über einen Sicherheits- oder Schutzschalter, der betätigt werden muss, damit das Gerät funktioniert. Tim thematisiert sprachlich andere Dinge, als in seiner Handlungspraxis sichtbar werden. Er verbalisiert nicht die Bereiche, die er handlungspraktisch zur Ursachenfindung thematisiert hat. Nach einem *„Hmh" (38:41 (2/1/2))* des Forschenden konkretisiert Tim seine Frage noch: *„Weil der geht hier nicht an" (38:41-38:43 (2/1/2))*. Dieser Nebensatz bestätigt noch weiter Tims Nachfrage nach der Sicherung des Motors/Bohrers. Als der Forschende nachfragt, warum Tims Motor nicht angeht, antwortet dieser, er habe keine Ahnung. Der Aspekt der Sicherung wird hier nicht weiter aufgegriffen und auch andere Aspekte oder Schritte, die Tim bisher durchgeführt hat, um die Ursache für das Nichtdrehen zu finden, werden verbal nicht gefasst.

Es lassen sich generell zwei verschiedene Herangehensweisen des Überprüfens in dieser Sequenz festhalten: das visuelle Überprüfen und das haptische Überprüfen. Tim schaut nach seinen Arbeitsschritten auf den Motor. Visuell ist jedoch keine Drehung festzustellen. Gegen Ende der Sequenz überprüft Tim dann mit den Händen, ob sich der Motor dreht, nachdem der Forschende ihm dazu geraten hat. Mit den Augen war die Drehung des Motors nur bei genauem Hinsehen auszumachen, mit den Fingern war die Drehung leichter erfahrbar. Es lassen sich hier

Parallelen zu der Ebene ‚Verbindungen' herstellen. Auch diese wurden von Hans und Sarah sowohl visuell als auch haptisch geprüft. Das haptische und visuelle Prüfen lässt sich als suchraumübergreifende Strategie beschreiben.

4.4.4 Abschließende Darstellung der suchraumübergreifenden Strategien und der ihnen zugrunde liegenden Handlungsmuster

Wie nach der Rekonstruktion der Suchräume und Strategien herausgearbeitet, wurden Strategien deutlich, die in verschiedenen Räumen von den Kindern genutzt werden.

Tausch

Die Strategie ‚Tausch' konnte in den Suchräumen ‚Die Solarzelle an sich', ‚Funktionsweise des Schalters' sowie ‚Art und Weise, wie die Verbindungen gesetzt sind' aus dem empirischen Material herausgearbeitet werden. Der Tausch vollzog sich einerseits stark auf einer materiellen Ebene, wenn bspw. Schalter oder Solarzellen gegen eine oder einen anderen getauscht wurden. Als handlungsleitend für den Tausch konnte einerseits gedeutet werden, dass das zuerst verwendete Teil kaputt war oder nicht richtig funktionierte (Schalter) oder aber, dass es nicht genug Leistung erzählte (Solarzelle). Beim Tausch der Verbindungen konnte als handlungsleitende Annahme herausgearbeitet werden, dass die einzelnen Bauteile auf eine spezifische Art und Weise verbunden sein müssen.

Rückblickend lässt sich aber auch noch eine weitere Facette des Tausches festhalten. Der Wechsel der Lichtverhältnisse kann auch als Tausch eingestuft werden. In mehreren Sequenzen konnte beobachtet werden, dass die Lichtquellen, unter die die Solarzellen im Rahmen der Überprüfung gehalten wurden, getauscht worden sind. Insbesondere Sarah hat die Solarzelle zunächst unter die Deckenbeleuchtung gehalten und später dann unter die Schreibtischlampe am Fenstertisch. Die Lichtquellen wurden getauscht. Als handlungsleitend für den Tausch der Lichtquelle konnte wiederum das ‚mehr Hinzunehmen' rekonstruiert werden.

Mehr Hinzunehmen

Wie bereits deutlich gemacht, konnte ein ‚mehr Hinzunehmen' als suchraumübergreifende Strategie herausgearbeitet werden. Hans hat einerseits mehr Kabel hinzugenommen, um die Distanz zwischen Fenstertisch und Materialtisch zu überbrücken und andererseits mehr Solarzellen hinzugenommen, um eine LED zum Leuchten zu bekommen. In der Hinzunahme von Solarzellen deutete sich noch ein weiteres ‚mehr Hinzunehmen' an, nämlich ein mehr an Licht, das durch eine größere Fläche aufgefangen werden kann. Nach dem fallübergreifenden Vergleich mit Sarah konnte die Hinzunahme von Licht und somit die Strategie ‚mehr Hinzunehmen' weiter ausdifferenziert werden, der immaterielle Aspekt der Strategie also gestärkt werden. Durch das Ändern der Position der Solarzelle zum Licht wird die handlungsleitende Strategie ‚mehr Hinzunehmen' sichtbar. Sarah ändert die Position, um mehr Licht mit der Solarzelle einzufangen. Wird dieser Gedanke weiterverfolgt, so sind alle Bewegungen im Suchraum ‚Funktionsweise der Solarzelle' mit der implizit handlungsleitenden Strategie ‚mehr Hinzunehmen' zu erklären. In der Verkürzung der Distanz der Solarzelle zum Licht, dem Ändern der Position der Solarzelle zum Licht und dem Halten der Solarzelle unter verschiedene Lichtquellen wird stets ein mehr an Licht thematisiert. Abschließend lässt sich die Strategie des ‚mehr Hinzunehmens' noch weiter ausdifferenzieren. Paula schiebt die auf dem Tisch liegende Solarzelle in den Schein der Schreibtischlampe. Auch hier scheint die handlungsleitende Annahme zur Verbesserung der Funktionsweise der Solarzelle die Hinzunahme von mehr Licht auf der Solarzelle zu sein.

Das ‚mehr Hinzunehmen' bezieht sich auf materielle und immaterielle Dinge und zieht sich als handlungsleitend durch unterschiedliche Räume und lässt sich als Begründung für unterschiedliche Strategien rekonstruieren.

Haptisches Prüfen

Letztlich konnte nach der Rekonstruktion der Suchräume das haptische Überprüfen als suchraumübergreifende Strategie herausgearbeitet werden. Hans hat das Vorhandensein der Verbindungen haptisch geprüft, indem er an einzelnen Verbindungen gezogen und auf diese Weise ihre Festigkeit überprüft hat. Zudem haben sowohl Hans als auch Tim die Gangbarkeit des Motors haptisch überprüft, indem beide Jungen den

Propeller angestoßen haben. Tim hat zudem noch das Drehen des Motors an der Motorachse mit seinen Fingern überprüft. Die handlungsleitenden Motive unterscheiden sich beim Überprüfen allerdings. Bei den Verbindungen ging es um die physische Überprüfung der Verbundenheit, wohingegen es sich beim Überprüfen des Motors um die Überprüfung der Gangbarkeit, des Freilaufes des Motors handelte. In beiden Räumen spielt allerdings die physische Erfahrung eine besondere Rolle.

4.4.5 Abschließende schematische Darstellung der Räume und zugehörigen Strategien

Solarzelle (Ebene)

- Funktionsbedingungen der Solarzelle (Suchraum)
  - Die Distanz der Solarzelle zum Licht wird verringert (Strategie)
    - Die Solarzelle wird unter die Lampe geschoben (Strategie)
  - Die Solarzelle wird unter verschiedene Lichtquellen gehalten (Strategie)
  - Die Position der Solarzelle zum Licht wird geändert (Strategie)
- Die Solarzelle an sich (Suchraum)
  - Weitere Solarzellen werden hinzugenommen (Strategie)
  - Die Solarzelle wird ausgetauscht (Strategie)
    - Die Solarzelle wird gegen eine größere getauscht (Strategie)
    - Die Solarzelle wird gegen eine baugleiche getauscht (Strategie)
  - Die Schatulle der Solarzelle wird zu öffnen versucht (Strategie)

Verbindungen (Ebene)

- Vorhandensein der Verbindungen (Suchraum)
  - Die Verbindungen werden visuell geprüft (Strategie)
  - Die Verbindungen werden auf Festigkeit geprüft (Strategie)

- Art und Weise, wie die Verbindungen gesetzt sind (Suchraum)
    - Die gesetzten Verbindungen werden erneuert (Strategie)
        - Die Verbindungen werden über Kreuz getauscht (Strategie)
    - Es werden mehr Kabel hinzugenommen (Strategie)
    - Kabel gleicher Farbe werden verbunden (Strategie)

Schalter (Ebene)

- Funktionsweise des Schalters (Suchraum)
    - Der Schalter wird wiederholt betätigt (Strategie)
    - Der Schalter wird getauscht (Strategie)

Motor (Ebene)

- Gangbarkeit des Motors (Suchraum)
    - Der Propeller wird angestoßen (Strategie)
    - Das Drehen der Motorachse wird erfühlt (Strategie)

Raumübergreifende Strategien

Tausch

- gegen ein identisches Bauteil
    - Solarzelle
- gegen ein anderes Bauteil
    - Solarzelle
    - Schalter
- Anschlüsse
    - Art und Weise, wie die Verbindungen gesetzt sind.

„mehr Hinzunehmen"

- Immaterielles
    - Licht
- Materielles
    - Solarzellen
    - Kabel

Haptisches Prüfen

- Gangbarkeit des Motors
- Festigkeit der Verbindungen

5. Fazit

5.1 Diskussion der Ergebnisse

5.1.1 Inhaltlich

Zentrale inhaltliche Fragestellung der Studie war: *Innerhalb welcher Räume suchen Kinder beim freien Explorieren nach Ursachen für das Nichtfunktionieren von Stromkreisen?*

Im ersten Teil der inhaltlichen Diskussion steht der Beitrag der Ergebnisse der Studie für das freie Explorieren in Verbindung mit dem Suchraummodell im Mittelpunkt der Ausführungen. In der weiteren Darstellung werden dann Zusammenhänge zwischen rekonstruierten Räumen und der Beschreibung von Vorstellungen hergestellt. Die Befunde und Ergebnisse werden insbesondere in die für die Studie relevanten und zentralen vorhandenen Studien eingeordnet, die insbesondere auch den theoretischen Rahmen gebildet haben (vgl. Glauert 2010; Heran-Dörr 2011; Köster 2006; Hammann 2006; Murmann 2013).

Räume im freien Explorieren

Räume im freien Explorieren in Abgrenzung/Erweiterung zu Hammann

Im empirischen Teil der Untersuchung konnten verschiedene rekonstruierte Suchräume dargestellt und voneinander abgegrenzt werden, innerhalb derer Kinder nach Ursachen für das Nichtfunktionieren ihrer Stromkreis(-konstrukt)e suchen. Innerhalb dieser Räume konnten verschiedene Strategien herausgearbeitet werden, mit denen beschrieben werden kann, wie die Kinder bei der Suche nach Ursachen für das Nichtfunktionieren ihrer Stromkreis(-konstrukt)e vorgingen. Die Suchräume haben sich in hohem Maße an dem zum Explorieren bereitgestellten Material orientiert. Im Zuge der fallinternen und fallübergreifenden Rekonstruktion der unterschiedlichen Strategien konnte zudem festgehalten werden, dass Strategien existieren, die suchraumübergreifend angewendet werden.

F. Schütte, *Freies Explorieren zum Thema elektrischer Stromkreis*, Sachlernen & kindliche Bildung – Bedingungen, Strukturen, Kontexte, https://doi.org/10.1007/978-3-658-23059-3_5

Es konnte aufgezeigt werden, dass das freie Explorieren sogar in hohem Maße von Bewegungen in unterschiedlichen Suchräumen gekennzeichnet ist. Der Raumbegriff konnte somit erfolgreich für das freie Explorieren adaptiert und gefüllt werden. Er ist eine passende Metapher für die Vorgehensweise der Kinder auf der Suche nach Ursachen für das Nichtfunktionieren ihrer Stromkreis(-konstrukt)e.

Allerdings ist es notwendig, zwischen Hammanns Raummodell und dem in vorliegender Studie herausgearbeitetem Modell zu differenzieren. Wie in der theoretischen Verortung dargelegt, beziehen sich Hammanns Annahmen bezüglich der Existenz von Räumen auf ein hypothesenprüfendes Experimentierverständnis. Es wurde bei der Rekonstruktion der Räume deutlich, dass das SDDS-Modell (vgl. Klahr 2000) zur Beschreibung naturwissenschaftlichen Erkenntnisgewinns für das freie Explorieren nicht greift, da essenzielle Bestandteile des hypothesenprüfenden Verfahrens, wie das explizite Aufstellen von Hypothesen, fehlen. Die von Hammann genutzten Begriffe Hypothesensuchraum und Experimentiersuchraum sind nicht treffend, um das Vorgehen der Kinder beim Explorieren zu beschreiben. Allerdings können die gewonnen Ergebnisse der vorliegenden Studie dazu dienen, dass Suchraumkonzept weiter aufzugliedern, bzw. dieses an das freie Explorieren anzupassen.

Zwar formulieren die Kinder in der vorliegenden Studie keine expliziten Hypothesen, dennoch konnten in ihren Handlungen gewisse Annahmen oder sogar Absichten rekonstruiert werden, die in Richtung eines Aufstellens von Hypothesen gedeutet werden können. Es wird versucht, einen Motor zum Drehen oder eine Lampe zum Leuchten zu bringen. Es wird auch probiert, wie die Solarzelle positioniert sein muss, damit der Motor sich schnell dreht. Es handelt sich hierbei nicht um explizierte Hypothesen, allerdings kann gezeigt werden, dass die Handlungen der Kinder nicht willkürlich, sondern zielgerichtet sind, den Handlungen bestimmte Absichten oder Annahmen zugrunde liegen, ihnen immanent sind. Es lassen sich in den Absichten und Strategien Parallelen zu Hypothesen- und Experimentiersuchraum herstellen. Da die Begriffe aber zu stark in der Tradition des wissenschaftlichen Experimentes stehen, muss der Raumbegriff für das freie Explorieren angepasst und erweitert werden.

Durch die detaillierte Interpretation der Videodaten und die Ausdifferenzierung in verschiedene Räume und Strategien konnten Ergebnisse erzielt werden, die den Annahmen des Stufenmodells von Hammann widersprechen, bzw. die belegen, dass Drittklässler durchaus planvoll und systematisch vorgehen, wenn sie bspw. zu ergründen versuchen, weshalb ihr Motor sich nicht dreht. So wird systematisch bei der elektrischen Stromquelle, den Verbrauchern und den Verbindungen geschaut, geändert und geprüft. Systematisches Ausprobieren kann eine Vorbereitung zum hypothesenprüfenden Vorgehen sein. Dieser Befund deckt sich mit denen Kösters zur Wirksamkeit des freien Explorierens. Köster beschrieb in ihren Ausführungen ein Mädchen, das von sich aus Dinge verbalisiert und schriftlich fixiert hat. Zudem konnte aufgezeigt werden, dass Kinder im fortschreitenden Prozess des Explorierens (Vertiefungsphase) differenziert und durchaus strukturiert ihren Vermutungen nachgingen. Freies Explorieren kann somit als Weg zum wissenschaftlichen Experiment gesehen werden (vgl. Kapitel: 2.2.2 Offene, spielerische und selbstbestimmte Formen der Auseinandersetzung mit Naturphänomenen - freies Explorieren). In der vorliegenden Studie konnte dieses systematische Vorgehen durch die auf Basis videogestützter teilnehmender Beobachtung angefertigte Suchraumtypik dargestellt werden.

In der Diskussion der Ergebnisse muss allerdings auch erwähnt werden, dass bestimmte Befunde zum Experimentieren von Kindern auch gefestigt werden konnten. So konnte bspw. bestätigt werden, dass mehrere Variable gleichzeitig getestet wurden, ohne eine Kontrollvariable konstant zu halten (vgl. Hammann 2004). Außerdem konnte rekonstruiert werden, dass die Kinder darauf aus waren, einen Effekt zu erzielen (nämlich den Motor zum Drehen, die Lampe zum Leuchten zu bringen). Es handelt sich dann eher um Ingenieursexperimente als um naturwissenschaftliche Experimente, da es, so Hammann, nicht darum geht, Ursache-Wirkungs-Beziehungen zu klären (vgl. Hammann et al. 2006, S. 293).

Zur Verschränkung von naturwissenschaftlichem und technischem Lernen beim freien Explorieren zum Thema Stromkreis

Mit vorliegender Studie kann ein Beitrag in der Diskussion um technisches Lernen geleistet werden. Die Kinder haben den elektrischen Stromkreis in erster Linie nicht aus einer naturwissenschaftlichen Perspektive erkundet und gedeutet, sondern vielmehr Funktionsweisen technischer Bauteile und elektrotechnischer Schaltungen erkundet. Die Suche nach Ursachen für das Nichtfunktionieren stand im Vordergrund, ebenso wie die Verbesserung der Funktion. Damit steht das Problemlösen im Fokus der Auseinandersetzung und damit ein technisches Vorgehen. Natürlich liegen aber auch diesem Konstruieren und diesem eher technischen Vorgehen naturale Wirkungszusammenhänge zugrunde, wie bspw. das ohmsche Gesetz oder die Photovoltaik (vgl. Kosack 2015, S. 40), die in der Auseinandersetzung mit den Materialien im Zusammenhang des Problemlösens auch erkundet werden, ohne dabei allerdings expliziert zu werden. Insbesondere zeigt sich das in Auseinandersetzung mit der Solarzelle (vgl. Ebene ‚Solarzelle'). Während der Suche nach Ursachen für das Nichtfunktionieren ihrer Stromkreis(-konstrukt)e, beschäftigen sich die Kinder implizit auch mit Photovoltaik. Sie erfahren, dass die Solarzelle aus Licht elektrische Energie bereitstellen kann. Auch wenn die Problemlösung und damit ein technisches Vorgehen im Vordergrund stehen, werden hier zumindest implizit naturale Wirkungszusammenhänge thematisiert und somit auch Erkundungen gemacht, die für naturwissenschaftsbezogenes Lernen relevant sind. Verschränkungen von naturwissenschaftsbezogenem und technischem Lernen werden somit beim freien Explorieren mit Materialien zum Thema Stromkreis sichtbar. Freies Explorieren ist also auch in der Methodendiskussion um technisches Lernen ein vielversprechender Ansatz (vgl. dazu die Ausführungen von Jeretin-Kopf und Kosack zum „Tüfteln" (vgl. Jeretin-Kopf/Kosack 2013, S. 45)). Generell hat sich in vorliegender Studie deutlich das Potenzial des freien Explorierens gezeigt, insbesondere auch in Bezug auf das technische Lernen.

Suchraum vs. Orientierungsraum

Gegenstand vorliegender Studie war es, Suchräume zu rekonstruieren, innerhalb derer Kinder nach Ursachen für das Nichtfunktionieren ihrer Stromkreis(-konstrukt)e suchen. Es konnten unterschiedliche, in der Regel am Material orientierte Suchräume in den Handlungen der Kinder festgehalten werden. Während der Datenanalyse und insbesondere während der abschließenden Darstellung der rekonstruierten Räume zeigte sich, dass der Begriff des Suchraumes in manchen Situationen nicht passgenau beschreibt, was die Kinder gerade machen, bzw. wie die Kinder Räume durchstreifen. Nicht immer scheint „suchen" das Vorgehen, bzw. die Motivation der Kinder treffsicher zu beschreiben. Stellenweise – insbesondere zu Beginn der Umsetzung einer neuen Idee (Bau eines neuen

Stromkreises oder Erweiterung eines Basisstromkreises) im voranschreitenden Explorationsverlauf - konnte rekonstruiert werden, dass der Umgang mit bestimmten Materialien nicht durch ein *Suchen*, sondern vielmehr durch ein *Orientieren* zu beschreiben ist. Bestimmte rekonstruierte Suchräume werden somit zu Orientierungsräumen, die Ausgangslage für das weitere Vorgehen sind. Am Beispiel von Sarah soll dies kurz verdeutlicht werden.

Sarahs Handeln im Umgang mit der Solarzelle orientierte sich während der gesamten Explorationsphase in hohem Maße an den Lichtverhältnissen, bzw. Distanzen zu verschiedenen Lichtquellen. Sie hat in der Auseinandersetzung mit den Materialien ein Erfahrungswissen erworben oder (auf Basis zuvor gesammelter Erfahrungen) ausgebaut, welches ihr weiteres Handeln orientiert. Akteure verfügen aufgrund von Erfahrungen über ein bestimmtes Wissen. Dieses Wissen ist teilweise inkorporiert und strukturiert das Handeln (vgl. Bohnsack 2009, S. 19). Auch Glauert beschreibt die Bedeutung der Erfahrung im Verlauf der Auseinandersetzung. „Die Beobachtungen zeigten dagegen eher, dass im Verlauf der Studie ein Lernprozess stattfand, während dessen die Kinder immer genauer die Notwendigkeit und Beschaffenheit der einzelnen Verbindungen im Stromkreis erkannten." (Glauert 2010, S. 128) Im Zuge der Auseinandersetzung mit den Materialien werden Erfahrungen gemacht, die den weiteren Umgang mit ihnen beeinflussen. So hat Sarah zunächst die Erfahrung gemacht, dass Licht notwendig ist, um den Motor mit der Solarzelle zum Drehen zu bekommen. Im weiteren Verlauf wurde diese Erfahrung weiter vertieft und ausdifferenziert. Der Motor dreht sich besonders gut, wenn die Distanz der Solarzelle zum Licht gering und die Solarzelle mit viel Oberfläche zur Lichtquelle ausgerichtet ist.

In späteren Sequenzen ist nun eine gewisse Routine in Sarahs Handlungen zu beobachten. Es wird deutlich, dass Sarah aus ihren Erfahrungen, die sie bisher in der Explorationsphase gemacht hat, schöpft. Die bisher gemachten Erfahrungen orientieren das weitere Vorgehen. Gegen Ende der Explorationsphase vollzieht Sarah das Anheben und Ausrichten der Solarzelle nahezu automatisiert. Kaum hat sie das letzte Kabel am Motor befestigt und den Bauprozess damit abgeschlossen, hebt sie zielstrebig die Solarzelle in Richtung Deckenlampe an. Sarah hat diese Handlung während der Explorationsphase bereits diverse Male durchgeführt und ist deshalb in ihrer Ausführung schnell und routiniert. Das Verkürzen der Distanz zur Lichtquelle ist also keine Strategie mehr im Suchraum Distanz zur Lichtquelle, sondern wird notwendige Ausgangslage zum Betreten anderer Suchräume, zur Überprüfung anderer Bauteile innerhalb des Stromkreiskonstruktes. Das Halten der Solarzelle ins Licht dominiert ihre Handlungen. Nachdem sich die Solarzelle als Suchraum bewährt hat, orientiert Sarah ihre Handlungen nun in diesem Suchraum. Der Suchraum Verbindungen wird so im Orientierungsraum Licht auf der Solarzelle betreten. Der Suchraum Solarzelle ist vollends zum Orientierungsraum geworden.

Es scheint vielversprechend, die Idee des Suchraumkonzeptes für das freie Explorieren von ursprünglich einem Raum (Suchraum) auf unterschiedliche Räume (Such- und Orientierungsräume) zu erweitern. Mit Bezug auf die Ergebnisse vorliegender Studie sollen zusammenfassend Merkmale der unterschiedlichen Räume festgehalten werden, um sie voneinander abzugrenzen und zu unterscheiden.

Suchräume:

- werden betreten, nachdem Stromkreis(-konstrukt)e gebaut wurden, bei denen in der Regel irgendetwas nicht funktioniert.
- werden betreten, wenn die Kinder sich auf die Suche nach Ursachen für das Nichtfunktionieren machen.
- werden betreten, wenn bestimmte Komponenten und Bauteile in den Fokus genommen werden, von denen etwas erwartet wird.
- können durch eine eingehende Analyse der Blicke und Blickrichtungen identifiziert werden.

Zentrale Frage zur Identifikation von Suchräumen ist: An welchen Komponenten und Bauteilen suchen die Kinder nach Ursachen, wo ändern sie etwas?

Orientierungsräume:

- werden betreten, während Stromkreis(-konstrukt)e gebaut werden und ehe sie fertiggestellt sind.
- stellen Bereiche dar, in denen sich die Handlungen der Kinder orientieren.
- lassen handlungsleitende Vorstellungen erkennen.

Zentrale Frage zur Identifikation von Orientierungsräumen ist: An welchen Materialien orientieren die Kinder ihre Handlungen und wie gehen sie beim Bau vor?

Erweiterung oder Gegenentwurf zum Phasenmodell des Freien Explorierens bei Hilde Köster

Bezüglich des naturwissenschaftlichen Lernens im Grundschulalter und damit auch zur Begründung des Ansatzes des freien Explorierens hält Köster fest: „Es kommt also nicht darauf an, Kindern im Grundschulalter Physik, Chemie oder Technik ‚beizubringen' oder es ihnen zu ‚vermitteln'. Vielmehr sollten Gelegenheiten geschaffen werden, die es Kindern ermöglichen, mit Phänomenen *vertraut* zu werden, im handelnden Umgang ein ‚Gefühl für die Dinge' zu entwickeln." (Köster 2006, S. 44)

Köster verknüpft ihren Ansatz des freien Explorierens eng mit dem Stationslernen, da sich ihrer Argumentation folgend das Lernen an Stationen bewährt hat, um Kinder mit neuen Inhalten vertraut zu machen oder bereits bekannte Inhalte zu vertiefen. Zudem betont sie, dass sie in einer früheren Untersuchung herausfinden konnte, dass das Lernen an Stationen ebenfalls eine Möglichkeit bildet, erste Erfahrungen mit Phänomenen zu sammeln (vgl. ebd.). Freies Explorieren wird hier also sehr stark in Verbindung mit Unterricht und einer speziellen Unterrichtsmethode gebracht.

Kindern wurden „interessante, motivierende Materialien" (ebd.) zu ausgewählten physikalischen Phänomenen bereitgestellt, mit denen diese dann spielerisch Umgehen konnten, um sich auf diese Weise dem Phänomen anzunähern. Während des Explorierens konnte Köster verschiedene Phasen festhalten, die die Kinder durchlaufen haben (vgl. ebd.). Über die erste Phase, die Orientierungsphase, schreibt Köster: „Es wird schnell deutlich, dass die Suche nach neuen Erfahrungen, nach Spaß, Freude und Erstaunlichem das Handeln völlig bestimmen. Reaktionen überwiegen, die durch Verwunderung, Jauchzen, Lachen, ausgeprägter Mimik und Gestik, einem ausgesprochen intensivem Mitteilungsbedürfnis und dem Vermeiden ernsthafter Betrachtungen gekennzeichnet sind." (ebd., S. 45) In der von Köster beschriebenen zweiten Phase des freien Explorierens, der Explorationsphase, beginnen die Kinder sensibler zu beobachten. „Sie konzentrieren sich auf bestimmte ausgewählte Phänomene und beginnen diese sinnlich und ästhetisch zu verstehen, indem sie das Phänomen direkter wahrnehmen. […] Die Kinder probieren unterschiedliche Wege aus, das Phänomen zum Vorschein zu bringen." (ebd.) In dieser Phase legen die Kinder ihren Fokus darauf, *wie* das Phänomen herbeizuführen ist und wie es zustande kommt. Hier erst fängt Kösters Befunden nach ein ernsthafteres Betrachten an. Zum zeitlichen Eintreffen dieser zweiten Phase schreibt Köster: „Es kann keine einheitliche Zeitspanne bis zum Eintritt der Explorationsphase genannt werden, da verschiedene Faktoren (Klassenstufe, Anzahl und Attraktivität der Stationen, Erfahrungen mit ähnlichen Stationsbetrieben) eine Rolle spielen. Sie tritt jedoch zuverlässig ein, wenn die Kinder die Freiheit haben, ihrer Neugier in der Orientierungsphase Genüge zu tun." (ebd.) In der anschließenden Vertiefungsphase beginnen die Kinder, Fragen nach dem wie und warum des Erfahrenen auch zu verbalisieren. „Die Kinder versuchen ihre Fragen anhand von Variationen der Versuchsbedingungen zu beantworten, unterhalten sich gezielt über Ideen, Hypothesen oder mögliche Lösungswege. Hier setzt das konkrete Lernen über den Gegenstand an. Die Kinder bemühen sich nunmehr um eine direktere Sprache und um die Verwendung einheitlicher Begriffe." (ebd.)

Einige dieser Befunde spiegeln sich auch in den vorliegenden Ergebnissen wieder. Verwunderung, Erstaunen, Lachen und Freude konnten auch in vorliegender Erhebung beobachtet und festgehalten werden, auch eine gewisse Arbeitslautstärke war gegeben, die aber als produktive Lautstärke charakterisiert werden kann. Bisweilen konnte auch ein gesteigertes Mitteilungsbedürfnis festgehalten werden (vgl. etwa Hans). Allerdings konnte ein wesentlicher Befund Kösters nicht bestätigt werden, nämlich das Vermeiden ernsthafter Betrachtungen während des Explorierens in der Orientierungsphase. Die im Rahmen der Studie beobachteten Kinder haben alle ziemlich zügig, auch während des ersten Probierens, verschiedene Dinge intensiv und zum Teil konzentriert und in Ruhe betrachtet und beobachtet (z. B. Bestandteile ihrer Stromkreis(-konstrukt)e). Kösters Phasenaufteilung ist für die vorliegenden Befunde nicht ausreichend.

Zudem konnten Befunde, die von Köster während eines Praxistests den unterschiedlichen Phasen zugeordnet wurden und die sich über einen längeren Zeitraum streckten, in einer wesentlich kürzeren Zeitspanne festgehalten werden. Die Unterscheidung von überwiegend Spaß haben und spielen in der Orientierungsphase, hin zu gesteigerter Beobachtung in der Explorationsphase verschwamm in der vorliegenden Studie. Es wurde beim spielerischen Ausprobieren detailliert und planvoll beobachtet und andersherum wurde beim konzentrierteren Explorieren gescherzt und erzählt. Wesentlich für diese Erkenntnis war die Fokussierung der Handlungen, das heißt die Videoanalyse, für die Rekonstruktion von Räumen.

In vorliegender Arbeit findet eine Abkehr vom Phasenbegriff statt, da er eine Schrittfolge impliziert: Die Phasen bauen aufeinander auf, werden nacheinander durchlebt, auch wenn der Zeitpunkt des Eintreffens der jeweils nächsten Phase von Individuum zu Individuum verschieden ist. Es konnte in der Studie festgestellt werden, dass die beobachteten Kinder unterschiedliche Räume durchstreifen, die auch zu unterschiedlichen Zeitpunkten (während des Explorierens oder nach dem vermeintlich erfolgreichen Beenden eines Bauprozesses/Experimentes) betreten wurden. Diese Räume oder noch genauer, dieses Streifen durch verschiedene Räume stellen allerdings keine aufeinander aufbauenden oder nacheinander ablaufenden Phasen dar. Bestimmte Räume werden zu unterschiedlichen Zeitpunkten immer wieder betreten. Kösters Phasenmodell wird an dieser Stelle also ein anderes Modell entgegengestellt, nämlich ein Raummodell. Dieses Modell kann und soll nicht als Widerlegung von Kösters Befunden angesehen werden. Vielmehr soll es als eine Erweiterung, als eine Ausdifferenzierung gesehen werden. Freies Explorieren lässt sich nicht nur über aufeinanderfolgende Phasen darstellen, sondern auch als ein von hoher Leiblichkeit geprägtes Durchstreifen verschiedener Such- und Orientierungsräume.

Räume und Vorstellungen

Ein zentraler theoretischer Bezugspunkt der Studie ist der Diskurs um Vorstellungen und Erklärungen von Kindern zu Phänomenen sowie in diesem Zusammenhang insbesondere der Diskurs um die Erhebung, bzw. Sichtbarmachung von Vorstellungen über Räume (vgl. Kapitel: 3.1 Zur Erhebung von Schüler_innenvorstellungen). Die Rekonstruktion von Räumen wurde im Theorieteil mit dem Bereich der Vorstellungsforschung verknüpft. Im empirischen Teil der Studie wurde dann überprüft, welche Räume sich rekonstruieren ließen und ob in den rekonstruierten Räumen tatsächlich Vorstellungen sichtbar werden, bzw. ob die Rekonstruktion von Räumen einen Beitrag in der Diskussion um die Erhebung von Vorstellungen leisten kann. Wie im empirischen Teil herausgearbeitet, konnten inhaltliche Räume rekonstruiert werden, in denen Kinder Ursachen für das Nichtfunktionieren von Stromkreis(-konstrukten) suchen.

Die Aneignung von Welt ist von einer hohen Leiblichkeit geprägt (vgl. Schäfer 2010; Fischer 2010). Auch für den Primarbereich konnte gezeigt werden, dass, im handelnden Umgang mit Welt, Wissen selbstständig konstruiert wird. Wie beschrieben, gleicht das Vorgehen der Kinder beim Explorieren einem Streifen durch verschiedene Räume. In Räumen finden unterschiedliche Bewegungen statt. Mit einem Zugang zu Vorstellungen über die Metapher des Raumes kann die Leiblichkeit bei der Erschließung von Welt in besonderer Weise berücksichtigt werden.

An dieser Stelle sollen zunächst inhaltliche Befunde zusammenfassend betrachtet werden, ehe in einem späteren Schritt der Ergebnisdarstellung die methodischen Aspekte tiefer diskutiert werden. Zusammenfassend lässt sich festhalten, dass innerhalb der rekonstruierten Räume Vorstellungen sichtbar werden; Vorstellungen also auch über Such- und Orientierungsräume sichtbar gemacht werden können.

Bestätigung und Erweiterung bekannter Vorstellungen zum Thema Stromkreis und Elektrizität

Im Rahmen der Studie konnten bestimmte bereits zum Thema elektrischer Strom und Stromkreis erhobene Vorstellungen (vgl. Heran-Dörr 2011; Starauschek/Murmann 2016) und Erklärungsversuche (vgl. Glauert 2010) wiedergefunden und bestätigt werden. Der Ansatz des freien Explorierens ermöglicht allerdings, durch seine große Offenheit, eine große Bandbreite an Vorstellungen festzuhalten, da frei mit den Materialien umgegangen werden kann und keine angeleiteten Versuche mit ganz konkret ausgewählten Materialien (Batterie, Kabel, Lampe) durchgeführt werden.

Es konnten jedoch auch weitere Vorstellungen über Räume sichtbar gemacht bzw. ausdifferenziert werden, die in bisherigen Untersuchungen zu Vorstellungen von Kindern zu elektrischem Strom nicht beschrieben werden konnten. Zentrale Unterschiede zu Studien über Vorstellungen von Kindern zum elektrischen Stromkreis (Glauert 2010; Heran-Dörr 2011) liegen neben dem sehr offen gestalteten Setting im Bereich der verwendeten Materialien. Kinder haben mit Materialien zum Thema Strom, die dem Leitbild einer BNE gerecht werden, frei exploriert. Dadurch konnten andere Vorstellungen als in bisherigen Studien festgehalten werden. Besonders deutlich wird dies bei den Solarzellen, für die erst Funktionsbedingungen geschaffen werden mussten. Vorstellungen von Kindern zu elektrischer Energiegewinnung konnten auf diese Weise herausgearbeitet werden.

Heran-Dörr hält zusammenfassend die Einwegzuführungsvorstellung, Zweizuführungsvorstellung sowie Verbrauchsvorstellungen zum elektrischen Stromkreis fest. Diese Befunde konnten sowohl auf nationaler als auch auf internationaler Ebene belegt werden (vgl. Heran-Dörr 2011, S. 13). Die Einwegzuführungsvorstellung konnte auch in vorliegender Studie bestätigt werden. In unterschiedlichen Situationen haben unterschiedliche Kinder Solarzelle und Motor mit nur einem Kabel verbunden. Auch wenn eine Einwegzuführung dabei nicht verbal expliziert wurde, ließ sie sich in den Handlungen und den erstellten Stromkreiskonstrukten wiederfinden.

Eine Zweizuführungsvorstellung konnte in vorliegender Studie nicht deutlich rekonstruiert werden. Das bedeutet aber nicht, dass diese Vorstellung bei den an der Studie teilnehmenden Kindern nicht vorhanden ist, vielmehr konnte eine Zweizuführungsvorstellung mit einem Fokus auf das Bild nicht rekonstruiert werden. Sie wurde in den fokussierten Passagen nicht verbalisiert und konnte auch nicht aus den Handlungen oder Gesten, bspw. durch das Zeigen des Weges des Stroms aus beiden Anschlusskabeln der Solarzelle hin zum Motor, herausgearbeitet werden.

Allerdings konnte sowohl bei Hans als auch bei Sarah im Zusammenhang mit dem Überprüfen der Verbindungen beobachtet werden, dass sie mit ihren Blicken eine Verbindung zwischen den von ihnen verwendeten Bauteilen herstellen. Sarah ist dabei ihr Stromkreiskonstrukt kreisförmig mit ihren Blicken abgegangen. Als handlungsleitend wurde dabei rekonstruiert, dass sie visuell überprüft, ob die Verbindungen vorhanden sind. Gleichzeitig konnte allerdings auch festgehalten werden, dass Sarah kreisförmig über den Stromkreis blickt. Auch Glauert hat in ihrer Untersuchung herausarbeiten können, dass Kinder den Weg der Elektrizität, der auf die Verbindungen angewiesen ist, herausarbeiten. Dieser Weg wurde durch zeigen, Kopfbewegungen und auch durch vereinzelte Äußerungen verdeutlicht. Glauert betont, dass sich Erklärungen der Kinder nicht alleine auf die elektronischen Bauteile beschränken, sondern auch die Verbindungen zwischen den einzelnen Teilen in ihre Erklärungen mit eingebunden wurden (vgl. Glauert 2010, S. 130f.).

Auch in der vorliegenden Studie wurden die Verbindungen als eine zentrale Ebene auf der Suche nach Ursachen für das Nichtfunktionieren von Stromkreis(-konstrukt)en herausgearbeitet. Sowohl in den Handlungen als auch in den verbalen Äußerungen der Kinder wurde die Verbundenheit der Bauteile thematisiert. Dabei konnte differenziert werden zwischen einem Prüfen des Vorhandenseins der Verbindungen und der Art und Weise, wie die Verbindungen gesetzt sind. Das Prüfen des Vorhandenseins der Verbindungen geschah teilweise visuell und andererseits auch haptisch, indem an einzelnen Verbindungen gezogen wurde und auf diese Weise geprüft wurde, ob sie fest sitzen. Die Überprüfung der Art und Weise, wie die Verbindungen gesetzt sind, vollzog sich auf einem neu- oder anders Verbinden der Bauteile.

Glauert konnte allgemein festhalten, dass Kinder bei der Sichtung von Fotografien unterschiedlicher funktionierender und nichtfunktionierender Stromkreise an bestimmten Gegenständen und Bauteilen des Stromkreises, nämlich den Kabeln, Lampen und Batterien, nach Erklärungen für das Funktionieren bzw. Nichtfunktionieren gesucht haben (vgl. ebd., S. 127). Dieser Befund kann durch die Ergebnisse der vorliegenden Studie bestätigt werden. Die zentralen Ebenen der Suche bzw. Orientierung fokussieren auf einzelne Bauteile. Neben den bereits genannten Verbindungen sind es insbesondere die Solarzellen, als zentrale elektrische Energiequelle im Materialangebot, und die Motoren als die am häufigsten genutzter Verbraucher.

Ergänzt werden kann Glauerts Befund durch die rekonstruierte Ebene „Schalter". In Glauerts Studie standen den Kindern bestimmte Materialien (Kabel, Lampen, Batterien) zur Verfügung, mit denen sie auf Fotografien abgebildete Stromkreise nachbauen konnten oder auch andere Versuchsaufbauten ausprobieren konnten (vgl. ebd., S. 126). Das zum Ausprobieren zur Verfügung stehende Material vorliegender Studie unterscheidet sich von Glauerts. So standen den Kindern auch Schalter zur Verfügung, die bei der Suche nach Ursachen für das Nichtfunktionieren von Stromkreisen in den Fokus genommen wurden und so als eigenständige Ebene der Auseinandersetzung festgehalten werden konnte.

Dadurch, dass in der vorliegenden Studie keine konkreten Handlungsanweisungen zu Beginn der Exploration gegeben wurden und auch keine abgebildeten Stromkreise nachgebaut werden sollten, wurden sehr unterschiedliche Stromkreis(-konstrukt)e gebaut. Glauert beschreibt, dass Kinder während des Ausprobierens mit den Materialien teilweise mehrere Batterien in ihre Stromkreise integrieren wollten. Sie hält dazu fest, dass diese Aktivität für Kinder charakteristisch war, „die erst am Beginn ihres Lernprozesses zum Verständnis des Stromkreises standen." (ebd., S. 132) Diese Aussage impliziert ein eher negatives Bild des Integrierens mehrerer elektrischer Stromquellen in den Stromkreis. Für ein Verständnis des einfachen Stromkreises, bzw. das Geschlossensein eines Stromkreises ist es nicht notwendig, mehrere Batterien zu verbauen. Vor einem Hintergrund des Ausprobierens und Erkundens kann die Verwendung mehrerer Batterien jedoch auch Erkenntnisse liefern. In der vorliegenden Studie haben Kinder auch mehrere Solarzellen in ihre Stromkreise integriert. Dabei konnte die Hinzunahme von Solarzellen als eine Strategie im Suchraum ‚Die Solarzelle an sich' beschrieben werden. Als handlungsleitend wurde rekonstruiert, dass mehr Solarzellen mehr Fläche bieten, um mehr Licht aufzunehmen und um so mehr Strom zu erzeugen.

Glauert stellte fest, dass Kinder auch in Bezug auf die Batterie Erklärungen für das Nichtfunktionieren von Stromkreisen entwickeln. Ein Argumentationsmuster war dabei, dass eine Batterie keine oder nicht genug Energie hat, um die Lampe zum Leuchten zu bringen (vgl. ebd., S. 127). Dieser Befund lässt sich auf die Ergebnisse der vorliegenden Studie übertragen. Die Energiequelle war zwar eine andere als bei Glauert, allerdings war sie neben den Verbindungen der zentrale Bereich der Auseinandersetzung. In einigen Sequenzen konnte deutlich herausgearbeitet werden, dass Kinder sich mit den Funktionsbedingungen der Solarzelle auseinandergesetzt haben. In diesem Zusammenhang wurde auch die Menge des von der Solarzelle produzierten Stromes thematisiert, der je nach Lichtverhältnis und Ausrichtung der Solarzelle unterschiedlich ist. So konnte in einigen Handlungen und auch auf verbaler Ebene festgehalten werden, dass die Solarzelle es in einigen Situationen nicht schafft, ausreichend elektrische Energie zu produzieren. Insbesondere wurden dann die Funktionsbedingungen der Solarzelle näher betrachtet.

Die von Glauert genannten zusammengefassten Argumentationsmuster der Kinder konnten, abgesehen vom Bereich Stromfluss, in der vorliegenden Studie wiedergefunden werden und ähneln den unterschiedlichen Ebenen. Allerdings konnten diese Ebenen in der vorliegenden Studie mit der Raumtypik weiter ausdifferenziert und dadurch eine mitunter sehr vielseitige Auseinandersetzung mit gleichen Bauteilen rekonstruiert werden.

Besonderheit der Materialien

Die von Starauschek publizierte Idee, Materialien zum Thema Stromkreis im Zusammenhang mit Schüler_innenexperimenten mit LEDs etc. zeitgemäßer zu gestalten, kann noch erweitert werden, indem auch die elektrischen Energiequellen zeitgemäßer ausgesucht werden. Das heißt, anstelle der Knopfzellen, wie von Starauschek et al. vorgeschlagen (vgl. Starauschek et al. 2016, S. 8), könnte auch vollständig auf konventionelle Energiequellen verzichtet werden und stattdessen ausschließlich regenerative Energiequellen in der Auseinandersetzung mit elektrischem Strom verwendet werden. Wie im Theorieteil vermutet und im empirischen Teil der Studie rekonstruiert, scheint der ausschließliche Einsatz von erneuerbaren Energien im Zusammenhang mit Schüler_innenexperimenten zum Thema elektrischer Strom in gleichem Maße wie bspw. Batterien geeignet, um physikalische und technische Aspekte des Stromkreises zu thematisieren. Eine Beschäftigung mit den von Heran-Dörr als zentral für physikalisches Lernen zum Stromkreis genannten Bereichen[138] kann (teilweise) genauso erreicht werden, wenn regenerative Energiequellen statt Batterien benutzt werden. In vorliegender Studie wurde dies für den Fall erprobt, wenn Vorstellungen über den handelnden Umgang mit Dingen, also das Konstruieren von Stromkreisen, erhoben werden sollen. Es ist aber davon auszugehen, dass auch wenn ein Zugang zu Vorstellungen über explizite Äußerungen zu abgebildeten, gezeichneten oder fotografierten Stromkreisen erfolgt, eine Beschäftigung mit den genannten Bereichen angestrebt werden kann.

---

[138] Das sind: Anschlussbedingungen, Stromkreisvorstellung, Wirkungen des elektrischen Stroms sowie Strom als Prozess und nicht als Substanz, die verbraucht wird (vgl. Heran- Dörr 2011, S. 15).

Auch die Erhebung von Vorstellungen zu Strom konnte durch das Material um den Bereich der Energiegewinnung erweitert werden. (Stichwort: Funktionsbedingungen der Solarzelle.) Die zu Beginn skizzierten blinden Flecke, BNE ohne physikalisches Deuten und technisches Verstehen bzw. physikalisches Deuten und technisches Verstehen ohne BNE (vgl. Kapitel: 2.3.6 Bildung für nachhaltige Entwicklung und elektrischer Strom), könnten so zusammengebracht werden. Es lassen sich mit erneuerbaren Energiequellen ebenso die physikalischen und technischen Eigenschaften des Stromkreises thematisieren, wie mit bspw. Batterien. Die von Heran-Dörr genannten zentralen Bereiche bei der Thematisierung von elektrischem Strom lassen sich auch mit erneuerbaren Energien und anderen Verbrauchern als konventionellen Glühlampen abdecken. Wie vermutet wird die Thematisierung vielmehr erweitert, da der Fokus auch auf Arten der Stromerzeugung gelenkt wird.

Die Solarzelle ist die Ebene, auf der im Rahmen der Studie und im Zusammenhang mit der Forschung zu Vorstellungen von Kindern zu elektrischem Strom die innovativsten Befunde erzielt werden konnten. So konnte detailliert rekonstruiert werden, welche handlungsleitenden Annahmen den unterschiedlichen Suchräumen zugrunde liegen und insbesondere, welche Strategien Kinder anwenden, um Ursachen für das Nichtfunktionieren zu finden und zu beheben, bzw. auch, um ihre Handlungen zu orientieren

5.1.2 Methodisch

Auf methodischer Ebene sollte im Rahmen der Studie insbesondere geklärt werden, inwiefern sich mit der dokumentarischen Methode auf Basis videographierter Schüler_innenhandlungen Räume rekonstruieren lassen, innerhalb derer Kinder nach Erklärungen für das Nichtfunktionieren ihrer Stromkreiskonstrukte suchen und inwiefern die dokumentarische Methode einen Beitrag in der Diskussion um die Rekonstruktion von Vorstellungen leisten kann. Abschließend soll nun versucht werden, diese Fragen zusammenfassend zu beantworten.

Vorstellungsforschung und Videographie

Didaktisches Potenzial von Videoanalysen der Handlungen zur Rekonstruktion impliziten Wissens

Implizites Wissen und Forschung zu Schüler_innenvorstellungen

„Sprache ist eine zentrale Möglichkeit innere Bilder und Vorstellungswelten nach außen zu bringen, um sich mit anderen darüber zu verständigen." (Heran-Dörr 2011, S. 17) Dieser Aussage ist prinzipiell zuzustimmen, allerdings ist auch die intensive Analyse der Handlungen eine zentrale Möglichkeit, um Vorstellungswelten nach außen zu tragen, wie in vorliegender Untersuchung aufgezeigt werden konnte.

Eine grundlegende Annahme der Studie war, dass Kinder mehr wissen als sie verbalisieren können, dass in Handlungen von Kindern also Wissen vorhanden ist, welches sie selbst nicht zu explizieren in der Lage sind. So konnte auch Glauert bestätigen, dass die an ihrer Studie teilgenommen Kinder beim Konstruieren von Stromkreisen mit den bereitgestellten Materialien „gute praktische Fähigkeiten" (Glauert 2010, S. 133) zeigten und in ihren Handlungen auch oftmals ein „korrektes Modell mit zwei Verbindungen" (ebd.) sichtbar wurde. Glauert konnte Unterschiede in den Auffassungen der Kinder im Vergleich zwischen den unterschiedlichen Phasen ihrer Erhebung (den Vorhersagen zu den Fotos und dem Erklären und dem Experimentieren) nachweisen. „So lieferten 50% der Kinder in den Handlungsphasen Modelle von Stromkreisen, die das Verständnis ihrer Vorhersagen überschritten, bzw. korrigierten." (Glauert 2010, S. 133) Hier bestätigt sich bereits die Annahme, dass Kinder mehr wissen oder anderes wissen, als sie verbal äußern können, bzw. dass den Handlungen eine Art implizites Wissen zugrunde liegt, das nicht expliziert werden kann. Glauert hält zu diesem Aspekt fest, dass sich neue Denk- und Handlungsmöglichkeiten entwickeln können, ohne dass diese ins Bewusstsein rücken und somit im Bereich des Unbewussten, Impliziten verbleiben. Dadurch entstehen mitunter Unterschiede zwischen auf Ebene der Handlungspraxis sichtbar werdenden Wissensstrukturen und verbalen Aussagen. Auch in der Handlungspraxis lässt sich ein Verständnis für den Gegenstand nachweisen.

Dieses in den Handlungen eingelassene Wissen zu rekonstruieren war zentraler Gegenstand der vorliegenden Studie. Es konnte erfolgreich aufgezeigt werden, wie über eine detaillierte Videoanalyse und insbesondere unter Berücksichtigung der Bildebene Handlungsstrukturen rekonstruiert und verschiedene Suchräume identifiziert werden konnten, innerhalb derer Kinder Ursachen für das Funktionieren oder Nichtfunktionieren von Stromkreisen suchten. Durch diese detaillierte Analyse der Handlungen und die Erstellung einer Raumtypik konnten Feinheiten im Umgang mit Materialien im Rahmen des freien Explorierens rekonstruiert werden, die sehr differenziert dargestellt werden konnten (vgl. Suchraum ‚Funktionsbedingungen der Solarzelle' mit den dazugehörigen Strategien). Die Rekonstruktion handlungsleitenden und impliziten Wissens auf Basis einer Gesprächsanalyse und damit auf expliziten Äußerungen hätte nicht so weit ausdifferenziert werden können. Das Verfahren der Videographie ist in hohem Maße dazu geeignet, Interaktionen von Kindern mit „Dingen" und insbesondere Bedeutungszuschreibungen zu untersuchen und bietet daher ein großes Potenzial für didaktische Analysen. Festzuhalten ist, dass mit einer Fokussierung auf explizites, in der Regel im Medium der Sprache repräsentiertes Wissen, viele vorhandene Wissensstrukturen unausgeschöpft bleiben (vgl. Schäfer 2010, S. 19). In der vorliegenden Studie wurde dies besonders bei Hans im Zusammenhang mit der Beschäftigung mit den Verbindungen deutlich. Die Bedeutung der Verbindungen hat er nicht expliziert, in seinen Handlungen jedoch spielten sie durchwegs eine Rolle. Mit einem Fokus auf die Analyse von Handlungen können Vorstellungen auch dann weiter ausdifferenziert werden, wenn Kinder nicht in der Lage sind, Ideen oder Vorstellungen verbal zu äußern. Die mit einer detaillierten Videoanalyse über Räume sichtbar gemachten Vorstellungen sind somit vielfältiger als über verbale Daten erhobene Vorstellungen. In Glauerts Studie (2010) und auch in den Untersuchungen von Murmann et al. (2007) wurde zwar auch mit Videoaufzeichnungen gearbeitet, allerdings fand eine detailliert Rekonstruktion des den Handlungen der Kinder zugrunde liegenden impliziten Wissens nicht statt. Handlungen der Kinder wurden mit den verbalen Äußerungen in Bezug gesetzt. In vorliegender Studie wurden Tonebene und Bildebene auch in Bezug gesetzt und gemeinsam analysiert, dennoch liegt der besondere Wert auf den auf Basis der Bildebene rekonstruierten Ebenen, Räumen und Strategien. Die Bildebene wurde nicht ergänzend hinzugezogen, sondern stellt im Wesentlichen die Datenbasis für die Rekonstruktion. Damit konnte mit der Studie erfolgreich ein Feld erschlossen werden, das in dieser Weise bisher nicht oder kaum im Zuge didaktischer Analysen Berücksichtigung fand.

Vorstellungsforschung und dokumentarische Methode

Wie Murmann betont, lassen sich Vorstellungen nicht einfach erheben, da sie nicht zwangsläufig sprachlich expliziert werden können, sondern mitunter im Bereich des impliziten, nicht verbalisierbaren Wissen liegen können (vgl. Murmann 2013, S. 2).

Gerade dann, wenn Kinder bspw. aufgrund von Sprachproblemen nicht in der Lage sind, ihr Wissen zu verbalisieren oder auch dann, wenn bei Jüngeren das Wissen weniger symbolisch strukturiert ist als vielmehr der Erfahrung entspringt, ist es wichtig, den Bereich des impliziten Wissens als genauso bedeutsam wie den Bereich des expliziten Wissens zu erachten. Mit einer detaillierten Ana lyse der Handlungen lassen sich solche Wissensbereiche rekonstruieren. In der vorliegenden Studie wurde dies besonders deutlich. Dabei konnten insbesondere durch die Anwendung der dokumentarischen Methode weitreichende Befunde herausgearbeitet werden.

Die dokumentarische Methode dient in erster Linie der Rekonstruktion von Orientierungen, bzw. des Habitus. Es hat sich jedoch gezeigt, dass die Verfahrensschritte der dokumentarischen Methode geeignet sind, um - im Zusammenhang mit didaktischen Fragestellungen - in die Handlungspraxis von Kindern eingelassene Wissensbestände zu rekonstruieren, die sprachlich nicht expliziert werden. Das Anwendungsfeld der dokumentarischen Methode konnte also insbesondere in Hinblick auf didaktische Fragestellungen erweitert werden. In hohem Maße gewinnbringend für vorliegende Studie waren die Trennung von Bild- und Tonebene, der methodische Zweischritt von formulierender und reflektierender Interpretation sowie die von Beginn an in die Datenauswertung miteinbezogene komparative Analyse. Zentral bei der dokumentarischen Methode und auch für die Auswertung der Daten für die vorliegende Studie war der Wechsel der Analyseeinstellung vom *Was* zum *Wie*. Mit der Fokussierung auf das *Wie* konnten in besonderer Weise die Bewegungen innerhalb der Räume beschrieben werden. Es konnte dadurch herausgearbeitet werden, wie die Kinder methodisch vorgehen. Dabei war besonders hilfreich, dass bereits in unterschiedlichen Studien das große Potenzial der dokumentarischen Methode im Bereich der Videoanalyse herausgearbeitet wurde.

Glauert konstatierte, dass es im Zusammenhang mit der Erforschung kindlicher Verstehensprozesse - und dazu gehört auch die Interpretation von Schüler_innenäußerungen in Hinblick auf die Sichtbarmachung impliziter Vorstellungen - notwendig sei, „neue und vielfältige methodische Zugänge und Forschungsfragen für die Untersuchung (früh)kindlichen Denkens zu erschließen." (Glauert 2010, S. 125) Mit der dokumentarischen Methode kann, wie von Glauert gefordert, ein neuer methodischer Zugang für die Untersuchung kindlichen Denkens erschlossen werden. Weiterhin kann die Diskussion um die Methodik zur Erhebung von Vorstellungen um eine weitere Methode bereichert werden (vgl. Murmann 2013).

Mit der dokumentarischen Videoanalyse können forschungsmethodische Schwierigkeiten, die bei der Erforschung kindlicher Verstehensprozesse entstehen, teilweise umgangen werden. Wie Glauert ausführt, existieren solche Probleme, da ungeeignete Methoden zur Anwendung kommen (vgl. Glauert 2010, S. 124). Da in vorliegender Studie der Schwerpunkt auf der Analyse der Handlungen von Kindern und demnach auf impliziten Wissensstrukturen und Vorstellungen lag, wurde mit der dokumentarischen Methode eine Methode gewählt, die diesem Anspruch gerecht werden kann, insbesondere auch dadurch, dass Handlungen den Hauptgegenstand der Analyse ausmachen.

Damit unterscheidet sich der gewählte Ansatz auch von den von Murmann beschriebenen methodischen Zugängen zu Vorstellungen. Murmanns Ausführungen zur Grounded Theory, der qualitativen Inhaltsanalyse und der Phänomenographie beziehen sich auf die Interpretation verbaler Daten (Interviewdaten), um darüber Vorstellungen sichtbar zu machen (vgl. Murmann 2013). Die Verfahrensschritte der dokumentarischen Methode ließen sich auch auf Interviewdaten anwenden, um darüber bestimmte Deutungsmuster zu rekonstruieren und somit einen Beitrag in der Diskussion zur Erhebung von Vorstellungen zu leisten. Besonders geeignet scheint sie aber zu sein, um über die Analyse von Handlungen Aufschluss über die Handlungen strukturierendes oder orientierendes implizites Wissen zu geben.

Es muss aber auch erwähnt werden, dass das Vorgehen mit den beschriebenen Verfahrensschritten, der komparativen Analyse und insbesondere auch durch das kommunikative Validieren in Interpretationsgruppen, sehr kleinschrittig und aufwändig und dadurch auch sehr zeitintensiv ist. Für eine erste explorative Studie im Zusammenhang mit der Rekonstruktion von Vorstellungen war die detaillierte Analyse nach der dokumentarischen Methode allerdings sehr gewinnbringend.

Die Diskussion um die forschungsmethodische Erhebung von Vorstellungen kann also gleichermaßen um zwei Aspekte bereichert werden, zum einen um die dokumentarische Methode als Zugangsmöglichkeit zu Vorstellungen und zum anderen um die besondere Berücksichtigung der Handlungen als Zugang zu kindlichen Vorstellungen. Der in der Diskussion um die Erhebung von Schüler_innenvorstellungen zentrale Aspekt, Kinder anzuregen, ihre Erfahrungen und Vorstellungen zu verbalisieren (vgl. Heran-Dörr 2011, S. 9), konnte in vorliegender Studie überwunden werden. Damit konnte ein Beitrag zur forschungsmethodischen Grundlagenforschung geleistet werden.

6. Ausblick

Räume schärfen

Wie aufgezeigt werden konnte, ist zwischen Suchräumen und Orientierungsräumen zu unterscheiden. Es bietet sich an, in weiterführenden Studien diesen Unterschied zu schärfen und möglicherweise noch andere Raumtypen zu bestimmen. Da es sich in der durchgeführten Studie um eine sehr kleine Stichrobe handelt, lassen sich keine allgemeingültigen Aussagen formulieren. Eine Suchraumtypik könnte so für das freie Explorieren weiter ausdifferenziert werden. Zudem könnten auch die inhaltlichen, an den Materialien orientierten Ebenen und Suchräume zum Thema elektrischer Stromkreis und elektrische Energiegewinnung in weiterführenden - auch quantitativ angelegten - Studien weiter ausdifferenziert werden. Zur Schärfung und Ausdifferenzierung der Suchraumtypik ist weitere Forschungsarbeit nötig, um die ersten Ergebnisse aus der vorliegenden qualitativen Studie zu bestätigen und zu ergänzen.

Konsequenzen für das freie Explorieren und naturwissenschaftsbezogene Lernumgebungen

Durch eine Umstrukturierung der Materialien kann bewusst auf rekonstruierte Such- und Orientierungsräume Bezug genommen werden, in denen sich die Handlungen der Kinder orientiert haben bzw. in denen sie nach Ursachen für das Nichtfunktionieren ihrer Stromkreis(-konstrukt)e gesucht haben. So konnte herausgearbeitet werden, dass die Kinder viel mit der Solarzelle exploriert haben und verschiedene Dinge ausprobiert und herausgefunden haben. Insbesondere haben sie sich mit den Funktionsbedingungen der Solarzelle auseinandergesetzt. Das Material und das Setting könnten so umstrukturiert werden, dass in der weiteren Auseinandersetzung dieser Bereich weiter fokussiert wird. Bspw. könnten nur Solarzellen als elektrische Energiequelle angeboten werden sowie auf künstliche Lichtquellen verzichtet werden. So könnte der Fokus der Auseinandersetzung stärker auf einen bestimmten Raum gelenkt werden. Eine andere Möglichkeit wäre, verschieden starke künstliche Lichtquellen zur Verfügung zu stellen oder eine gleiche Lichtquelle in verschiede-

F. Schütte, *Freies Explorieren zum Thema elektrischer Stromkreis*, Sachlernen & kindliche Bildung – Bedingungen, Strukturen, Kontexte, https://doi.org/10.1007/978-3-658-23059-3_6

nen Abständen zur Tischplatte fest zu installieren. Auf diese Weise könnten die herausgearbeiteten Strategien stärker fokussiert werden (Menge des einfallenden Lichtes; Distanz zur Lichtquelle).

Es könnten aber auch Solarzellen entfernt werden und stattdessen bspw. nur Wind- oder Wasserräder zum Explorieren angeboten werden. So würde der Fokus weiterhin auf die elektrische Energiegewinnung, allerdings auf eine andere Art und Weise, gelegt. Durch eine Variation des Materials und/oder des Settings könnte der Fokus der Auseinandersetzung stärker eingegrenzt werden, ohne jedoch den Kindern den Raum zum eigenständigen Explorieren zu nehmen. Bei einer solchen Variation der Vorgehensweise stehen das Ausprobieren und das Herausfinden weiterhin im Zentrum der Auseinandersetzung.

Konsequenzen für die Thematisierung von Vorstellungen

Die identifizierten Suchräume und auch die Umstrukturierung von Materialien anhand dieser Räume bietet sich an, um nicht nur die Beschäftigung, sondern auch den verbalen Austausch auf bestimmte (im Fokus der Auseinandersetzung der Kinder stehende) Ebenen zu richten. Vorstellungen können so zu fokussierten Bereichen verbalisiert werden. In weiteren Untersuchungen könnte überprüft werden, inwiefern Ebenen und Räume, die überwiegend auf Basis impliziter Wissensbestände rekonstruiert werden konnten, auch verbal aufgegriffen werden können. Die Bedeutung des impliziten Wissens für Lehr- und Lernprozesse könnte somit weiter ausdifferenziert werden.

Konsequenzen für das Sichtbarmachen von Vorstellungen

Möller betont, dass das Lernen in moderat konstruktivistischen Lernumgebungen über ein bloßes Hantieren mit Gegenständen hinausgeht und es dadurch möglich ist, fachlich belastbare Vorstellungen aufzubauen (vgl. Möller 2009, S. 170). Dass aber auch in diesem Hantieren, dem freien Explorieren mit Gegenständen, eine intensive Auseinandersetzung steckt, konnte in vorliegender Arbeit ausdifferenziert werden. Obwohl es nicht Gegenstand der Studie war, durch eine Intervention physikalisch und technisch belastbare Vorstellungen aufzubauen, lassen sich die erzielten Ergebnisse in eine fachliche Systematik einordnen. Für den Bereich der Vorstellungsforschung zum Thema elektrischer Stromkreis konnten bereits bekannte Vorstellungen bestätigt, aber auch weiter ausdifferenziert werden. Zudem konnten weitere Vorstellungen, insbesondere zu erneuerbaren Energiequellen, rekonstruiert werden.

Die Rekonstruktion von Schüler_innenvorstellunegn auf Basis videographierter Handlungen scheint gewinnbringend für die didaktische Forschung zu sein. Mit einem Fokus auf die Ebene des Bildes lassen sich Vorstellungen interpretieren, die im Bereich des Impliziten liegen und nicht verbalisiert werden können. Es bietet sich an, im Rahmen der Forschung zu Vorstellungen von Kindern zu Phänomenen nicht allein dem Primat der Sprache zu folgen, sondern stärker als bisher den Umgang von Kindern mit Dingen, ihre Handlungen beim Experimentieren oder Explorieren zu analysieren. So kann ein breiteres Spektrum an Vorstellungen (die nicht zwangsläufig einer naturwissenschaftlichen Systematik entsprechen müssen oder zum Vergleich an eine solche Systematik angelegt werden) erhoben werden. Zudem wird die Leiblichkeit von Kindern beim Explorieren in besonderer Weise berücksichtigt. Die dokumentarische Methode ist in diesem Zusammenhang in besonderem Maße geeignet, um mit ihren Verfahrensschritten, ihren bisherigen Leistungen im Rahmen der Bild- und Videointerpretation und in diesem Zusammenhang gerade der besonderen Berücksichtigung der Dimension des Bildes, Erkenntnisse zu liefern. Es scheint gewinnbringend, den Beitrag, den dokumentarische Videointerpretationen im Bereich der Rekonstruktion von Vorstellungen von Kindern leisten können, in weiteren Studien zu anderen Themengebieten zu vertiefen, um die Potenziale der Methode deutlicher herauszustellen.

Weiterführende Forschungsmöglichkeiten zum Thema Stromkreis und Elektrizität

Auch wenn der Fokus der vorliegenden Studie nicht auf dem Aufbau fachlicher Vorstellungen zum Thema elektrischer Stromkreis und elektrische Energiegewinnung liegt, können die erhobenen Befunde eine Basis für weiterführende - auch fachliche, im Sinne von naturwissenschaftsdidaktische - Forschung sein. So scheint bspw. der Tausch der Verbindungen über Kreuz ein spannender Bereich zu sein, der weiter vertieft werden könnte. Die Flussrichtung von Strom könnte aufgegriffen werden, um darüber eine Kreisvorstellung aufzubauen.

Es hat sich in Ansätzen gezeigt, dass mit der Verwendung von erneuerbaren Energiequellen im Zusammenhang mit Schüler_innenexperimenten zum Thema elektrischer Stromkreis der Entstehung einer Verbrauchsvorstellung von Strom entgegengewirkt werden könnte. Der Verbrauchsvorstellung liegt zugrunde, dass in der Batterie eine Substanz vorhanden ist, die bspw. in einer Lampe verbraucht wird. Es wird angenommen, der Strom fließt aus einem Pol der Batterie zur Lampe, dort wird etwas verbraucht und schließlich fließt weniger Strom zum anderen Pol der Batterie zurück. Die Batterie ist diesem Verständnis nach ähnlich einem Gefäß, in dem Strom gespeichert ist, welches aber irgendwann leer ist. Die Solarzelle ist kein Behälter, in dem eine Substanz enthalten ist. Die Solarzelle wird nicht „leer" wie eine Batterie. In weiterführenden Studien könnte, indem der Fokus der Auseinandersetzung auf den Bereich Solarzelle oder auch auf andere erneuerbare Energiequellen im Zusammenhang mit Experimenten gelegt wird, überprüft werden, ob die Entwicklung einer Verbrauchsvorstellung vermieden werden kann.

Literatur

Alexi, S./ Fürstenau, R. (2012). Dokumentarische Methode. In: Heinzel, F. (Hrsg.), *Methoden der Kindheitsforschung. Ein Überblick über Forschungszugänge zur kindlichen Perspektive*. 2. Auflage, Weinheim und Basel, S. 205-221.

Asoko, H. (1996). Developing scientific concepts in the primary classroom: teaching about electric circuits. In: Welford, G./ Osbourne, J./ Scott, P. (Hrsg.), *Research in science education in Europe*. London, S. 36-49.

Baisch, P./ Schrenk, M. (2001). Ökologische Aspekte in Sachunterrichtswerken. Ergebnisse einer Schulbuchanalyse. In: Seybold, H./ Riess, W. (Hrsg.), *Bildung für eine nachhaltige Entwicklung in der Grundschule – Methodologische und konzeptionelle Ansätze*. Schwäbisch Gmünd, S. 185-190.

Baltruschat, A. (2010). *Die Dekoration der Institution Schule. Filminterpretationen nach der dokumentarischen Methode*. Wiesbaden.

Beck, G./ Claussen, C. (2000). Experimentieren im Sachunterricht. In: *Die Grundschulzeitschrift* (14), 139, S. 10-11.

Biester, W. (2002). Elektrischer Strom. In: *Grundschulunterricht* (49), 4. Sonderheft, S. 10-12.

Blaseio, B. (2008). Lehren und Lernen in der Natur. In: Burk, K./ Rauterberg, M./ Schönknecht, G. (Hrsg.), *Schule außerhalb der Schule. Lehren und Lernen an außerschulischen Orten*. Frankfurt a. M., S. 211-225.

Bloemen, A. (2009). *Fachliche Vorstellungen und Schülervorstellungen zum Thema Nachhaltigkeit. Ein Beitrag zur Politikdidaktischen Rekonstruktion*. Oldenburg.

Bohnsack, R./ Nentwig-Gesemann, I./ Nohl, A.-M. (2001). Einleitung: Die dokumentarische Methode und ihre Forschungspraxis. In: Dies. (Hrsg.), *Die dokumentarische Methode und ihre Forschungspraxis. Grundlagen qualitativer Sozialforschung*. Opladen, S. 9-24.

Bohnsack, R. (2009). *Qualitative Bild- und Videointerpretation*. Opladen.

F. Schütte, *Freies Explorieren zum Thema elektrischer Stromkreis*, Sachlernen & kindliche Bildung – Bedingungen, Strukturen, Kontexte, https://doi.org/10.1007/978-3-658-23059-3

Bohnsack, R. (2011a). Fokussierungsmetapher. In: Bohnsack, R./ Marotzki, W./ Meuser, M. (Hrsg.), *Hauptbegriffe qualitativer Sozialforschung*. 3. Auflage, Opladen und Farmington Hills, S. 67-68.

Bohnsack, R. (2011b). Dokumentarische Methode. In: Bohnsack, R./ Marotzki, W./ Meuser, M. (Hrsg.), *Hauptbegriffe qualitativer Sozialforschung*. 3. Auflage, Opladen und Farmington Hills, S. 40-44.

Bolscho, D./ Hauenschild, K. (2005). *Bildung für nachhaltige Entwicklung in der Schule. Ein Studienbuch*. Frankfurt.

Bundesministerium für Umwelt, Naturschutz und Reaktorsicherheit [BMU] (Hrsg.) (1997). *Umweltpolitik. Agenda 21. Konferenz der Vereinten Nationen für Umwelt und Entwicklung im Juni 1992 in Rio de Janeiro*. Berlin. Online verfügbar unter http://www.bmub.bund.de/fileadmin/bmu-import/files/pdfs/allgemein/application/pdf/agenda21.pdf (zuletzt geprüft am 5. Juli 2017).

Bundesministerium für Umwelt, Naturschutz und Reaktorsicherheit [BMU] (Hrsg.) (2010). *„Erneuerbare Energien" – Arbeitsheft für Schülerinnen und Schüler*. Berlin.

Bybee, R.-W. (1997). *Achieving Scientific Literacy: From Purposes to Practices*. Portsmouth.

Carey, S. (1985). *Conceptual Change in Childhood*. Cambridge.

Claussen, C. (1996). Freies Experimentieren. In: *Grundschule* (28), 12, S. 20-23.

Deutscher Bildungsrat (Hrsg.) (1972). *Empfehlungen der Bildungskommission. Strukturplan für das Bildungswesen*. Stuttgart.

Deutsche UNESCO-Kommission e.V. (Hrsg.) (2011). *UN-Dekade „Bildung für nachhaltige Entwicklung" 2005-2014. Nationaler Aktionsplan für Deutschland 2011*. Bonn. Online verfügbar unter https://www.unesco.de/fileadmin/medien/Bilder/Publikationen/UN_Bro_2011_NAP_110817_a_02.pdf (zuletzt geprüft am 5. Juli 2017).

Deutsche UNESCO-Kommission e.V. (Hrsg.) (2015). *UN-Dekade mit Wirkung – 10 Jahre „Bildung für nachhaltige Entwicklung" in Deutschland*. Bonn. Online verfügbar unter https://www.unesco.de/fileadmin/medien/Dokumente/Bibliothek/UN_Dekade_BNE_2015.pdf (zuletzt geprüft am 5. Juli 2017).

Dinkelaker, J./ Herrle, M. (2009). *Erziehungswissenschaftliche Videographie. Eine Einführung*. Wiesbaden.

Dollase, R. (2009). Entwicklungspsycholgische Grundlagen des kindlichen Weltverstehens im Vor- und Grundschulalter. In: Lauterbach, R./ Giest, H./ Marquardt-Mau, B. (Hrsg.), *Lernen und kindliche Entwicklung. Elementarbildung und Sachunterricht*. Bad Heilbrunn, S. 27-40.

Erickson, F. (1992). Ethnographic Microanalysis of Interaction. In: Le Compte, M./ Millroy, W./ Preissle, J. (Hrsg.), *The Handbook of Qualitative Research in Education*. San Diego, S. 201-225.

Fischer, H.-J./ Gansen, P./ Michalik, K. (2010). Sachunterricht und frühe Bildung. Einführung in die Thematik des Forschungsbandes. In: Dies. (Hrsg.), *Sachunterricht und frühe Bildung*. Bad Heilbrunn, S. 7-11.

Fischer, H.-J. (2013). Sinn und Unsinn der Naturbildung im frühen Kindesalter. In: Rauterberg, M./ Schumann, S. (Hrsg.), *Umgangsweisen mit Natur(en) in der Frühen Bildung*. Berlin, S. 13-32.

Franz, U. (2008). *Lehrer- und Unterrichtsvariablen im naturwissenschaftlichen Sachunterricht. Eine empirische Studie zum Wissenserwerb und zur Interessenentwicklung in der dritten Jahrgangsstufe*. Bad Heilbrunn.

Gesellschaft für Didaktik des Sachunterrichts e.V. [GDSU] (Hrsg.) (2013). *Perspektivrahmen Sachunterricht*. 2. Auflage, Bad Heilbrunn.

Giest, H. (2007). Kulturhistorische Theorie/ Tätigkeitsansatz und Sachunterricht. In: *www.widerstreit-sachunterricht.de*, Ausgabe Nr. 8, März 2007, 19 Seiten.

von Glaserfeld, E. (1996). *Radikaler Konstruktivismus. Ideen, Ergebnisse, Probleme*. Frankfurt a. M.

Glauert, E. (2010). Erkundungen und Erklärungen zur Elektrizität. Zum Sachverstehen und Sachlernen im Vorschulalter. In: Fischer, H.-J./ Gansen, P./ Michalik, K. (Hrsg.), *Sachunterricht und frühe Bildung*. Bad Heilbrunn, S. 123-138.

Gräsel, C. (2010). Umweltbildung. In: Tippelt, R./ Schmidt, B. (Hrsg.), *Handbuch Bildungsforschung*. Wiesbaden, S. 845-859.

Grygier, P. (2008). *Wissenschaftsverständnis von Grundschülern im Sachunterricht*. Bad Heilbrunn.

De Haan, G./ Harenberg, D. (1999). *Expertise: „Förderprogramm Bildung für nachhaltige Entwicklung"*. Berlin. Online verfügbar unter http://www.institutfutur.de/_service/download/expertise_bfne.pdf (zuletzt geprüft am 5. Juli 2017).

De Haan, G. (2008). Gestaltungskompetenz als Kompetenzkonzept der Bildung für nachhaltige Entwicklung. In: Bormann, I./ de Haan, G. (Hrsg.), *Kompetenzen der Bildung für nachhaltige Entwicklung. Operationalisierung, Messung, Rahmenbedingungen, Befunde*. Wiesbaden, S. 23-43.

Hammann, M. (2004). Kompetenzentwicklungsmodelle. Merkmale und ihre Bedeutung - dargestellt anhand von Kompetenzen beim Experimentieren. In: *Der mathematische und naturwissenschaftliche Unterricht (MNU)* (57), 4, S. 196-203.

Hammann, M. et al. (2006). Fehlerfrei Experimentieren. In: *Der mathematische und naturwissenschaftliche Unterricht (MNU)* (59), 5. S. 292-299.

Hamann, S. (2004). *Schülervorstellungen zur Landwirtschaft im Kontext einer Bildung für nachhaltige Entwicklung*. Ludwigsburg.

Hampl, S. (2010). Videos interpretieren und darstellen. Die dokumentarische Methode. In: Corsten, M./ Krug, M./ Moritz, C. (Hrsg.), *Videographie praktizieren. Herangehensweisen, Möglichkeiten und Grenzen*. Wiesbaden, S. 53-88.

Hartinger, A. (2003). Experimente und Versuche. In: von Reeken, D. (Hrsg.), *Handbuch Methoden im Sachunterricht*. Baltmannsweiler, S. 68-74.

Hartinger, A./ Grygier, P./ Tretter, T./ Ziegler, F. (2013). *Lernumgebungen zum naturwissenschaftlichen Experimentieren*. Kiel. Online verfügbar unter http://www.sinus-an-grundschulen.de/fileadmin/uploads/Material_aus_SGS/Handreichung_Hartinger_et_al_fuer_web.pdf (zuletzt geprüft am 5. Juli 2017).

Heinzel, F. (2012). Einleitung. In: Dies. (Hrsg.): *Methoden der Kindheitsforschung. Ein Überblick über Forschungszugänge zur kindlichen Perspektive*. 2. Auflage, Weinheim und Basel, S. 9-12.

Hellmich, F./ Höntges, J. (2010). Wissenschaftliches Denken in der Grundschule. In: Köster, H./ Hellmich, F./ Nordmeier, V. (Hrsg.), *Handbuch Experimentieren*. Hohengehren, S. 69-82.

Heran-Dörr, E. (2011). *Von Schülervorstellungen zu anschlussfähigem Wissen im Sachunterricht*. Kiel. Online verfügbar unter http://www.ssg-bildung.ub.uni-erlangen.de/Von_Schuelervorstellungen_zu_anschlussfaehigem.pdf (zuletzt geprüft am 5. Juli 2017).

Hofstein, A./ Lunetta, V. (2004). The laboratory in science education: Foundations for the twenty- first century. In: *Science Education* (88), 1, S. 28-54.

Huhn, N. /Dittrich, G./ Dörfler, M./ Schneider, K. (2012). Videografieren als Beobachtungsmethode - am Beispiel eines Feldforschungsprojekts zum Konfliktverhalten von Kindern. In: Heinzel, F. (Hrsg.), *Methoden der Kindheitsforschung. Ein Überblick über Forschungszugänge zur kindlichen Perspektive.* 2. Auflage, Weinheim und Basel, S. 134-153.

International Technology Education Association [ITEA] (Hrsg.) (2007). *Standards for technological literacy. Content for the Study of technology*. 3. Auflage, Reston/ Virginia. Online verfügbar unter https://www.iteea.org/File.aspx?id=67767 (zuletzt geprüft am 5. Juli 2017).

Jeretin-Kopf, M./ Kosack, W. (2013). Tüfteln: Diszipliniertes Experimentieren und kreatives Erfinden im Technikunterricht der Grundschule. In: Mammes, I. (Hrsg.), *Technisches Lernen im Sachunterricht*. Baltmannsweiler, S. 45-55.

Jeretin-Kopf, M./ Kosack, W./ Wiesmüller, C. (2015). Technikdidaktische Medien - Einfluss verschiedener technik-didaktischer Medien auf die kindliche Motivation, problemlösendes Denken und technische Kreativität. In: Graube, G./ Jeretin-Kopf, M./ Kosack, W./ Mammes, I./ Renn, O./ Wiesmüller, C. [Stiftung Haus der kleinen Forscher] (Hrsg.), *Wissenschaftliche Untersuchungen zur Arbeit der Stiftung „Haus der kleinen Forscher"*. Band 7, Schaffhausen, S. 158-259. Online verfügbar unter https://www.haus-der-kleinen-forscher.de/fileadmin/Redaktion/4_Ueber_Uns/Evaluation/Wiss.Schriftenreihe_2016_Band7_1.pdf (zuletzt geprüft am 5. Juli 2017).

Kahlert, J. (2006). *Der Sachunterricht und seine Didaktik*. 2. Auflage, Bad Heilbrunn.

Kattmann, U./ Duit, R./ Gropengießer, H./ Komorek, M. (1997). Das Modell der Didaktischen Re- konstruktion – Ein Rahmen für naturwissenschaftsdidaktische Forschung und Entwicklung. In: *Zeitschrift für Didaktik der Naturwissenschaften* (3), 3, S. 3-18.

Kiewitt, N. (2010). „Krieg und Frieden als Thema des Sachunterrichts." Vorstellung eines qualitativen Forschungsvorhabens zum politischen Lernen im Sachunterricht. In: *www.widerstreit-sachunterricht.de*, Ausgabe Nr. 14, März 2010, 7 Seiten.

Kirchner, E./ Werner, H. (1994). Anthropomorphe Modelle im Sachunterricht der Grundschule am Beispiel „Elektrischer Stromkreis". In: *Sachunterricht und Mathematik in der Primarstufe* (22), 4, S. 144-151.

Klahr, D. (2000). *Exploring Science. The Cognition and Development of Discovery Processes*. Cambridge.

Klein, K./ Oettinger, U. (2007). *Konstruktivismus. Die neue Perspektive im (Sach-)Unterricht*. Hohengehren.

Kliche, F./ Draeger, I. (2012). *Schulpaket Solarsupport. Materialien für Schulen und Bildungseinrichtingen zum Thema Photovoltaik. Unterrichtsmaterialien für die Grundschule + Mittelstufe. Klassen 4-6*. Berlin. Online verfügbar unter http://www.bmub.bund.de/fileadmin/bmu-import/files/pdfs/allgemein/application/pdf/solarsupport_grundschule.pdf (zuletzt geprüft am 5. Juli 2017).

Koch, H./ Giest, H. (2016). Wasser sparen? Wie geht das richtig? Mit Kindern über einen nachhaltigen Umgang mit der Ressource Wasser nachdenken. In: *Grundschulunterricht. Sachunterricht* (61), 2, S. 20-25.

Kosack, W./ Jeretin-Kopf, M./ Wiesmüller, C. (2015). Zieldimensionen technischer Bildung im Elementar- und Primarbereich. In: Graube, G./ Jeretin-Kopf, M./ Kosack, W./ Mammes, I./ Renn, O./ Wiesmüller, C. [Stiftung Haus der kleinen Forscher] (Hrsg.), *Wissenschaftliche Untersuchungen zur Arbeit der Stiftung „Haus der kleinen Forscher"*. Band 7, Schaffhausen, S. 30-157. Online verfügbar unter https://www.haus-der-kleinen-forscher.de/fileadmin/Redaktion/4_Ueber_Uns/Evaluation/Wiss.Schriftenreihe_2016_Band7_1.pdf (zuletzt geprüft am 5. Juli 2017).

Köhnlein, W./ Spreckelsen, K. (1992). Werkstatt Experimentieren. In: Hameyer, U./ Lauterbach, R./ Wiechmann, J. (Hrsg.), *Innovationsprozesse in der Grundschule. Fallstudien, Analysen und Vorschläge*. Bad Heilbrunn, S. 156-167.

König, A. (2013). Videographie. In: Stamm, M./ Edelmann, D. (Hrsg.), *Handbuch frühkindliche Bildungsforschung*. Wiesbaden, S. 817-829.

Köster, H. (2003). Kinder erleben Naturphänomene mit allen Sinnen. In: *Praxis Grundschule* (26), 4, S. 24-31.

Köster, H. (2006). Freies Explorieren und Experimentieren mit physikalischen Phänomenen im Sachunterricht. In: Lück, G./ Köster, H. (Hrsg.), *Physik und Chemie im Sachunterricht*. Braunschweig, S. 43-56.

Köster, H. (2008). Physik in Kindertagesstätten. In: Hellmich, F./ Köster, H. (Hrsg.), *Vorschulische Bildungsprozesse in Mathematik und Naturwissenschaften*. Bad Heilbrunn, S. 195-210.

Krumbacher, C. (2009). „Harte" Naturwissenschaften im Sachunterricht – eine Diskussionsgrundlage. In: *www.widerstreit-sachunterricht.de*, Ausgabe Nr. 13, Oktober 2009, 6 Seiten.

Künzli David, C./ Bertschy, F./ de Haan, G./ Plesse, M. (2007). *Zukunft gestalten lernen durch Bildung für nachhaltige Entwicklung: Didaktischer Leitfaden zur Veränderung des Unterrichts in der Primarschule.* Berlin. Online verfügbar unter http://www.transfer-21.de/daten/grundschule/Didaktik_Leifaden.pdf (zuletzt geprüft am 5. Juli 2017).

Landwehr, B. (2012). Kunststoffe im Sachunterricht. Kinder entdecken ein Material der vielen Möglichkeiten. In: *Grundschule Sachunterricht* (14), 56, S. 2-3.

Lauterbach, R. (1992). Naturwissenschaftlich orientierte Grundbildung im Sachunterricht. In: Riquarts, K. et al. (Hrsg.), *Naturwissenschaftliche Bildung in der Bundesrepublik Deutschland. Band 3: Didaktik*. Kiel, S. 191-256.

Lauterbach, R/ Giest, H./ Marquardt-Mau, B. (Hrsg.) (2009). *Lernen und kindliche Entwicklung. Elementarbildung und Sachunterricht*. Bad Heilbrunn.

Lehnert, W. (2004). *Faszination Solartechnik*. Bad Rappenau.

Lück, G. (2001). Wenn die unbelebte Natur im Sachunterricht beseelt wird. Die Rolle der Animismen im Vermittlungsprozess. In: Kahlert, J./ Inckemann, E. (Hrsg.), *Wissen, Können und Verstehen – über die Herstellung ihrer Zusammenhänge im Sachunterricht*. Bad Heilbrunn, S. 149-159.

Lück, G. (2003). *Handbuch der naturwissenschaftlichen Bildung. Theorie und Praxis für die Arbeit in Kindertageseinrichtungen*. Freiburg.

Mammes, I./ Tuncsoy, M. (2013). Technische Bildung in der Grundschule. In: Mammes, I. (Hrsg.), *Technisches Lernen im Sachunterricht*. Baltmannsweiler, S. 8-21.

Mannheim, K. (1980). *Strukturen des Denkens*. Frankfurt a. M.

Marquardt-Mau, B. (2004). Ansätze zur Scientific Literacy. Neue Wege für den Sachunterricht. In: Kaiser, A./ Pech, D. (Hrsg.), *Neuere Konzeptionen und Zielsetzungen im Sachunterricht. Basiswissen Sachunterricht*. Band 2. Baltmannsweiler, S. 67-83.

Marton, F./ Booth, S. (2014). *Lernen und Verstehen*. Berlin.

Meadows, D. et al. (1972). *Die Grenzen des Wachstums. Bericht des Club of Rome zur Lage der Menschheit*. Stuttgart.

Michalik, K. (2010). Didaktische Konzepte für die naturwissenschaftliche Grundbildung von Kindern im Elementarbereich. In: Fischer, H.-J./ Gansen, P./ Michalik, K. (Hrsg.), *Sachunterricht und frühe Bildung*. Bad Heilbrunn, S. 93-107.

Möller, K. (1997). „Geht dir ein Licht auf?". Entdeckendes Lernen am Beispiel „Elektrischer Strom". In: *Die Grundschulzeitschrift* (11), 108, S. 12-16.

Möller, K. (2001). Konstruktivistische Sichtweisen für das Lernen in der Grundschule? In: Roßbach, H.-G./ Nölle, K./ Czerwenka, K. (Hrsg.), *Forschungen zu Lehr- und Lernkonzepten für die Grundschule*. Opladen, S. 16-31.

Möller, K./ Jonen, A./ Hardy, I./ Stern, E. (2002). Die Förderung von naturwissenschaftlichem Verständnis bei Grundschulkindern durch Strukturierung der Lernumgebung. In: Prenzel, M./ Doll, J. (Hrsg.), *Bildungsqualität von Schule: Bedingungen mathematischer, naturwissenschaftlicher und überfachlicher Kompetenzen. 45. Beiheft der Zeitschrift für Pädagogik*. Weinheim und Basel, S. 176-191.

Möller, K. (2006). Naturwissenschaftliches Lernen - eine (neue) Herausforderung für den Sachunterricht. In: Hanke, P. (Hrsg.), *Grundschule in Entwicklung. Herausforderungen und Perspektiven für die Grundschule heute*. Münster, S. 107-127.

Möller, K. (2007). Naturwissenschaftlicher Sachunterricht. Kindern beim Erlernen von Naturwissenschaften helfen. In: *Grundschulmagazin* (75), 1, S. 8-10.

Möller, K. (2009). Was lernen Kinder über Naturwissenschaften im Elementar- und Primarbereich? - Einige kritische Bemerkungen. In: Lauterbach, R./ Giest, H./ Marquardt-Mau, B. (Hrsg.), *Lernen und kindliche Entwicklung. Elementarbildung und Sachunterricht*. Bad Heilbrunn, S. 165-172.

Möller, K./ Kleickmann, T./ Sodian, B. (2014). Naturwissenschaftlich-technischer Lernbereich. In: Einsiedler, W./ Götz, M./ Hartinger, A./ Heinzel, F./ Kahlert, J./ Sandfuchs, U. (Hrsg.), *Handbuch Grundschulpädagogik und Grundschuldidaktik*. 4. Auflage, Bad Heilbrunn, S. 527-535.

Muchow, M./ Muchow, H. (2012 [1935]). *Der Lebensraum des Großstadtkindes*. Neuauflage, herausgegeben von Behnken, I./ Honig, M.-S., Weinheim und Basel.

Murmann, L. (2004). Phänomene erschließen kann Physiklernen bedeuten. Perspektiven einer wissenschaftlichen Sachunterrichtsdidaktik am Beispiel der Lernforschung zu Phänomenen der unbelebten Natur. In: *www.widerstreit-sachunterricht.de*, Ausgabe Nr. 3, Oktober 2004, 14 Seiten.

Murmann, L./ Steffensky, M./ Gebhard, U. (2007). Wie experimentieren Kinder und was denken sie dabei? In: Lauterbach, R./ Hartinger, A./ Feige, B./ Cech, D. (Hrsg.), *Kompetenzen im Sachunterricht fördern und erfassen*. Bad Heilbrunn, S. 81-90.

Murmann, L. (2013). Dreierlei Kategorienbildung zu Schülervorstellungen im Sachunterricht? Text, Theorie und Variation - Ein Versuch, methodische Parallelen und Herausforderungen bei der Erschließung von Schülervorstellungen aus Interviewdaten zu erfassen. In: *www.widerstreit-sachunterricht.de*, Ausgabe Nr. 19, Oktober 2013, 15 Seiten.

Nentwig-Gesemann, I. (2002). Gruppendiskussionen mit Kindern. Die dokumentarische Interpretation von Spielpraxis und Diskursorganisation. In: *Zeitschrift für qualitative Bildungs-, Beratungs- und Sozialforschung (ZBBS)* (3), 1, S. 41-63.

Nentwig-Gesemann, I./ Wagner-Willi, M. (2007). Rekonstruktion Kindheitsforschung. Zur Analyse von Diskurs- und Handlungspraxis bei Gleichaltrigen. In: Wulf, C./ Zirfas, J. (Hrsg.), *Pädagogik des Performativen. Theorien, Methoden, Perspektiven*. Weinheim und Basel, S. 213-223.

Nohl, A.-M. (2008). *Interview und dokumentarische Methode. Anleitungen für die Forschungspraxis*. Wiesbaden.

Otten, M./ Wittkowske, S. (2015). Mobilität als vielschichtiges Phänomen im Sachunterricht. Eine Thematisierung über Verkehr und Sicherheit hinaus. In: *Grundschulunterricht. Sachunterricht* (62), 1, S. 4-7.

Panofsky, E. (1975). Ikonographie und Ikonologie. Eine Einführung in die Kunst der Renaissance. In: Ders., *Sinn und Deutung in der bildenden Kunst*. Köln, S. 36-67.

Polanyi, M. (2016). *Implizites Wissen*. 2. Auflage, Frankfurt a. M.

Pech, D./ Kaiser, A. (2004). Lernen lernen? Grundlagen für den Sachunterricht. In: Dies. (Hrsg.), *Lernvoraussetzungen und Lernen im Sachunterricht. Basiswissen Sachunterricht*. Band 4, Baltmannsweiler, S. 3-28.

Pech, D./ Rauterberg, M. (2013). *Auf den Umgang kommt es an. „Umgangsweisen" als Ausgangspunkt einer Strukturierung des Sachunterrichts – Skizze der Entwicklung eines „Bildungsrahmens Sachlernen"*. 2. Auflage, Berlin.

Przyborski, A./ Wohlrab-Sahr, M. (2009). *Qualitative Sozialforschung. Ein Arbeitsbuch*. München.

Ragaller, S. (2000). Die Methodenfrage im Sachunterricht der Grundschule. In: Seibert, N. (Hrsg.), *Unterrichtsmethoden kontrovers*. Bad Heilbrunn, S. 177-209.

Rathgeber M. (2007). *Sonnenkinder. Sonnenenergie für Kinder zwischen vier und sechs Jahren. Praxisleitfaden für Erzieher/innen*. Berlin. Online verfügbar unter http://www.institutfutur.de/transfer-21/daten/materialien/gs4/HTML/projekte/pdf/projekt_16/Starterpakete%203%20-%20Brosch%C3%BCre%20Sonnenkinder.pdf (zuletzt geprüft am 5. Juli 2017).

Rathgeber, M. (2008). *Erlebniswelt Erneuerbare Energien: powerado. Modul 04: Renewables in Box Primary*. Berlin.

Rauterberg, M. (2007). Sachunterricht und Konstruktivismus - Analyse eines Verhältnisses - Otfried Hoppe, der mir konstruktivistisches Denken zugänglich machte, zum 71. Geburtstag. In: *www.widerstreit-sachunterricht.de*, Ausgabe Nr. 8, März 2007, 12 Seiten.

Rauterberg, M. (2013). „Naturbildung in der Frühpädagogik": Umgangsweisen mit Natur(en). In: Rauterberg, M./ Schumann, S. (Hrsg.), *Umgangsweisen mit Natur(en) in der frühen Bildung*. Berlin, S. 33-46.

Reh, Sabine (2014). Die Kamera und der Dritte. Videographie als Methode kulturwissenschaftlich orientierter Bildungsforschung. In: Thompson, C./ Jergus, K./ Breidenstein, G. (Hrsg.), *Interferenzen. Perspektiven kulturwissenschaftlicher Bildungsforschung*. Velbrück, S. 30-50.

Reichertz, J. (2011). Abduktion. In: Bohnsack, R./ Marotzki, W./ Meuser, M. (Hrsg.), *Hauptbegriffe qualitativer Sozialforschung*. 3. Auflage, Opladen und Farmington Hills, S. 11-14.

Reichertz, J./ Engler, C. J. (2011). *Einführung in die qualitative Videoanalyse. Eine hermeneutisch-wissenssoziologische Fallanalyse*. Wiesbaden.

Sachs, B. (2001). Technikunterricht: Bedingungen und Perspektiven. Online verfügbar unter www.eduhi.at/dl/Technikbegriff_Sachs_-_tu_100.pdf (zuletzt geprüft am 5. Juli 2017).

Schäfer, G. (2010). Welten entdecken, Welten gestalten, Welten verstehen. In: Fischer, H.-J./ Gansen, P./ Michalik, K. (Hrsg.), *Sachunterricht und frühe Bildung*. Bad Heilbrunn, S. 13-28.

Scharp, M./ Rathgeber, M./ Schmidthals, M./ Schmidt, M./ Buchholz, R./ Leonards, S. (2005). *Umweltbildung Erneuerbare Energien für Kinder und Jugendliche: Standpunkt-Kampagne, Umweltbildungsmaterialien, erneuerbare Energien und neue Handlungsansätze.* (=WerkstattBericht Nr. 73 des IZT - Institut für Zukunftsstudien und Technologiebewertung), Berlin. Online verfügbar unter https://www.izt.de/fileadmin/publikationen/IZT_WB73.pdf (zuletzt geprüft am 5. Juli 2017).

Scharp, M./ Dinziol, M. (2007). *Powerado-Materialien für die Primarstufe: Band 1 – Energie und mit Energie leben*. (=WerkstattBericht Nr. 89 des IZT – Instutut für Zukunftsstudien und Technologiebewertung), Berlin. Online verfügbar unter https://www.izt.de/fileadmin/publikationen/IZT_WB89.pdf (zuletzt geprüft am 5. Juli 2017).

Schiemann, G. (Hrsg.) (1996). *Was ist Natur? Klassische Texte zur Naturphilosophie*. München.

Schmayl, W. (1981). *Das Experiment im Technikunterricht. Methodische und didaktische Studien zur Grundlegung einer Unterrichtsmethode*. Bad Salzdetfurth.

Schmayl, W. (2010). *Didaktik allgemeinbildenden Technikunterrichts*. Baltmannsweiler.

Schobner, C. (2012). *„Generation NEON": Eine qualitative Onlineuntersuchung mit dokumentarischer Bildinterpretation*. Berlin.

Scholz, G. (2004). Offen, aber nicht beliebig. Materialien für den Sachunterricht. In: *www.widerstreit-sachunterricht.de*, Ausgabe Nr. 2., März 2004, 13 Seiten.

Schreier, H. (1993). *Der Mehlwurm im Schuhkarton. 60 illustrierte Ideen für Experimente und Knobeleien im Sachunterricht*. Kronshagen.

Senatsverwaltung für Bildung, Jugend und Wissenschaft Berlin/ Ministerium für Bildung, Jugend und Sport des Landes Brandenburg (Hrsg.) (2015). *Rahmenlehrplan Sachunterricht*. Berlin und Potsdam. Online verfügbar unter http://bildungsserver.berlin-brandenburg.de/fileadmin/bbb/unterricht/rahmenlehrplaene/Rahmenlehrplanprojekt/amtliche_Fassung/Teil_C_Sachunterricht_2015_11_16_web.pdf (zuletzt geprüft am 5. Juli 2017).

Schwartz, E. (1977). Heimatkunde oder Sachunterricht? Keine Alternative! In: Schwartz, E. (Hrsg.), *Von der Heimatkunde zum Sachunterricht*. Braunschweig, S. 9-23.

Sodian, B. (1995): Entwicklung bereichsspezifischen Wissens. In: Oerter, R./ Montada, L. (Hrsg.), *Entwicklungspsychologie*. 4. Auflage, Weinheim, S. 622-653.

Sodian, B./ Thoermer, C. (2002). Naturwissenschaftliches Denken im Grundschulalter. Die Koordination von Theorie und Evidenz. In: Spreckelsen, K./ Möller, K./ Hartinger, A. (Hrsg.), *Ansätze und Methoden empirischer Forschung im Sachunterricht*. Bad Heilbrunn, S. 105-117.

Sodian, B. (2008). Entwicklung des Denkens. In: Oerter, R./ Montada, L. (Hrsg.), *Entwicklungspsychologie*. 6. Auflage, Weinheim, S. 437-479.

Starauschek, E./ Murmann, L. (2016). „Der Strom kommt von der Batterie." Kindervorstellungen zum einfachen elektrischen Stromkreis. In: *Grundschule Sachunterricht* (69), 1, S. 7.

Starauschek, E./ Rubitzko, T./ Bullinger, M. (2016). „Wann leuchtet die LED?". Neue Alltagsbezüge zur Elektrizitätslehre. In: *Grundschule Sachunterricht* (69), 1, S. 8-12.

Stavrou, D./ Komorek, M./ Duit, R. (2005). Didaktische Rekonstruktion des Zusammenspiels von Zufall und Gesetzmäßigkeit in der nichtlinearen Dynamik. In: *Zeitschrift für Didaktik der Naturwissenschaften (ZfdN)* (11), 11, S. 147-164.

Stern, E./ Möller, K./ Hardy, I./ Jonen, A. (2002). Warum schwimmt ein Baumstamm? In: *Physik Journal* (11), 3, S. 63-67.

Stiftung Haus der kleinen Forscher (Hrsg.) (2013). *Strom und Energie. Paxisideen, Anregungen und Hintergrundwissen für Kita, Hort und Grundschule*. Berlin. Online verfügbar unter https://www.haus-der-kleinen-forscher.de/fileadmin/Redaktion/1_Forschen/Themen-Broschueren/Broschuere-Strom_Energie_2013.pdf (zuletzt geprüft am 5. Juli 2017).

Stoltenberg, U. (2004). Sachunterricht: Innovatives Lernen für eine nachhaltige Entwicklung. In: Kaiser, A./ Pech, D. (Hrsg.), *Neuere Konzeptionen und Zielsetzungen. Basiswissen Sachunterricht*. Band 2, Baltmannsweiler, S. 58-66.

Stork, E./ Wiesner, H. (1981). Schülervorstellungen zur Elektrizitätslehre und Sachunterricht. In: *Sachunterricht und Mathematik in der Primarstufe* (9), 6, S. 218-230.

Tesch, M./ Duit, R. (2004). Experimentieren im Physikunterricht – Ergebnisse einer Videostudie. In: *Zeitschrift für Didaktik der Naturwissenschaften (ZfdN)* (10), 10, S. 51-70.

Turner, V. (1989). *Das Ritual. Struktur und Antistruktur*. Frankfurt a. M./ New York.

Unglaube, H. (1997). Experimente im Sachunterricht. In: Meier, R./ Unglaube, H./ Faust-Siehl, G. (Hrsg.), *Beiträge zur Reform der Grundschule. Sachunterricht in der Grundschule*. Frankfurt a. M., S. 224-236.

Wagner-Willi, M. (2004). Videointerpretation als mehrdimensionale Mikroanalyse am Beispiel schulischer Alltagsszenen. In: *Zeitschrift für qualitative Bildungs-, Beratungs- und Sozialforschung (ZBBS)*, (5), 1, S. 49-66.

Wagner-Willi, M. (2005). *Kinder-Rituale zwischen Vorder- und Hinterbühne. Der Übergang von der Pause zum Unterricht*. Wiesbaden.

Wiebel, K.-H. (2000). „Laborieren" als Weg zum Experimentieren im Sachunterricht. In: *Die Grundschulzeitschrift* (14), 139, S. 44-47.

Wilkening, F. (1995). Methoden. In: Schmayl, W./ Wilkening, F. (Hrsg.), *Technikunterricht*. 2. Auflage, Bad Heilbrunn, S. 145-166.

Wittkowske, S. (2013). Vom Umgang mit Geld. Aspekte ökonomischer Grundbildung als Teil der Bildung für nachhaltige Entwicklung. In: *Grundschulunterricht. Sachunterricht* (60), 3, S. 4-7.

Wodzinski, R. (2004). Fragen an die Natur. *Grundschulmagazin* (72), 5, S. 9-11.

Wodzinski, R. (2004a). Experimentieren im Sachunterricht. In: Kaiser, A./ Pech, D. (Hrsg.), *Unterrichtsplanung und Methoden. Basiswissen Sachunterricht*. Band 5, Baltmannsweiler, S. 124-129.

Wodzinski, R. (2006). *Lernschwierigkeiten erkennen – verständnisvolles Lernen fördern*. Kiel. Online verfügbar unter http://sinus-transfer.uni-bayreuth.de/fileadmin/MaterialienIPN/G4_ueberarb_Internet.pdf (zuletzt geprüft am 5. Juli 2017)

Wulfmeyer, M. (2005). Ökonomie mit Kindern. Ein Konzept zum handlungsorientierten Lernen in der Grundschule. In: *www.widerstreit-sachunterricht.de*, Ausgabe Nr. 4, März 2005, 8 Seiten